PARIS
파리

정기범 지음

SIGONGSA

Contents

올해로 프랑스 생활 28년차. 한국에서 살았던 날보다 프랑스에서 지낸 날이 더 많아지면서 파리 공항에 도착할 때가 더 편하게 느껴진다. 논산 훈련소 제대와 동시에 시작된 프랑스에서의 유학 생활 끝자락에 우연한 기회에 여행 작가의 길에 들어섰고 첫 책 『유럽 100배 즐기기』는 50만 부가 넘는 판매를 기록하며 지금까지 스물 여섯 권의 여행서를 발간했다. 라이프 스타일에 관심이 많았던 나는 〈코스모폴리탄〉, 〈에스콰이어〉를 비롯한 패션지에 파리의 맛집 소개, 인테리어 디자이너 인터뷰, 메종 오브제를 비롯한 다양한 트렌드 소개와 같은 컬럼을 20여 년

간 쓰면서 동시에 〈꽃보다 할배〉부터 〈국경없는 포차〉와 같은 예능부터 〈EBS 위대한 수업〉, 〈BTS J-hope〉 다큐멘터리의 현지 코디네이터로 참여했다. 빈티지 가구와 소품을 구입하는 또 다른 취미로 포천의 〈허브 아일랜드〉를 비롯해 수많은 카페와 호텔에서 나의 손때 묻은 흔적을 찾아 볼 수 있으며 인기 드라마 〈눈물의 여왕〉 미술 감독님의 의뢰를 받아 유럽에서 공수한 몇몇 소품을 보내드리기도 했다.

내가 현재 가장 많은 시간을 보내는 장소는 파리14구의 작은 레스토랑인 '맛있다(www.ma-shi-ta.com)'와 유럽 최초의 게스트 하우스인 '로템의 집(www.rothem82.com)'이다. 프랑스의 이방인으로서 녹록치 않은 삶의 여정을 겪었고 코로나를 거치면서 몇 년간 한국에서 오는 촬영팀과 여행자들의 걸음이 중단되기도 했다. 하지만 다시 하늘길이 열리면서 여행자들과의 소중한 만남은 재개되었다.

이곳에서 생활한 지 오래되었음에도 메트로 6호선을 타고 가다 차창 밖으로 에펠 탑이 보이는 찰나에나 파리의 뒷골목을 다닐 때 휴대폰을 꺼내 사진을 찍게 된다. 언제 마주칠 지 모를 파리의 아름다운 모습을 담기 위해서다. 박제처럼 도도하게 느껴졌던 거대한 박물관들은 이제는 오랜 친구처럼 친근하게 다가온다. 언제나 집을 나설 때 설레는 마음은 28년 전이나 지금이나 한결같다.

19세기 말 오스망 남작의 도시 계획으로 현 상태가 어느 정도 완성될 무렵부터 지금까지 파리는 일부 낙후된 지역의 재개발로 현대 건물이 들어선 것 말고는 중세에서 근대까지의 모습을 고스란히 간직하고 있다. 유네스코 세계 유산으로 보호받는 도시 특성상 7층 높이의 일정한 건물 높이에서 느껴지는 안정된 느낌은 이전과 다름이 없다. 그렇다고 파리가 아무 발전이 없는 도시라는 말은 틀렸다. 도시 전체의 겉모습에는 큰 변화가 없는 반면 서울의 5분의 1만 한 이곳에서 펼쳐지는 수많은 공연과 축제, 언제나 세계 최고라는 호평을 받는 셰프들이 운영하는 레스토랑, 센스 넘치는 파리지엔들이 넘쳐나는 새로운 부티크들과 카페들은 용광로와도 같이 다이내믹한 움직임을 보여준다. 문화 예술의 중심으로서의 충만한 기운은 가장 아름답고 생동감 넘치는 도시로 파리를 손꼽는 데 주저함이 없게 한다.

이미 수많은 여행서와 에세이를 집필하고도 이 책을 쓰는 이유는 파리에 대한 변함없는 애정 때문이다. 휴대폰을 켜면 넘쳐나는 정보의 소용돌이에 휩싸이는 요즘, 여행서가 시대적으로 뒤떨어졌다고 생각할 지도 모르겠다. 골목마다 숨겨진 이야기를 찾아내고 로컬들이 찾는 새로운 장소들을 제대로 가이드하는 책은 드물다. 처음 가 본 파리의 레스토랑이 세계에서 가장 맛있다고 과대 포장되는 일은 다반사고 수박 겉핥기식 정보를 따르는 파리 일정으로는 정작 고독 속에서 나를 찾는 모습을 찾아볼 수 없다. 파리의 보물 같은 장소들은 화려함 뒤에 오랜 철학과 고집을 갖고 있는 곳들이 대부분이기 때문이다.

지난 28년간 쉴 새 없이 파리를 누비며 얻어낸 보물 같은 장소들을 정 작가만의 시선으로 풀어 놓은 선물 꾸러미다. 파리의 좋은 장소를 발견하면 여러 차례 검증하고 새로운 장소를 찾아내는 나의 수집벽과도 같은 일상이 켜켜이 쌓여 만들어낸 결과물이기에, 매일 같은 동선으로 여행자를 안내하는 여행 가이드가 쓴 책과 분명히 차별화되는 부분이 있다. 흔한 여행지보다 파리에 지내는 며칠간이라도 프랑스 사람들의 생활 방식과 문화적 이해를 돕는 내용을 충실히 담고자 했다. 여행을 준비하거나 마친 후라도 이 책을 꺼내들고 파리를 추억하며 다시 읽을 만한 가치를 전하고 싶었다.

수백 년간 한 자리를 지켜온 올드한 장소부터 지금 가장 핫한 파리를 느낄 수 있는 곳에 이르기까지 이 한 권의 책으로 파리를 조금 느긋하게 돌아볼 수 있도록 준비했다. 직업상 유명 대기업의 CEO부터 연예인에 이르기까지 가장 최신의 파리, 가장 특별한 정보를 원하는 분들을 모시기 위해 파리를 탐험하듯 발로 뛰며 축적한 비밀스러운 장소도 아낌없이 소개했다.

나는 프랑스 관광청 사이트에 가장 트렌디한 장소와 현재의 파리를 즐길 수 있는 최신 소식을 다루는 칼럼을 연재 중이며, 동아일보에는 프랑스의 식재료와 문화를 소개하는 〈정기범의 본아페티〉라는 고정 칼럼을 쓰고 있다. '파리는 날마다 축제'라는 말처럼 마법처럼 파리에서 살아온 지난 날을 되돌아보면 내 일상은 매일이 축제였다. 동시에 지금 여행을 시작한 여러분에게는 파리라는 도시의 매력에 흠뻑 빠져 평생 잊지 못할 시간이 될 것이다.

오랜 세월 프리랜서로 살아온 철부지 같은 나를 보듬어 준 사랑하는 아내 숙현과 어느새 숙녀가 되어버린 하은이, 멋진 바이올리스트로 성장해 가는 하영이, 변함없는 기도와 응원으로 나의 하루를 지켜주시는 어머니, 지금껏 내가 살아오면서 가장 믿고 의지해 온 하나님께 감사의 말씀을 전한다.

글·사진 정기범

1996년 프랑스로 건너와 광고전략·커뮤니케이션 학위를 취득하고, KBS 방송국의 VJ, 패션 매거진의 포토그래퍼로 활동했다. 28년간 매거진, 중앙일간지, 항공사 홈페이지 등에 콘텐츠를 기고했으며『저스트고 런던』,『저스트고 이탈리아』,『유럽 100배 즐기기』,『시크릿 파리』등 26권의 여행 가이드북을 집필했다. TV 예능 프로그램 〈꽃보다 할배 시즌 1〉, 〈뭉쳐야 뜬다〉, 〈국경 없는 포장마차〉, 현대자동차 등 현지 프로듀서로 참여했고 여행 플래너로 활동 중이다. 전직 항공사 직원이었던 아내와 함께 파리에서 게스트하우스, 한국 레스토랑을 운영하고 있다.

게스트하우스 '로뎀의 집' 홈페이지 www.rothem82.com | 한국 레스토랑 'Ma-shi-ta' 홈페이지 www.ma-shi-ta.com | 이메일 france82@gmail.com |

저스트고 이렇게 보세요

이 책에 실린 정보는 2024년 하반기를 기준으로 했기에 추후 변동될 가능성이 있습니다. 특히 교통수단의 운행 시간, 요금, 관광 명소와 상업시설의 영업 시간, 입장료 등은 수시로 변동될 수 있으므로 책은 여행 계획을 세우기 위한 가이드로 활용하고, 직접 이용할 교통수단은 여행 전 홈페이지 검색이나 현지에서 다시 한번 확인하고 여행을 떠나가길 바랍니다.

- 관광 명소는 중요도에 따라 별점★ 1~3개까지 표시했습니다. 저자 주관에 따른 별점은 어디까지나 참고용이며 여행자의 취향에 따라 동선을 짜면 됩니다.
- 저자가 특히 추천하는 항목에는 엄지척👍으로 표시했습니다.
- 책에서 소개하고 있는 지명이나 상호명, 외래어 발음은 국립국어원 외래어표기법을 최대한 따랐습니다.

프리미엄 가이드북, 저스트고 파리

이번 저스트고 파리 편은 지도 이미지나 링크는 과감하게 생략하고 정기범 작가의 풍성한 현지 노하우와 정보를 최대한 담는 데 집중하였습니다. 오른쪽 QR코드를 스마트폰으로 스캔하면 '구글 지도(Google Maps)'로 연결됩니다.

https://www.google.com/maps

프랑스, 특히 파리와 노르망디를 가장 잘 아는 한국인 하면 손꼽히는 정기범 작가. 파리를 포함한 프랑스 촬영을 위해 가장 먼저 떠오르는 사람, 파리에 오래 거주하며 한국과 프랑스를 모두 사랑하는 사람, 지치지 않는 열정으로 파리와 프랑스를 알리고자 하는 사람, 이 모두가 정기범 작가를 떠올릴 때 연상되는 수식어들이다. 프랑스 곳곳의 관광지뿐만 아니라 문화나 미식에 대해서도 매우 해박하다. 이러한 지식과 경험을 바탕으로 무궁무진한 프랑스의 매력에 빠져들게 한다.

정 작가와 안 지도 벌써 20년이 훌쩍 넘었다. 그 시간 동안 함께한 프로젝트도 많았고 함께 아는 사람들도 많아졌다. 프랑스와 한국에서 가끔씩 얼굴을 보며 지난 세월을 확인하게 된다. 나처럼 그도 나이가 들었다. 그러나 그의 열정은 여전히 청춘이다. 프랑스 전국을 누비며 새로운 프로젝트를 선도하는 열정과 끊임없는 노력에 진심으로 존경을 표한다. 현재 프랑스 관광청의 공식 한국어 사이트와 블로그에서 생생한 파리 소식을 전하는 필자로도 활발히 활동하고 있다. 정 작가가 가는 곳에는 언제나 살아 숨 쉬는 프랑스가 있기에 『저스트고 파리』 편이 매우 기대된다.

_정혜원 프랑스 관광청 부소장

남프랑스로 떠나볼까 하고 찾아보니 아주 많은 여행서가 있었다. 그중 정기범 작가의 『프로방스 프로방스』를 골라 정독한 것은 정말 잘한 일이었다. 생생한 정보가 고스란히 담겨 있는 보물이랄까. 정확한 내용 덕분에 낯선 곳을 낯설지 않게 즐길 수 있었다. 정 작가의 여행서들은 늘 믿고 떠날 만한 길잡이가 되기에 충분했다.

변하지 않는 듯한 파리에서 변모하는 여러 곳을 덕분에 접하며 새로운 매력에 빠졌다. 곳곳을 한층 세밀하게 들여다보는 습관이 생기기도 했다. 요즘처럼 정보량이 넘치는 시대에는 정확한 정보를 찾기가 오히려 쉽지 않다. 그런 면에서도 정기범 작가의 새 책은 특히 늘 설레고 반갑다. 이번 〈저스트고 파리〉에서는 파리의 어떤 새로운 면면을 만날 수 있을까 기대된다. 출간을 진심으로 축하드린다.

_권순복 공간 디자이너

모델, 에디터, 스타일리스트 등 내로라하는 글로벌 패셔니스타들이 모두 모인 파리 컬렉션 기간, 1세대 스트리트 포토그래퍼였던 정기범 작가와 처음 만났다. 2000년대 초 코스모폴리탄의 패션 디렉터로 일할 때였다. 컬렉션이 끝나면 늘 멋진 스타일링을 보여주는 작가의 현장감 있는 사진이 매거진에 실리곤 했다. 이후 파리 통신원으로, 전문 여행 작가로 종횡무진 활약하는 그와 서울과 파리를 오가며 인연을 이어갔다. 10년 가까이 모은 전 세계 멋쟁이들의 사진이 너무 아까워 뜻을 모았고 2014년, 그 사진들을 집대성한『파리에서 만난 패션 피플의 리얼웨이 룩 333』을 공동 출간했다. 정 작가는 스무 권이 넘는 여행 책을 연이어 내면서 파리에 스테이를 오픈하고 한식당까지 운영하는 '신공'을 보여 나를 또 한번 놀라게 했다. 이제 또 하나의 파리 가이드북이라니! 파리지엔보다 파리를 잘 아는 그가 알려주는 최신의 파리를 즐겨 보자.

_신동선 YG Plus 이사

오랜 시간 정기범 작가의 행보와 삶에 대해서 가까이에서 지켜보면서 트래블 디자이너가 무엇이고, 그 자부심이 어디에서 오는 것인지 확실하게 알게 되었다. 여행에 대한 나름의 기대가 여행 계획에 잘 반영되도록 하는 것은 참으로 어렵다. 나의 경우는 가장 인상적인 여행의 잔상과 만족감은 유명하다는 곳과 모두가 가는 유명한 레스토랑을 갔을 때가 아니라, 일상에 가깝게 느껴지는 사람들의 삶이 깃든 음식을 먹고 소소한 듯 그곳의 문화를 느낄 수 있는 곳을 방문했을 때에 온다. 문제는 그런 곳을 찾는 것은 쉽지 않고, 여행에 대한 추천 또한 조금은 얕은 경험과 감상을 기반으로 하는 경우가 많아서 정보 자체가 불완전하게 느껴질 때가 많았다. 내 성향에 맞춰서 혹은 함께 가는 사람들의 기대하는 바를 반영해서 여행 계획을 짤 때 유튜브나 블로그에서 느끼는 한계는 그런 이유 때문인 것 같다.

나는 그럴 때마다 정기범 작가에게 도움을 구하곤 한다. 늘 믿음직스럽고, 만족스러운 경험과 의외성이 혼재된 딱 적당한 그의 추천은 나를 늘 만족시킨다. 그곳에서 뿌리를 두고 오래 살아왔고, 많은 경험과 다양한 취향에 대한 호기심으로 꾸준히 축적된 방대한 데이터는 그를 진정한 트래블 디자이너로 명명하게 해 주는 요소인 것 같다. 정기범 작가의 책은 그런 점에서 여행을 즐기는 사람들에게 특히나 AI 같은 지침서라 될 수 있으리라 생각한다.

_조성경 겔랑 전무이사

'파리는 프랑스가 아니다'란 얘기를 유럽 사람들도 가끔 한다. 그만큼 다문화가 발달한 세계적 도시다. 유럽에서 오래 생활한 나로서는 그러한 다양성이 부러운 부분일 수 있다. 여러 레이어의 파리를 오랫동안 깊숙이 들여다본 저자의 경험치는 다른 유럽의 도시들을 이해하는 것과는 달리 복잡할 수밖에 없다. 파리를 방문할 때마다 정성스럽게 그런 설명을 해주던 저자가 집필한 이 책은 파리의 깊숙한 매력을 선별하여 경험할 수 있게 한다. '파리는 날마다 축제가 펼쳐진다'라고들 한다. 어느 축제에 가고 싶은지는 이 책을 경험한 독자의 몫이다.

_한태민 샌프란시스코 마켓 CEO

GOOD
START

파리 여행의 시작

프랑스는 어떤 나라일까
기본 정보

프랑스는 서유럽의 본토뿐 아니라 프랑스령인 남아메리카의 기아나, 폴리네시아를 비롯해 여러 대륙에 걸쳐 있다. 프랑스어로 소통하는 3억 명의 '프랑코포니'는 세계적인 영향력을 행사한다. 막강한 경제력을 바탕으로 EU를 이끄는 핵심국이자 매년 1억 명의 관광객이 모여드는 관광 대국이다.

비행 시간

직항편(대한항공/아시아나항공/에어프랑스)
소요 시간 *우크라이나 러시아 전쟁으로
평시보다 많이 소요된다.
인천 → 파리 14시간 40분
파리 → 인천 13시간 20분

시차

-8시간(서머 타임 기간 중에는 -7)

기후

서안 해양성 기후

통화

1Euro=약 1,492원(매매 기준율, 2024년 9
월 23일 기준)

전압과 플러그

220V, 50Hz

전화

프랑스 국가번호 33 (프랑스 내에서 전화할
때는 같은 시내라도 0을 포함한 지역번호와
전화번호를 눌러야 한다)

심카드

이동 통신사의 번호는 06 또는 07로 시
작하며 파리와 일드 프랑스의 일반 전화
번호는 01로 시작한다. 프랑스의 이동 통
신 회사 프리(Free), 오랑주(Orange), 에
스에프알(SFR), 브이그 텔레콤(Bouygues
Télécom) 등의 심카드를 구매하는 것이
좋다. 그중에서 '프리'가 가장 저렴해서 여
행자가 사용하기에 적합하다.

Free
요금 1개월 €19.99
포함 250GB, 전화-문자 무제한
심카드 구입 가능한 지점 위치 안내
Web www.free.fr/boutiques/

한국에서 구매하는 e-sim
유심과 똑같은 기능을 가지고 있는 정보
저장 스토리지로 유심과 달리 물리적인
심카드 교체 필요 없이 아이폰에 내장된
Sim 을 사용하고 핸드폰 하나로 기존에
쓰던 번호에 신규 번호를 추가해서 사용
이 가능하다. 다만 본인 핸드폰이 e-sim
이 가능한 기종인지 확인이 필요하다.
요금 1일 2기가+저속무제한 7일 19,000
원/유럽 30일 30기가 54,600원
https://smartstore.naver.com/
rokebi

2024년 국경일 & 공휴일

1월 1일	신년
4월 1일	부활절 다음 월요일
5월 1일	노동절
5월 8일	2차 세계대전 승전 기념일
5월 9일	예수 승천일
5월 20일	성령 강림절 다음 월요일
7월 14일	혁명 기념일
8월 15일	성모 승천일
11월 1일	만성절
11월 11일	1차 세계대전 종전 기념일
12월 25일	성탄절

긴급 전화번호
엠블런스 15
소방서 18
경찰 17
24시간 문 여는 약국 검색 사이트
https://www.sosmedecins.fr/pharm
acies-de-garde/

* 대부분의 박물관은 1/1, 5/1, 12/25일
은 문을 닫으며 대중교통은 운행한다.

파리는 어떤 도시일까
기본 정보

'예술과 문화의 도시' 파리는 에펠 탑, 루브르 등 다양한 볼거리로 가득한 도시다. 샤넬, 루이 비통과 같은 럭셔리 브랜드로 즐비한 쇼핑의 천국이자 바게트부터 고급 레스토랑에 이르기까지 다양한 음식을 맛볼 수 있는 식도락의 중심이기도 하다. 다양한 볼거리와 먹거리로 가득한 파리에 발을 들여놓는 순간부터 감동과 흥분의 시간을 보내게 될 것이다.

인구

216만 명

(인구 밀도 21,289명/제곱 킬로미터)

면적

105평방미터

(동서의 길이 12km, 남북의 길이 9km)

지역 20개 구

기후

평균 기온 12.5도

평균 강수량 637mm

사계절이 뚜렷하다. 다만 우리나라와 다른 점은 여름에 기온이 많이 올라가도 습도가 낮아 그늘에 피하면 땀이 잘 나지 않는다. 다만 냉방 시설이 우리에 비해 잘 갖춰져 있지 않으며 자외선이 강해 선크림(자외선 차단 지수 30이상)과 선글라스를 챙겨야 한다. 겨울이 우기여서 이슬비가 거의 매일 내리므로 방한, 방수가 되는 겉옷을 반드시 챙겨야 한다. 봄에서 가을이 우리 기후와 비슷해서 여행하기에 가장 좋다.

숫자로 보는 파리

파리 1년 방문객 2700만 명

파리 발생 범죄 3만1275건(2022년)

GDP 2,935(Bilion USD)

파리 최고의 관광 명소 에펠 탑 1년 700만 명 방문

파리 지하철 노선 16개

파리 지하철 하루 이용객 400만 명

파리의 다리 37개

파리 박물관 130개

파리 영화관 420개

파리 공원 531개

파리 시립 수영장 42개

파리 한인 한식당 300여 개

파리 국립, 시립 도서관 57개

파리의 카페 숫자 3,279개

파리의 레스토랑 숫자 13,489개

파리 축구 클럽 생 제르맹

파리 평균 기온과 강수량 그래프

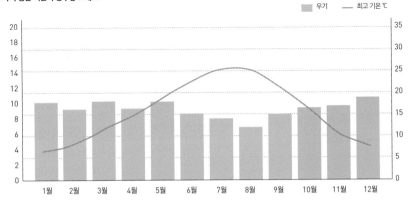

우기 ▬ 최고 기온 ℃

프랑스인

프랑스인 휴가 (1년에 5주 유급 휴가, 주 35시간 근무)

프랑스인 하루 평균 수명 시간 8시간

시간당 생산성 세계 1위 프랑스

프랑스인 1년 평균 독서량 11권(하루 평균 독서 1시간 50분)

프랑스인 1인 국민 소득(25,338 USD)

프랑스 수도

파리는 하계 올림픽이 열렸던 프랑스의 수도다. 센강 한가운데에 떠 있는 시테섬에 프랑스인들의 정신적 지주라 할 수 있는 노르트담 성당이 있으며 이 성당 앞에 프랑스의 모든 도로가 출발하는 기준점인 포앵 제로 (Point zéro)가 있다.

파리의 행정 구역

파리는 우리나라의 경기도처럼 파리를 둘러싸고 있는 일 드 프랑스(Ile de France) 지방 Region(행정구역상 13개의 지방, 101개의 도로 나뉨)의 일부다. 시장은 안 이달고(Anne Hidalgo)로 2001년 3월 25일부터 2014년 4월 5일까지 파리 부시장을 역임했으며, 2014년 4월 5일부터 파리 시장을 연임하고 있다. 파리는 1859년 나폴레옹 3세 때부터 고유의 이름 대신 숫자로 20개 구를 부르기 시작했는데 1구는 중심부에 위치한 루브르 박물관 지역이며 시계 방향으로 돌면서 숫자가 높아져 20구로 마무리된다. 달팽이의 등껍질과 비슷한 모양이어서 '달팽이'라는 별명도 갖고 있다.

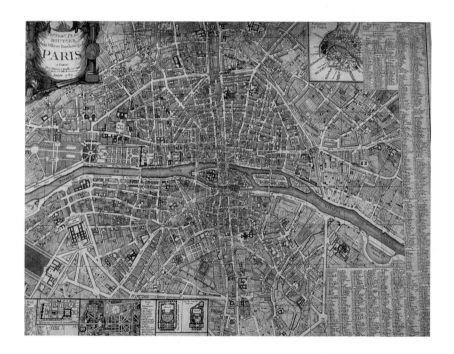

부자 동네, 가난한 동네

파리의 부자 동네는 블로뉴숲과 누이 쉬르 센느와 맞닿아 있는 16구이며 몽마르트 언덕 주변의 18, 19, 20구가 빈곤 지역이다. 그러나 소매치기와 강도가 많아 치안이 불안한 지역으로는 한인이 많이 모여 사는 15구가 1위를 차지한다.

리브 고쉬와 리브 드와로 나뉘는 파리

파리는 센강을 사이에 두고 좌안(Rive Gauche)과 우안(Rive Droit)으로 나누기도 하는데 센강 아래쪽의 좌안은 정치, 교육과 문화의 중심이며 위쪽의 좌안은 상업의 중심으로 발전해 왔다.

크기와 인구

파리의 크기는 서울의 약 6분의 1일 해당하는 105제곱킬로미터 정도로 도시 형태는 계란을 눕혀 놓은 타원형 모양이다. 가장 긴 지름이 12킬로미터로 동서를 관통하여 걸으면 4시간 만에 끝에서 끝까지 도달할 수 있다. 파리의 인구는 약 200만 명으로 파리를 둘러싼 일 드 프랑스까지 포함하면 1000만 명이다.

시장

파리는 카르푸, 오샹, 인터마셰와 같은 대형 마켓 말고도 동네마다 장이 선다. 꽃, 해산물, 육류, 과일, 야채 등 신선한 재료들을 생산자들이 직접 들고 와서 판매하는데 관광객들이 들르기 좋은 시장은 다음과 같다.

라스파일 시장 Marché bio Raspail

세련된 파리지엔들 거주하는 봉 마르셰 백화점 근처에서 열리며 매주 화요일과 금요일에 식료품 시장이, 매주 일요일에는 파리 유일의 유기농 시장이 열린다.

위치 Boulevard Raspail 75014 Paris (rue Cherche midi와 rue Rennes 사이)
운영 화·금요일 07:00~14:30 유기농 마켓 일요일 09:00~15:00

앙팡 루즈 시장 Le Marché couvert des enfants rouge

멋진 패션 부티크와 예쁜 카페들이 모여 있는 마레 지역의 중심에 위치해 있으며 식료품 말고도 일본, 모로코, 프랑스 등의 음식을 맛볼 수 있는 푸드 코트로 유명하다.

위치 39 rue de Bretagne 75003 Paris   운영 화·수·금·토요일 08:30~20:30, 목요일 08:30~21:30, 일요일 08:30~17:00

벼룩시장

파리 시내에서 일년 내 벼룩시장이 열린다. 그중에서 소소한 소품 위주로 구입을 원하는 여행자들에게 대표적으로 방브 벼룩시장을 추천한다. 주말마다 300여 명의 상인이 지하철 방브역 주변에서 장사를 하는데 찻잔, 중고 의류, 광고 포스터, 빈티지 주방 용품 등의 다양한 제품을 판매한다. 관광객에게 바가지를 씌우는 사람들이 많으므로 가격 흥정은 상인이 요구하는 절반가부터 시작하고 마음에 들더라도 선뜻 구입하는 것보다 기싸움을 해야 싸게 살 수 있다.

위치 메트로 포르트 드 방브(Porte de Vanves)역에서 바로   운영 토~일요일 07:00~14:00

간단히 살펴보는 프랑스 역사

파리는 기원전 250년에 켈트족의 한 갈래인 파리시족이 센강 변에 정착하여 다리와 요새를 건설한 것을 시작으로 중세에는 유럽에서 가장 큰 도시로 종교와 상업의 중심이 되었다. 영국과의 백년 전쟁 후 발루아 왕조가 파리를 수도로 프랑스 왕국을 통치했고 18세기에는 계몽주의의 발상지였으며 19세기 나폴레옹3세는 파리의 재개발을 맡겨 지금의 도로, 광장을 갖추었으며 1860년 오늘날의 행정 구역이 확정되었다.

가톨릭의 전파

기원전 52년 로마군이 점령했던 고대 로마 시대에 파리는 라틴어명인 '루테시아(Lutecia)'로 불렸다. 생 드니 성인(St.Denis)은 서기3세기 중반 파리의 주교였는데 신앙을 버리기를 거부하면서 '순교자의 산'으로 불리는 몽마르트 언덕에서 참수형을 당했다. 그가 자신의 머리를 들고 수 킬로미터를 걸었다는 이야기가 퍼지면서 파리에 가톨릭이 전파되었다고 전해진다.

로마 제국의 멸망과 위그 카페의 성립

5세기에는 게르만족의 기세에 밀려 로마 제국이 쇠퇴기에 접어들었고 서기 451년에 메츠, 랭스를 점령하고 파죽지세로 파리로 몰려온 훈족 아틸라의 군대에 의해 위협을 받았고 주느비에브의 설득으로 저항했으며 461년 프랑크족의 위협을 받았으나 다시 한번 주느비에브가 시민들을 설득해 도시를 방어했다. 로마 제국이 멸망 후인 508년에 프랑크 왕 클로비스 1세가 파리를 점령했으며 520년 주느비에브는 지금의 판테온의 축성식을 거행했고 그녀가 죽은 직후 파리의 수호 성인이 되었다.

부르봉 왕조의 시작부터 프랑스 혁명까지

16세기 후반 칼뱅주의로 알려진 마르틴 루터의 저서가 파리에 퍼지기 시작하자 가톨릭 전통의 소르본과 파리 대학은 기독교를 공격했고 샤를 9세는 가톨릭과 개신교를 화해시키려 노력했다. 그러나 1572년 8월 23일밤 앙리 4세와 왕족 샤를 9세의 누이인 발루아의 마가렛의 결혼을 계기로 프랑스 전역에서 개신교 신자들이 한 자리에 모인 성 바르돌로매 축일에 가톨릭 폭도들은 프로테스탄트 3천여 명을 학살했다. 이후 1만여 명의 개신교 신자들이 살해당했다.

17세기 초반 루이 13세의 아버지가 암살당했고 이탈리아의 메디치 가문에서 프랑스로 시집 온 마리 드 메디치는 섭정이 되어 지금의 뤽상부르 공원 내에 피렌체의 피티 궁전을 모델로 궁전을 설립했고 이탈리아 르네상스식 정원과 메디치 분수를 만들도록 피렌체의 분수 제작자 토마소 프랑치니에게 명령했다. 메디치의 후견인, 리슐리외 추기경에 의해 루브르 박물관 재건 프로젝트가 계속되는 등 루이 13세의 정권 초기는 번영을 길을 걷게 되지만 1635년 신성로마제국과 합스부르크 왕가에 대항한 30년 전쟁에 개입한 프랑스는 재정적 어려움에 빠졌고 1635년에 사망한 루이 13세의 뒤를 이어 겨우 다섯 살의 루이 14세가 왕위에 올랐다. 귀족 그룹에 새로운 세금을 매기려 했다가 왕권에 대항하는 귀족들에 의해 어린 루이 14세는 팔레 르와얄에서 가택 연금을 당하게 된다. 팔레 르와얄에서 루브르 박물관에 이어 1671년 왕실 거주지를 파리 근교의 베르사유로 옮겼고 루브르 박물관을 설계한 건축가 르 보와 그의 장식가 샤를 르 브룅, 왕실 정원사인 르 노트르와 함께 절대 왕권을 내세워 유럽에서 가장 화려한 궁전인 베르사유 궁전을 건설하면서 '태양왕'이라는 별명을 갖게 되었다.

18세기에 파리는 디드로(Diderot)를 중심으로 1752년에 백과 사전을 출간하면서 유럽 전역의 지식인들에게 철학과 지식을 전달하면서 계몽주의 시대를 열게 되었다. 1783년 몽골피에 형제는 열기구를 타고 최초의 유인 비행을 시작했다. 출판, 패션, 고급 가구, 연극의 중심지로 부상했고 1672년에 파리 최초로 문을 연 카페와 살롱 문화는 작가들의 만남 장소로 사랑받게 되었다. 지금은 레스토랑으로 변신한 카페 프로코프는 오늘날 SNS처럼 예술가와 문학가들이 만나 서로의 의견과 소문을 공유하는 장으로 각광받았다.

나폴레옹에 의해 도시 계획을 추진한 파리

파리는 1789년 자유, 평등, 박애를 기치로 내건 프랑스 대혁명의 근거지였고 난세에 영웅이 된 나폴레옹은 1804년 12월 2일 황제로 즉위한 후 파리를 고대 로마에 필적하는 제국의 수도로 만들기 위한 프로젝트를 시작하며 개선문, 방돔 광장, 마들렌 교회, 리볼리 거리를 조성하고 도시의 상하수도와 다리를 건설했다. 이를 위해 싱크 탱크라 할 수 있는 영재 육성의 산실, 그랑제콜을 만들었다.

1828년에서 1860년 사이 80만 명이 넘는 인구가 사는 도시로 성장한 파리는 세계 최초의 교통 시스템인 말이 끄는 옴니버스 시스템을 구축했고 파리의 거리 이름이 체계화되었다. 1848년 나폴레옹 1세의 조카인 루이-나폴레옹 보나파르트가 74%의 지지율을 얻어 프랑스 최초의 대통령으로 선출되었고 센강 장관으로 일했던 외젠 오스만에 의해 파리의 대로가 넓혀졌고 시민들의 휴식 공간인 400여 개의 공원이 생겼으며 위생을 위해 상하수도의 건설이 마무리되는 등 거대한 공공 사업 프로그램을 시작한 결과 깨끗한 물, 탁 트인 공간을 파리 시민들이 누릴 수 있게 되었으며 당시 12개구였던 파리에 8개의 새로운 구를 추가해서 지금의 크기로 만들었다. 지금의 파리가 가장 아름다운 이유 중 하나는 같은 높이, 같은 기본 디자인, 크림색의 흰색 돌로 처리된 건물, 파리 대로에 세워진 가로등 때문이라 할 수 있는데 이와 같은 파리 건물의 표준을 만들어 엄격하게 관리한 것도 나폴레옹의 업적이라 할 수 있다.

만국 박람회로 발전한 파리

19세기 후반에 파리는 수백만 명의 방문객을 끌어모은 5개의 국제 박람회를 열면서 프랑스의 산업과 문화의 성과를 세계에 알렸고 1867년 박람회 기간 동안 센강에 유람선이 운행을 시작했고 1889년에 세워진 에펠 탑은 샤를 구노, 기 드 모파상과 같은 사람들에게 흉물스런 철골 덩어리라 맹비난을 받아 철거될 위기에 놓였으나 지금은 파리에서 가장 많은 관광객을 불러들이는 파리의 상징이 되었다. 1900년 올림픽과 겸하여 열린 만국 박람회는 그리스 밖에서 처음 개최된 올림픽이 되었다.

1, 2차 세계 대전과
프랑스의 독립

1914년 8월 1차 세계 대전이 발발하자 프랑스 정부는 보르도로 이전했고 루브르 박물관의 걸작들은 툴루즈로 피신했다. 파리는 폭격을 당했고 장티푸스와 홍역, 스페인 인플루엔자로 수천 명이 사망했다. 프랑스군과 영국군을 돕기 위해 미군이 도착하면서 1918년 11월 11일 휴전이 선언되었다. 1차 세계 대전이 끝나고 1931년 대공황 이전까지 파리에는 예술적 열정이 넘치는 살바도르 달리, 제임스 조이스, 조세핀 베이커, 어니스트 헤밍웨이와 같은 아티스트들이 몰려들었고 1924년 올림픽이 개최되었다. 1939년 9월 나치 독일과 소련의 폴란드 공격으로 발발한 2차 세계 대전으로 파리는 점령당했고 프랑스 정부는 비쉬로 이전했다. 파리는 독일군이 승인한 프랑스 관료에 의해 통치되었다. 1944년 6월 6일에는 연합군의 노르망디 상륙 작전이 있었다. 런던의 샤를 드골 장군에게 충성하는 반독일 비밀 결사 조직인 레지스탕스가 경찰본부와 주요 정부 건물을 점령했으며 8월 25일 프랑스군과 미군은 파리를 되찾았고 8월 26일 런던에서 돌아온 드골 장군이 새 정부를 조직했다.

그랑 트라보 프로젝트로 다시 태어난 파리 그리고 지금의 대통령, 마크롱

1970년대 이후 프랑스 대통령들은 새로운 박물관과 문화유산에 대대적인 투자를 했다. 특히 프랑수아 미테랑 대통령은 '그랑 트라보' 프로젝트를 주도하면서 프랑수아 미테랑 도서관, 아랍 문화 박물관, 라 데팡스의 신 개선문, 루브르의 유리 피라미드가 만들어졌다. 1970년대 포괄적인 급행 지하철로 파리 근교와 중심을 15분 안에 연결하는 네트워크인 RER(Réseau Express Régional)과 타원형의 도시를 둘러싸고 있는 페리페리크를 건설했다. 프랑스 혁명 이후 선출된 시장이 없던 파리에서 1977년 자크 시라크가 초대 시장을 맡게 되어 18년간 연임한 이후 1995년 대통령에 당선되었다. 2017년 5월 14일 마크롱이 제25대 프랑스 대통령으로 선출되었으며 연임하여 지금까지 대통령직을 수행하고 있다. 그는 2016년 4월 중도 성향의 정당인 앙 마르슈(En Marche)를 창당하여 30대 중반에 대통령직에 선출(2017년)되었으며 한 차례의 연임을 거쳐 현재까지 대통령으로 집무 중이다.

일상에서 만나는 프랑스 대표 기업

프랑스의 경제를 이끄는 대기업 대부분은 그랑제콜을 나온 CEO와 인재들이 경영한다. 2023년 포브스 선정 세계 최고의 부자로 선정된 LVMH 그룹의 베르나르 아르노 회장을 비롯하여 12위에 오른 로레알 그룹의 회장, 프랑수아즈 베탕쿠르 메이예, 29위의 케링 그룹의 명예 회장인 프랑수아 피노 등 세계 50위 부자 중에 4명이 포함돼 있다. 일상용품부터 명품에 이르기까지 프랑스를 대표하는 기업을 소개한다.

엘브이엠에이치 LVMH

우리에게는 루이 비통으로 알려진 회사로 60개의 자회사와 75개의 브랜드를 가졌으며 패션을 비롯하여 향수 및 화장품, 와인 및 주류, 시계 및 보석 등의 럭셔리 분야를 이끈다. 시가 총액 4000억 달러가 넘는 프랑스 대표 기업이다. 프랑스 부자 1위 역시 이 회사의 오너인 아르노 회장이다. 주요 브랜드로는 LVMH의 약자인 루이 비통, 모에 샹동, 헤네시를 비롯하여 크리스챤 디올, 펜디, 도나카렌, 로에베, 겐조, 불가리, 티파니, 리모와, 호텔 슈발 블랑 등 60여 개가 있다. 파리 근교 뉘이 쉬르 센느에 루이 비통 재단(Fondation Louis Vuitton) 현대 미술관을 운영한다.

로레알 L'Oréal

1909년에 설립된 퍼스널 케어 기업으로 세계에서 가장 큰 화장품 브랜드다. 향수, 기초 화장품, 헤어 제품, 자외선 차단 제품등을 생산하며 16개의 브랜드를 갖고 있다. 전 세계 소비자의 다양한 뷰티 니즈를 충족하고 화장품의 품질, 효능, 안전성을 보장하기 위한 꾸준한 투자로 1위의 자리를 지키고 있다.

프랑수아 피노 François Pinault

가구 가전 유통업체 콩포라마 인수를 시작으로 유통업에 진출
한 피노 회장은 프랑스 1위 백화점 프렝탕 백화점과 통신판매
회사 라 르두트를 비롯하여 스포츠 브랜드 푸마 그리고 세계
5대 와이너리 중 하나인 샤토 라투르, 명품 브랜드 구찌, 입생
로랑, 보테가베네타, 부셰론, 세르지오 로시, 발렌시아가를 차
례로 인수하면서 럭셔리 브랜드 기업을 운영하는 엘브이엠에
이치의 맞수가 되었다. 2003년 아들 프랑수아 앙리 피노에게
소유권을 넘겼으며 프랑수아 피노 회장은 피카소, 몬드리안,
제프 쿤스 등의 작품을 포함하여 최고의 작가들의 작품 2,000
여 점을 소장하고 있다. 세계적인 미술품 경매회사 크리스티
를 인수했으며 세계적인 건축가, 안도 타다오에게 옛 증권 거
래소 Bourse의 리노베이션을 맡기며 피노 컬렉션(Pinault
Collection)을 열었다.

에르메스 Hermés

명품 중의 명품이라는 별명을 가진 브랜드로 가방 하나의 천
만 원이 훌쩍 넘는 가격에도 이를 사기 위해 줄을 서는 사람들
이 끊이지 않는다. 1837년 파리의 마들렌 광장의 숍에 안장과
마구용품을 생산하는 마구상을 열면서 시작된 브랜드로 티에
리 에르메스의 손자 에밀 에르메스가 여행가방과 핸드백 제품
을 만들기 시작했고 1956년 모나코의 왕세자비 그레이스 켈
리가 들었던 켈리백으로 유명하다.

사노피 Sanofi

미국의 화이자와 영국의 글락소 스미스 클라인에 이어 세계 3
대 제약사 자리를 차지한다. 파리에 본사를 둔 기업이다. 전문
의약품, 백신, 컨슈머 헬스케어, 스페셜티 케어 등 4개 사업부
를 갖고 있으며 암, 당뇨병, 고혈압, 뇌졸증 및 각종 희귀질환
과 매일 250만 도즈 이상을 생산하는 백신 및 들코락스와 같
은 변비 치료제에 이르기까지 다양한 약을 생산하고 있다.

토털 에너지 Total Energies

글로벌 석유 및 천연가스 기업으로 프랑스는 물론 독일, 동남아
시아, 아프리카 등에서 주유소를 운영하고 있다. 비중동권 석유
회사 중 중동에서 가장 많은 석유 생산량을 기록하고 있는 기업
이다. 한국의 주요 정유사 및 가스회사와 협업 중이며 선박용 윤
활유는 에쓰 오일과, LNG 분야는 한국 가스 공사와, 석유 화학
제품과 에너지 제품은 한화 그룹과 협력하고 있다.

비엔피 파리바 BNP Parisbas

1872년 파리 은행과 네덜란드 저축 신용 은행이 합병하여 탄생
했으며 파리에 본점을 둔 프랑스 최대 금융 그룹이다. 프랑스 국
내 2,200여 개의 지점을 비롯하여 전 세계 87개국에 지점을 두
고 있다. 우리나라에서는 1976년 지사가 설립되어 한국의 주요
기업 및 금융기관, 개인 투자자에게 금융 서비스를 제공하고 있
으며 2002년 신한 금융지주와 전략적 제휴를 맺고 있다.

생 고방 Saint Gobain

주거 및 건축 시장을 선도하는 기업으로 1665년 루이 14세 때
콜베르가 처음 세웠으며 베르사유 궁전의 거울의 방을 위해 세
운 유리 제조 국영기업으로 출발했다. 아폴로와 우주 왕복선 프
로그램에 사용된 디자인과 소재, 우수한 내열성을 바탕으로 한
단열재와 전 세계 고급 차량에 제공되는 자동차용 특수 유리등
을 생산하며 포춘지 500대 기업에 선정되었다.

에어 버스 Airbus

유럽의 항공회사들의 컨소시엄으로 보잉과 맥도널 더글러스
과 같은 미국의 민간 여객기와 방위 산업체들과 경쟁하기 위해
만들었다. 영국, 프랑스, 독일 정부가 300석 규모의 에어버스
A300을 함께 개발했으며 프랑스와 독일에 각각 35%의 작업량
을 배정하는 원칙을 따르기 위해 프랑스 툴루즈와 독일 함부르
크에 대형 공장이 있다. 세계 최대의 여객기로 유명한 2층 여객
기인 A380은 대한항공 인천-파리 노선에 잠시 사용되었으나 현
재는 보잉 777을 사용한다.

프랑스를 이해하는 데 알아두어야 할 인물

프랑스인들이 가장 존경할 만하다고 꼽는 역사적 인물을 간단히 살펴본다. 찬란한 프랑스 역사 속에서 강력한 국가를 만드는 데 일익을 담당한 왕들이 대부분이다.

샤를마뉴 대제 (740년 출생, 814년 사망)

프랑스, 독일에서 카롤링거 왕조를 만들고 신성로마제국 황제에 즉위한 최초의 인물. 로마 제국 이후 처음으로 서유럽 대부분을 정복하여 정치적, 종교적으로 통일시켰다. 중서부 유럽 대부분을 차지해 프랑크 왕국을 크게 확장시켰으며 800년 12월 교황 레오 3세에게 서로마 황제직을 수여받았다. 그의 시신은 독일의 아헨 대성당에 안치되었다.

샤를마뉴 대제와 관련된 장소 | 노트르담 대성당 앞 광장의 거대한 샤를 마뉴 대제 석상

루이 9세 (1214년 출생, 1270년 사망)

프랑스 국왕 가운데 유일하게 로마 교황청이 '성인'으로 시성한 인물이다. 필리프 2세의 손자로 루이 8세가 십자군 원정 도중 사망하자 만 12세의 나이로 왕위에 올라 카스티야의 블랑슈의 섭정이 이루어졌다. 1226년부터 1270년까지 왕위를 쥐었던 프랑스의 왕으로 일생을 철저하게 신앙적이고 도덕적으로 산 인물이다. 십자군 원정에 두 차례나 출정했으며 기사로서의 면모를 갖춰 프랑스 영토를 오늘날과 같이 확장한 왕이다. 또한 사법제도를 확립한 업적으로도 유명하다. 가령 사사로운 보복과 봉건 전쟁을 금지했고 파리에 고등 법원을 설립하며 무죄 추정의 원칙을 도입했으며 병원과 요양시설을 갖추는 데 힘썼다.

루이 9세와 관련된 장소 | 생 샤펠 성당

잔 다르크 (1412년 출생, 1431년 사망)

우리나라에 유관순이 있다면 프랑스에는 잔 다르크가 있다. 평민 출신으로 잉글랜드 왕국과의 백년 전쟁 말기 승리에 중요한 기여를 한 인물. 그러나 잉글랜드 군에게 포로로 잡힌 다음 정치적인 이유로 조국 프랑스에서도 외면당하며 편파적인 종교 재판을 받아 화형되었다. 17세의 시골 처녀가 하느님의 부르심을 받아 오를레앙 전역의 전투에서 승리를 이끌었고 샤를 7세의 대관식을 올려 백년전쟁의 승패를 정한 드라마틱한 인생이었다. 조선의 이순신과도 같은 입지적 인물이다.

잔 다르크와 관련된 영화 | 잔 다르크(1999년, 감독 뤽 베송, 잔다르크 역 주연 밀라 요보비치)

프랑수아 1세
(1494년 출생, 1547년 사망)

1515년 랭스 대성당에서 대관식을 치른 뒤 1547년까지 통치했다. 프랑스의 국왕 중 처음이자 마지막으로 신성 로마 제국 황제 후보로 출마하기도 했으나 카를 5세에게 밀려 황제에 오르지는 못했다. 르네상스 예술의 지지자로 훌륭한 예술가를 후원하고 많은 예술가들을 프랑스로 초청했는데 레오나르도 다 빈치 등이 프랑스에 정착하게 하였으며 이탈리아의 중개상들을 통해 미켈란젤로, 티치아노, 라파엘로와 같은 유명 작가의 예술품을 프랑스로 가져왔다. 라틴어 대신 프랑스어를 최초로 공증서 등의 법률 서류 작성에 사용하도록 했고 콜레주 드 프랑스를 창설해 라틴어, 그리스어, 히브리어를 연구하게 했다.

프랑수아 1세와 관련된 장소 | 루브르 박물관 〈모나리자〉, 퐁텐블로성

앙리 4세 (출생 1553년, 사망 1610년)

프랑스와 나바르 왕국의 왕으로 정치, 군사에 유능했으며 프랑스 절대 왕정 체재(앙시앵 레짐)의 초석을 닦아 놓은 왕으로 손자인 루이 14세와 더불어 대왕 칭호를 받은 2명 중 한 사람이다. 개신교(위그노)에게 자유를 선포한 〈낭트 칙령〉으로 유명하다. 위그노 전쟁으로 황폐해진 프랑스의 복구에 힘쓰던 중 가톨릭 광신도였던 프랑수아 라바이약에게 암살당했다. 일요일에는 반드시 모든 백성들이 닭고기를 먹을 수 있는 나라를 만들겠다는 말을 하면서 애민 정신이 있는 왕으로 신봉받았으나 50명이 넘는 정부를 거느린 여성 편력으로도 유명하다.

앙리 4세와 관련된 영화 | 여왕 마고(1994년, 원작 알렉상드르 뒤마, 주연 이자벨 아자니, 다니엘 오테유)

루이 14세 (1638년 출생, 1715년 사망)

다섯 살이 되기 전 왕위에 올라 이탈리아 추기경, 마자랭이 통치를 대신했으며 72년간의 치세를 하여 유럽의 군주 중 최장기 집권자로 기록되었다. 유럽의 열강을 상대로 플랑드르 전쟁, 아우크스부르크 동맹 전쟁, 스페인 계승 전쟁 등을 강행하면서 유럽의 주도권을 쥐었고 문학, 음악, 미술, 건축 등 예술의 모든 분야에 걸쳐 프랑스 문화의 독창성을 이루는 기초를 다졌다. 국왕의 권력은 신으로부터 받는 것이라는 왕권신수설을 주장했으며 '태양왕'으로 불렸다. 작은 키에 대한 컴플렉스로 최초로 하이힐을 신었고 귀족들이 이를 따라하면서 유행이 되었다. 50년간 총력을 기울이며 강력한 왕권을 뽐낼 수 있었던 베르사유 궁전에서 화려한 생활을 영위했고 왕비, 마리아 테레즈를 비롯하여 몽테스팡 여인, 맹트농 후작부인 등 복잡한 여자 관계로도 유명하다.

루이 14세와 관련된 장소 | 베르사유 궁전
루이 14세와 관련된 영화 | 아이언마스크(1998년, 감독 랜달 웰러스, 주연 레오나르도 디카프리오)

나폴레옹 (1769년 출생, 1821년 사망)

정식 이름은 나폴레옹 보나파르트. 프랑스 남부의 코르시카섬에서 태어난 이탈리아계 프랑스인으로 우리에게는 "나에게 불가능은 없다"라는 명언으로 유명하다. 1793년 영국군의 수중에 들어간 툴롱항을 포위하여 항구를 탈환하는 데 최초의 무훈을 세웠고 1799년 브뤼메르 18일의 쿠데타를 통해 집권에 성공했으며 1804년 12월 2일 스스로 황제에 올랐고 전략가로서 천재적인 재능을 보이며 유럽을 정복하고 프랑스 제1제국을 설립했다. 세계의 민법 관활에 큰 영향을 끼친 나폴레옹 법전과 물류와 교통 체계의 확립 등 여러 업적을 남겼으나 1812년 러시아와의 전쟁에서 패배하면서 쇠퇴의 길을 걷게 되었다. 1814년 영국, 러시아, 프러시아, 오스트리아군에 의해 파리를 점령당하고 엘바섬으로 유배되었다. 탈출하여 파리로 돌아갔다가 '100일 천하'라는 전설을 창조했지만 6월 워털루 전투에서 웰링턴에게 패하여 영국에 항복하였고 아프리카 대륙의 조그만 섬 세인트헬레나로 유배 가서 위암으로 생을 마감했다.

나폴레옹과 관련된 장소 | 앵발리드-루브르 박물관(나폴레옹의 대관식)
나폴레옹과 관련된 영화 | 나폴레옹(2023년, 감독 리들리 스콧, 주연 호아킨 피닉스)

샤를 드 골 (1890년 출생, 1970년 사망)

육군 사관학교를 졸업한 이후 1차 세계 대전에 참전하여 포로가 되었으나 여러 차례 탈옥에 성공했고 육군사관학교 전쟁사 교관을 지낸 페탱 원수의 부관으로 근무했다. 2차 세계 대전 당시 아라스 전투에서 기갑부대를 지휘한 군사 지도자로 탁월한 능력을 인정받았다. 프랑스가 독일에 항복하자 런던으로 망명하여 항전을 촉구하는 "6월 18일 호소"를 발표했으며 자유 프랑스와 연계하여 프랑스의 레지스탕스를 독려했으며 파리 해방 후에 샹젤리제 거리를 행렬했다. 1945년 6월 이후 1946년 1월까지 임시 정부 주석을 맡았고 1958년 1월 8일에 프랑스 제18대 대통령으로 취임했다. 독자적인 핵 무장, 미국 지휘하에 있는 북대서양 조약기구에서의 탈퇴 등 위대한 프랑스를 중심으로 유럽 민족주의를 부활시키기 위한 노력을 하면서 1965년 국민 투표에서 재선하였으나 1968년 5월 학생 혁명으로 촉발된 위기로 하야했다.

샤를 드 골과 관련된 장소 | 파리 샤를 드 골 광장, 샤를 드 골 공항
샤를 드 골과 관련된 영화 | 드 골(2020년, 감독 갸브리엘 르 보망, 주연 랑베르 윌슨, 팀 허드슨)

미술관 갈 때 알아두면 좋은
프랑스 대표 화가

루브르와 오르세 미술관을 비롯하여 파리에는 크고 작은 국립 미술관과 프라이빗 갤러리가 많으며 일 년 내내 전 세계 유명 작가들의 특별 전시가 끊이지 않고 열린다. 파리의 미술관 관람 시 알아두면 좋을 프랑스 대표 화가를 소개한다.

조르주 드 라 투르 Georges de La Tour

17세기 화가로 사실성을 기초로 한 뛰어난 화가다. 내면을 비추는 듯한 조용함이 충만한 그림에는 단순화된 성격으로 구성된 인물이 등장한다. 〈에이스 카드를 든 사기꾼〉이나 〈점쟁이〉와 같은 작품들은 뛰어난 표정 묘사를 보여준다.

자크 루이 다비드 Jacques-Louis David

파리에서 태어나 일찍부터 그림에 뛰어난 재질을 발휘했다. 역사화를 그려 고전주의 양식에 유력한 화가가 되었으며 근대 회화의 시조가 되었다. 나폴레옹이 황제가 된 후 궁정 화가가 되어 〈나폴레옹 1세의 대관식〉을 그렸다. 대표작으로는 〈호라티우스 형제의 맹세〉, 〈마라의 죽음〉과 같은 고전적 주제를 다룬 작품과 〈알프스 산맥을 넘는 나폴레옹〉 등이 있다.

폴 세잔 Paul cézanne

현대 미술의 아버지로 불리는 폴 세잔은 1839년 남프랑스의 엑상 프로방스에서 태어났다. 한 은행의 공동 창업자 아버지로부터 큰 유산을 상속받아 유복한 생활을 하였다. 아버지의 바람대로 법학을 공부했다가 그만두고 자신이 원하던 미술을 하기 위해 파리로 건너가 카미유 피사로를 만나 정물화, 인물화, 풍경화에 집중했다. 〈카드 놀이를 하는 사람〉, 〈생 빅투아르의 산〉 등이 있으며 사과를 자주 그려 뉴턴의 만유인력, 애플사 로고와 더불어 세계에서 가장 유명한 사과로도 유명하다.

폴 고갱 Paul Gauguin

파블로 피카소나 앙리 마티스와 같은 프랑스 아방가르드 작가들에게 영감을 준 탈인상주의 화가다. 한때 증권 중개인과 미술품 거래를 통해 많은 돈을 벌다가 화가가 되었다. 인상파 화가들이 모이는 카페에서 카미유 피사로와 만나 파리의 풍경을 그리기 시작했으며 1886년 브르타뉴의 퐁타방에서 여름을 보내며 풍경화를 계속 그렸다. 생애 마지막 10년을 타히티를 비롯한 프랑스령 폴리네시아에서 생활하며 작업했으며 이때 그린 작품들이 대표작이 되었다.

수잔 발라동 Suzanne Valadon

화가 모리스 위트릴로의 어머니로 주로 여성 누드와 정물 및 풍경을 그렸다. 몽마르트에 살던 가난한 어머니 밑에서 자라면서 야채 판매, 웨이트리스와 같은 다양한 직업을 경험했으며 서커스단에서 곡예사로 일한 경험도 있다. 2년 동안 툴루즈 로트렉과 연인이었으며 에드가 드가와 친구가 되었고 르누아르와도 어울리면서 많은 화가들의 뮤즈가 되었다. 부유한 은행가와 결혼하면서 전업 화가로 변신했다.

에드가 드가 Edgar Degas

파리의 부유한 가정에서 태어나 프랑스 최고의 명문 학교 중 하나인 루이 르 그랑을 졸업하고 법학을 공부하다 앵그르의 제자인 루이 라모트의 소개로 국립 미술학교에 입학했다. 루브르 박물관을 드라들며 거장들의 그림을 익혔고 뛰어난 데생 화가로 무용수들의 무대나 목욕하는 여성의 누드와 같은 움직임을 묘사하는 데 능했으며 초상화도 잘 그렸다. 인상주의의 창시자 중 한 사람으로 평가받고 있지만 그는 사실주의자라고 불리기를 원했다.

외젠 들라크루아 Eugène Delacroix

19세기 낭만주의 예술의 대표자로 꼽히는 들라크루아는 종교, 신화, 문학, 역사, 인물, 정물에 이르기까지 다양한 소재의 그림을 그렸다. 〈민중을 이끄는 자유의 여신〉, 〈사르다나팔루스의 죽음〉과 같은 주요 작품을 그렸으며 색의 광학적 효과에 대한 연구는 인상주의자들의 작업에 영향을 끼쳤고 이국적 취미에 대한 열정은 상징주의 운동의 예술가들에게 영향을 끼쳤다.

테오도르 제리코 Théodore Géricault

1793년에 태어난 테오도르 제리코는 낭만파의 선구자로 루벤스에게서 영향을 받았으며 들라크루아에게 영향을 주었다. 루앙의 부유한 가정에서 태어나 게랭이라는 화가에게 그림을 배웠으며 이탈리아에 여행 갔을 때 미켈란젤로의 천정화에 감명을 받았다. 1819년 〈메두사호의 뗏목〉이라는 대표작을 남겼다.

페르낭 레제 Fernand Léger

노르망디에서 출생하여 파리의 미술학교를 다니면서 마티스와 세잔의 영향을 받았다. 기계적인 동적미를 흡수하며 명쾌한 구도로 정물과 인물을 그려 추상화가의 길을 열었으며 순수 영화를 제작하는 영화인의 길을 걸었다. 대표작으로 〈결혼식〉, 〈아담과 이브〉 등이 있는데 말년의 작품에는 곡선을 자주 사용하고 동적인 구도를 취하여 심리적인 표현을 더했다.

프랑수아 오귀스트 르네 로댕 François Auguste René Rodin

살아 움직이는 듯 사실적인 조각 작품을 만들어냈으며 조각에 대한 인식을 회화와 같은 수준으로 끌어 올린 근대 조각의 아버지로 〈생각하는 사람〉, 〈깔레의 시민〉과 같은 대표작으로 유명하다. 제자 카미유 클로델과 연인의 관계로 대중적 관심을 끌기도 했으나 그녀는 로댕과 결별 후 정신이상자로 불운한 생을 마감했다.

라울 뒤피 Raoul Dufy

1877년 르 아브르에서 태어나 23세에 파리로 와 그림을 그리기 시작했다. 직물, 도자기 디자이너 사이에서 태어나 대차롭고 장식적인 스타일을 발전시킨 화가로 마티스의 작품에서 많은 영향을 받았다. 포비즘 운동에 참가한 이후 삶의 기쁨을 다채롭게 표현하는 화가가 되었으며 자칭 바캉스의 화가로 회귀했다.

오귀스트 르누아르 Auguste Renoir

1841년 리모주에서 가난한 노동자 가정에서 7남매 중 6남으로 태어났다. 세잔의 엄격한 화풍에 대비되는 아름답고 화려한 멋을 표현하는 대표적인 인상주의 화가다. 1862년 파리 국립 고등 미술학교 경쟁 시험에 합격했으며 모네, 시슬레 등과 우정을 쌓았다. 빛의 효과를 표현하는 것을 이해했으며 인물화를 선호했다. 대표작으로는 〈물랭 드라 갈레트의 무도회〉가 있다.

앙리 루소 Henri Rousseau

프랑스 마옌의 라발에서 태어나 독학으로 미술을 시작했으며 1884년 루브르 미술관에 나가 대가들의 그림을 모사하면서 미술관에서 모사 상도 받았다. 원초적인 세계에 대한 동경과 환상성, 강렬한 색채는 현대 예술의 거장 피카소, 아폴리네르 등에 영향을 끼쳤으며 대표작으로는 〈뱀을 부리는 여인〉, 〈시인의 영감〉 등이 있다.

에두아르 마네 Édouard Manet

1832년 파리의 부유한 가정에서 태어났다. 그의 아버지는 법관이었고 대부가 스웨덴의 왕태자였으며 어머니는 외교관 아버지를 둔 인텔리였다. 1853년부터 3년간 독일과 이탈리아 네덜란드를 여행하면서 네덜란드 화가 프란스 할스와 스페인의 화가인 디에고 벨라스케스, 고야의 영향을 받게 되었고 붓 터치에 힘을 빼고 표현을 간결하게 하여 중간 톤을 억제하였다. 대표작으로는 〈풀밭위의 점심 식사〉, 〈피리 부는 소년〉, 〈올랭피아〉 등이 있다.

앙리 마티스 Henri Matisse

파블로 피카소와 함께 20세기 최고의 화가로 꼽히는 20세기 야수파 화가다. 1893년 파리 국립 미술 학교에 들어가 귀스타브 모로에게서 사사받았고 피카소, 드랭 등과 함께 야수파 운동에 참여하여 중심 인물이 되었다. 피카소는 그를 두고 "앙리 마티스의 배 속에는 태양이 들어 있다."라고 말할 정도로 색채 감각을 인정했다. 표현 수단의 순수함을 재발견하는 용기를 고취하고 화가가 주체적으로 화면에 만들어 내는 색과 모양의 배합을 의미하는 긴밀한 질서를 만드는 포비즘을 위해 조형을 탐구했다.

클로드 모네 Claude Monet

1840년 파리에서 상인의 아들로 태어나 유년 시절을 항구 도시 르 아르브에서 보냈다. 부댕의 문하생으로 미술 교육을 시작했고 1859년 파리에 가서 피사로, 시슬레, 르누아르 등과 사귀면서 야외 빛을 담은 밝은 화풍의 마네에게서 영향을 받았다. 1871년 보불 전쟁 중에는 런던으로 건너가 그곳에서 터너 등의 작품에 영향을 받았으며 대표작으로는 〈인상, 해돋이〉가 있다.

귀스타브 모로 Gustave Moreau

그림을 시작하여 들라크루아의 화풍에 영향을 받았으며 역사와 신화에서 주제를 찾아 그렸다. 1857년부터 1859년까지 이탈리아를 여행하면서 신화적 주제를 모아 그림을 그리는 데 집중했으며 고대 그리스 신화에 나오는 인물과 일화를 통해 인간의 번민과 고통을 주제로 그려 상징주의를 대표하는 화가로 자리 잡았고 표현주의에도 영향을 끼친다.

장 프랑수아 밀레 Jean-François Millet

노르망디의 그레빌 아그에 있는 작은 마을 '그뤼시' 농가에서 태어나 어린 시절부터 농부들의 삶을 관찰하며 지냈다. 1840년 첫 작품이었던 초상화가 파리 살롱에 전시되면서 초상화가가 되었다. 아내가 폐병으로 죽고 새로 결혼한 카트린 르메르와 9명의 자식을 갖게 되었으며 테오도르 루소와 함께 바르비종 화파와 친구가 된다. 1857년에 그린 〈이삭 줍는 여인들〉을 통해 가난하고 멸시 받는 민중을 존귀하게 그렸으며 부유한 미국인 토머스의 청탁으로 그린 〈만종〉은 그의 대표작이다.

귀스타브 쿠르베 Gustave Courbet

1819년 부유한 농부의 아들로 태어나 1840년 파리에 법학을 공부하러 갔으나 포기하고 그림 그리기에 전념한다. 대표작으로는 〈샘〉, 〈오르낭의 매장〉, 〈세상의 근원〉과 같은 작품이 있으며 19세기 사실주의 화가로 꼽힌다.

앙리 툴루주 로트레크
Henri de Toulouse-Lautrec

프랑스 남부 알비의 귀족 집안에서 태어났으나 소년 시절에 다리를 다쳐 불구가 되었고 화가가 된 결심을 한 다음 파리에서 미술학교에 다녔다. 드가, 고흐와 친구가 되었으며 초상화, 서커스등을 그렸으며 파리의 유명 카바레인 물랭 주르 포스터를 그려 포스터를 예술적 차원으로 끌어 올렸다.

피에르 술라주 Pierre Soulages

프랑스의 화가이자 유럽 추상회화의 대가로 화려한 색채를 사용하지 않고도 캔버스 위에서 응고되는 물감의 물성을 탐색했으며 볼륨감 넘치는 붓질로 단순하고 거친 '검정'과 '빛'으로 자신의 예술을 표현했다. 일본의 전후 회화 경향인 구타이 미술과 한국의 단색화 등 동양의 추상 회화 분파에 영향을 주었다. 2019년 그의 작품은 960만 유로에 판매되어 살아 있는 프랑스 화가 중 최고 기록을 갱신했으며 2022년 102세의 나이로 생을 마감했다.

BEST OF
PARIS

베스트 오브 파리

파리의 전망 좋은 곳 베스트

고도 제한으로 높이가 일정한 건물(7층 정도)이 도시 전체에 안정적으로 세워진 파리의 스카이라인은 언제나 아름답다. 특히 석양의 모습을 앵글에 담으면 환상적인 기록으로 남을 테니 파리 여행 초반에 이들 장소를 방문해 보자.

에펠 탑 La Tour Eiffel

파리의 상징. 아래에서 올려다보는 에펠 탑도 아름답지만 전망대에서 내려다보는 파리 전경은 숨이 막힐 정도로 아름답다. 전망대에 오르면 비록 에펠 탑을 볼 수는 없지만 올라가 본 자만이 느낄 수 있는 희열을 느끼고 싶다면 반드시 도전해 보기를 추천한다.

스카이바 풀만 호텔
Skybar-Hotel Pullman

새 단장을 마치고 태어난 몽파르나스 풀만(Pullman Montparnasse)은 115m 높이로 주변의 몽파르나스 타워보다 높은 위치에 있다. 루프탑에서 칵테일 한 잔의 여유와 더불어 아름다운 파리를 만나보자. 미리 예약을 하고 갈 것을 권한다.

Add Hotel Pullman Montparnasse, 19 rue du commandant René Mouchotte 75014 Paris
Access M4, 6, 12, 13호선 Montparnasse Bienvenüe에서 도보 2분
Open 일~목요일 17:00~01:00, 금~토요일 17:00~02:00
Reservations 01 44 36 44 36, contact@skybarparis.com

앙드레 시트로앵 공원
Parc André Citroën

옛 시트로앵 자동차 회사의 공장이었던 곳이 멋진 공원으로 새로 태어났다. 파리 15구에 위치한 이 공원에는 열기구가 있다. Mnet의 〈파리에 잇지〉에서 Itzy 멤버들이 열기구를 타고 내려다 본 파리 풍경으로 각인된 곳으로 센강 주변 건물들을 중심으로 멀리 보이는 에펠 탑까지 한눈에 볼 수 있는 특별한 장소. 다만 강풍이나 폭우 등 일기에 따라 열기구 운영 여부가 달라지므로 아래 사이트를 통해 확인 후 가도록 한다. 주말에는 이용자가 많으므로 평일에 가야 줄을 오래 서지 않는다.

Add 2 rue Cauchy, 75015 Paris
Access RER C, 10호선 Javel- André Citroën에서 도보 5분
Open 매일 09:00~17:00
Web https://ballondeparis.com/infos-pratiques

르 투 파리 Le Tout Paris Cheval Blanc

블랙핑크 멤버들이 주로 묵었던 LVMH 그룹 소유의 슈발 블랑 호텔 꼭대기층에 마련된 브라스리로 호텔 7층에 위치해 있다. 몽마르트 언덕부터 에펠 탑까지 파리의 명소를 즐길 수 있으며 여유롭게 즐기는 프랑스 음식 또한 훌륭하다. 바&테라스도 동일 시간 운영하지만 여름에는 많은 사람들로 북적이므로 해 질 녘 칵테일을 즐기러 가려면 조금 일찍 가서 자리를 잡는 것이 좋다.

Add Cheval Blanc Paris 8 quai du Louvre 75001 Paris
Access M7호선 Pont neuf에서 도보 1분
Open 11:00~24:00 Web www.chevalblanc.com/fr/maison/paris/restaurants-et-bars/le-tout-paris

몽파르나스 타워 Tour Montparnasse

59층 전망대에서 내려다 보는 파리의 스카이라인이 아름다운 곳이다. 파리 약간 남쪽에 치우쳐 있어 에펠 탑을 비롯해 주요 명승지가 작게 보이는 것이 흠이지만 해 질 녘에 들르면 한 장의 엽서 같은 파리 전경을 담을 수 있다.

사이요 궁전 앞 트로카데로 광장
Place du Trocadéro

동틀 무렵부터 해질 때까지 스냅 사진사들과 일반들이 종일 몰려드는 에펠 탑 촬영 명소다. 위에서 내려다보이는 에펠 탑을 배경으로 기념 촬영을 하기에 최고의 장소지만 관광객을 노리는 소매치기와 야바위꾼이 기승을 부리므로 주의한다. 해 뜨는 시간이나 해 지는 시간을 인터넷으로 검색해서 그 시간에 맞춰 찍으면 더욱 환상적이다.

프렝탕 백화점 Printemps Hauumann

갸르니에 오페라 뒷편에 있는 프렝탕 백화점의 미용 생활관(Beauté maison), 옥상, 루프탑에서 바라보는 몽마르트쪽 전경이 아름답다. 쇼핑에 관심이 없는 사람도 쇼핑을 마치고 나서도 한번쯤 올라가서 맑은 공기를 마시며 파리를 눈에 담기에 좋은 장소다.

개선문 Arc de Trimphe

샹젤리제 거리 끝자락에 우뚝 선 개선문은 330개의 계단을 따라 전망대에 올라가서 주변을 조망할 수 있다. 12개로 펼쳐진 방사상 도로, 샤를 드 골 광장을 비롯하여 에펠 탑까지 볼 수 있으며 아름다운 샹젤리제 거리를 앵글에 담을 수 있다. 다만 234개의 계단을 걸어 올라가야 한다.

보니 레스토랑

Bonnie restaurant

센강 강가에 위치한 소 호텔(So Hotel) 루프탑에 위치한 레스토랑/바/클럽. 노트르담 성당과 생 루이섬, 멀리는 에펠 탑까지 한눈에 들어와 가장 로맨틱한 파리를 즐길 수 있는 장소로 최근에 등극했다. 1960-1970년대 전설적인 칵테일 리스트를 보유한 바는 예약없이 즐길 수 있다.

파리 최고의
인스타그램 스폿

에펠 탑 배경으로 기념 촬영을 하는 흔한 관광 사진 말고 내가 주인공이 되는 장소에서 촬영하여 SNS에 올리기 좋은 스폿을 공개한다. 다만 주택가의 조용한 골목에서 촬영할 때는 이웃 주민들의 일상에 방해되지 않도록 기본 에티켓을 지키는 것이 좋다. 한국인들이 많이 찾는 크레미외 거리는 관광객들이 몰려들자 많은 주민들이 촬영을 금하는 푯말을 집 밖에 내걸고 있는 실정이다.

테르모필 거리 La rue des Thermopyles

파리 14구에 플레장스 지역에 위치한 조용한 뒷골목으로 아름답게 장식된 꽃과 식물들이 좁은 골목길에 늘어서 있어 혼잡함에서 잠시 벗어나 산책하면서 사진 촬영을 하기에 안성맞춤이다.

뷔트 오 카이 Butte aux Cailles

파리 13구의 좁은 골목들이 아기자기하게 연결되는 곳으로 거리 곳곳에 그래피티를 비롯한 스트리트 아트 작품들이 다양하게 표현되어 있다. 관광객보다는 로컬들이 즐겨 찾는 장소로 저녁에 들르면 바에서 현지 젊은이들과 함께 어울려 가볍게 한 잔을 즐기기에 좋다.

팔레 르와얄, 콜론 드 뷔렌
Palais Royal, Les colonnes de Buren

현대 예술가로 유명세를 떨치고 있는 다니엘 뷔렌이 1986년에 만든 특별한 야외 조각 공간이다. 스트라이프 무늬로 된 260개의 원형 기둥이 있는 팔레 르와얄 초입에 위치한 광장에서 기념 촬영을 하는 사람들이 끊이지 않는 장소다.

라프 광장 Square Rapp

7구의 위치한 작은 광장으로 이 거리의 33번지는 20세기 초에 지어진 파리 스타일의 주택들과 아름답게 조각된 철문 뒤로 보이는 에펠 탑을 찍기 위해 많은 관광객들이 몰려든다.

비르하켐 다리 Pont de Bir-Hakeim

스냅 촬영을 하는 사람들로 오전부터 붐비는 아름다운 철골 구조의 다리. 영화 〈인셉션〉부터 아마존 프라임에 방영된 BTS의 제이홉이 출연한 다큐멘터리 〈HOPE ON THE STREET〉에도 등장하면서 더욱 유명해졌다.

사랑해 벽 Mur des je t'aime

몽마르트를 여행하는 사람들에게 명소가 된 이곳의 한쪽 벽면 타일 612개에는 전 세계 250개의 언어로 〈사랑해〉라는 단어가 311번 쓰여 있다. 연인들이 함께 방문하는 기념 촬영지로 특별히 사랑받는 장소.

크레미외 거리 Rue Crémieux

12구의 캥즈뱅(Quinze vingt) 지역에 위치한 주택가로 파스텔톤의 아름다운 건물들이 줄지어 있어 관광객들이 몰려 사진을 찍는 스폿으로 유명하다. 일부 집 바깥에는 사진 촬영 금지라는 안내가 붙어 있으니 사진 촬영을 할 때는 최대한 정숙을 유지하도록 한다.

파리의 아름다운 현대 건축물

전 세계 건축가들의 경연장과도 같은 특별한 건물이 많은 도시가 파리다. 장 누벨, 크리스티앙 포르트장파르크, 베르나르 츄미, 도미니크 페로를 비롯하여 프랑크 게리, 안도 타다오에 이르기까지 기라성 같은 현대 건축가들의 건물들이 도시 전체에 펼쳐져 있다. 그리고 그들의 건물 안에서 펼쳐지는 아름다운 선율의 음악, 위대한 작가들의 전시가 연중 계속해서 열리고 있다. 당신이 파리를 사랑해야 할 또 하나의 이유다.

필하모닉 파리
Philharmonie de Paris

클래식부터 재즈, 현대 음악까지 다양한 장르의 음악 공연이 열리는 콘서트홀로 파리 북쪽 19구에 위치해 있다. 프랑스 최고의 건축가 중 한 사람인 장 누벨이 건축했으며 새를 패턴화한 외관이 건물 외관을 뒤덮고 있다.

루이 비통 재단
Fondation Louis Vuitton

LVMH 그룹의 회장인 베르나르 아르노가 미국 건축가 프랑크 게리에 의뢰해서 지었다. 프랑스와 전 세계 예술가들을 후원하는 문화 예술 메세나 사업을 돕기 위해 만든 재단에서 운영하며 12개의 돛을 단 거대한 유리 배 모양으로 미술관은 물론 레스토랑, 서점, 강당등을 갖추고 있으며 20세기 이후의 현대 미술 작품 위주로 전시된다.

까르띠에 재단 Fondation Cartier

필하모닉 파리는 물론 아랍 문화원과 더불어 장 누벨이 설계한 파리 3대 건축물로 꼽히는 곳이다. 겹겹이 겹친 큰 유리벽과 나무들로 둘러싸여 거대한 숲을 연상케 하는 자연 친화적인 건물이 아름답다. 전시는 현존하는 현대 작가들 위주로 열리며 론 뮤엑, 데미언 허스트, 무라카미 다카시 등의 대형 전시가 열렸다.

피노 컬렉션 Pinault Collection

레알 지구에 위치한 구 파리 상업 거래소다. 미술 경매 회사 크리스티의 소유주이자 프랑스 명품 브랜드 '케링' 그룹의 소유주인 프랑수아 피노 회장이 제프 쿤스, 피카소를 비롯한 5천여 점 이상의 개인 컬렉션을 대중에게 공개하기 위해 문을 열었다. 이를 위해 세계적인 건축가 안도 타다오가 투입되었으며 최고급 디자인 조명과 혁신적인 조명 시스템으로 유명한 플로스(Flos) 조명이 쓰였다.

빌라 라로슈 Villa La Roche

코르뷔제의 친구이자 바젤 출신의 부호 은행가였던 독신 라로슈 씨의 주택으로 오른쪽의 주거 공간과 왼쪽의 갤러리 전시 공간으로 구성된 3층집이다. 건축의 5원칙을 주창하며 '현대 건축의 아버지'로 불리는 르 코르뷔지에가 에스프리 누보(새로운 정신)에 따라 새로운 건축을 시작한 초기 대표작 중 하나로 1925년에 준공했다.

〈에밀리 파리에 가다〉와 〈뤼팽〉 촬영지 따라잡기

넷플릭스 시리즈물 중 파리를 배경으로 촬영한 〈에밀리 파리에 가다〉와 〈뤼팽〉은 흥행에 큰 성공을 거두었다. 이들 시리즈에 등장하는 파리의 장소들을 소개한다.

〈에밀리 파리에 가다〉

시카고 길버트 그룹에 일하던 상사 대신 1년간 파리의 마케팅 회사 사부아르에서 일하게 된 미국인 에밀리, 그녀는 낭만의 도시 파리로 떠날 꿈에 부풀어 지내다 파리에 도착했다. 릴리 콜린스가 맡은 에밀리는 생기발랄하고 귀여운 외모와 캐릭터로 불어를 전혀 못 하는 설정이다. 프랑스 직원들과 일하며 겪게 되는 좌충우돌과 이해할 수 없는 미국과 프랑스의 문화 차이 그리고 이웃과의 복잡한 사랑과 우정의 순간을 경험하며 롤러코스터 같은 하루하루를 보낸다. 진부한 이야기로 뚜렷한 스토리 전개보다는 배우의 깜찍한 연기와 파리의 멋진 장소들이 등장해서 프랑스 여행을 하고 싶게 만든다. 〈에밀리 파리의 가다〉는 대흥행을 거둔 인기 미드 〈섹스 앤 더 시티〉의 제작자 대런 스타가 제작자로, 〈악마는 프라다를 입는다〉의 스타일리스트 패트리샤 필드가 의상 연출자로 참여했다.

에스트라파드 광장 주변
Place de l'Estrapade

팡테옹 근처에 있는 광장으로 주변에 국립 장식 미술학
교, 소르본 어학원 등 학교가 많아 늘 생기발랄한 학생들
의 발걸음이 끊이지 않는 지역이다. 광장에 있는 작은 분
수, 평범한 빵집으로 에밀리가 처음으로 팡 오 쇼콜라를
맛본 블랑제리 모던(Boulangerie Moderne) 빵집, 친구
들과 노닥거리며 수다를 떠는 동네 카페 누벨 메리(Café
de la nouvelle Mairie), 그녀가 사랑에 빠진 잘생긴 프
랑스 남자 가브리엘이 셰프로 일했던 테라 네라(Terra
Nera, 실제 레스토랑은 이탈리안 식당 Les deux Compères)
가 광장 근처에 모여 있다.

카페 드 플로러 Café de Flore

자신감에 가득찬 기호학 교수인 토마와 에밀리가 만나
는 장소로 두 사람은 여기를 장 폴 사르트르와 시몬 드
보부아르의 집이라 언급한다. 카페 뒤 마고와 더불어 지
성인들의 성소로 불리는 곳이다.

발루아 광장 Place Valois

에밀리가 일하는 사부아르라는 존재하지 않는 마케
팅 회사 주변의 장소는 코미디 프랑세즈 근처에 있다.
기 마르탕이 셰프로 있는 미슐랭 레스토랑 그랑(Grand
Véfour)나 에밀리가 동료들과 식사를 하는 비스트로 발
루아(Bistrot Valois) 정도가 있으며 팔레 르와얄(Palais
Royale)을 함께 돌아보면 된다.

몽마르트 주변

시즌 1에서 에밀리가 노닥거리며 시간을 보낸 라 메종
로즈(Maison la rose)에 들르거나 에밀리가 연인 알피,
친구 민디와 아침식사를 즐겼던 클레 드 라 뷔트(Relais
de la butte)에 갈 수 있다. 에밀리가 가브리엘과 만났던
아베스 광장(Place des Abbesses)도 걸어서 가기에 멀
지 않다.

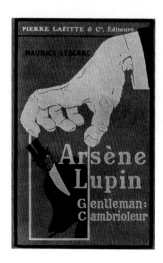

〈뤼팽〉

모리스 르블랑의 추리 소설 '아르센 뤼팽' 시리즈를 바탕으로 한 드라마로 원작을 재해석하여 무대를 파리로 옮겨왔다. 뤼팽 소설을 좋아하던 가난한 흑인 아이 아산 디오프가 부유한 펠레그리니가의 운전수로 일하던 아버지가 다이아몬드 목걸이를 훔쳤다는 누명을 쓰고 옥살이를 하다 자살하자 하나뿐인 아버지를 죽인 부유한 가족을 복수하는 스토리다. 아산은 아버지가 남기고 간 유일한 유산인 '아르센 뤼팽' 소설을 읽으며 뤼팽의 변장과 절도의 귀재가 되어 아버지의 누명을 벗기면서 사건을 해결해 나간다는 흥미진진한 내용. 영화 〈언더처블 : 1%의 우정〉으로 유명한 오마르 시(Omar Sy)가 주인공으로 열연한다.

루브르 박물관 Musée du Louvre

유리 피라미드와 루브르로 주인공 아산이 들어가는 장면에 등장한다. 아산이 아버지의 억울한 누명을 벗기기 위해 루브르 박물관 청소부로 취직한다. 경매에 나올 마리 앙트와네트의 목걸이를 훔치려 모의하는 장면에도 등장한다 잠깐이지만 루브르 박물관의 명화 〈민중을 이끄는 자유의 여신〉, 〈모나리자〉, 〈가나의 혼인잔치〉도 볼 수 있다.

니심 드 카몽도 박물관
Musée Nissim de Camonde

앤티크 가구와 샹들리에, 기품 넘치는 부르주아의 오브제들로 가득한 곳으로 극중에서는 갑부 펠르그리니의 집으로 등장한다.

생투앙 벼룩 시장
Maeché aux Saint Ouen

목걸이의 비밀을 밝히는 데 도움을 주는 아산
의 절친이 운영하는 골동품 시장이 등장한다.
오래된 앤티크 가구와 오브제들이 작은 박물
관을 연상케 하는 공간이 흥미롭다.

퐁데 자르 Pont des Arts

프랑스 한림원과 루브르 박물관을 잇는 차량
이 다닐 수 없는 인도교로 시즌 1, 1화에서 아
산은 아버지로부터 받은 아르센 뤼팽의 소설
을 아들에게 선물하는 것으로 끝난다.

뤽상부르 공원
Jardin du Luxembourg

오산이 줄리엣 펠레그리니와 만난 후 자전거
를 타고 도주하는 장면에 등장하는 파리 도심
의 오아시스와 같은 곳이다. 위기에 몰린 아
산이 변장을 한 채로 펠레그리니가의 딸과 다
시 만나 이야기를 하기 위해 들른 곳이기도
하다.

오르세 미술관 Musée d'Orsay

센강이 내려다보이는 오르세 미술관의 아름다운 대형 시계에서 줄리엣은 아산과 대화를 나누러 온다.

리슐리외 도서관 BNF Richelieu

루브르 박물관과 갸르니에 오페라 사이에 있는 국립 도서관 BNF에서 아산은 벤자민을 만난다.

카타콤 Les Catacombes

어린 아산과 벤자민이 상인에게 접근하는 장면에 등장하는 오래된 채석장을 이용해서 만든 지하 공동 묘지다.

르 뫼리스 호텔 Hotel le Meurice

줄리엣 펠레그리니가 어머니를 방문하기 위해 여기에 온다. 아산이 청소부 아줌마에게서 객실 카드를 훔쳐 펠리그리니와 대결하는 장면에도 등장한다.

퐁네프 다리 Pont Neuf

퐁네프 다리에서 젊은 아산과 벤의 회상 장면이 나온다.

프랑스 공인 가이드, 정남희가 내는
파리 상식 퀴즈

1. 에투왈 광장에 있는 개선문에 새겨진 전투의 이름은 몇 개일까요?

2. 콩코르드 광장에 있는 2개의 분수는 어떤 분수를 본떠 만들었을까요?

3. 파리에서 가장 짧은 거리는?

4. 파리에는 몇 개의 구로 나뉘어 있으며 무엇을 닮았나요?

5. 파리에서 가장 오래된 성당은 언제 지어졌나요?

6. 거리에 주소가 매겨진 것은 언제부터일까요?

7. 파리에는 개선문이 몇 개 있을까요?

8. 프랑스의 수도를 파리로 만든 것은 어떤 왕때부터일까요?

9. 파리에 최초의 전신전화 시설이 설치된 것은 언제부터일까요?

10. 음악가 드뷔시는 언제 어디서 죽었을까요?

11. 파리에 가로등이 최초로 설치된 것은 언제부터일까요?

12. 에투왈 광장의 개선문은 몇 년 만에 공사가 마무리되었을까요?

13. 파리에서 가장 오래된 다리는 언제 지어졌나요?

14. 에펠 탑을 지은 귀스타브 에펠이 지은 백화점은 어디일까요?

15. 파리에서 메트로가 처음 개통된 시기는 언제인가요?

16. 앵발리드의 반짝이는 돔 지붕은 금으로 만들었나요?

17. 파리에는 묘지도 관광 명소라고 들었습니다. 어떤 곳이 있나요?

정답 ①개선문에는 128개의 전투의 명칭이 표시돼 있습니다. ②바티칸의 생 피에르 광장에 있는 분수를 모방해서 만들었습니다. ③2구에 위치한 rue des Degrés로 불과 7m밖에 되지 않습니다. ④파리는 역사가 시작된 시테섬 주변을 1구로 정했으며 오른쪽에서 왼쪽으로 원을 그리며 뱅글뱅글 돌면서 20구까지 행정구역이 정해졌습니다. 마치 달팽이의 모양과도 닮았다고 이야기합니다. ⑤생 제르맹 데 프레 성당(Saint Germain des prés)입니다. 동쪽에 위치한 탑은 11세기에 세워진 것이 것을 시작으로 1163년에 완성되었습니다. ⑥파리에 지금처럼 주소가(번지수가) 매겨진 것은 1805년부터입니다. ⑦4개의 개선문이 있습니다. 1872년에 지어진 생드니 문이 있고 1674년에 지어진 생 마르탱 문이 있습니다. 그 밖에 에투왈 광장에 있는 개선문과 튀일리 공원 초입에 있는 카루젤 개선문이 있습니다. ⑧클로비스 황제가 508년에 파리를 프랑스의 수도로 정했습니다. ⑨1879년 9월 8일 파리에 최초의 전신 전화 시설이 설치되었습니다. 유럽에서는 최초라 할 수 있습니다. ⑩1918년 3월 26일에 드뷔시는 숨을 거두었습니다. 24 square du Bois de Boulogne에서였습니다. ⑪1844년 12월에 콩코르드 광장에 처음 가로등이 설치되

었으며 1848년 7월에 루브르에, 1861년에는 팔레 르와얄에 최초의 가스등이 설치되었습니다. ⑫1806년에 처음 지어지기 시작했으나 건축가 샬그랭이 1811년에 사망하면서 잠시 공사가 중단되었다가 1823년 공사가 재개되어 13년이 지난 1836년 7월 29일에 루이 필립 왕이 완공식에 참석했습니다. ⑬퐁네프 다리입니다. 1578년에 앙리 3세 시기에 처음 지어졌으며 앙리 4세 시기에 완성되었습니다. 처음에는 다리 위에 건물을 지었습니다. ⑭1876년에 지은 봉 마르셰 백화점입니다. 세계에서 최초로 정찰제와 배달제를 시행한 백화점이기도 합니다. ⑮1900년 7월 파리 메트로는 1개 노선을 시작으로 그 역사가 시작되었습니다. 브레타뉴 태생의 퓔젠스 비엥브뉘라는 엔지니어가 설계에 참여했습니다. 지금의 1호선에 해당하는 Porte Vincennes-Porte Maillot 구간이 개통되었습니다. ⑯나폴레옹의 무덤이 있는 앵발리드 교회의 돔 지붕은 555,000겹의 금박을 겹쳐서 만들었습니다. ⑰파리 동쪽에 페르 라셰즈라는 묘지가 가장 유명합니다. 소설가 마르셀 프루스트, 화가 들라크루아, 음악가 비제, 극작가 오스카 와일드, 샹숑가수 에디트 피아프, 대중 가수 짐 모리슨과 같은 유명인사들이 묻혀 있습니다.

파리의
아름다운 밤을
선사할 재즈 바

파리의 밤은 낮보다 아름답고 매력적인 음악은 하루의 긴장과 피로를 풀어주기에 충분하다. 편안한 분위기에서 즐길 수 있는 파리의 재즈바에서는 단순히 저녁에 한잔하는 것뿐 아니라 정상급 재즈 뮤지션들의 음악을 들을 수 있다. 한국이 낳은 세계적 재즈 보컬리스트 나윤선 님을 알린 재즈바에 들러 감미로운 선율 속에서 칵테일이나 와인 한 잔으로 하루를 마무리하면 어떨까.

뒥 데 롬바르 Duc des Lombards

프랑스를 대표하는 재즈 라디오 방송 〈TSF JAZZ〉의 소유자인 제라르 브레몽이 사들이면서 블루 노트를 모델로 리모델링했다. 재즈 라디오 실황이 녹음되는 파리에서 가장 유명한 재즈 클럽으로 재즈바가 위치한 거리에서 이름을 따왔다. 마크 토마스(Marc Thomas), 막시앙 솔랄(Martial Solal), 베니 골슨(Benny Golson), 알도 로마노(Aldo Romano), 에릭(Erik), 앙리 텍시에(Henri Texier)를 비롯한 세계적인 뮤지션들의 연주가 계속된다.

Access Access Châtelet에서 도보 4분 Add 42 rue des Lombards 75001 Paris
Open 월~토요일 19:30~22:00, 첫 번째 콘서트 19:00 두 번째 콘서트 22:00(콘서트 30분 전 입장 가능하며 음료를 즐길 수 있다), 공연 시간은 75분
Price €29~42 Web https://ducdeslombards.com

카보 드 라 위셰트 Caveau de la Huchette

1551년 이전 장미 십자회와 기사단의 만남의 장소였으며 프리메이슨의 비밀 모임 장소로 쓰이던 건물 지하에 위치한 재즈바로 2차 세계 대전이 끝난 후 미군들을 통해 상륙한 재즈, 블루스, 스윙 연주를 들을 수 있는 명소로 자리 잡았다. 동굴처럼 생긴 특별한 분위기인 이곳은 프랑스 혁명 당시 감옥으로도 이용되었다. 지하 1층 바에서 간단히 한잔한 다음 밴드들이 연주하는 무대로 내려가서 음악을 감상할 수 있으며 관객들이 플로워에서 춤을 출 수도 있다. 〈라라랜드〉에 등장하면서 더욱 유명해진 곳이다.

Access RER B,C, 4호선 Saint Michel-Notre Dame에서 도보 3분 Add 5 rue de la Huchette
Open 21:00~ Price 일~목요일 €13, 토/축제일 전날 €15, 만 25세 이하 €10
Web www.caveaudelahuchette.fr

선 셋-선 사이드 Sunset-Sunside

1983년에 처음 문을 연 재즈 클럽으로 뒥 데 롬바르와 같은 거리에 위치한 재즈 매니아들의 성지. 제리 베르곤지(Jerry Bergonzi), 파코 세리(Paco Séry), 하비 콜트란(Ravi Coltrane), 크리스티앙 반데르(Christian Vander), 스테브 라시(Steve Lacy), 디디에 록우드(Didier Lockwood), 다브 리에만(Dave Liebman), 스테파노 디 바티스타(Stefano Di Battista), 대한민국을 대표하는 재즈 보컬리스트 나윤선 및 유명 뮤지션들을 불러 모으며 재즈 매니아들의 한결같

은 사랑을 받고 있다. 선 사이드가 0층에 선셋은 지하 1층에 있다. 나윤선과 그의 뒤를 잇는 손모은 프로젝트가 무대에 서는 장소로도 알려져 있다.

Access Châtelet에서 도보 4분   Add 60 rue des Lombards, 75001 Paris
Price 공연에 따라 상이   Web www.sunset-sunside.com

뉴 모닝 New Morning

과거 〈파리지엔〉 일간지를 인쇄하던 인쇄소에 자리잡은 전설적인 재즈 클럽 중 하나로 니나 시몬(Nina Simone)부터 쳇 베이커(Chet Baker), 레이 바렛토(Ray Baretto), 스탄 겟츠(Stan Getz), 매코이 티너(McCoy Tyner)까지 재즈계의 유명인사들을 초대해 공연했으며 지금은 재즈뿐 아니라 다양한 라인업의 뮤지션을 불러들여 수준급 공연을 펼치는 것으로 유명하다.

Access M4호선 Château d'eau에서 도보 3분   Add 7/9R des Petites Ecuries 75010 Paris
Price 공연에 따라 상이   Web www.newmorning.com

TIP

프랑스 유일의 재즈 라디오 방송 TSF Jazz

1982년에 창설한 프랑스 유일의 재즈 라디오 방송으로 라디오 또는 애플리케이션을 통해 뒥 데 롬바르를 비롯하여 유명한 재즈 바나 공연장에서 연주하는 세계 정상급 연주자들의 실황이나 재즈 음악을 24시간 들을 수 있다.

걸어야 제맛인 파리

서울 면적의 1/5 정도의 파리는 북쪽 끝에서 시작하여 남쪽 끝까지 도보로 걷는데 2시간 30분 정도 소요될 정도로 아담한 규모여서 걷기에 좋다. 친환경 도시로 거듭나기 위해 자전거 전용 도로를 확충하는 한편 도심의 공해를 유발하는 디젤 차량의 출입이 제한되는 등 이달고 시장의 강력한 정책들이 시행되고 있어 도보 여행자들에게 환영받고 있다. 파리의 골목을 누비며 느끼는 파리, 생각하면서 걷게 되는 길에서 찾을 수 있는 행복을 맞이할 준비가 되어 있다면 파리와 사랑에 빠질 것이다.

4일간 걸어서 보는 파리 추천 일정

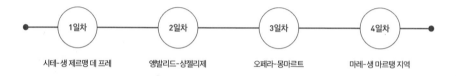

1일차	2일차	3일차	4일차
시테-생 제르맹 데 프레	앵발리드-샹젤리제	오페라-몽마르트	마레-생 마르탱 지역

1일차

파리의 역사가 시작된 시테섬에서 일정을 시작한다. 노트르담 대성당 앞에 있는 작은 동판인 포앵 제로(Point Zéro)에 뒤꿈치를 대고 한바퀴를 돌고 다면 다시 파리를 찾는 행운이 찾아 온다고 하니 이를 실행하고 화재의 아픔을 겪었지만 전 국민의 모금에 의해 다시 원래 모습을 되찾게 된 노트르담 성당을 시작으로 아름다운 스테인드글라스가 성서의 이야기를 말해주는 고딕 양식의 생 샤펠 성당, 중세 태피스트리와 고대 로마 욕장이 있는 중세 미술관을 돌아보고는 지성인들이 거리를 활보하는 생 제르맹 데 프레 거리를 돌아본다. 문학 카페의 대성사로 불리는 '카페 뒤 마고'나 '카페 데 플로러'는 음료나 음식 가격은 비싼 편이지만 문화계 인사들이 드나들었던 명소답게 지금도 테라스에 앉아 활기찬 토론을 하는 사람들로 언제나 문전성시를 이룬다. 카페에서 눅진한 핫 초콜릿이나 커피 한 잔을 즐기고 나서는 세계에서 가장 오래된 백화점인 봉 마르셰 백화점에 들러 쇼핑을 즐기는 것으로 하루를 마무리한다.

2일차

아름다운 정원 안에 가득한 천재 조각가, 로댕의 작품을 감상할 수 있는 7구의 로댕 박물관에서 하루를 시작한다. 7구는 대한민국 대사관을 비롯하여 외교 공관과 프랑스 정부 부처의 건물들이 줄지어 있어 늘 안전이 보장되는 지역이다. 인근의 앵발리드는 프랑스 하면 떠오르는 인물인 나폴레옹의 유해가 안장된 무덤과 과거에 전쟁에서 부상당한 병사들의 치료를 돕기 위해 만들어진 병원 기능이 축소된 대신에 군사 박물관이 들어서 프랑스의 군사 역사를 살펴볼 수 있다. 앵발리드에서 센강 쪽으로 발길을 돌리면 파리에서 가장 아름다운 황금색으로 치장된 알렉산드로 3세 다리를 지나게 되고 우측에는 파리시가 운영하는 명화 컬렉션과 만날 수 있는 프티 팔레와 맞은편에 있는 전시장 그랑 팔레가 있다. 아르누보 양식으로 지어진 철골과 유리 구조의 아름다운 건축물인 그랑 팔레에서는 샤넬의 패션쇼, 현대 미술의 대가들의 작품을 전시하는 FIAC과 같은 행사가 열리며 건물을 나오면 샹젤리제 거리와 연결된다. 여기에서 서쪽으로 걸으면 개선문이 나온다. 개선문을 따라 걸으며 유명 마카롱 숍인 라 뒤레, 피에르 에르메 등에 들러 가볍게 티타임을 즐기며 달콤한 파리를 즐긴 다음 개선문에 올라 아름다운 샹젤리제 거리와 멀리 보이는 에펠 탑을 함께 살펴본 다음 내려와서 클레베 거리(Avenue Kléber)를 따라 에펠 탑을 가장 제대로 바라보며 기념 촬영을 할 수 있는 사이요 궁전(Palais Chaillot)과 에펠 탑 전망대에 오르는 것으로 일정을 마무리한다.

3일차

'웨딩 케이크' 라는 별명이 붙은 갸르니에 오페라 극장 내부는 샤갈이 그린 천정화, '꿈의 꽃다발'을 비롯해서 베르사유 궁전 못지 않게 화려하고 우아한 실내를 돌아본 후에 몽마르트 언덕쪽으로 향한다. 가는 길에 귀스타브 모로 박물관이나 로맨틱 박물관 중 관심이 있는 장소를 경유하거나 인스타그램에 자주 소개되는 사랑해 벽을 지나 초상화를 그려주는 화가들이 모여 있는 테르트르 광장을 가도 좋다. 사크레쾨르 성당을 방문해 계단에 앉아 파리 전경을 감사하는 것으로 하루를 마감하거나 저녁이라면 테르트르 광장 근처 카페에서 와인 한 잔을 즐기는 것도 좋다.

4일차

합리적인 가격대의 디자이너 브랜드와 아기자기한 숍, 멋쟁이들이 즐겨 찾는 바, 프렌치를 즐기기에 좋은 비스트로가 모여 있는 마레 지역을 걸어 보자. 우리나라에도 매니아층이 많은 편집 매장, 메르시 숍을 시작으로 아미(Ami) 부티크, 메종 키츠네(Maison Kitsuné) 등이 있으며 카페로는 더 커피(The Coffee), 누아(Noir)를 추천한다. 파리의 역사에 관심 있는 사람이라면 카르나발레 박물관(Musée Carnavalet), 피카소를 사랑한다면 피카소 박물관(Musée Picasso)을 함께 코스에 포함시키는 것도 좋다. 마레 지역이 관광객들이 많아 꺼려진다면 이웃한 카날 생마르탱(Canal St. Martin) 운하 주변을 살펴보는 것도 좋다. 이 지역에는 뒤 팡 에 데 지데(Du Pain et des idées)와 같은 빵집에 들르거나 이국적인 분위기의 바인 콤트와 제네럴(Le Comptoir genéral)에서 시간을 보내는 특별한 경험을 할 수 있다. 내추럴 와인 매니아라면 파리에 내추럴 와인 열풍을 몰고 온 베흐 볼레(Verre volé)에서 와인과 저녁 식사를 즐길 것을 권한다.

럭셔리 브랜드 플래그십 스토어에서 쇼핑하기

예술성과 장인 정신을 의미하는 명품의 나라, 프랑스에서 과시를 목적으로 하는 소비 행태는 찾아보기 어렵다. 뽐내기 위한 명품 소비를 하지 않을 뿐 아니라 사치품 없이도 자신의 고유한 스타일을 즐겁게 선보인다. 연간 300조원에 달하는 세계 명품 시장의 27.4%가 프랑스 브랜드이며 프랑스 명품 산업은 프랑스 전체 수출액의 15%를 차지할 정도로 프랑스의 주요 산업으로 발전해 왔다. 매년 가파른 성장을 하고 있는 프랑스의 대표 럭셔리 브랜드의 플래그십 스토어를 방문해 보자.

6대째 이어온 패션계의 롤스로이스
에르메스 Hermés

안장과 고급 승마 가죽 제품으로 시작한 이 브랜드는 1801년 태어난 티에리 에르메스가 가죽 제조 기술을 배운 후 1837년 파리에 최초의 공방을 열면서 그 역사가 시작되었다. 그의 아들 샤를 에밀 에르메스가 지금의 플래그십 스토어가 있는 포부르 생토노레로 매장을 이전하고 전 세계 귀족들의 마구와 안장의 주문 제작을 맡기 시작하면서 명성을 떨치기 시작했다. 1935년에 처음 제작된 삭 아 데페슈(Sac à dépches)는 배우에서 모나코 왕비가 된 그레이스 켈리가 임신한 배를 가리기 위해 이 백을 들고 있는 사진이 미국의 라이프 매거진 표지에 실리면서 전 세계적으로 수요가 급증했고 에르메스는 1977년에 이 백의 이름을 '켈리백'으로 변경했다. 에르메스의 또 다른 스테디셀러 버킨백의 탄생은 이랬다. 1984년 여배우이자 가수인 제인 버킨이 파리에서 런던으로 가는 비행기에서 에르메스 CEO인 장 루이 뒤마 옆 자리에 앉았는데 짐칸에 가방을 넣으려다 내용물이 쏟아졌고 가죽으로 된 마음에 드는 가방을 마련하고 싶다는 말을 듣고 뒤마가 그녀를 위해 가방을 만들어 선물하며 시작되었다. 다만 켈리백과 버킨백은 3년간 대기줄이 설 정도로 구입하기 어려운 아이템이다. 더블 페이스 프린트로 처리된 에르메스의 스카프나 넥타이, 향수 정도는 그나마 구입이 용이하며 선물용으로 적합하다. 사실상 구입이 거의 불가능하나 가끔 예약 취소된 것을 득템할 수 있으니 방문을 원하는 전날 다음 사이트(https://rendezvousparis.hermes.com)를 통해 예약을 하고 기다리면 구매 가능 여부를 안내받을 수 있다.

Access M8, 12, 14호선 Madeline에서 도보 6분   Add 24 rue du Faubourg Saint-Honoré 75008 Paris
Open 월~토요일 10:30~18:30   Web www.hermes.com

샤테크로 더욱 인기 있는 브랜드

샤넬 Chanel

1913년 가브리엘 샤넬이 프랑스에 설립한 브랜드다. 가난
한 집안에서 태어나 수녀원에서 7년간 봉제를 배운 이후
도시로 도망쳐 봉제 회사와 가수 지망생으로 일하던 그녀
가 자주 불렀던 노래가 〈코코리코(Ko ko ri ko)〉여서 지인
들이 그녀를 코코 샤넬이라 부르기 시작했다. 1910년에 캉
봉 거리에 모자 가게를 열었고 유명 여배우 가브리엘 도르
지아가 샤넬의 모자를 쓰면서 유명해졌다. 가브리엘 샤넬
은 프랑스의 항구 도시, 도빌에 새 부티크를 열었으며 1921년 조향사 에르스트 보와 함께 샤넬 넘버 5 향수를 론칭했다.
클래식 라인 중에 굵은 체인이 볼드한 느낌을 주는 클래식 미디엄, 코코 핸들, 클래식(샤넬) 플랩백, 가브리엘 스몰 호보백
과 같은 제품들이 인기 있다. 리셀러들에게 인기 있을 뿐 아니라 구입 후 몇 년 후에 팔아도 매년 오르는 가격 때문에 손
해 보지 않고 중고 거래를 할 수 있으며 주식 거래보다 높은 수익률을 보인다고 인기 있어 샤테크를 하는 여행자들도 늘
고 있다.

Access M8, 12, 14호선 Madeline에서 도보 6분   Add 31 rue Cambon 75001 Paris
Open 10:00~19:00   Web https://services.chanel.com

MZ 세대들에게 각광받는 브랜드

고야드 Goyard

1792년 피에르 프랑수아 마르탱이 창업한 이후 3대에 걸
쳐 160년의 세월동안 사랑받아 온 프랑스를 대표하는 가
방 브랜드다. 3개의 셰브론이 모인 고야드 패턴 형태로 유
명하며 트렁크 판매로 시작했다. 여행용으로 뛰어난 내구
성과 멋진 스타일의 트렁크는 코코 샤넬, 피카소, 헤밍웨이
부터 칼 라거펠트까지 이용할 정도로 많은 위인들의 사랑
을 받았으며 최근에는 니키 힐튼, 애슐리 티스데일 등 할리
우드 스타들이 애정하는 브랜드로 알려져 있다. 커다란 사
이즈와 여유로운 수납 공간으로 실용성이 높은 베스트셀
러인 생 루이백과 '하디'라는 고양이를 운반하기 위해 만들
어졌다가 데일리백으로 사랑받고 있는 하디백, 다양한 컬
러와 디테일로 유명한 고야드 벨베데르 백 등이 꾸준한 사
랑을 받고 있다.

Access M1호선 Concorde에서 도보 7분   Add 233 rue Saint Honoré 75001 Paris
Open 월~토요일 10:00~19:00   Web www.goyard.com

럭셔리 패션의 대표 주자
루이 비통 Louis Vuitton

1854년 파리의 작은 가죽 공방에서 시작한 프랑스의 패션 브
랜드다. 여행용 가방과 트렁크를 전문으로 제작한 것을 시작
으로 캔버스 천에 풀을 먹여 방수 처리한 그레이 트리아농캔
버스를 사용해 차에 실을 수 있는 사각형 모양의 트렁크를 개
발하여 헤밍웨이 원저공 부부 등으로부터 사랑을 받으며 유
명해졌다. 창업자인 루이 뷔통의 아들 조르주 비통이 경영을
이어받으며 모노그램 캔버스를 개발했다. 1997년 의류와 가
방 라인의 디렉터로 입사한 마크 제이콥스가 브랜드의 이미지를 혁신시키는 데 공로를 세웠으며 이후에도 존 갈리아노,
마르지엘라, 나콜라 제스키에르 등 다양한 디자이너와 협업하며 브랜드를 탄탄히 다져왔다. 인기 아이템으로는 토트백
이지만 스트랩을 연결하여 크로스백으로 멜 수 있는 알마 BB모노그램, 클러치 형태의 바디에 가죽 스트랩과 체인을 걸
어 이용하는 페이보릿 MM 모노그램, 강남 아줌마들의 기저귀 가방으로 유명한 네버풀 등이 있다.

Access M1호선 George V에서 도보 1분   Add 101 Avenue des Champs Elysées 75008 Paris
Open 10:00~20:00   Web https://fr.louisvuitton.com/

20세기 레전드 디자이너의 혁신에 반하다
생 로랑 Saint Laurent

1936년 알제리에서 태어난 이브 앙리 도나 마티유 생 로랑 디자이
너의 이름에서 브랜드 이름이 태어났다. 프랑스의 의상조합에서 공
부하다 여러 대회에 입상하면서 보그 편집장 미셸의 소개로 디올
의 어시스턴스로 일하던 중 수석 디자이너가 심장마비로 사망하면
서 수석 디자이너로 떠올랐다. 상류층을 위한 보수적인 패션에 염증
을 느끼며 파격적인 행보를 이어가던 그에 대한 비판이 일자 디올의
소유주였던 마르셀 부삭이 그에게 군대를 권유했지만 그는 3주만에
신경쇠약으로 정신병원에 입원했고 디올의 디자이너도 새로 임명된
다. 충격에 빠진 생로랑의 희망이 된 인물이 연인 피에르 베르제였
다. 그의 도움으로 1961년 이브 생 로랑 브랜드가 태어났다. 몬드리
안 드레스, 앤디 워홀의 팝 아트 의상 등 패션을 예술로 승화시킨 파
격적인 스타일 이후 여성에게 옷이 아닌 자유를 입힌다는 그의 철학은 여성들에게 인기를 얻었다. 여성에게 턱시도와 바
지를 입힌 시도로 대표되는 스모킹 룩과 시스루 룩은 여성 해방 운동에 큰 힘을 실어다 주었으며 그는 2008년 뇌종양으
로 생을 마쳤다. 생 로랑의 인기 아이템으로는 2018년 크리에이티브 디렉터가 된 안토니 바카렐로가 디자인한 제이미
체인 숄더백, 우아한 느낌의 케이트 숄더백, 카메라 가방을 모델로 한 미니 숄더백인 생로랑 루백 등이 있다.

Access M1호선 George V에서 도보 2분   Add 123 Avenue des Champs Elysées 75008 Paris
Open 월~토요일 10:30~20:00, 일요일 11:00~18:00   Web www.ysl.com

세련된 이미지로 사랑받는 브랜드

디올 Dior

노르망디의 그랑빌의 유복한 부모 사이에서 태어난 디올은 1946년 파리의 몽네뉴 거리에 자신의 부티크를 열었다. 어깨는 좁고 부드럽게 경사진 형태에 코르셋을 착용하여 허리를 가늘게 조인 허리선과 허리 아래 재킷은 부드럽게 곡선으로 듬뿍 모양으로 놓여지도록 패드가 덧대어졌고 스커트의 길이는 무릎 아래로 길고 풍성한 느낌의 뉴룩으로 대단한 히트를 했다. 그러나 디올이 1957년에 갑자기 사망하면서 21세의 생 로랑이 디올의 수석 디자이너가 되었으며 이후 지안 프랑코 페레, 존 갈리아노, 라프 시몬즈, 크리스 반 아셰 등 쟁쟁한 디자이너들이 독창적인 디자인과 고전적인 여성미의 극치를 보여주며 디올의 세련된 이미지를 이끌었다. 지금은 마리아 그라치아 치우리가 수석 디자이너로 활약하고 있다. 인기 아이템으로는 새들 나노 파우치, 레이디 디올 나노 파우치, 디올 오블리크 새들백 숄더백, 디올 토트백 오블리크 자수 41사이즈, 레이디 디올 등이 있다.

Access M1호선 Champs Elysées Clemenceau에서 도보 7분   Add 53 Avenue Montainge 75008 Paris
Open 10:30~19:30   Web www.dior.com

창의성과 실험 정신으로 젊은이들에게 인기

발렌시아가 Balenciaga

오트 쿠튀르계의 예술가로 동시대의 디자이너들로부터 칭송받아온 크리스토발 발렌시아가는 작품 하나하나에 온 열정을 쏟았던 디자이너다. 작은 어촌마을 재봉사였던 어머니를 돕다가 스페인의 대표적인 휴양지인 산 세바스티앙에 자신의 부티크를 열어 부자들의 마음을 사로잡던 중 스페인 내전이 일어나자 파리로 활동 무대를 옮겼다. 패턴, 재단, 재봉까지 옷이 만들어지는 전 과정을 직접 수행할 능력을 갖추었지만 기성복의 인기보다는 자신의 철학이 뚜렷한 아티스트에 가까웠다. 1997년 25세의 나이로 발렌시아가를 맡게 된 니콜라 제스키에르가 디자인한 모터 사이클 시티백이 셀렙들 사이에서 '잇백'으로 떠올랐다. 구찌, 생로랑 등을 인수하며 럭셔리 사업을 확장 중이던 케어링 그룹에 흡수되면서 루이 비통으로 자리를 옮긴 디자이너의 공백을 채우려 도회적이고 시크한 뉴욕 패션계의 스타, 알렉산더 왕을 영입했으나 3년 후 다시 신진 디자이너 뎀나 그바살리아가 바통을 이어받는다. '베트멍'이라는 스트리트 스타일의 하이 패션 브랜드로 세상을 놀라게 했던 그의 창의성과 실험 정신으로 젊은 고객을 확보하면서 볼륨 있는 아우터, 조형적인 디자인의 코트로 호평을 받았다. '어글리 슈즈'나 '스피드 러너' 같은 독특한 형태의 신발과 고급스러운 시티 이미지의 '시티백' 등은 우리나라에서도 큰 인기를 얻었다.

Access M1호선 Tuileries에서 도보 3분   Add 336 rue Saint honoré 75001 Paris
Open 월~금요일 10:00~19:30, 토요일 11:00~19:00   Web www.balenciaga.com

쇼핑 고수를 위한
파리 시내&외곽
아웃렛 탐험

프렌치 시크 스타일을 보여주는 자딕 볼테르, 메종 키츠네, 마주 등의 아웃렛 매장이 파리 시내에 있다는 사실을 아는 이가 별로 없다. 파리 외곽에 있는 아웃렛 매장에 갈 시간이 없을 때 가볼 만하다.

파리 시내&외곽 아웃렛들은 연중 30~60% 할인 판매하므로 자신이 좋아하는 브랜드가 있다면 놓치지 말자. 그 밖에 무통 아 생크 파트나 피신은 유명 브랜드의 멀티 브랜드 할인 매장이다. 마르지엘라, 디스커드2, 스코치 소다에 이르기까지 다양한 브랜드를 파격적인 가격에 살 수 있으나 부지런히 발품을 팔아 보자.

파리 근교 아웃렛

빌라주 드 마크 파리 지베르니 Village de Marques Paris-Giverny
Vs 라 발레 빌리지 La Vallée village

멕 아더 글렌은 전 세계에 체인망을 두고 있는 아웃렛계의 유명 브랜드다. 최근 지베르니 근처에 문을 연 빌라주 드 마크 파리와 오랫동안 한국인들에게 사랑받아온 라 발레 빌리지가 대표적이다. 후발 주자인 빌라주 드 마크 파리는 라 발레 빌리지보다 거리가 먼 대신 스포츠, 주방 유명 브랜드가 있으며 공격적인 마케팅을 펼치는 중이다. 라 발레 빌리지에 비해 덜 알려져 좋은 물건을 살 수 있는 확률이 조금 더 높다.

빌라주 드 마크 파리 Village de Marques Paris-Givern

2023년에 모네의 집이 있는 지베르니 근처에 새로 문을 연 아웃렛으로 프랑스 브랜드로는 에이글, 콜마르, 클로디 피에로, 조트, 르 크루제, 라 코스테, 바네사 브루노, 마주, 산드로, 스타우브, 자딕 볼테르 등이 있으며 그 밖에도 몽클레어, 반스, 비비안 웨스트우드, 세르지오 로시, 뉴발란스, 지스타 로, 강 같은 캐주얼, 스포츠웨어 브랜드도 다양하게 있다.

Access **기차** | 파리 생 라자르(Paris Saint Lazare)역에서 기차를 타고 베르농-지베르니(Vernon-Giverny)역 하차, 무료 셔틀 버스로 10분 소요.

파리-아웃렛 셔틀버스 | 금~토요일 트로카데로 광장 앞 출발 10:45 아웃렛 출발 16:00 *매월 시간과 요일 등이 달라지므로 아웃렛 사이트를 통해 확인한다.

Open 월~목요일 10:00~19:00, 금~토요일 10:00~20:00

Web www.mcarthurglen.com/fr/outlets/fr/designer-outlet-paris-giverny

라 발레 빌리지 La Vallée village

파리에서 가기에 가장 괜찮은 아웃렛으로 120여 개의 브랜드가 있다. 이탈리아 브랜드 중에 몽클레르, 막스마라, 아르마니, 스톤 아일랜드, 보테가 베네타, 프라다, 돌체 가바나, 펜디, 페라가모, 로로 피아나, 토즈, 제냐 등이 있으며 프랑스 브랜드로는 아미, 생로랑, 자딕에볼테르, 봉푸앙, 지방시, 겐조, 라코스테, 레페토 그 밖에 버버리, 어그, 폴 스미스, 마이클 코어스 등이 있다. 평균 30-50%의 할인율에, 12월 말-1월 초와 6월 말-7월 초 파리의 정해진 세일 기간에는 최대 80% 할인된 가격에 물건을 살 수 있다.

Access 파리 교외까지 연결되는 교통편 RER, 셔틀버스, 우버 등을 이용해서 갈 수 있다.
셔틀버스 | Hotel Pullman Paris Bercy 앞 출발(Add.1 rue de Libourne 75012 Paris) 앞에서 출발한다. 인터넷을 통해 예약 필수
Hours **반나절 코스** | 풀만 호텔 앞 출발 09:00 라발레 아웃렛 출발 14:30, 풀만 호텔 앞 출발 13:30 라발레 아웃렛 출발 18:45
하루 코스 | 풀만 호텔 앞 출발 09:00 라발레 아웃렛 출발 18:45
Fare 반나절 일반 €30, 만 3~11세 €15, 하루 일반 €25, 만 3~11세 €20
셔틀버스 예약 | www.thebicestervillageshoppingcollection.com/e-commerce/fr/lvv/shopping-express
대중교통 RER : 파리 시내에서 교외선 RER A선을 이용 Val d'Europe/Serris-Montévrain에 하차, 역 밖으로 나와 우측으로 돌면 Val d'Europe 쇼핑센터가 먼저 나오고 조금 더 걸으면 나온다.
우버나 택시 이용 | 40분 정도 걸리며 요금은 교통량과 출발 위치에 따라 €50~80 정도로 다르다.
Add 3 Cours de la Garonne 77700 Serris

TIP

파리는 여름(6월 말~7월 초)와 겨울(12월 말~1월 초) 2회에 걸쳐 각각 3주씩 세일 기간이다. 이때 아웃렛 매장들은 평소 최소 33% 세일 외에 더 할인하여 판매하므로 완전 통 큰 세일 가격으로 쇼핑을 즐길 수 있으니 놓치지 말자. 다만 세일 초반에 좋은 물건과 인기 사이즈는 빠지므로 서두르는 것이 좋다.

쇼핑에 진심인 당신에게 추천하는 파리 콘셉트 스토어

편집 매장 또는 콘셉트 스토어로 불리는 파리의 쇼핑 명소들은 백화점 못지않게 젊은이들에게 인기가 많다. 이들 숍에서는 신진 아티스트나 디자이너들의 최신 유행하는 아이템을 소개하거나 롱 라이프가 가능한 에코 브랜드를 다수 갖추고 있다. 패션뿐 아니라 테이블웨어, 소품, 파리 기념품, 선물을 구입하기에 좋은 파리의 대표 매장을 소개한다.

패션 아이템이 돋보이는 매장

키스 Kith

미국에서 10년간 운영해 오면서 이름을 알린 미국인 키스가 샹젤리제 거리 뒷편, 퍼싱 홀 안에 새로이 문을 연 콘셉트 스토어다. 남성, 여성 관련 의류는 물론 아이를 위한 스니커즈, 패션 아이템을 비롯하여 〈What goes around comes around〉가 엄선한 빈티지 셀렉션도 흥미롭다. 시리얼과 아이스크림을 즐길 수 있는 바도 함께 이용 가능한 장소다.

Access M1호선 George V에서 도보 6분
Add 49 Rue Pierre Charron, 75008 Paris
Open 매일 10:00~20:00   Web https://eu.kith.com/

더 넥스트 도어 파리 The Next door Paris

2023년 1월에 문을 열었다. 파리의 새로운 문화를 창조해내는 생 마르탱 운하 근처, 리퍼블릭 광장 지역에 새로 문을 연 대형 콘셉트 스토어다. 6층으로 이뤄진 800평방미터의 대형 매장으로 언더 커버, 꼼 데 갸르송, 준야 와타나베, 마르니, 나이키, 아디다스 등 다양한 브랜드를 엄선하여 최신 패션 아이템에 목말라하는 멋쟁이들 사이에서 빠르게 입소문이 퍼져가고 있다.

Access M5호선 Jacques Bonsergent에서 도보 5분
Add 10 Rue Beaurepaire, 75010 Paris
Open 화~토요일 11:00~19:30
Web https://thenextdoor.fr

트윈스 Twins

멋쟁이들이 종일 거리를 활보하는 유행의 중심, 파리 마
레의 중심에 위치한 편집숍으로 프랑스 신진 크리에이
터들의 브랜드를 주로 소개한다. 아나톨 미니 우산과 같
은 유니크한 악세서리와 다양한 오브제를 판매하며 쇼
핑하다 지칠 때 쉬어갈 수 있는 작은 카페 파리-리스톤
도 함께 운영한다.

Access M3, 5, 8, 9, 11호선 République에서 도보 4분
Add 10 Rue Beaurepaire, 75010 Paris
Open 화~토요일 11:00~19:30 Web https://thenextdoor.fr

리브르 세흐비스 세잔 La Grand Appartement Paris 17

재킷과 청바지, 캐주얼하면서 품위 있는 세잔 디자이너
백으로 이미 유명해진 모간 세자로리의 브랜드 세잔이
문을 연 새로운 콘셉트 스토어. 주얼리 바, 퍼스널 컨시
어지 서비스, 책과 문구류 및 미용 제품 등의 작은 선물
코너까지 갖추고 있다.

Access M2, 3호선 Villiers에서 도보 4분
Add 63 Bd des Batignolles 75017 Paris
Open 화~금요일 11:00~20:00, 토요일 10:00~20:00
Web www.sezane.com

스몰라블 Smallable-Family Store

'패밀리 콘셉트 스토어'라는 이름을 걸고 태어나 꾸준히
파리지엔들로부터 사랑받는 장소다. 어린이, 청소년, 부
모가 함께 쇼핑할 수 있는 공간으로 채광이 좋은 대형 매
장 분위기가 활기차고 APC, See by Chloé, Vanessa
Bruno, Stella McCartney와 같은 패션 아이템에 집중
해서 아이를 둔 부모에게 추천하고 싶은 곳이다.

Access M10호선 Vaneau에서 도보 6분
Add 81 Rue du Cherche-Midi, 75006 Paris
Open 월~토요일 11:00~19:00 Web www.smallable.com/fr

메르시 Merci

2009년 아동복 전문 브랜드, 봉 푸앙의 창업자인 코헨 여사가 소외된 아프리카 지역의 여성들을 돕기 위한 목적으로 세운 편집 매장이다. 피아트 500 소형 빈티지 자동차가 한결같이 입구를 지키고 있으며 파울라 라부안, 장 폴 고티에부터 50여 패션 브랜드는 물론 세렉스를 비롯한 다양한 테이블웨어 브랜드와의 콜라보레이션, 침구류부터 소품, 문구류에 이르기까지 라이프스타일의 품격을 보여준다. 쇼핑을 마치고는 누구나 자신의 책을 가져와 읽다 벽장에 두고 갈 수 있는 중고책 카페 used café에서 차

한잔의 여유를 가져보는 것도 좋다. 메르시의 팔찌와 에코백은 늘 한국 여행자들에게 인기가 있지만 세심하게 살펴보면 그것 말고도 세련되고 좋은 롱 라이프 제품이 충분히 갖춰져 있으므로 시간을 갖고 여유 있게 살펴보자.

Access M8호선 Saint-Sébastien-Froissart에서 도보 1분   Add 111 Bd Beaumarchais 75003 Paris
Open 월/금요일 10:30~20:00, 화~목요일 10:30~19:30, 일요일 11:00~19:30   Web https://merci-merci.com

---

집 꾸미는 데 필요한 소품, 선물용품 중심 매장

베 아슈 베 BHV

1856년에 파리에 처음으로 잡화점을 연 것을 시작으로 몇 차례의 이사 끝에 지금의 파리 시청사 옆에 자리를 잡았다. 백화점으로 지금 이곳의 주인은 갤러리 라파에트다. 집을 꾸미기 좋아하는 사람이라면 반드시 가야 할 곳은 여기의 지하 1층. 클래식한 문고리와 스위치부터 페인트, 펜던트 등에 이르기까지 집을 꾸미는 데 필요한 수만 종의 아이템이 한곳에 모여 있기 때문이다.

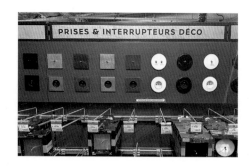

Access M1, 11호선 Hôtel de ville에서 도보 2분
Add 52 rue de Rivoli 75004 Paris
Open 월~토요일 10:00~20:00, 일요일 11:00~19:00   Web www.bhv.fr

엉프랑트 Empreintes

장인 정신과 디자인, 예술의 경계를 뛰어넘는 다양한 생활 관련 제품과 비주, 도자기, 꽃병, 조각, 조명, 가구에 이르기까지 수천 점의 작품을 한 장소에서 살펴볼 수 있는 예술 공예품 전문 콘셉트 스토어다. 4개 층에 걸쳐 전시된 제품을 미술품 감상하듯 살펴보고 구입할 수 있다.

Access M8호선 Filles du Calvaire에서 도보 7분
Add 5 rue de Picardie 75003 Paris
Open 화~토요일 11:00~13:00 14:00~19:00
Web www.empreintes-paris.com

라 부티크 드 루루 La boutique de Loulou

LVMH 그룹에서 운영하는 사마리탄 백화점 1층에 문을 연 따끈따끈한 편집숍. 파리 기념품부터 아이디어 상품, 파리의 최신 트렌드를 반영한 다양한 소품들에 이르기까지 다른 장소에서는 팔지 않는 독특한 매력의 아이템이 많아 빈손으로 나오기 절대 힘든 곳이다.

Access M8호선 Saint-Sébastien - Froissart에서 도보 1분
Add 111 Bd Beaumarchais 75003 Paris
Open 월·금요일 10:30~20:00, 화~목요일
10:30~19:30, 일요일 11:00~19:30
Web https://www.dfs.com/en/samaritaine/la-boutique-de-loulou-page

플루 Fleux

마레의 중심에서 오랫동안 파리지엔은 물론 여행자들에게까지 사랑받아온 콘셉트 스토어다. 세심함이 돋보이는 아기자기한 셀렉션은 단순히 이쁘기만 한 것이 아니라 기능이나 아이디어가 뛰어난 제품이 많다. 자신의 방이나 집을 예쁘게 꾸미는 것에 욕심이 있는 사람이라면 놓쳐서는 안 될 인테리어, 소품이 가득 기다린다.

Access M1, 11호선 Hôtel de ville에서 도보 2분
Add 39 rue Sainte Croix de la Bretonnerie 75004 Paris
Open 월/금요일 10:30~20:00, 화~목요일 10:30~19:30, 일요일 11:00~19:30
Web https://www.fleux.com

TIP

상설로 열리는 유명 벼룩시장 말고 파리뿐 아니라 프랑스 전국의 동네 벼룩시장 위치를 알려주는 사이트는 벼룩 시장을 사랑하는 사람이라면 진심으로 반길 만한 유용한 정보가 가득하다. 자세한 일정과 장소는 사이트에 표시되며 별의 숫자가 많은 곳을 공략해 볼 것을 권한다.
https://brocabrac.fr/

세상의
모든 중고와
만나 볼 수 있는 곳

세월이 흐를수록 가치가 올라가는 것들이 있다. 바로 잘 만들어진 디자이너 브랜드의 아이템이다. 지금은 그 정도의 정성을 들여 다시 만들기도 어려울 만큼의 독창성과 정직한 가격은 매력적이다. 다만 자신이 좋아하는 아이템을 위해서라면 기꺼이 시간을 들여 발품을 많이 팔아야 원하는 것을 얻을 수 있다. 인터넷으로 쉽게 찾을 수 없는 보물과도 같은 물건을 찾기 위해 떠나는 나를 위한 빈티지, 앤티크 여행은 파리 여행의 새로운 즐거움이다.

벼룩시장

오래된 것들에 관심을 갖고 이를 보존하거나 물려받는 것에 익숙한 프랑스인들의 삶을 잘 반영하고 있는 문화가 벼룩시장이다. 시쳇말로 벼룩 말고는 모든 것을 살 수 있다고 하나 여행자들이 몰려드는 파리의 3대 벼룩시장은 사실 가격대가 만만치 않다. 상인이 제시하는 가격의 30-50% 정도 깎는 것은 기본이다. 마음에 꼭 드는 물건을 자신이 원하는 가격에 살 때의 만족감은 여행에 새로운 활력이 된다.

생 투앙 벼룩시장 Marché aux Puces Saint Ouen

2천여 상인이 공존하는 유럽 최대 규모의 벼룩시장,
오래된 장난감, LP판과 빈티지 포스터, 주얼리, 빈티
지 옷, 세월을 품고 있는 앤티크 가구에 이르기까지
다양성에 있어서는 타의 추종을 불허한다. 면적이 너
무 커서 헤매다 시간을 보내는 것이 두려울 때는 로지
에 거리(la rue des Rosiers)의 베르메종 시장(Marché
Vernaison)부터 시작한다. 오래된 장난감과 빈티지 가
구가 있다. 유명 디자이너의 모던 빈티지 가구, 나폴레
옹 3세 시대의 고가구, 인더스트리얼 가구에 관심이
있다면 폴 베르 세르페트(Marché Paul Bert Serpette)
를 놓치지 말자. 빈티지 디자인 오래된 LP, 아르데코
스타일의 가구에 관심 있는 사람에게 추천하고 싶은 곳은 도핀 시장(Marché Dauphine) 정도다. 시간이 없을 때는 11개
의 대형 시장 중에 위에 소개한 3곳만 둘러봐도 충분하다. 비싼 물건들을 많이 팔아 매장을 갖추고 있어 비 오는 날에도
다닐 수 있는 것이 장점.

Access M13 Garibaldi/M14 Saint Ouen, 85번 버스 Marché aux puces
Open 금요일 08:00~12:00, 토요일 10:00~18:00, 일요일 10:00~18:00, 월요일 11:00~17:00
Web www.pucedeparissaintouen.com

방브 벼룩시장 Marché aux Puces Vances

파리의 남쪽, 파리 14구 포르트 방브의 노천에서 매
주말 오전에만 열린다. 규모는 생 투앙에 비해 작지
만 가구나 부피가 큰 물건보다는 여행객이 쉽게 살
수 있는 빈티지, 앤티크 소품들이 많아 찻잔이나 은
제품, 오브제를 사기에 좋다. 전 세계 관광객들이 모
여들기에 8시 정도에 들러 돌아보는 것이 좋으며 작
은 물건들은 금세 거래가 이뤄지므로 맘에 드는 물
건이 있으면 흥정을 잘해서 사는 것이 좋다.

Access M13/58,95번 버스 Porte de Vanves
Open 토~일요일 07:00~14:00

에펠 탑 갈 시간은 없어도
약국 쇼핑은 해야 하는 당신에게

프랑스는 오래전부터 전문 화장품 업체들이 성공했다. 프렌치 뷰티 제품에 관심이 많아지면서 우리나라의 올리브영이나 약국, 피부과들에도 여러 프랑스 제품이 소개되고 있다. 아름다우면서 시크한 파리지엔의 룩과 더불어 뷰티에 관한 관심은 꾸준하다. 향수에서부터 색조에 이르기까지 다양한 제품을 갖춘 프랑스를 대표하는 프렌차이즈 숍인 세포라(Séphora)에서는 다양한 제품을 시연하며 구매할 수 있으며 우리나라 관광객들에게 잘 알려진 몽주 약국과 시티 파르마 등은 시중의 다른 약국에 비해 훨씬 저렴한 가격으로 인기 있다. 한국인 점원이 있어 편리하고 유명세가 있어 몽주 약국에 가지만 가격 면에서는 생 제르맹 데 프레 지역에 있는 시티 파르마가 약간 저렴한 아이템도 있고 최근 가격 파괴를 내세운 약국들이 계속 등장하고 있으니 자신의 일정과 동선을 고려하여 방문해 보자. 화장품에 대한 전문 지식이 없어도 가족이나 동료, 친구를 위해 하나쯤 사 준다면 호응이 낮은 다른 선물과 비교할 수 없을 정도로 높은 점수를 딸 수 있을 것이다.

눅스 오일 프로디유즈 Nuxe,Huile Prodigieus

피부와 모피에 영양을 공급해 주는 뷰티 에센셜 제품으로 베이직한 아이템이어서 남녀노소 누구나 필요하다. 머리에 바르면 헤어 오일, 몸에 바르면 바디 로션 또는 마사지 오일이 되며 남성들의 면도 시 이용해도 좋다.

코달리 비노클린 포밍 클렌저 Caudalie, Vinoclean foaming cleanser

와인으로 유명한 보르도 지역의 코스메틱 브랜드, 코달리에서 내놓은 제품으로 얼굴을 씻을 때 세안용 클렌징으로 사용하기에 좋다. 피곤하고 민감한 피부에서부터 평범한 피부에 이르기까지 누가 사용해도 좋은 제품이다.

유리아주 바이데럼 시카 세럼 Uriage, Bariederm CICA Sérum

알프스 인근 온천 마을의 온천수로 만드는 브랜드 유리아주 제품으로 200년 넘게 피부과 의사들이 사용해 온 브랜드다. 손상되거나 민감한 피부를 강화, 보호하며 복구해 주는 역할을 하는 제품. 피로감으로 인한 징후나 가벼운 발적 시 이용하면 좋으며 아침 저녁으로 손끝 또는 피부에 직접 바른다.

달팡 스티뮬스킨 플러스 Darphin,Stimulskin plus

고현정 배우가 자주 사용한다고 알려져 고현정 크림이라고도 불리는 안티에이징 크림. 2개월 정도 사용하면 팔자 주름이 개선되고 주름이 줄어들면서 피부가 탱탱해지는 효과를 볼 수 있다.

바이오더마 시카비오 크림 Bioderma,Cicabio Crèam

갈라진 피부부터 수두 등으로 인한 흉터에 이르기까지 피부의 재건과 복원을 촉진함과 동시에 수분을 공급하여 피부의 자극을 회복시켜 주는 크림이다.

바이오더마 아토데럼 울트라 누리싱 밤 Bioderma,Atoderm Ultra nourishing Balm

아토피성 피부나 건성이 심한 피부에 유용한 스킨 케어 제품이다. 크리미한 텍스처로 로션을 바르기 싫어하는 아이들에게 발라 주기 좋다. 24시간 편안함이 지속되어 어른들도 매일 목욕 후 전신에 발라주면 좋다.

보토 치약 Botot

이탈리아의 마비스 치약이 있다면 프랑스에는 보토 치약이 있다. 1755년 프랑스 왕 루이 15세를 위해 의사 줄리앙 보토가 고안한 치약으로 이 치약의 개운함을 경험한 이상 다른 치약을 사용하기 어려울 정도다. 거기에 구강 청결제 엘릭서를 함께 사용하면 더욱 확실하다.

엠브리올리스 레 크렘 콘센트레 Embryolisse Lait-crème concentré

10초에 1개씩 판매된다는 전 세계적인 베스트셀러. 파리의 피부과 전문의가 천연 성분을 사용해 만들어 수분 공급과 메이크업 고정 효과가 있고 자외선까지 막아주며 데이 크림으로 이용하기에 좋다.

달팡 에클라 수블림 Darphin ,Eclat Sublime

오일 캡슐이 들어 있어 오일이 주는 영양과 세럼의 효과를 동시에 주는 제품이다. 피부를 매끄럽게 가꿔주는 안티에이징 세럼의 효능을 느낄 수 있다.

비아핀 에멀전 크림 Biafine, Emulsion cream

1971년 프랑스 화학자가 다림질하면서 화상을 입은 딸을 위해 만들었다는 연고다. 프랑스 가정에 필수 비상 상비약이다. 작은 상처나 가벼운 화상에 적용하면 탁월한 염증 감소 및 치료 효과가 있다.

시슬리 에뮬지옹 에콜로지크 에센스 로션 Sisley Emulsion écologique

피부에 생기와 활력을 주는 로즈마리, 홉, 인삼 등 여러 식물 추출물의 복합적인 상호 작용으로 가볍고 투명한 막을 형성하여 재생 효과가 있다. 보습과 미백, 주름 개선을 기대할 수 있는 로션이다.

발몽 리뉴잉팩 Prime renewing Pack, Valmont

특허받은 셀룰라 프라임 콤플렉스가 지친 피부에 활력을 되찾아 주고 10분 사용으로도 8시간 숙면 효과를 부여하여 피부에 광채와 부드러움을 주는 크림이다.

로슈 포제 멜라 B3 세럼 La Roche Posay Mela B3 Serum

멜라실과 나이마신마이드가 함유된 3중 광채 브라이트닝 세럼으로 빠른 흡수력으로 광채 브라이트닝 케어가 가능하다.

유리아주 데피덤 Uriage Dépiderm

안티 다크 스팟 세럼 브라이트닝 부스터로 잡티를 줄이고 질감을 개선한다. 피부 톤을 고르게 만들며 빛이 나게 하는 제품이다.

코달리 비노선 Caudale Vinosun

얼굴과 민감한 부위를 보호하는 선케어 제품으로 스틱형으로 되어 있어 바르기에도 편리하다.

할인 약국 리스트

시티 파르마 Citypharma

생제르맹 데 프레지역에 있어 여행자에게 접근성이 좋고 현지인들에게 유명한 곳이다. 브랜드별로 진열이 되어 있어 편리하고 계산대가 10여 개 있어 빠른 편이다.

Access M4호선 Saint germain des prés에서 도보 2분
Add 25 rue du Four 75006 Paris
Open 월요일 12:00~21:00, 화~금요일 08:30~21:00, 토요일 09:00~21:00, 일요일 13:00~20:00   Day off 월요일

몽주 약국 Pharmacie Monge

한국인이 상주하며 우리나라 여행자들에게 인기를 얻고 있는 곳으로 오 봉파리 앱에 들어가면 10% 추가 할인을 받을 수 있다. 관광지에서 벗어나 있으며 단체 관광객이 많아 혼잡스러울 때도 있다.

Access M7호선 Place Monge에서 도보 1분
Add 78 rue Monge 75005 Paris
Open 월~토요일 08:00-20:00, 일요일은 여는 날이 있으나 부정기적   Web www.pharmacie-monge.fr

파르마 데 갤러리 Pharma des Galeries

갤러리 라파예트와 프렝탕 백화점이 모여 있는 쇼핑 지역에 위치했고 한국인 직원이 상주한다.

Access M3,9호선 Chaussée d'Antin에서 도보 3분
Add 11 rue Mogador 75009 Paris
Open 월~금요일 08:30~20:00, 토요일 09:30~20:00   Day off 일요일

엘지 Elsie Santé

파리14구에 있는 체인점으로 최근 할인점으로 급부상 중이다. 일부 품목을 할인할 때가 많으며 매장이 넓고 쾌적하다.

Access M4호선 Porte d'Orléans 7번 출구에서 도보 1분
Add 122 Avenue du Général Leclerc 75014 Paris
Open 월~금요일 08:30-20:00, 토요일 09:00~20:00, 일요일은 원칙적으로 여나 부정기적

봉 마르셰 백화점에 옷이 아닌
식료품을 사러 가야 하는 이유

LVMH 그룹에서 운영하는 봉 마르셰 백화점(Bon Marché)의 식료품 전문 매장, 그랑드 에피스리(La Grande épicerie Paris)는 전 세계 식료품 중에서 최고의 브랜드와 제품만을 엄선하는 까다롭고 실력 있는 세계 최고의 MD가 있어 정평이 나 있다. 신세계 SSG를 비롯해서 국내 유수 기업의 식료품 관련 컨설팅을 해 온 정 작가가 매의 눈으로 고른 베스트 식료품 리스트. 집에서 사용해도 좋고 선물용으로도 충분히 가치가 있는 주요 아이템을 소개한다.

파리에는 2개의 라 그랑드 에피스리가 운영된다. 7구에는 백화점 패션관 옆 건물 1층에 있고 16구 매장은 식품 단독 매장으로 운영된다.

라 그랑드 에피스리 7구

Add 38 rue de Sèvres 75007 Paris
Open 월~토요일 08:30~21:00, 일요일 10 :00~20 :00
Web www.lagrandeepicerie.com

라 그랑드 에피스리 16구

Add 80 rue de Passy
Open 월~토요일 09:00~20:30, 일요일 09:00~12:45
Web www.lagrandeepicerie.com

👍 정 작가의 선물용 추천 아이템

- 모데나 발사믹 소스(Aceto Balsamico di Modena)
- 보나 마다가스카르 초콜릿 75%(Chocolat Bonnot Madagascar)
- 카나슉 파리 기념물 모양 흑설탕(Canasuc Ca c'est Paris pur canne)
- 마키스 드 사블 사브레 쿠키(Marquise de sablé Les Petits sablés)
- 알베르 메네 캄폿 후추(Albert Ménés poivre noir Kampot)
- 마탕-푸레 미니 피클(Martin-Pouret Cornichons français)
- 호제 그룰레 칼바도시(Roger Groult Calvados Pays d'auge)
- 쇼콜라 데 프랑세 가염 캐러멜이 들어간 밀크 초콜릿(Chocolat des français lait, caramel et sel de Guérande)
- 아라쿠 인도산 아라비카 커피(Araku coffee origine Inde)
- 앙젤리나 카카오 스프레드(Angelina Pâte à tartiner cacao)
- 에덴 꿀(Hédène Miel Paris)

파리 주요 슈퍼마켓에서
똑똑하게 쇼핑하기

프랑스에서는 소상공인 보호를 위해 원칙적으로 파리 시내에는 2,500평방미터가 넘는 면적을 가진 하이퍼 마켓을 운영하지 못하게 되어 있다. 백화점 말고 대형 마켓이 눈에 띄지 않는 이유가 그것이다. 다만 예외적으로 큰 규모를 자랑하는 대형 슈퍼마켓이 파리와 근교에 몇 있으므로 백화점 대신 여기서 중저가의 와인, 일상용품, 기념품, 식료품 등을 살 것을 추천한다. 물론 이들 대형 마켓은 골목마다 편의점 형태의 매장을 운영 중이어서 간단한 식료품을 살 때는 관광하다 들러 식료품을 살 수 있다.

가성비 좋은 슈퍼마켓 인기 아이템

카르트 누아 인스턴트 커피(Carte Noir) €5.99

일리 브라질 아라비카 셀렉션(Illy Arabica selection) €7.49

립밤(Le petit Marseillais soin levres) €3.09

건조한 피부용 바디로션(Lait hydratant nutrition, peaux séche) €7.99

클레망 포지에 아르데슈 밤 크림(Clément Faugier Crème de marrons de l'Ardèche) €2.55

알베르 메네 아카시아 꿀(Alebert Ménès Miel d'accacia de France) €11.50

레 두 마모트 수면에 좋은 차(Les 2 Marmottes 1,2,3 sommeil) €4.99

덩케르쿠아즈 버터 고프레(La dunkerquoise Gaufres fines pur beurre) €7.79

갸보트 바삭한 크렙 텅텔(Gavottes Crêpe dentelle) €2.95

마탕 푸레 머스터드(Martin Pouret Moutarde) €5.49

트레드 이 셀 게랑드 꽃소금(Trad Y sel Fleur de sel de Guérande) €5.39

에시레 소금 들어간 버터(Echiré Beurre de baratte demi-sel) €4.55

커피용 각설탕(La perruche) €2.75

아티장 드 라 트뤼프 트러플 게랑드 소금(Artisan de la Truffe sel gris de Guérande aux truffes) €11.50

샤토 비랑 올리브 오일(Château Virant, Huile d'olive vierge extra d'Aix en Provence, AOC) €21.50

쿠스미 티백(Kusmi Tea Les bien-être bio) €19.90

파리 주요 슈퍼마켓

모노프리 Monoprix

뷰티, 패션, 일상용품에서부터 식료품에 이르기까지 집 안에서 사용하는 거의 모든 제품을 살 수 있는 마트로 파리 시내에도 많이 찾아볼 수 있어 접근성이 좋다. 규모가 작고 식료품 위주로 판매하는 곳은 Monop으로 매장 규모가 큰 곳은 Monoprix로 표시되므로 기념품과 식료품 등을 살 때는 Monoprix를 이용할 것을 권한다. 보통 23시까지 영업해서 관광을 마치고 쇼핑을 하기에 좋다.

Monoprix Saint Michel   Add   24 Bd Saint Michel 75006 Paris
Monoprix Dupleix   Add   28 Place Dupleix 75015 Paris)

카르푸 Carrefour

프랑스 슈퍼마켓 매출 1위로 대형 하이퍼 마켓인 Carrefour와 편의점 크기의 Carrefour city-express이 있다. 파리 16구 오테이에 위치한 카르푸는 최고의 와인 셀렉션과 엄청난 규모를 자랑해서 한번쯤 구경할 만하다.

Carrefour Auteuil   Add   1 Avenue du Général Sarrail 75016 Paris

오샹 Auchan

프랑스에서는 카르푸에 이어 2번째 매출을 자랑하는 대형 하이퍼 마켓으로 대형 매장은 Auchan, 편의점 크기의 작은 매장은 My Auchan-Auchan Piéton으로 간판이 구분된다. 파리 남쪽이지만 메트로 7호선과 연결되는 오샹은 엄청난 규모여서 구경하러 가 볼 만하다.

Auchan Kremlin Bicetre   Add   Okabe 쇼핑몰, 94270 Kremlin Bicêtre

인터막셰 Intermarché Express

과일이나 채소를 살 때 가장 좋은 슈퍼마켓으로 지역 생산자들에게 제값을 지불한 공정 거래를 통해 유통이 되는 식료품을 살 수 있는 곳이다. 타 슈퍼마켓과 차별화된 소규모 생산자들의 제품이 많다.

Intermarché Express   Add   81 rue St.Charles 75015 Paris Open

EATING

지금 파리에서 가장 핫한 아시안 레스토랑

평생 한식을 먹어 온 우리에게 제아무리 세계 최고의 수준을 자랑하는 프랑스 음식이라 한들 매일 먹다보면 국물이나 매콤한 음식이 생각나는 것은 당연하다. 그럴 땐 한식은 파리에서 소문난 아시아 음식들을 즐겨보자. 파리에서도 최근에 인기 급상승 중인 한식당, 쌀국수로 유명한 베트남 식당, 팟타이와 똠양꿍으로 익숙한 태국 음식, 그리고 우동과 카레, 가성비 좋은 스시 등을 즐길 수 있는 일식당, 마지막으로 중국 식당을 소개한다.

한식 (2023년 농림축산식품부 산하 한식진흥원 선정 우수 한식당)

맛있다 Ma-shi-ta

전 외국계 항공사 직원인 셰프와 베스트셀러 여행작가 부부가 운영한다. 〈꽃보다 할배〉, 〈국경없는 포차〉 등 국내 주요 예능 프로그램의 현지 프로듀서로 참여한 독특한 경력을 가진 두 부부가 3년 전 파리 14구에 문을 열어 현지인 맛집으로 인기 있다. 추천 메뉴는 닭강정과 잡채, 떡갈비, 육회 비빔밥, 육개장 등이며 내추럴 와인 리스트는 파리 한식당 중 가장 훌륭하다.

Access M4호선 Porte d'Orléans 7번 출구에서 1분   Add 9 rue Poirier de Narçay 75014 Paris
Open 화~토요일 12:00~14:30 19:00~22:30   Web www.ma-shi-ta.com

베트남

로열 타이 Thaï Royal

태국 농림부가 선정한 파리 최고의 타이 맛집으로 마치 전통의
태국에 온 듯한 독특한 인테리어와 셰프가 세심하게 준비하는
음식의 완성도가 높다. 추천 메뉴는 매콤한 파파야 샐러드 쏨땀,
태국 요리의 대명사 똠양꿍, 닭고기가 들어간 팟 타이 카이에 찹
쌀밥 등이다.

Access M7호선 Tolbiac에서 도보 6분
Add 97 Avenue d'Ivry 75013 Paris
Open 월, 수~토요일 12:00~14:30 19:00~23:00, 일요일 09:00~15:00 19:00~23:00
Web https://thairoyal.fr

맘 Mam from Hanoï

2023년 음식 전문 평가지, 푸딩을 비롯하여 프랑스의 미식 전
문가들이 앞다투어 추천한 베트남 식당. 집에서 직접 만든 베트
남식 만두, 냄과 담백하면서 느끼하지 않은 베트남 국수가 파리
에서 가장 맛있는 곳 중 하나다. 식사의 마무리는 베트남 커피에
코코넛 아이스크림을 곁들인 아포카토를 추천한다. 예약제로만
운영된다.

Access M4, 8, 9호선 Strasbourg Saint-Denis에서 도보 5분
Add 39 rue du Cléry 75002 Paris
Open 월, 수~토요일 12:00~14:30, 화요일 12:00~14:30 19:00~21:30   Web https://mamfromhanoi.com

포 타이 Pho tai

세계적인 레스토랑 셰프이자 미슐랭 스타 레스토랑을 운영하는
알랭 뒤카스가 추천한 베트남 식당. 골목길에 숨겨져 있는 클래
식한 인테리어에서 오랜 연륜이 느껴지는 가족들이 의기투합해
서 제대로 된 월남 국수와 다양한 요리를 즐길 수 있다.

Access M7호선 Maison Blanche에서 도보 5분
Add 13 rue Phillibert Lucot 75013 Paris
Open 화~일요일 12:00~15:00 18:45~22:15   Web https://www.facebook.com/photaiparis

스시 구르메 Sushi Gourmet

노부부가 운영하는 10평 남짓한 작은 가게로 16구
라디오 프랑스 방송국 근처에 있다. 한결같은 맛과 합
리적인 가격으로 지라시 스시, 스시를 즐길 수 있는
것이 장점이지만 장소가 협소하고 테이블과 의자가
높아 안락하게 식사할 수 있는 분위기는 아닌 것이
흠이라면 흠이다.

Access M9호선 Ranelagh에서 도보 9분
Add 1 rue de l'assomption 75016 Paris
Open 화~토요일 12:00~15:00 18:30~22:00
Web http://sushimarche.fr/en/

오가타 Ogata

일본 전통을 모던하게 풀어낸 디자이너, 신이치로 오
가타가 만든 복합 공간으로 일본 디저트, 생활용품,
갤러리 등과 함께 레스토랑과 찻집/사케바를 운영한
다. 레스토랑에서는 재철 재료를 사용한 전통 일본 요
리로 점심 메뉴는 €80, 저녁 메뉴는 €120부터로 예
약은 필수.

Access M8호선 Saint-Sébastien-Froissart에서 도
보 5분
Add 4-18 rue Debelleyme 75003 Paris
Open 월~화요일 11:00~19:00, 수~일요일 11:00~23:00
Web https://shop.ogata.com

라이차 Lai'Tcha

홍콩에 가서 오랫동안 살았으며 파리에 미슐랭 1스타 레스토랑
으로 유명한 얌차(Yam'cha) 레스토랑 셰프가 홍콩 캐주얼 식당
을 최근에 열었다. 샤틀레 지역에 위치해 있으며 빠른 시간 내에
프랑스인에게 홍콩 음식을 알리는 명소로 자리 잡았다.

Access M4호선 Les Halles에서 도보 3분
Add 7 rue du jour 75001 Paris
Open 화~금요일12:00~14:30 18:00~22:00, 토요일12:00~14:30
Web www.yamtcha.com

임페리얼 트레저 Imperial Treasure

미식가라면 놓쳐서는 안될 파리 최고의 중식 레스토랑 중 한 곳으로 이 레스
토랑의 상하이 지점은 미슐랭 2스타, 홍콩 지점은 미슐랭 1스타를 받았다.
간판 메뉴로는 베이징덕과 딤섬이 있으며 딤섬이 포함된 6코스의 점심 메뉴
는 €86, 딤섬과 베이징덕(2인 이상 주문)이 포함된 8코스의 시그니처 메뉴는
€175이며 단품으로도 주문할 수 있다.

Access M1 George V에서 도보 3분
Add 44 rue de Bassano 75008 Paris
Open 화~일요일 12:00~14:15,
18:30~22:15

생애 한번은 꼭 가야 할
파리 최고의
미슐랭 레스토랑

파리의 하늘에는 별 대신 미슐랭 레스토랑이 있다는 농담이 있을 정도다. 천국의 맛을 자랑하는 프랑스의 수준 높은 오트 퀴진을 즐길 수 있는 미슐랭 가이드북에 소개된 레스토랑을 소개한다. 아래 소개하는 5개의 미슐랭 스타 레스토랑에 갈 때는 적어도 세미 정장이나 정장을 착용할 것을 권한다.

아르페주 Arpége ★★★

채소 위주의 식단으로 최초로 미슐랭 3스타를 받은 알랭 파사르 셰프가 운영하는 곳이다. 자신이 직접 운영하는 농장에서 매일 가져오는 신선한 야채로 피카소와 같은 크리에이티브한 플레이팅을 연출해 낸다. 레스토랑에 들르기 전 넷플릭스를 통해 그의 요리 철학에 대해 보고 나서 들를 것을 권한다.

피에르 갸네르 Pierre Gagnaire ★★★

물리와 화학 법칙을 바탕으로 혁신적인 기술을 접목시킨 분자 요리로 이름을 알린 피에르 갸네르. 그가 운영하는 전 세계 레스토랑 중 처음으로 미슐랭 3스타를 받은 본가와도 같은 장소다. 환상적인 프랑스 모던 퀴진의 정수를 보여준다.

쥘 베른 Jules Verne ★

세계적인 셰프이자 레스토랑 사업가로 전 세계에 무수한 미슐랭 스타 레스토랑을 운영 중인 알랭 뒤카스가 운영하는 미슐랭 1스타 레스토랑으로 에펠 탑 2층에 위치해 있어 예약이 하늘의 별따기다. 맛도 중요하지만 기념일에 예약하면 사랑하는 사람으로부터 점수 따기에 이만한 곳이 없다.

다비드 투탕 David Toutain ★★

20대 초반부터 알랭 파사르의 수제자로 입문하여 수셰프의 자리까지 오른 요리 천재, 다비드 투탕이 운영하는 미슐랭 2스타 레스토랑. 가장 모던하고 젊은 프렌치 셰프의 실험적이면서 과감한 음식을 즐길 수 있는 곳이다.

투흐 다흐장 Tour d'argent

1582년에 문을 연 세계에서 가장 오래된 레스토랑 중 하나로 레스토랑의 통유리로 내려다 보이는 노트르담 성당과 센강의 뷰가 훌륭하다. 앙리 4세부터 엘리자 베스 2세 여왕, 빌 클린턴 미대통령과 같은 전 세계의 왕과 유명 정치인, 배우들이 파리에 오면 들르는 미슐랭 1스타 레스토랑이다.

파리
레스토랑
완전 정복

삼면이 바다로 둘러싸여 풍부한 해산물을 생산하고 국토 대부분이 비옥한 평야로 이루어진 프랑스의 자연은 식재료의 보고다. 이를 바탕으로 중세 이후 내려온 체계화된 요리 바법과 훌륭한 셰프들이 잇따라 발굴되면서 식도락가들은 주저하지 않고 파리를 세계 최고의 '맛의 도시'로 꼽는다. 단순히 먹는 행위 자체를 넘어 사용하는 식기, 식사에 잘 어울리는 훌륭한 와인, 3-4시간의 대화와 함께 이루어지는 코스 요리의 럭셔리함까지 프랑스인들에게 한 끼 식사는 프랑스 문화의 축소판이라 할 수 있으니 반드시 경험해 보도록 하자.

프랑스 음식의 역사

프랑스의 음식이 오늘날처럼 예술적이고 체계적으로 발전한 기반은 이탈리아의 공로가 컸다. 중세 시기 이탈리아 원정에 나섰던 프랑수아 1세는 중세 이탈리아의 르네상스를 발견하고 이를 동경한 나머지 〈모나리자〉와 함께 레오나르도 다빈치를 비롯한 여러 예술가와 건축가, 요리사를 프랑스로 데려왔다. 그의 며느리이자 이탈리아 메디치가의 딸 카트린 드 메디치는 이탈리아에서 건축가, 요리사를 비롯하여 심지어 앵무새 조련사까지 동행했다고 한

다. 한편 카트린 드 메디치는 이탈리아에서 죽순 맛이 나는 아티초크, 셔벗과 마카롱과 같은 특이한 식재료를 가져와 프랑스인들에게 소개했는데 당시 프랑스에는 포크도 없던 시기였다. 카트린 드 메디치는 자신을 시기하거나 동조하지 않는 정치 세력을 불러 한 편의 연극과도 같은 화려한 식탁을 맛보게 하는 한편 현란한 대화의 기술을 동원하여 자신의 편으로 만들었다.

이후 '태양왕'으로 불리던 루이 14세는 베르사유 궁전에서 귀족들과 살면서 전국에서 끌어모은 산해 진미로 요리한 음식을 즐겼다고 전해진다. 하루 식사로 닭 50마리에 와인 20리터를 즐겼다는 이야기도 있고 축제 때 한번에 꿩 2마리, 수프 4종류, 양고기, 샐러드와 과일까지 먹어 치울 정도의 대식가였다고 한다. 또한 그는 귀족들의 충성심을 끌어내고 왕의 권위를 높이기 위해 식사를 이용했다. 만찬 시 의전관이 왕의 식사 시간을 알리고 친위대 장교가 식탁 용품을 들고 짧은 행진을 했으며 이때 참석자들은 경의를 표하는 세리머니를 거친 후에 식사를 시작했다고 한다.

그러나 1789년 성난 민중에 의해 일어난 프랑스 혁명 이후 궁정에서 쫓겨난 요리사들은 먹고살기 위해 하나둘 레스토랑을 열었고 프랑스 요리의 진정한 창시자라 할 수 있는 카렘의 등장은 프랑스 레스토랑계에 큰 변화를 가져왔다. 17세에 유명 요리사가 된 그는 1804년 외교 만찬의 중요성을 인식한 나폴레옹 보나파르트의 요리사로 임명되었다. 이후 외교관이자 미식가인 탈레랑의 전속 요리사를 거쳐 영국의 조지 3세, 러시아의 로마노프 왕가등의 식탁을 차례로 책임지며 프랑스 요리를 세계적으로 알리는 데 공을 세우며 "왕들의 요리사요. 요리사 중의 왕이다."라는 찬사를 받았다. 카렘은 후배들을 위해 구전으로만 전해지던 페이스트리나 케이크와 같은 제빵과 과자 만드는 법, 네 가지 소스를 기본으로 100여 개의 파생 소스를 만든 요리법을 수집하여 『프랑스 요리 장인과 고대 및 현대 요리사들』, 『나폴레옹 황제의 점심식사』와 같은 저서를 남겼으며 요리사 모자의 형태를 만들고 요리사의 표준 복장을 고안해 냈다.

1902년에 프랑스 요리의 바이블이라 할 수 있는 『르 리드 퀼리네르(Le guide Culinaire)』라는 책을 낸 오귀스트 에스코피에는 '누벨 퀴진'이라는 프랑스 요리의 새 역사를 연 인물이다. 그는 카렘이 주장한 고전적인 프랑스 요리가 지나치게 복잡하고 고기 위주로 기름졌다고 생각했다. 그래서 이와 달리 단순하면서도 재료의 원형을 살린 요리와 생선과 데미 글라스 소스의 발명, 아이스크림을 이용해 여성층에 어필할 수 있는 세련된 음식을 추구했다. 그리고 리츠 칼튼과 같은 영국의 호텔, 고급 레스토랑과 교류하면서 주방 설계나 조리법등의 시스템을 만드는 한편 요리 레서피를 체계화했다.

누벨 퀴진 1세대로 불리는 폴 보퀴즈는 '요리계의 교황'이라는 칭호를 받을 정도로 뛰어난 음식 솜씨와 유머가 돋보이는 언변을 가졌다. 리용에 문을 연 그의 레스토랑은 1965년에 미슐랭 3스타에 오른 이후 무려 48년간 이를 유지해 왔고 2018년에 거행된 그의 장례식에는 프랑스 정재계 인사를 비롯해 전 세계에서 유명 셰프 1,500명이 참석했다.

이후에도 프랑스에는 최고의 실력을 갖춘 셰프들과 그들로부터 도제식으로 사사받은 많은 제자들이 전 세계 최고의 가스트로노미 문화를 만들어가고 있다. 트루아그로 형제는 프랑스 중동부 로안 지방 3스타 레스토랑을 운영했으며 월드 베스트 1위 레스토랑에 올랐다가 지금은 문을 닫은 엘블리의 크리스티앙 루토, 미슐랭 3스타였다가 별이 떨어진 것에 자살한 베르나르 루아조 등을 제자로 길러냈다.

1980년대 말 프랑스 정부에 미각 교육을 제안했으며 늘 트렌드에 앞서 마카오, 라스베이거스에도 자신의 레스토랑을 연 조엘 로뷔숑, '요리계의 피카소'로 불리며 예술가에 가까운 풍모와 환상적인 프리젠테이션으로 유명한 파리의 미슐랭 3스타 레스토랑 피에르 갸네르, 프랑스 오베르뉴 지방 라기욜의 고원에 위치한 레스토랑으로 자연주의를 제창하며 미슐랭 3스타 오른 미셸 브라, 넷플릭스에도 등장하는 아르페주의 셰프로 채식 위주의 식단으로 미슐랭 3스타의 자리를 굳건히 지키고 있는 알랭 파사르, 모나코의 미슐랭 3스타 레스토랑을 비롯해 파리와 런던 등 전 세계에 20여 개의 레스토랑을 소유한 알랭 뒤카스 역시 헐리우드 스타에 못지 않는 대우를 받는 유명 셰프들이다.

가스트로노미 레스토랑
Restaurant Gastronomique

우리에게는 미슐랭 스타 매장으로 알려져 있는 최고급 레스토랑. 프랑스에서는 왕의 만찬과 같은 멋진 테이블 웨어와 최고의 와인 리스트, 격식 있는 서비스를 제공하는 르 그랑 레스토랑(Le Grand Restaurant)과 5성급 호텔보다 한 단계 위인 럭셔리 호텔, 5성급 팰리스 내에 있는 레스토랑 드 팰리스(Le Restaurant de Palace)가 해당된다. 블랙핑크 등이 묵으면서 유명해진 슈발 블랑, 마이클 조던, 삼성 이건희 회장 등이 묵었던 르 브리스톨, 영국의 왕들이 파리 방문 시 이용하는 포 시즌스 호텔에 있는 미슐랭 3스타 레스토랑 등이 대표적이다. 음식은 코스 요리 위주로 제공되며 점심은 3-7코스 정도지만 저녁은 7-12 코스로 서비스 시간을 고려할 때 점심은 2-3시간 저녁은 3-4시간 소요된다. 점심 시간과 저녁 시간 사이에는 브레이크 타임이 있다.

예산 1인 € 300~600

브라스리 La Brasserie

역사적인 아르누보와 아르데코 장식으로 치장된 멋진 분위기와 정복을 차려 입은 숙련된 중년의 웨이터들이 서비스한다. 양배추를 숙성시켜 각종 소시지와 함께 즐기는 슈크루트, 굴이나 모듬 해산물 요리를 즐길 수 있으며 기차역 앞이나 유동 인구가 많은 곳에서 브레이크 타임 없이 문을 연다.

예산 1인 €40~80

비스트로 Le Bistrot

프랑스 가정식을 내놓는 작은 규모의 레스토랑을 말한다. 19세기 후반 프-러시아 전쟁에 나선 러시아 병사들이 몽마르트 언덕 근처의 레스토랑에서 음식을 주문하면서 "빨리빨리" 음식을 내 달라는 말을 한 데서 유래되었고 비교적 음식이 빠르게 나온다. 관광지에는 브레이크 타임이 없는 곳이 있으나 일반적으로 점심과 저녁 사이에는 문을 닫는다.

예산 1인 €20~50

부이용 Le Bouillon

큰 규모의 대중 식당으로 많은 사람들이 빠르게 맛있게 먹고 갈 수 있는 싸고 대중적인 음식을 내놓는다. 어쩌면 우리네 기사 식당과 비슷한 곳이다.

예산 1인 €15~30

카페 Le Café

이른 아침부터 저녁까지 문을 열며 간단한 식사도 즐길 수 있다. 간단한 식사로 괜찮은 크로크 무슈, 치즈, 닭가슴살 등이 들어간 식사 대용 샐러드, 샌드위치 등을 비롯하여 파스타나 스테이크와 감자튀김 등을 서비스하기도 한다.

예산 1인 €15~30

캬브 아 망줴 La Cave à manger

동그랗고 말린 소시지를 얇게 저며 먹는 소시송이나 다양한 치즈 또는 음식과 함께 와인을 함께 즐길 수 있는 와인 바를 말한다. 다양한 프랑스 지역의 와인을 잔 단위로 두루 맛볼 수 있으며 마셔 본 후에 마음에 드는 와인을 살 수도 있는 숍을 겸하는 곳이 일반적이다.

예산 1인 €30~40

가스트로노미(파인 다이닝) 레스토랑의 식사 순서

샴페인과 와인을 비롯하여 음식과 어울리는 알코올과 전식에서 디저트에 이르기까지 다양한 음식을 향유하며 동석한 사람과 3-4시간 이야기하며 즐길 수 있는 미식의 향연을 맛볼 수 있다. 와인이나 알코올을 제외하고 식사 기준으로 점심은 €70-300 정도, 저녁 식사는 €120-500 정도의 풀코스 메뉴 비용을 지불해야 해서 중요한 비즈니스 미팅이나 결혼 기념일이나 생일 같은 특별한 날에 예약하는 사람들이 많다. 비싸긴 하지만 예술에 가까운 프랑스 요리의 정수를 맛보기 원한다면 경험해 볼 것을 추천한다.

*비스트로 레스토랑에서는 전-본-후식 순서로 간단히 서비스된다.

아페리티프 Apéritif

라틴어로 "열다(Aperire)" 동사에서 파생된 단어로 밥 먹기 전에 한 잔 즐기는 프랑스의 문화다. 본격적인 식사 전에 부드럽고 여유로운 분위기를 만들어 주며 비스트로에서는 갖은 고기를 다져 만든 파테 등을 함께 즐기기도 한다. 스파클링 와인과 맥주, 칵테일, 베르무스,진, 드라이한 화이트와인, 스프리츠 칵테일과 같은 음료가 일반적이다.

아뮤즈부슈 Amuse Bouche & 오르되브르 Hors d'Oeuvre

'입을 즐겁게 한다'는 의미로 한 입 거리 음식이다. 오트되브르는 전식 전에 예쁘고 작은 모양의 채소나 차가운 형식으로 와인과 함께 서비스되는 오르되브르(Hors d'Oeuvre)와 비슷한 의미이나 아뮤즈부슈는 손님이 따로 주문하지 않아도 메뉴판을 보여주기 전에 서비스된다.

전식 앙트레 Entrée

지롤 버섯이나 아스파라거스 등의 제철 채소나 시원한 토마토 가스파초, 푸아그라나 캐비어, 생선이나 쇠고기를 얇게 썰어 소스와 함께 서비스하며 비스트로에서는 양파 스프나 부르고뉴 달팽이를 내놓기도 한다.

본식 플라 Plat

갸스트로노미 레스토랑에서는 생선과 육류가 순서대로 나오고 비스트로에서는 둘 중 하나를 고르는 것이 일반적이다. 말 그대로 배를 채우기 위한 본격적인 식사를 의미하며 보통 와인과 함께 즐긴다.

프르마쥬 Fromage

프랑스 속담에 "치즈가 없는 식사는 애꾸눈 미녀와 같다."라는 말이 있다. 여러 종류의 치즈가 수레 위에 담겨 나오며 손님이 고른 치즈 3-4종을 빵과 함께 접시 위에 서비스해 주면 이를 먹는다.

데세르 Dessert

음식을 먹고 나서 달달한 음식으로 타르트, 밀푀유, 에클레뢰르, 타르트나 초콜릿 등이 화려한 데커레이션으로 서비스된다. 비스트로에서는 크렘 브륄레, 퐁당 오 쇼콜라, 무스 쇼콜라, 릴 플로텅트와 같은 디저트를 주문할 수 있다.

디제스티프 Digestif

대체로 높은 도수의 증류주로 소화를 돕기 위해 마시는 식후주를 의미한다. 대표적인 디제스티프로는 아르마냑, 코냑, 칼바도스를 포함한 모든 브랜디 위스키, 럼, 샤토뤼즈 등이 있다.

카페 Café

그냥 '카페'라 주문하면 에스프레소를 갖다 준다. 아메리카노와 비슷한 것을 주문하려면 카페 알롱제(Café allongé), 우유를 넣은 커피는 카페 오 레(Café au lait)를 주문하며 에스프레소에 약간의 크림이나 우유를 넣은 카페 누아제(Café noisette)를 주문하면 된다.

미슐랭 2스타 레스토랑 메뉴의 예

그린 아스파라거스(Asperge verte du Domaine de Roques-Hautes)

갓 익힌 느와무티에 도미(Daurade de Noirmoutier à peine cuite)

로스코프 털게 캐비어(Araignée de mer de Roscoff)

뿔닭과 푸아그라의 따뜻한 파테(caviar Petit pâté chaud de pintade et foie gras)

크리스피 블루 랍스터(Homard bleu croustillant)

광어(Turbot de la pointe du Raz)

화이트 아스파라거스(asperge blanche)

명이를 곁들인 닭고기(Poularde de Culoiseau à l'ail des ours)

전복을 곁들인 양고기(escargot Agneau Lacaune rôti, ormeau)

신선하고 숙성된 치즈(Fromages frais et affinés)

마다가스카르 바닐라를 곁들인 감귤 수플레(Soufflé aux agrumes Gousse de vanille de Madagascar Fleur de cabosse Poire Conférence/cerfeuil)

럼바바와 생크림(Baba au rhum de votre choix crème mi-montée)

프랑스 전통 음식을 즐기는 방법

우리가 청국장이나 김치찌개를 최고의 음식이나 유행을 따르는 음식이라 하지 않는 것처럼 아래 음식이 프랑스에서 먹어야 할 음식이라 생각하는 것은 아재들의 생각이다. 창의적인 셰프들은 단순히 한 재료를 사용하지 않고 자신만의 시그니처 메뉴를 개발하고 재철 재료를 사용하여 다양한 음식을 만든다.

사실 많은 가이드북이나 일부 인플루언서들이 말하는 파리에서 먹어봐야 할 음식이라는 코코뱅, 푸아그라, 달팽이, 양파 스프, 뵈프 부르기뇽, 부댕과 같은 음식보다는 괜찮은 레스토랑에 가볼 것을 권한다. 우리나라에 여행 온 외국인에게 청국장, 순대국, 김치찌개, 족발을 먹어 보라는 것과 같은 이치이므로 아래 소개하는 음식들에 대해서는 그냥 참고하기 바란다.

푸아그라 Foie Gras

프랑스의 최대 명절인 크리스마스에 가족들이 함께 먹는 거위 간 요리로 세계 3대 진미에 꼽힐 정도로 귀한 음식이다. 빵 위에 슬라이스한 푸아그라를 얹은 다음 그 위에 무화과 쨈이나 양파 콩피를 함께 먹으면 맛있게 즐길 수 있다.

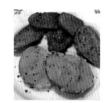

파테 Pâté

돼지고기, 오리고기 또는 토끼고기를 곱게 간 페이스트를 익힌 제품이다. 전채 요리로 바게트에 곁들여 먹는다.

굴 Huître

껍질을 바로 까서 서비스하는 석화로 크기에 따라 1~4번으로 구분되는데 숫자가 작을수록 크기의 크다. 가격은 1-2-3-4번 순으로 비싸다. 특별한 굴로는 아몬드 향이 입 안 가득 여운으로 남는 노르망디 유타(Utah) 해변의 굴, 고소하고 독특한 풍미의 캉칼(Cancale)에서 나는 납작 굴, 대서양에서 나는 투명하고 풍성한 과육이 입안 가득 느껴지는 올레롱(Oleron)의 질라르도 스페셜 (Gillardeau), 바삭바삭한 식감에 은은한 바다맛이 느껴지는 아르카숑(Arcachon) 지역의 굴을 추천한다.

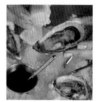

에스카르고 Escargot de Bourgogne

부르고뉴 지방의 달팽이에 파슬리, 마늘, 버터로 만든 소스를 얹어 오븐에 굽는데 맛은 골뱅이와 비슷하다. 껍질째 6개 또는 12개 서비스되는 달팽이를 집게와 작은 포크를 이용해서 꺼내 먹으며 남은 소스는 미리 제공된 바게트빵에 발라 먹는다.

양파 스프 Soupe à l'oignon

주물팬에 버터를 녹인 다음 양파와 마늘을 볶아 캐러멜라이징을 한다. 여기에 화이트와인과 비프 스톡을 넣어 은근히 끓인 다음 잘게 간 그뤼에르 치즈를 빵 위에 올리고 치즈가 녹을 때까지 가열한 다음 파슬리를 뿌려 서비스한다. 겨울철에 따뜻한 국물이 간절할 때 시키면 훌륭하다.

외프 마요네즈 Oeuf Mayonaise

삶은 달걀을 반으로 가른 후에 그 위에 머스터드나 마요네즈, 소금, 후추 등을 올려서 서비스하는 음식. 계란 노른자는 과하게 익어도 안 되고 노른자가 흐물거려도 안 되며 마요네즈는 식당에서 직접 만들되 계란을 충분히 덮을 만한 양이어야 한다는 원칙에 맞아야 훌륭한 것이다.

플라 Plat

메인 요리로 양이 가장 많다. 고급 레스토랑에서는 생선 다음 육류가 서비스된다.

콩피 드 갸나 Confit de Canard

프랑스 남부 가스코뉴 지역의 요리로 오리 다리를 오븐에서 조리했다. 얇은 오리 껍질이 바삭한 식감을 내고 육질은 아주 부드럽고 지방의 맛이 조화롭게 어우러진 맛이다.

마그레 드 갸나 Magret de Canard

꿀과 발사믹, 에샬로트를 넣어 조린 소스에 감자 퓌레나 삶은 사과 등이 사이드로 나오는 오리 가슴살 요리다.

뵈프 부르기뇽 Boeuf Bourguignon

부르고뉴 지역의 전통 쇠고기 스튜 요리로 쇠고기에 버섯과 양파, 베이컨등의 채소 그리고 레드와인을 넣고 오랫동안 찜 요리로 쇠고기 와인찜 정도로 생각하면 된다.

코코뱅 Coq au vin

직역하면 '와인 안의 수닭' 정도로 해석되는 전통 요리. 닭고기에 버섯, 와인을 넣어 조린 음식으로 큰 닭의 질긴 육질을 부드럽게 하기 위해 고안된 요리다.

부댕 누아 Boudin Noir

우리네 순대와 비슷한 프랑스식 선지 요리. 돼지 피에 달걀, 우유, 빵가루 등을 넣어 속을 만들고 창자에 넣고 삶은 것이다. 선지를 제외하고 부드러운 맛을 내도록 한 흰색 소시지를 부댕 블랑이라고 한다. 보통 버터와 설탕을 캐러멜라이징한 사과와 부댕을 함께 먹는다.

솔 뫼니에르 Sole Meunière

가자미(Sole)이나 광어(Turbot)에 밀가루를 묻힌 다음 프라이팬에 버터나 기름을 두르고 굽는 요리다.

플라토 프뤼 드 메흐 Plateau de fruits de mer

굴을 제외하고는 새우, 조개, 소라, 고동 등을 삶아서 냉장한 후에 얼음이 가득 담긴 커다란 쟁반 위에 담겨 나오는 해물 모듬 요리다.

소몽 그리에 Saumon Grillé

그릴에서 후추와 소금 등을 넣고 구운 연어다.

물 Moule Marinière

샐러리, 바질, 에샬롯, 후추, 소금 등을 화이트와인과 함께 조리한 홍합 요리를 물 마리니에(Moule Marinière)라고 한다. 양파, 버터, 바질, 화이트와인에 생크림을 넣어 조리한 것은 물 아 라 크램(Moules à la crème)이라고 한다.

타르타르 Tartare

13세기 몽골인을 뜻하는 '타르타르'에서 유래된 쇠고기 육회로 날고기에 계란 노른자, 소스와 허브를 얹어 서비스한다.

스테이크 Bifteck

프랑스 사람들은 대체적으로 스테이크를 주문할 때 거의 날것이나 살짝 익힌 것을 먹는다. 잘 익힌 것을 주문하면 자칫하면 고무 씹어먹는 식감의 쇠고기가 나오기 때문에 피할 것을 권한다.

불어	영어
Bien cut	Well done
À Point	Medium Rare
Saignant	Rare

슈크루트 Choucroute

독일과 국경 지역인 알자스의 음식으로 양배추를 발효시킨 것에 쫀득한 소시지와 삶은 족발, 돼지고기 등을 함께 넣어 만드는 우리네 백김치 같은 음식이다.

라타투이 Ratatouille

동명의 〈디즈니〉 애니메이션으로 유명하지만 프로방스 지방에서 가지, 호박, 피망, 토마토 등에 허브와 올리브 오일을 넣고 뭉근히 끓여 만드는 채소 스튜다. 여름철 로제 와인과 곁들이면 좋다.

부야베스 Bouillabaisse

마르세이유 어부의 부인네들이 남편이 바다에서 잡아 온 생선들 중에 팔기 어려운 것들을 감자와 향신료 등을 넣어 함께 끓여 만드는 국물 요리로 진한 해산물 향이 샤프란 향과 어우러져 우리식 매운탕을 연상케 한다.

갈레트Galette와 크레이프Crepe

갈레트는 브르타뉴 지방에서 즐겨 먹는 식사 대용의 음식으로 우리네 빈대떡과 닮았다. 메밀가루에 물, 소금 등을 섞어 숙성시킨 반죽을 조리용 철판에 부은 뒤 얇게 편 다음 계란, 햄, 에멘탈 치즈 등을 넣어 익힌 음식이다.

밀가루, 우유, 달걀로 반죽을 한 다음 빌리그(bilig)라는 동그란 주물팬에 붓고 T자 모양의 나무 도구로 반죽을 고루 펴는 로젤(Rozell)을 이용하여 양면을 익힌 다음 그 위에 설탕과 버터 또는 잼 등을 넣어 먹는 크레이프다. 디저트로 즐기는 음식으로 프랑스인들의 스트리트 푸드로 사랑받는다.

물 Eau

프랑스의 수돗물은 석회질이 많이 섞여 있어 민감한 사람은 물을 사서 먹는 것이 좋다. 카페나 레스토랑에서는 탄산수를 주문할 때 '오 가즈즈(Eau Gazeuse)' 또는 '오 페티앙(Pétillant)'이라 하고 생수는 '오 플라트(Eau Plate)'를 달라고 하면 된다. 수돗물을 달라 할 때는 '꺄라프 도(Carafe d'eau)'라 말하면 된다.

와인 Vin

레드와인을 뱅 루즈(Vin Rouge), 화이트와인을 뱅 블랑(Vin Blanc)이라 부르며 여름에 즐겨 먹는 로제 와인을 뱅 로제(Vin Rosé)라 부른다. 발포성 와인 중 샹파뉴 지역에서 생산된 것을 샹파뉴(Champagne)라 부르고 그 외 지역에서 생산된 것을 크레멍(Crémant)이라 부른다.

맥주 Bière

국내 슈퍼마켓에도 프랑스 맥주가 수입되지만, 우리나라에서 흔히 볼 수 있는 1664나 크로넨부르 등의 맥주보다는 Goudale, Duval, 3 Monts, Ch'ti, Pelican, Gallia 등의 브랜드가 유명하다.

시드르 Cidre

브르타뉴와 노르망디 과수원에서 9-12월 사이 수확한 사과를 분류, 세척, 분쇄 작업을 거쳐 사과즙을 얻고 그것을 술통에 넣어 발효하여 만든 것이 시드르다. 도수는 2-6도이며 사과주의 종류는 스위트한 두(Doux), 드라이한 브뤼트(Brut), 기포가 있는 부쉐(Bouché)로 나뉜다. 사과 말고 배로 만든 시드르도 있다.

쥐 드 프뤼 Jus de Fruit

오렌지 주스(Orange), 사과 주스(Pomme), 포도 주스(Raisin), 자몽 주스(Pamplemousse)가 있다.

레스토랑 에티켓 이렇게!

- 고급 레스토랑(르 그랑 레스토랑/레스토랑 드 팰리스) 또는 미슐랭 스타 레스토랑에 갈 때는 정장 또는 세미 정장으로 갖춰 입도록 한다. 특히 고급 호텔 내의 일부 미슐랭 3스타 레스토랑은 세미 정장도 갖추지 않으면 입장 자체가 거절되기도 한다. 입구에서 자켓을 빌려주는 곳도 있으나 그렇지 않은 곳이 많다.
- 처음 입장 시 안내 직원과 눈이 마주치면 "봉주흐" 하고 인사를 건네는데 함께 인사하는 것이 예의다.
- 반드시 직원의 안내에 따라 테이블 배정을 받는다. 자기 맘대로 빈자리에 가서 앉는 것은 결례다.
- 음료나 음식을 갖다줄 때 "메르시(Merci)" 하고 감사를 표한다.
- 제공되는 빵은 본식에 나오는 소스를 발라 먹거나 샐러드를 먹으라고 주는 빵이다. 조식에서 음식이 나오기 전 빵부터 먹는다거나 빵이 나왔다고 버터를 달라고 하면 혹시 핀잔을 들을 수도 있다. 따라서 빵은 음식이 나오기 전 먹지 않도록 한다.
- 서비스하는 직원에게 손을 들고 부르지 말고 메뉴판을 가져올 때까지 기다린다.
- 냅킨은 무릎 위에 올려 놓는다.
- 푸아그라는 빵 위에 살짝 올려 먹어야 한다. 나이프로 펴서 바르지 않도록 주의한다.
- 나이프는 4시 방향 포크는 8시 방향을 향하게 둔 것은 음식을 먹고 있다는 의미이고 포크와 나이프를 4시 방향으로 나란히 놓는 것은 음식을 다 먹었다는 의미다.
- 와인과 물 이외에는 식사 중에 소프트 드링크류나 식전주, 식후주는 마시지 않는다.
- 큰 소리로 떠들거나 음식을 먹을 때 소리를 내거나 트림을 하지 않도록 주의한다.
- 서비스된 접시 이외에 서로 음식을 셰어하지 않는다.
- 빵 접시는 왼쪽에 놓는다. 빵은 포크나 나이프를 이용하지 않으므로 빵 부스러기가 떨어지지 않도록 빵 접시 위에서 자른다.
- 뼈가 있는 닭, 소, 돼지고기를 주문할 경우 손으로 잡고 뜯는 일이 없도록 한다. 프랑스인들은 닭 다리도 칼과 나이프만 사용해서 먹는다.
- 포크와 나이프는 바깥쪽에 있는 것부터 사용한다.
- 생선은 뒤집지 않고 그대로 먹는다.
- 커피는 디저트가 서비스된 다음에 나온다.
- 구운 요리는 소스가 나올 때까지 요리에 손을 대지 않고 기다린다.
- 새우, 게 등의 갑각류는 먼저 포크를 사용하여 알맹이를 분리하여 먹으며 마요네즈나 크림 소스를 조금씩 발라 먹는다.
- 계산서를 요청할 때는 "라디시옹, 실 부 플레(L'addition S'il vous Plaît)" 하며 계산은 테이블에서 한다.
- 서비스 요금은 계산서 안에 포함돼 있으나 흡족한 서비스를 했을 경우 팁을 5-10% 정도 주고 나오도록 한다. 다만 1유로 이하의 동전을 두고 나오는 것은 결례다.
- 남녀가 갈 때 남자에게만 가격이 적힌 메뉴판을 건네는 곳이 있으니 당황하지 않도록 한다.
- 2차, 3차 문화가 없는 프랑스에서는 고급 레스토랑을 예약하면 연애, 비즈니스, 친교 등을 위한 목적으로 3~5시간 정도 머무는 경우가 많으므로 음식을 빨리 나올 것을 재촉해서는 안 된다.
- 커피를 마실 때 받침 접시를 들고 마시는 것은 매너에 어긋난다.

카페나 일반 레스토랑에서

- 입구에서 안내를 받아 자리를 배정받는다.
- 입장 시 직원들과 눈이 마주치면 먼저 봉주흐 하고 인사하는데 함께 웃으며 "봉주흐" 하고 호응하는 것이 예의다.
- 음료나 음식을 갖다줄 때 "메르시"라고 감사를 표하는 것이 예의다.
- 관광지 카페나 스타벅스가 아니면 얼음이 없는 곳이 많으며 아이스 커피가 없는 곳이 많다.
- 프랑스 사람들은 프렌치프라이를 먹을 때 케첩을 먹지 않는다. 감자 자체의 맛이 훌륭하며 가볍게 소금만 뿌려도 충분히 맛있다.
- 피자를 비롯하여 각자의 음식을 셰어하지 않는다. 본식은 1인 1음식을 주문하는 것이 일반적이다.
- 거의 모든 음식은 포크와 나이프를 사용하여 먹기에 닭 다리를 손으로 들고 먹는 일은 없어야 한다.
- 식사는 전-본-후식-커피 순으로 진행되며 자신의 테이블을 담당한 직원이 있으므로 음식 주문이나 계산 시 손을 들거나 직원을 부르는 일이 없도록 한다.
- 아침 식사 이외에는 따로 주지 않는 경우라면 버터를 달라고 하지 않는다.

레스토랑 예약 방법

고급 레스토랑의 경우 노쇼에 대한 책임을 묻기 위해 카드 번호로 예약금(deposit)을 걸어야 하며 연락 없이 가지 않으면 그 금액이 지불된다. 파리 레스토랑들은 점차 전화 대신 사이트를 통한 예약을 받고 있다.

- 인터넷 예약 사이트(미슐랭)나 해당 레스토랑 사이트를 통해 예약한다. 영어가 가능한 경우 전화로 예약이 가능하다.
- 메뉴가 정해져 있는 경우 알레르기가 있는 사람은 예약 시 이를 미리 알린다.

세계 미식가들의 바이블, 미슐랭 가이드

프랑스가 미식으로 유명해진 데는 세계적인 레스토랑 평가 가이드북 『미슐랭 가이드』의 영향이 컸다. 1900년 숙박 시설과 식당에 관한 정보를 제공하고 박물관과 여행 정보를 전달해주기 위해 인스펙터들이 직접 발로 뛰며 만든 가이드북으로 처음에는 타이어를 구매하는 고객에게 무료로 나눠 주던 자동차 여행 안내 책자였다가 1922년부터 유료로 판매되기 시작했다.

1,300여 쪽에 이르는 방대한 분량의 레드 가이드는 암행 심사 위원의 엄격한 심사 기준과 객관성으로 유명하다. 그들의 선정 방식은 전담 요원이 평범한 손님으로 가장해 2명의 심사 위원이 1년 동안 여러 차례 방문하여 음식 맛, 맛의 일관성, 서비스 등을 평가해 뛰어난 레스토랑별 별 1-3개를 부여하며 가성비 좋은 레스토랑에는 빕 구르망과 같은 등급을 준다. 3스타의 경우 요리가 매우 훌륭하여 맛을 보기 위해 특별한 여행을 떠날 가치가 있는 곳이다. 2스타 레스토랑은 요리가 훌륭하여 멀리 찾아갈 만한 곳, 1스타는 요리가 훌륭한 레스토랑에게 주어진다. 합리적인 가격(€30-40)으로 좋은 요리를 맛볼 수 있는 빕 구르망 등급의 레스토랑은 가성비 좋은 레스토랑으로 사랑받는다.

정 작가가 추천하는
파리 미슐랭
스타 레스토랑

미식의 천국이라 할 수 있는 파리를 방문했을 때 가 보면 좋을 레스토랑들이다.
미슐랭 가이드북에도 올랐을 만큼 인정받고 검증된 곳이라 할 수 있다.

미슐랭 3스타

르 생크 Le Cinq

20년 넘게 미슐랭 3스타를 10년 넘게 지켜온 포시즌스 호텔 내, 르 생크를 지휘하는 크리스티앙 르 스퀘는 전 세계 요리사들의 존경을 받는 셰프로 유명하다. 전통과 현대를 아우르며 맛과 풍미의 완벽한 조화를 이끌어내는 그의 심플한 요리가 잊을 수 없는 감동을 선사한다.

Add 31 Av. George V, 75008 Paris   Tel 01 49 52 71 54
Web www.fourseasons.com/paris/dining/restaurants/le_cinq

미슐랭 2스타

레스토랑 기 사부아 Restaurant Guy Savoy

글로벌 랭킹 〈라 리스트〉로부터 2017-2020년까지 세계 최고의 레스토랑으로 선정되었으며 파리 주화 박물관 내에 있어 센강과 마주하고 있다. 시그니처 요리는 검은 송로를 가미한 아티초크 수프, 송로 버터를 쌓아올린 브리오슈 등이 있다.

Add Monnaie de Paris, 11 Quai de Conti, 75006 Paris
Tel 01 43 80 40 61
Web www.guysavoy.com

솔스티스 Solstice

'하지' 또는 '동지'를 뜻하는 레스토랑으로 프랑스 최고 요리 학교 중 하나인 에콜 페랑디의 교수로 20년 넘게 재직했던 에릭 트로숑 셰프와 한국인 소믈리에 김미진 부부가 운영한다. 규모는 작지만 완성도 높은 음식과 차분하면서 안정감 있는 인테리어가 훌륭하다.

Add 45 Rue Claude Bernard, 75005 Paris
Tel 09 88 09 63 52
Web https://solsticeparis.com

라 그랑드 카스카드 La Grande Cascade

나폴레옹 3세 황제의 휴식처였던 블로뉴 숲에 위치해 있어 주변 경관이 아름다운 레스토랑이다. 프레드릭 로버트 셰프가 고전주의에서 영감을 받은 창의적인 철학을 접시에 담아낸다. 플람베를 곁들인 그레페 수제트, 바닐라 밀회유와 같은 정교한 프렌치의 정수를 보여준다.

Add Rte de la Vge aux Berceaux, 75016 Paris
Tel 01 45 27 33 51
Web https://www.restaurantsparisiens.com/la-grande-cascade/

파쥬 Pages

일본인, 테시마 류지 셰프가 프랑스 요리법에 대한 열정으로 간결하고 힘 있는 프랑스 요리를 선보이는 곳으로 샹젤리제 거리 근처에 있다. 노르망디와 브르타뉴에서 공수한 생선과 조개류를 비롯하여 와규와 닭고기에 이르기까지 신선한 재료와 완벽하게 서비스되는 플레이팅으로 미슐랭 1스타를 받았다.

Add 4 rue Auguste Vacqurie 75116 Paris
Tel 01 47 20 74 94
Web www.restaurantpages.fr

이제 또 다른 세계인
내추럴 와인을 만나야 할 때

우리가 일반적으로 알고 있는 컨벤셔널 와인의 반대 개념이다. 사전적 의미로 어떤 것도 추가하지 않으며 어떤 것도 빼지 않은 천연 와인을 의미한다. 농가의 전통 발효 기법으로 식품 첨가물을 넣지 않는다는 말이다. 보통 와인을 대량 제조할 때 많은 화학 성분을 넣는다. 운송 시 안정성과 보존력을 높이기 위해 방부제 역할을 하는 아황산염이 들어가는데 내추럴 와인은 자연에서 얻은 미생물을 이용한다.

그러나 내추럴 와인의 기준을 두고는 의견이 분분하다. 혹자는 포도 재배 시 농약과 화학 비료를 다 쓰면서 양조만 최소/비개입주의로 하는가 하면 일부는 밭에서, 양조장, 병입 시까지 철저하게 인공 첨가물 및 조작을 최소화하는 것을 원칙으로 삼기도 한다. 이렇게 의견이 나뉘자 프랑스의 대표적인 내추럴 와인 생산자 협회는 "그 어떤 순간에도 살충제나 제초제, 성장제 등을 첨가물을 넣지 않고 모든 포도는 사람이 직접 따며, 인공 배양한 효모를 사용하지 않고, 발효 과정과 병입 과정에서 와인의 산화를 막는 아황산을 아예 첨가하지 않거나 조금만 넣는 와인"을 내추럴 와인으로 정의한다. 상반되는 개념인 컨벤셔널 와인은 쉽게 얘기하면 지금까지 우리가 마셔온 모든 와인을 말한다.

1990년대에 시작된 프랑스의 '내추럴 와인 운동'은 과학자이자 와인 생산자였던 쥘 소베가 '토양의 건강을 해치는 현대 농업 기술 대신, 다시 자연을 살리는 과거의 농법으로 땅을 지켜야 한다'고 주장한 운동에서 시작되었다. 다만 산미가 강한 내추럴 와인 특유의 맛은 호불호가 갈린다. 내추럴 와인 애호가들은 화학 성분의 도움 없이 포도 자체의 효모균으로 만들어지는 와인은 낯설 수 있지만 규격화되지 않은 신비한 맛이 특유의 매력이라 이야기한다.

TIP

바이오 다이내믹 농법

1924년 루돌프 슈타이너가 제안한 방법으로 유기농에서 더 나아가 작품 자체의 힘을 길러 해충과 질병 피해를 예방하는 목적이 있다. 바이오 다이내믹 농법은 달의 주기에 따라 뿌리와 꽃, 열매를 강화하고, 수확도 달의 움직임에 따라 진행한다. 유기농 및 바이오 다이내믹을 적용하는 농부 중엔 해당 기관에 인증을 받는 경우도, 아닌 경우도 있다.

파리 추천 내추럴 와인 숍

내추럴 와인이 매니아층에서 큰 인기를 얻으면서 파리에는 내추럴 와인 전문 숍 역시 크게 스포트라이트를 받고 있다. 당신이 내추럴 와인에 대해 알고 싶다면 혹은 내추럴 와인 매니아라면 놓쳐서는 안 될 파리의 대표적인 내추럴 와인 전문점을 소개한다.

베흐 볼레 캬브 Le Verre volé cave

내추럴 와인의 1세대이자 프랑스 내추럴 와인의 전도사 역할을 한 토마 뱅상과 시릴 보르다리에가 운영해 온 베흐 볼레 레스토랑, 바에서 운영하는 곳이다.

Access M5, 9호선 Oberkampf에서 도보 4분
Add 38 rue Oberkampf 75011 Paris
Open 월요일 16:00~20:00, 화~목요일 10:00~13:00
16:00~20:00, 금~토요일 10:00~20:00

라 캬브 데 파피 La Cave des Papilles

20년 넘게 내추럴 와인에 대한 한결같은 열정으로 일해 온 제라르 카츠의 바통을 이어받아 사툰이라는 미슐랭 1스타 레스토랑의 소믈리에로 일했던 이완 르 모안이 이어받아 운영한다. 우리나라에도 인기 있는 얀 드리외, 필립 파칼레 등을 대량으로 갖고 있던 곳이다.

Access M4, 6, RER B 호선 Denfert Rochereau에서
도보 4분
Add 35 rue Daguerre 75014 Paris
Open 월요일 15:30~20:30, 화~금요일 10:30~13:30 15:30~20:30, 토요일 10:00~20:30, 일요일 10:00~13:30

캬브 오제 Caves Augé

시내 중심의 오스만 거리에 위치한 와인 숍으로 이미 수십 년 동안 좋은 와인을 보유하고 있는 곳으로 유명하다. 칼바도스, 코냑, 아르마냑 컬렉션도 훌륭하다. 컨벤셔널 와인은 물론 내추럴 와인 리스트도 훌륭하다.

Access M9호선 Saint Augustin에서 도보 3분
Add 116 Bd Haussmann 75009 Paris
Open 월~토요일 10:00~19:30

델리카드센 캬브 Delicatessen cave

2016년 어머니가 먼저 정착한 다음 아들 가브리엘 보네가 합류하여 함께 운영하는 마레에서 가장 유명한 내추럴 와인 숍. 옆집에 와인바도 함께 운영해서 지금 프랑스에서 가장 유행하는 내추럴 와인을 즐길 수 있다.

Access M5, 9호선 Oberkampf에서 도보 1분
Add 136 rue Camelot
Open 10:30~21:00 *일, 월요일은 20:00까지

캬브 드 벨빌 La cave de Belleville

차이나타운이 위치한 다소 낯선 동네에 위치하고 있으나 전직 약사 출신의 토마와 사운드 엔지니어 출신의 프랑수아 두 사람이 의기투합해서 만든 특별한 장소다. 1,500여종의 내추럴 와인을 합리적인 가격에 고를 수 있으며 와인과 잘 어울리는 안주거리도 함께 살 수 있다.

Access M11호선 Pyrénées에서 도보 4분
Add 51 rue de Belleville 75019 Paris
Open 월~수요일 10:00-20:00, 목요일 10:00-23:00,
금요일 10:00-20:30, 토요일 10:00-20:30, 일요일 11:00-
19:00

프랑스에 가면
와인을 즐겨라

플라톤은 "신이 인간에게 내려준 선물 중 와인만큼 위대한 가치를 가진 것은 없다."라고 말했다. 고대부터 인류에게 와인은 일과를 마치고 함께하는 사람들과 즐거움을 나누거나 느긋한 분위기를 유지하는 데 사용되었다. 성경에서 예수님이 제자들과 와인을 마시는 장면이나 물이 변하여 포도주가 되게 하였다는 이야기를 통해 성스러운 음료로 여겨지기도 했다. 로마 제국이 몰락하면서 그들의 포도밭은 프랑스의 수도회로 넘어가 시토 수도회나 베네딕트 수도회를 통해 체계적으로 와인이 만들어졌다. 와인 생산에 관심을 갖고 아낌 없는 지원을 한 왕족과 귀족 역시 프랑스 와인을 발전시키는 데 일조했다.

오랜 전통과 역사를 바탕으로 한 프랑스 와인은 생산량 면에서는 65억 여 병으로 이탈리아에 이어 두 번째다. 하지만 와인의 필수 조건인 기후, 강우량, 일조량, 석회질 토양 및 자갈층, 습도, 온도 등의 조건을 모두 갖추고 있으며 역사와 문화, 우수한 양조업자들의 장인정신과 테크닉이 더해져 풍부한 맛과 향, 고급스러운 이미지로 전 세계 식도락가들에게 사랑받고 있다.

와인의 명칭과 지리적 위치

프랑스 와인을 이해하는 첫걸음은 포도원의 명칭과 그 지리적 위치를 파악하는 것이다. 각 지역별로 사용하는 포도의 품종, 담그는 방법 등도 다른데 생산지 이름과 등급을 표시하는 것 등에 대한 지식을 가진 후에 와인을 즐기면 즐거움이 배가된다. 독일과 국경을 맞대고 있으며 화이트와인이 유명한 알자스, 묵직한 바디감이 있는 레드와인으로 유명한 보르도, 우아한 화이트와 레드와인으로 유명한 부르고뉴, 남성적이면서 한국 음식과 궁합이 잘 맞는 론, 상큼한 기포로 축하연에 주로 쓰이는 샹파뉴의 다양한 지역의 와인을 즐겨본다면 프랑스 와인에 대해 조금 이해하게 될 것이다.

와인과 음식의 마리아주

와인은 프랑스 음식과 함께 즐길 때 즐거움이 배가된다. 음식과 와인의 환상적인 조화를 '결혼'을 뜻하는 '마리아주(Mariage)'라고 부르는데 와인을 자주 즐기다 보면 자연스럽게 마리아주에 맞는 와인을 고르게 된다. 레스토랑에서는 전문 소믈리에의 친절한 설명과 함께 음식에 잘 어울리는 와인을 페어링해서 마시면 후회 없는 식사가 될 것이다. 적절한 테이블 매너와 격식을 갖추었을 때 훌륭한 식사는 더욱 빛난다.

레스토랑에서 와인 주문하기

일반적으로 레스토랑에 들르면 먼저 소믈리에가 샴페인이나 식전주를 권한 다음 음식과 와인 메뉴를 건넨다. 와인 리스트를 살펴본다음 소믈리에나 웨이터의 제안을 원한다면 그렇게 하고 자신이 특별히 원하는 와인이나 지방이 있으면 원하는 것을 이야기한다.
와인의 특성을 잘 보여줄 수 있는 모양의 와인 잔에 서비스 된 와인은 체온이 전달되지 않도록 잔의 아래 부분을 잡고 잔을 45도 각도로 비스듬히 놓고 색깔과 향을 살펴보고 마

시면 된다. 잔을 약간 돌려 와인과 공기를 접촉시킨 후 향이 충분히 퍼져 나갈 수 있도록 하는 것을 '스월링(Swirling)'이라고 하며 그 후에 잔에 입을 댄 다음 천천히 음미하듯 삼킨다. 다만 코를 깊숙이 집어 넣어 냄새를 맡거나 소주처럼 한번에 마시는 것은 상대에게 실례가 된다. 천천히 향을 음미하고 그에 대한 의견을 함께 마시는 사람과 이야기하면서 마시는 것이 좋다.
레스토랑에서는 화이트와인은 차게, 레드와인은 그 온도에 맞게 맞춰 나오기 때문에 신경 쓸 필요가 없다. 일반적으로 화이트와인은 10-15도, 보르도 와인의 경우 16-18도, 부르고뉴나 론 지역의 와인은 14-16도, 샴페인은 10도 정도에 서비스된다.

레드와인과 화이트와인

일반적으로 생선 요리에는 화이트와인, 육류에는 레드와인을 곁들이는 공식이 있으며 여름철에는 로제 와인을 식전주로 즐겨 마신다. 일반적으로 레드와인은 붉은 포도, 화이트와인은 청색 포도를 재료로 한다. 붉은 포도로 화이트와인을 만들기도 하는데 포도의 색소는 껍질에 있으므로 붉은 포도라도 바로 즙을 짜서 만들면 화이트와인이 된다. 로제 와인은 붉은 포도로 만드는데 껍질에 있는 색소가 덜 우러나오게 한 것이다.

프랑스의 대표적인 와인 산지

일기가 좋지 않은 파리 북부의 브르타뉴나 노르망디를 제외하고 프랑스에서는 전국 대부분의 지역에서 포도를 재배한다. 각기 다른 테루아(기후, 토양 등의 환경)에서 그 지역에 맞는 품종의 포도로 와인을 생산하기에 맛과 향이 각기 다르다는 매력이 있다. 프랑스 와인의 양대 산맥을 보르도와 부르고뉴 정도로 생각하지만 그 이외의 지역에서도 충분히 매력적인 와인을 생산하므로 다양한 지역의 와인을 맛보는 것이 좋다.

보르도 Bordeaux

세계에서 가장 유명한 와인 산지로 꼽히는 보르도는 로마 시대부터 포도 밭이 조성되었으며 루이 7세의 왕비가 이혼하고 영국의 왕자와 결혼하면서 영국 영토로 편입되기도 했으며 8세기부터 영국으로 많은 와인이 수출되었다. 17세기 이후 메독에 와인 산지가 조성되었고 18-19세기를 통해 그랑 크뤼 와인 개념을 등급화하여 고급 와인의 입지를 확고히 했다. 지롱드강을 따라 세계 최고의 와이너리가 위치해 있으며 기후와 토양 조건이 포도 재배에 완벽하고 양조, 포장까지 일관작업으로 생산되는 고급 와인이 대부분이다.

타닌이 많아 떫은 맛이 강하지만 숙성이 잘 되면 부드럽고 고유의 풍미가 느껴지는 카베르네 소비뇽은 메독과 그라브 지역에서 재배하며 부드러운 메를로는 생 테밀리옹과 포므롤에서 재배되며 보르도 와인은 스테이크와 잘 어울린다.

👍 추천 와인

- Pavillon blanc de Ch.Magaux 2019 €200 이상
- Ch.Puybarbe 2019 €15-20
- Dom.de Compostelle 2019 €20-30
- Ch.Lagrange 2019 €50 이상
- Ch.Sarpe Grand Jacques 2019 €11-15
- Ch.Mangot 2019 €30-50
- Ch.Martet réserve de famille 2019 €30-50
- Ch.Cantemerle 2019 €30-50

보르도 5대 샤토와 유명 와인

오 메독(Haut Médoc)의 북쪽에서 남쪽으로 생 테스테프(Saint Estèphe), 포이약(Pauillac), 생 줄리앙(Saint Julien), 마르고(Margaux)가 유명하다. 1855년에 나폴레옹 3세가 와인을 내놓는 지방별로 와인에 대한 등급 기준을 마련하라는 지침을 내렸고 그에 따라 지정된 메독, 그라브 지역의 그랑 크뤼 클라세(Grand cru Classé) 등급을 받은 유명 와인으로는 샤토 라피트 로쉴드(Château Lafite Rothschild), 샤토 마고(Château Margaux), 샤토 무통 로칠드(Château Mouton Rothschild), 샤토 오 브리옹(Château Haut Brion) 그리고 연간 5천 상자밖에 생산하지 않는 포메롤(Pomerol)의 샤토 페트뤼스(Château Pétrus), 생 테밀리옹(Saint Emilion)의 샤토 슈발 블랑(Château Cheval Blanc), 샤토 오존(Château Ausone) 등이 있다.

> ### 숙소에서 와인을 즐기고 싶을 때
>
> 빠른 배송과 정직한 가격에 와인을 구입할 수 있는 비나티스(www.vinatis.com)를 추천한다. 빠른 배송을 신청하면 2~3일 안에 와인을 받을 수 있어 편리하다.

부르고뉴 Bourgogne

보르도와 함께 프랑스 와인의 양대 산맥으로 1100년경 이래로 베네딕트 수도승들에 의해 생산된 고품질 와인이 유명해졌다. 보르도 와인에 비해 엷고 투명한 빛깔과 부드러운 질감이 감동적이며 기본적으로 가격이 높다. 코트 드 뉘에서 코트 드 본으로 연결되는 포도밭에서 서늘한 기후와 독특한 테루아의 영향을 받은 섬세한 와인이 만  들어진다. 화이트와인은 우아하면서 기품 있는 샤르도네, 레드와인은 풍성한 과일향의 피노 누아 단일 품종으로 와인을 생산하며 전체 비율로는 레드와인을 48%, 화이트와인을 52% 생산한다. 세계적인 와인 자선 경매 행사 오스피스 드 본 행사가 유명하다. 부르고뉴 지방에서 재배되는 피노 누아는 복합적인 향과 부드러운 맛이 특징이다. 재배 조건이 까다롭기 때문에 빨리 숙성되며 부드러운 육류와 잘 어울린다.

포도밭은 토양의 성질과 위치 등을 고려하여 빌라주, 프리미에르 크뤼, 그랑 크뤼 세 가지 등급으로 나뉜다. 깨끗한 뒷맛과 산뜻한 신맛이 어우러진 샤블리(Chablis), 샹베르탱(Chambertin), 로마네 콩티(Romanée Conti) 등 세계에서 가장 비싼 와인이 생산되는 코트 드 뉘, 몽라셰, 코르통 샤를마뉴와 같은 세계에서 가장 비싼 화이트와인이 생산되는 코트 드 본이 유명하다.

그 밖에 매년 11월에 나와 전 세계 140여 개국에 수출되는 햇와인, 보졸레 누보와 가볍고 산뜻한 가메(Gamey) 품종으로 만드는 모공(Morgon), 물랭 아 방(Moulin à vent)과 같은 와인은 최근 우리나라 애호가들에게도 가성비 좋은 와인으로 사랑받는다. 시가메 품종은 신선하고 가벼운 '라이트 레드와인'으로 레드와인 치고 약간 차갑게 마시는 것이 좋다.

👍 추천 와인

- Morgon Domaine Franck Chavy Les granites roses 2020 €8-11
- Moulin à vent Arnaud aucoeur cuvée tradition vieilles vignes 2021 €11-15
- Chablis veuve ambla €8-11
- Chablis Jean Paul et benoît Droit 2020 €30-50,
- Nuits saint Georges Henri et Gilles Remoriquet Les Allots 2020 €20-30
- Dom.Cachet-Qcquidant Les monsnières 2020 €20-30
- Chassagne Montrachet 2019 Dom.Louis Lequin et fils Morgeot 2019 €30-50
- Rully, Dom. De vileine cloux 2019 €30-50
- Pouilly fuissé Philippe charmons sur la roche 2020 €20-30

론 Rhône

프랑스 남부 지방을 북에서 남으로 흐르는 론강 유역에 자리한 산지로 우리 음식과 가장 잘 어울리는 와인으로 일부 비싼 와인을 제외하고는 가성비도 좋다. 여름이 덥고 겨울이 춥지 않으며 포도밭에 돌이 많아 낮 동안의 열기를 간직하며 밤이 되어도 온도가 쉽게 내려가지 않는다. 이 기후 조건을 바탕으로 묵직하며 알코올 함량이 높아 중후한 맛이 느껴지는 진한 컬러의 레드와인을 주로 생산한다. 코트 로티(Côte Rôtie)와 크로즈 에르미타주(Crozes Hermitage)는 시라 품종을 주로 사용하여 진한 색깔과 타닌이 많아 숙성이 늦고 오래 보관할 수 있는 묵직한 와인이 만들어지며 색이 진하고 볼륨감이 느껴진다.

남쪽의 샤토뇌프 뒤 파프(Châteauneuf du pape)는 14세기에 교황 클레멘트 5세가 아비뇽으로 교황청을 옮긴 후 여름 별장으로 사용했던 곳으로 병위에 교황의 문장이 조각되어 있어 쉽게 구별할 수 있다. 그르나슈, 시라, 무어베드르, 뮤스카딘과 같은 8종의 레드와인 품종과 루산, 부블랭, 클라레테 등 5종의 화이트와인 품종으로 만들기는 하나 13가지 포도 품종을 사용해서 와인을 만들 수 있다는 법을 정해 생산자에 따라 와인의 맛이 달라진다.

👍 추천 와인

- Cordes Hermitage Emmanuel Darnaud au fil du temps 2020 €30-50
- Dom. A.Clape 2019 €50-75
- Dom.de Barbille 2020 €30-50
- Chateauneuf du pape-Xavier Vignon €40-60
- Chateauneuf du pape Domaine du peau 2020 €50-70

루아르 Loire

1천 킬로에 달하는 루아르강을 끼고 대서양 기후의 영향을 받은 해양성 기후에 자라나는 포도들이 싱그럽고 상큼한 맛을 선사한다. 3분의 2 이상이 슈냉 블랑과 소비뇽 블랑 품종으로 만드는 경쾌하고 섬세한 드라이 타입의 화이트와인이다. 상세르(Sancerre), 푸이 퓌세(Pouilly Fuissé) 지역 와인이 유명하다.

👍 추천 와인

- Gadais pére et fils Les Perrières Monopole 2018 €11-15
- Dom.des deux vallées chaume 2020 €11-15
- Jacques et Vincent Mabileau La Gardière vieille vignes 2020 €8-11
- Dom.Pierre Champion burt Cuvée prestige 2015 8-€11
- Dom.des fines caillottes 2021 €11-15

프로방스 Provence

끝없이 펼쳐진 라벤더 밭과 프랑스에서 가장 아름다운 마을이 보여주는 천혜의 자연 환경을 갖춘 지역으로 멋진 풍광을 화폭에 담기 바랐던 피카소, 세잔 등의 예술가들이 많은 작품을 남겼다. 세계 제일의 로제 와인 생산지로도 유명하다. 시라, 그르나슈, 생소 품종을 중심으로 만드는 로제 와인은 여름에 차게 해서 식전주로 마시기 편하다. 반돌(Bandol) 지역의 로제 와인을 추천한다.

👍 **추천 와인**

- La bastide Blanche 2020 €15-20
- Ch.de Pibarnon 2019 €30-50

알자스 와인

독일과 국경을 맞대고 있으며 식민지가 된 적도 있는 알자스 지역은 화이트와인의 본고장으로 이 지역 생산 와인의 90%가 품질 인증을 받았다. 풍부한 미네랄이 향긋한 향을 풍기는 품종인 리슬링(Riesling)이 대표적이다. 알자스 같은 청정 지역에서 생산되며 드라이한 타입으로 신선하고 향이 독특하다. 닭고기와 잘 어울리며 리슬링보다 건조하며 달콤한 향과 입안 가득 메우는 싱그러움과 진한 맛을 보여주는 게뷔르츠트라미너(Gewurztraminer)가 대표적이다.

👍 **추천 와인**

- Gewurztraminer , Huber Vieilles vignes 2020 €5-8
- Stéphane Mickaël Moltés 2019 €20-30
- Riesling , Dom. Fernand seltz 2019 €11-15
- Denis Meyer 2020 €8-12
- Alsace Grand cru GUSTAVE Kanzlerberg Pint Gris LORENTZ €20-30

샹파뉴 Champagne

톡 쏘는 거품이 나서 스파클링 와인이라고도 하는 발포성 와인의 본고장으로 샹파뉴 지방의 두 주요도시 에페르네와 랭스는 파리에서 북동쪽으로 140여 킬로 떨어져 있다. 프랑스 샹파뉴 지역의 것만을 샴페인이라 부르도록 법을 만들어 보호받아 샹파뉴 이외 지역의 발포성 와인을 '크레망(거품이 있는)'이라 부른다. 에페르네에는 모에 샹동과 돔 페리뇽, 페리에 주에 같은 샴페인 저장고가 있으며 랭스에는 뵈브 클리코, 뭄과 같은 유명 브랜드의 와인 저장고가 지하 10-15미터 깊이의 석회암층에 위치해 있다. 이미 완성된 와인을 다시 발효시켜 탄산 가스를 넣어 만들

고 매일 병을 돌려야 하는 까다로운 공정 등을 따라야 해서 가격이 비싸다. 샴페인은 당분이 남아 있는 와인은 추운 겨울에는 별 변화가 없지만 봄이 되어 온도가 올라가기 시작하면서 다시 발효가 일어난다. 탄산 가스가 생성되고 병 속의 압력이 증가하면 병이 폭발하거나 병 뚜껑이 날아가는 현상을 이용하여 만들었다. 완성된 와인에 설탕과 이스트를 넣어 다시 발효시켜 탄산 가스를 가득차게 만들어 일정 기간 숙성시킨 다음 찌꺼기를 제거한 다음 병입한다.

'샴페인의 아버지'로 불리는 돔 페리뇽 수도사는 샴페인 역사에 빼놓을 수 없는 인물이다. 그는 오빌레의 베네딕틴 수도원에서 와인의 저장과 보관을 책임지는 마스터 셀러였다. 와인의 폭발을 막을 수 있는 코르크 마개와 고정용 철실을 고안하고 블렌딩 방법을 실험하는 등 기포가 있는 와인을 만드는 일에 몰두하여 위대한 업적을 남긴 수도사에게 부여되는 '돔'이라는 직급을 받게 되었다. 지금은 고급 샴페인의 대명사 '돔 페리뇽'이라는 이름이 붙는다.

일반 샴페인은 1년, 제조 연도가 붙은 샴페인은 3년 정도 발효되며 포도주에 설탕을 얼마나 넣느냐에 따라 Brut Nature, Extra-Brut, Brut, Extra-sec, sec, doux 등으로 나뉜다.

샴페인은 만드는 품종에 따라 블랑드 블랑, 블랑 드 누와로도 나뉜다. 블랑 드 블랑은8 섬세하고 여성스러운 스타일을 지향하는 꽃 향기와 과일 향이 두드러지는 샤르도네로 만들어진다. 피노 누아와 피노 뮈니에 품종을 중심으로 만들어지는 블랑드 누아는 블랑 드 블랑에 비해 바디감이 무겁고 색이 짙다. 아름다운 기포와 미네랄이 돋보이는 샴페인은 축하의 자리에 빼놓을 수 없다.

👍 추천 샴페인

- Champagne Dom Pérignon 2013 €230-
- Champagne Henri Giraud Cuvée Hommage €60-80
- Champagne Arlaux €40-
- Champagne Ruinart Brut €50-
- Henriot €75-100
- Tartiner Prestige €50-75
- Champagne Nicolas Feuillatte - Reserve Brut €27

파리 와인 구매 가이드

우리나라 세관에서 정한 법규상 와인은 1인 750ml 2병까지 반입이 허용된다. 한국에서 판매되는 와인이 세금과 배송료 문제로 프랑스 현지에 비해 많이 비싸고 종류도 한정되어 있으므로 2병 이상의 와인을 사고 세관의 세금을 납부해도 남는 장사. 파리 현지 유명 백화점이나 니콜라와 같은 와인 전문 숍에서 €100 이상 구매 시 상점에 면세 서류를 요청하면 면세 혜택도 받을 수 있다는 점을 잊지 말자. 입국 시 세관 절차는 프랑스에서 와인 구입시 받은 영수증을 잘 챙긴 후 기내에서 받은 세관 신고서와 함께 세관원에게 자진 신고하면 된다. 자진 신고자에세 15% 세금 감면 혜택이 주어진다.

와인 라벨 읽기는 와인 구입의 기본

와인 라벨에는 포도 품종, 생산지, 빈티지(연도) 등이 표기된다. 중세 때 수도원의 담장을 두른 포도밭을 가리키는 클로, 귀족의 저택을 뜻하는 샤토, 도멘 등의 뒤에 이름이 붙는데 특별한 개념은 없고 전통을 따르는 것이라 생각하면 된다.

파리에서 구입한 와인 집에서 즐기기

와인 마시는 방법

마켓이나 와인 전문점에서 구입한 와인을 마시려면 먼저 병의 가장 윗쪽에 있는 캡슐을 제거하고 코르크 중앙에 스크루의 뾰족한 부분을 꽂은 다음 조심스럽게 돌린다. 그런 다음 지렛대의 원리로 코르크를 조심스럽게 잡아 당겨 빠지도록 한다. 약간의 와인을 따라 맛을 본 다음 문제가 없으면 잔에 따른다.

와인의 보관

와인은 생명체와 같이 태어나서 성숙한 경지에 이르는 숙성이 필요하며 이 기간은 와인의 타입과 지역에 따라 달라진다. 일반적으로 알코올 농도가 높고 타닌 함량이 많을수록 숙성 기간이 길고 보관도 오래 할 수 있는데 보르도와 론 지역 와인이 여기에 해당한다. 원칙적으로 코르크 마개가 건조해져서 외부의 공기가 쉽게 침입하여 산화시키는 것을 막기 위해 와인은 눕혀서 보관한다. 와인 냉장고에 보관하는 것이 좋지만 햇빛이 없고 진동이 없는 장소에서 보관하는 것이 좋다.

와인 구입 시 참고할 만한 지역별 밀레짐 평가표

	알자스	보졸레	보르도 레드	보르도 화이트	부르고뉴 레드	부르고뉴 화이트
2022	17/20	18/20	19/20	17/20	18/20	18/20
2021	17/20	14/20	18/20	16/20	17/20	18/20
2020	17/20	17/20	18/20	16/20	17/20	17/20
2019	17/20	18/20	18/20	18/20	18/20	19/20
2018	17/20	16/20	17/20	16/20	18/20	18/20
2017	15/20	17/20	13/20	16/20	15/20	16/20
2016	14/20	16/20	18/20	17/20	17/20	16/20
2015	16/20	17/20	18/20	17/20	18/20	16/20
2014	13/20	16/20	16/20	17/20	16/20	16/20

	샹파뉴	랑그독-루시옹	프로방스-레드	르와르 레드	르와르 화이트	론(북쪽)	론(남쪽)
2022	18/20	18/20	18/20	16/20	17/20	16/20	15/20
2021	13/20	16/20	17/20	15/20	16/20	13/20	14/20
2020	16/20	16/20	17/20	18/20	15/20	16/20	16/20
2019	18/20	17/20	15/20	18/20	17/20	18/20	18/20
2018	17/20	18/20	14/20	18/20	16/20	15/20	14/20
2017	13/20	17/20	14/20	17/20	15/20	17/20	17/20
2016	15/20	18/20	15/20	15/20	18/20	18/20	18/20
2015	17/20	17/20	16/20	16/20	15/20	19/20	19/20
2014	14/20	15/20	13/20	17/20	16/20	13/20	13/20

AOC가 뭐에요?

와인은 농산물이므로 원산지를 중시한다. 프랑스 와인이 우수한 퀄리티를 유지하는 것은 품질 관리 체계를 확립하여 감독하는 기관의 기준이 엄격하기 때문이다. 내추럴 와인이나 프랑스 정부의 원산지 표기 등을 중시하지 않는 일부 생산자를 제외하고는 지방 행정부의 법률에 의해 규제를 받는데 이를 관장하는 기관이 1935년에 설립된 INAO 국립 원산지 명칭 통제기구다. 가짜 와인 파동이 종종 있기도 하지만 이 기구를 통해 특정 산지 제품이 진품임을 보증하기 위해 AOC (Appellations d'Origine Controlée)라고 하여 상표에 명기하는 와인은 기본적으로 퀄리티가 보장된다.

파리에서
가장 맛있는
블랑제리를 찾아라

진정한 '빵의 성지'라 할 수 있는 파리에는 2022년 기준으로 1,360개 빵집이 영업 중이다. 파리 사람들은 집을 나서면 5분 내에 있는 빵집과 카페를 거의 매일 이용한다. 카페에서의 커피 맛은 크게 신경쓰지 않는 대신 매일 아침 식탁 위에 빠지지 않는 빵 맛을 중시해서 유명한 빵집이 많은 것이 거주지를 정하는 데 중요한 기준이 되기도 할 정도다.

제대로 된 빵집을 찾는 방법

빵집이라고 다 같은 빵집이 아니다. 전문 제빵사가 새벽에 출근해서 직접 빵을 만들어 파는 곳의 간판에는 '블랑제리 아티자날(Boulangerie Artisanale)'이라 적혀 있다. 이런 곳은 기본적으로 전문 제빵사가 만드는 빵이라 믿을 만하고 맛 또한 훌륭하다. 블랑제리 아티자날에서는 파리 사람들이 주식으로 먹는 바게트류와 크루아상으로 대표되는 비엔누아즈리 (viennoiseries)를 만들어 팔며 식후 디저트로 즐기는 케이크와 타르트류를 파는 파티스리(pâtisserie)를 함께 운영하는 곳이 대부분이다.

파리에는 매년 바게트 1위 빵집이 생겨난다

파리시에서는 전문 평가단이 참여하여 매년 파리 최고의 바게트 빵집을 선정한다. 매년 200여 곳이 참가하여 불꽃 튀는 접전을 벌인다. 우승을 차지한 빵집에는 4천 유로의 상금과 대통령 궁에 1년간 납품의 기회가 주어진다. 겉은 바삭하고 속은 촉촉한 '올해의 바게트'를 맛보는 즐거움도 빵순이, 빵돌이들에게는 즐거운 여행의 테마가 될 것이다.

블랑제리에서 살 수 있는 빵들

바게트, 바게트 트라디시옹, 피셀

매년 100억 개가 팔리는 프랑스인들의 주식이다. 밀가루, 물, 소금, 이스트를 넣어 만드는 막대기 모양의 빵. 무게 250-300g, 길이는 55-70cm ,1kg 중 18g의 소금을 사용한 빵을 '바게트(La baguette)'라 부른다. 바게트보다 약간 비싼 '바게트 트라디시옹(La baguette tradition)'은 밀가루 맛이 적고 더 바삭하며 불규칙한 구멍의 벌집 모양이다. 바게트 트라디시옹은 1993년 9월 13일에 제정된 법에 따른 기준을 준수해야 한다. 반죽은 어떠한 냉동 처리도 거쳐서는 안 되며 물, 밀가루, 사워 도, 소금 외에는 허용되지 않는다. 냉동 보관은 금하며 제조 과정에서 발효 온도는 4-6도 사이에서 15-20시간 지속되어야 한다.
혼자 먹기에 바게트가 크다 생각되면 120g 정도로 바게트보다 가늘고 단단한 피셀(Ficelle)을 주문하거나 바게트를 절반으로 잘라주는 드미 바게트(Demie-baguette)를 주문한다.

👍 추천 바게트 1등 빵집

2019년 블랑제리 브랑 Boulangerie Brun

Access M7호선 Tolbiac에서 도보 7분
Add 193 rue de Tolbiac
Open 월, 목~일요일 07:00~20:00

2018년 블랑제리 무세디 Boulangerie M'Seddi

Access M4호선 Vavin에서 도보 4분
Add 215 Bd. Raspail
Open 월~금요일 07:00~20:30

팡 드 캉파뉴 Pain de Campagne

'시골 빵' 정도로 해석되는 표면이 거칠면서 큼직하고 타원 모양의 빵이다. 과거에는 마을 가마에서 만들기도 했으나 커다란 크기로 오래 보관하면서 먹을 수 있도록 만들어졌다. 65% 이하의 호밀이 들어간 빵을 팡 드 캉파뉴라 하며 그 이상이 들어간 비슷한 종류의 빵을 '호밀빵(Pain de seigle)'이라고 부른다.

👍 추천 빵집

블랑제리 레상시엘 앙토니 보송
Boulangerie L'Essentiel Anthony Bosson

Access M6호선 Corvisart에서 도보 2분
Add 73 Auguste Blanqui 75013 Paris
Open 화~일요일 07:00~20:30

비에누아즈리 Viennoiserie

약간의 단맛이 나고 버터가 많이 함유된 빵을 가리킨다. 이 말의 어원은 1838년으로 거슬러 올라간다. 오스트리아의 포병 장교 출신의 아우구스 장이 프랑스에서 빵집을 열면서 '블랑주리 비에누아즈'라는 이름을 붙였고 파리 시민들에게 폭발적인 인기를 얻었다. 여기에서는 크루아상, 팡 오 쇼콜라, 쇼송 오 폼, 팡 오 헤장 등을 의미한다.

크루아상 Croissant

비에누아즈리를 대표하는 빵이다. 1683년 비엔나의 한 제빵사가 밤새 빵을 굽는 도중에 오스만 군대가 지하 터널을 통해 침입하려는 것을 발견해서 전쟁에서 승리하게 되었다. 전투가 끝난 후 오스만 제국의 깃발에 그려진 초승달 모양의 빵을 먹으며 승리를 축하했다는 유래가 있다. 빵의 모양이 초승달과 닮았다 하여 크루아상으로 이름 지었다. 효모와 상당량의 버터를 함유한 이스트 반죽으로 만든 페이스트리다.

👍 **추천 빵집**

로렁 뒤셴 Laurent Duchêne

Access M6호선 Glacière에서 도보 8분
Add 2 rue Wurtz, 75 013 Paris
Open 월~토요일 07:30~20:00

팡 오 쇼콜라 Pain au chocolat

크루아상과 더불어 프랑스인들이 아침 식사로 즐겨 먹는 빵이다. 초콜릿이 중앙에 들어 있고 밀가루 반죽을 얇게 펴서 버터와 겹겹이 만든 반원 모양의 페이스트리다.

👍 **추천 빵집**

레트왈 뒤 베흐제 L'Étoile du Berger

Access M4호선 Saint Placide에서 도보 1분
Add 56 Rue Saint-Placide, 75006 Paris
Open 월~토요일 10 :00~19 :30

팡 오 헤장Pain aux raisins

이스트 반죽에 건포도를 섞어 커스터드 크림을 채워 만들며 특징적인 나선형 모양이 달팽이 모양과 비슷하다 하여 '에스카르고'라고도 부른다.

👍 추천 빵집

뒤팡 에 데 지데 Du pain et des idées

Access M5호선 Jacques Bonsergent에서 도보 3분
Add 34 Rue Yves Toudic, 75010 Paris
Open 월~금요일 07:15~19:30

쇼송 오 폼Le chausson aux pommes

직역하면 '사과를 넣은 실내화'라는 뜻으로 표면에 빗금 문양이 중세 시대에 실로 짜서 만든 실내화와 닮았다는 데서 이름이 유래했다. 바삭한 식감의 빵을 베어 물면 그 안에 듬뿍 들어 있는 졸인 사과가 입안 가득 전해진다.

👍 추천 빵집

데 가토 에 뒤 팡 Des Gâteaux et du Pain

Access M12호선 Rue du Bac에서 도보 4분
Add 89 Rue du Bac 75007 Paris
Open 10:00~19:30

팔미에Palmier

얇게 편 페이스트리를 커다란 하트 모양으로 만든 다음 설탕을 뿌려 졸여서 캐러멜화한 빵이다. 여행하다 에너지가 필요할 때 커피 한 잔과 함께 먹기에 좋다.

👍 추천 빵집

스토레Stohrer

Access M4호선 Etienne Marcel에서 도보 4분
Add 51 rue Montorgueil, 75002 Paris
Open 매일 08:00~20:30

참을 수 없는 달콤함의 유혹,
파리 디저트 숍

파리에는 천국의 맛을 즐길 수 있는 디저트 가게들이 수두룩하다. 특히 여성들에게 인기가 많은 이들 디저트류는 동네 어디의 빵집에도 흔히 있다. 하지만 아래 소개하는 장소들은 디저트의 차원을 넘어 예술의 경지에 가까운 디저트로 사랑 받는 곳이다. 디저트에 대한 간단한 설명과 함께 종류별로 가장 추천하는 전문점을 소개한다.

TIP

디저트를 만드는 장인이 따로 있다?

밀가루와 이스트, 물을 사용해 만드는 것을 '팡(Pain)', 약간의 단맛이 나고 버터를 넣어 만든 것을 '비에누아즈리 (Viennoiserie)'라고 하며 우리가 생각하는 디저트용 케이크나 마카롱 같은 디저트를 파는 곳을 '파티스리(Pâtisserie)' 라 부른다.
제빵사는 빵과 비에누아즈리를 만들 수 있는 반면 파티스리를 함께 취급하려면 별도의 자격증을 따야 하는데 팡과 비 에누아즈리를 함께 파는 블랑제리에서 파티스리를 겸하는 곳이 많지만 파티스리만 따로 취급하는 곳 또한 있다.

파리 브레스트 Paris Brest

1909년에 파리에서 남쪽의 브레스트까지 왕복하는 사이클 경주를 기념하기 위해 만들어졌다. 보통은 자전거 바퀴의 모 양을 본떠서 가운데 구멍이 뚫려 있다.

👍 추천 빵집

드 팡 에 데 지데 Du pain et des idées

인터 컨티넨털 호텔의 헤드 파티시에로 일하던 카를 마를레티가 문을 열었다. 크리미한 프랄린과 설탕을 가미한 프랄린, 구운 헤 이즐넛이 들어간 여기만의 파리 브레스트는 특별하다.

Access M7호선 Censire Daubenton에서 도보 2분
Add 51 Rue Censier 75005 Paris
Open 화~토요일 10:00~19:00, 일요일 10:00~13:30

에클레어 Éclair

'번개'를 의미하는 단어로 슈 페이스트리 반죽을 구울 때 만들어지는 표면의 균열이 번개를 닮았다는 데서 유래한다. 길쭉한 슈 페이스트리 크러스트와 속의 크림 또는 초콜릿, 커피 등으로 구성되며 슈 표면에도 초콜릿이나 레몬, 커피 등 다양한 컬러의 퐁당을 입혀 만든다.

👍 추천 빵집

에클레어 드 제니 Eclair de Génie

화려하고 감각적인 에끌레어를 가장 창의적으로 해석한 전문점이다. 부드러운 슈에 각종 크림과 견과류, 재철 과일 등으로 장식해 골라 먹는 즐거움이 있다.

Access M1호선 Saint Paul에서 도보 3분 Add 14 rue Pavée 75004 Paris
Open 월~금요일 11:00~14:00 15:00~19:00, 토~일요일 11:00~19:00

마카롱 Macarons

1500년경 이탈리아에서 만들어졌다고 전해지며 프랑스에는 프랑스의 왕 앙리 2세와 결혼한 카트린 드 메디시스가 이탈리아의 아몬드 페이스트를 가져와 처음으로 소개했다고 한다. 달걀 흰자위, 백설탕, 아몬드 가루와 밀가루 등으로 만든 프랑스를 대표하는 당과 제품이다. 위아래로 약간 딱딱한 코크가 있고 그 사이에 잼, 크림 등을 넣어 만든다.

👍 추천 빵집

카페 피에르 에르메 L'Occitane x Pierre Hermé

디저트계의 피카소로 통하는 피에르 마카롱은 크리미한 식감이 타의 추종을 불허한다. 장미꽃과 리치-라즈베리를 조합해 달콤하면서 상큼한 이스파한과 밀크 초콜릿과 패션푸르츠의 맛을 조합한 모가도르를 추천한다.

Access M1호선 George V에서 도보 3분
Add 86 Avenue des Champs Elysées 75008 Paris Open 월~목요일 10:00~22:00, 금~토요일 10:00~23:00

라 뒤레 La Durée

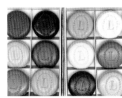

클래식한 스타일의 마카롱의 원조로 겉은 바삭하고 속은 쫀득한 크림이 특징이다. 루이 언스트 라뒤레의 사촌 피에르 데 퐁텐이 두 개의 과자 사이에 크림이나 잼을 넣은 필링을 넣어 만들었고 1871년 마카롱 전문점으로 열었다.

Access M1 호선 George V에서 도보 4분
Add 75 Av. des Champs-Élysées 75008 Paris Open 매일 08:00~22:00

밀푀유 Mille-feuilles

직역하면 '천 장의 잎'을 말하며 2-3개의 퍼프 페이스트리 사이마다 커스터드 크림, 휘핑 크림 등을 채운 다음 설탕 가루를 뿌리거나 퐁당으로 아이싱해서 만드는 케이크다. 1651년 디종 출신의 셰프 프랑수아 피에르 드 라 바렌이 처음 만들었으며 레서피는 프랑스 요리사 마리 앙투완 카렘에 의해 완성되었다.

👍 추천 빵집

얀 쿠브헤 Yann Couvreur

천편일률적인 디저트의 세계를 허물고 자신의 컬러로 만들어낸 다양한 제품이 훌륭하다. 딸기 케이크, 프레지에와 레몬 타르트와 더불어 여기만의 밀푀유는 특별한 맛과 스타일로 유명하다.

Access M1 호선 Saint Paul에서 도보 5분
Add 23 bis Rue des Rosiers, 75004 Paris
Open 10:00~20:00

카눌레 Canelé

홈이 있는 원통 모양의 작은 케이크로 보르도에서 탄생했다. 부드러운 반죽에 럼과 바닐라향을 가미하여 구리로 만든 틀에서 조리해서 얇은 캐러멜 껍질이 만들어진다.

👍 추천 빵집

블랑제리 티에리 막스 Boulangerie Thierry Marx

미슐랭 3스타 셰프, 티에리 막스의 요리 철학이 그대로 녹아 있는 곳으로 100% 유기농 밀가루와 신선한 재료로 사용한다.

Access M9호선 Saint Augustin에서 도보 5분
Add 51 Rue de Laborde, 75008 Paris
Open 월~토요일 07:30~20:00

파리를 대표하는
문학·철학 카페들

파리의 역사와 문화, 사랑이 태어나는 장소라는 이야기가 있을 정도로 파리지엔들에게 카페의 존재는 특별하다. 일상의 시작과 마지막을 함께 할 정도로 익숙해서 거의 모든 거리에 자리한다. 하지만 파리의 수많은 카페 중에 별처럼 빛나는 존재들이 있으니 세월이 흘러도 변치 않는 다음의 명소들이다.

카페 드 플로러 Café de Flore

생제르맹 대로(Boulevard Saint Germain)과 생 브누아 거리(Rue Saint Benoît)의 모퉁이에 위치한 전설의 카페로 카페 뒤 마고와 이웃한다. 문학, 철학, 문화, 예술 관련 종사자들이 1년 내 모여 토론을 벌이거나 담소를 나누는 아지트 중 하나다. 로베르 두아노, 앙드레 브르통, 루이 아라곤, 기욤 아폴리네르, 마르셀 카르네, 알베르토 자코메티, 파블로 피카소에 이르기까지 유명 인사들의 방문이 끊이지 않던 전설의 카페인데, 종이로 된 테이블보를 장 자크 상페가 그린 것으로도 유명하다.

카페 뒤 마고 Café deux Magots

이름처럼 '두 개의 도자기 인형'이 가게를 수호신처럼 지키고 있는 파리를 대표하는 문학 카페. 1920년대 앙드레 브레통을 비롯하여 초현실주의자들의 회합 장소로 사랑받기 시작했다. 너무 학문적인 성격의 공쿠르상과 달리 자신들만의 문학상(Prix des deux maggots)를 만들기도 했다. 페르낭 레제, 자크 프레베르, 앙드레 지드와 같은 기라성 같은 문학가들이 자주 들러 커피를 마시고 토론을 나누던 곳으로 장 폴 샤르트르와 시몬느 보봐르 등의 아지트로 알려져 있다.

카페 셀렉트 Café Select

퇴폐적인 분위기로 전락한 몽마르트 언덕 주변을 떠나 화가와 문인들의 새로운 아지트로 떠오른 몽파르나스에 1923년에 문을 연 이후 지금까지 많은 위인들이 거쳐간 역사적인 장소다. 1902-1930년대 주변의 르 돔, 라 쿠폴, 르 클로즈리 데 릴라 등과 더불어 전성기를 맞았던 몽파르나스 카페의 대표 주자다. 파블로 피카소와 어니스트 헤밍웨이, 스콧 핏츠제럴드와 같은 인사들이 자주 들렀으며 특히 미국 예술가들이 많이 찾던 곳으로 유명하다.

카페 데 파르 Café des phares

프랑스 최초의 철학 카페로 알려져 있다. 한국어로는 '등대 카페' 정도로 해석되는 곳으로 어쩌면 우리 인생의 진로를 밝혀주는 등대의 의미처럼 철학을 논의하는 장소 정도로 생각하면 된다. 1992년 프랑스 대학의 철학 교수, 마크 소텟 (Marc Sautet)이 철학 모임을 가지기 시작했으며 지금도 매주 일요일 10:30-12:30까지 토론하기 좋아하는 사람들이 모여 열띤 대화를 이어가는 곳이다.

Add 7 Place de la Bastille
Access M1, 5, 8호선, Bus 29, 87, 91번 Bastille에서 도보 2분
Open 매일 07:00~01:00

커피 맛에 진심인
커피 로스팅 하우스

몇 년 전부터 스페셜티 커피를 사랑하는 뉴질랜드, 호주, 미국, 일본의 바리스타가 파리에 모여들면서 전 세계 어디에 내놓아도 흠이 없는 카페들이 생겨나고 있다. 커피 맛에 진심이면서 직접 로스팅을 하는 파리의 전문점을 소개한다.

테흐 드 카페 Terres de Café

도산 공원과 여의도 등 우리나라에도 지점을 갖고 있으며 파리와 베르사유에 9개 지점을 운영 중이다. 고급스러운 골드 컬러 로고로 유명하며 미니멀한 공간에서 즐기는 커피 맛이 일품이다. 커피마다 점수를 확인할 수 있어 구매 시 편리하다. 2021년 월드 바리스타 챔피언이 배출된 카페이기도 하다.

Access M1,7호선 Palais Royal - Musée du Louvre에서 도보 4분
Add 150 rue Saint Honoré 75001 Paris
Open 매일 08:00~19:00   Web www.terresdecafe.com

카페 쿠튐 Café Coutume

2011년부터 커피에 암흑 지대였던 파리에 커피를 전파해 온 호주인 톰 클락과 니콜라 뒤마가 의기투합해 카페를 열었으며 지금은 파리에 10개 지점을 두고 있다. 세련된 인테리어와 비커에 물을 주는 등 디테일한 면에서 한국 커피 창업자들이 벤치 마킹을 하는 곳이다.

Access M13호선 Saint-François-Xavier에서 도보 3분
Add 47 rue de Babylon, 75007 Paris
Open 월~금요일 08:30-17:30, 토~일요일 09:00-18:00

누아 Noir

파리와 근교에 16개의 지점이 있는 2024년 기준 가장 핫한 카페. 지점마다 다른 인테리어로 여러 지점을 방문해도 공간에 반하고 커피 맛에 반하는 곳이다. 관광객이 적은 파리의 부촌 16구에 위치한 여기에 들르면 여유로운 시간을 보내기 좋다.

Access M6호선 Passy에서 도보 3분
Add 1 rue de Passy 75016 Paris
Open 월~목요일 08:00-18:00, 금~토요일 09:00-19:00

텐 벨 Ten Belles

2012년에 세 명의 스페셜티 전문가가 로스팅 하우스와 커피 하우스를 연 것을 시작으로 꾸준한 인기를 누려왔으나 지점을 넓히지 않고 파리에 매장 세 곳을 운영 중이다. 탁월한 커피 맛도 유명하지만 베이커리에 진심인 사람이라면 텐벨 브레드를 가볼 것을 권한다.

Access M4, 5, 7호선 Gare de l'est에서 8분
Add 10 rue de la Grange aux Belles 75010 Paris
Open 월~금요일 08:30~17:30, 토~일요일 09:00~18:00

브륄르리 벨빌 Brulerie Belleville

파리 19구에 골목에 위치해 있는 로스팅 하우스다. 세련된 디자인의 패키징과 뛰어난 커피 맛, 다양한 커피 관련 도구를 구입할 수 있는 넓은 부티크가 한 공간에 있다.

Access M2, 5호선 Jaurés에서 도보 4분 Add 14b Rue Lally-Tollendal, 75019 Paris Open 화~토요일 11:00~19:30
Web https://cafesbelleville.com

카페오테크 Caféothèque

과거에 프랑스 주재 과테말라 대사로 근무했던 글로리아 몬테네그로가 문을 연 카페다. 중남미 커피와 관련해서는 파리 최고라는 평가를 받으며 커피 수업으로도 유명하다. 커피 애호가였던 북한 지도자 김정일을 위한 커피를 만들기 위해 여기서 수업을 받은 북한인도 있었다고 한다. 노트르담 성당 근처에 있어 접근성이 좋고 커피 맛도 물론 훌륭하다.

Access M7호선 Pont Marie에서 도보 2분
Add 52 Rue de l'Hôtel de ville, 75004 Paris
Open 월~금요일 09:00~19:00, 토~일요일 09:30~19:00
Web www.lacafeotheque.com

세븐리 하트 Sevenly Heart

마레 지역의 사냥 박물관 앞에 위치한 아담한 규모의 카페로 엔틱 가구와 소품들로 꾸며져 있어 여성들에게 특히 인기 있다. 녹은 왁스가 떨어진 빛바랜 촛대와 세련된 꽃꽂이, 흰색 도자기 컵에 담겨 나오는 커피와 작은 케이크 접시에 담겨 나오는 사랑스런 케이크를 즐길 수 있는 시크릿 플레이스다.

Access M3, 11호선 Arts et Métiers에서 도보 8분
Add 55 rue des Archives 75003 Paris
Open 월~금요일 09:30~23:30, 토~일요일 10:00~23:30

TIP

파리 카페의 커피는 어떨까?

여행자 대부분이 커피는 이탈리아가 압도적으로 맛있고 프랑스는 빵이 맛있다는 이야기를 한다. 어느 정도는 사실이다. 프랑스인들은 빵 맛에 진심인 반면 커피 맛은 그리 신경 쓰지 않고 동네 카페를 찾는다. 카페에 커피를 마시러가기 보다 출근 전 빵 사러 나왔다가 잠시 들러 에스프레소로 잠을 깨우거나 퇴근 후 집 앞 카페에서 맥주나 와인 한 잔으로 하루의 일과를 마감하려는 경우가 많다. 상황이 그렇다보니 파리의 카페들은 고가의 커피 머신을 무상 대여해 주는 대신 원두를 구매해야 하는 한 독점 기업의 커피를 받아 쓰게 되었다. 결과적으로 대부분의 커피 맛은 비슷하게 아쉬운 편이다. 다만 보통의 파리 카페는 오래 앉아 책을 읽던 노트북을 꺼내 작업을 하든 앉아서 공상을 하든 별로 간섭하지 않아 편하게 쉴 수 있다.

BONJOUR
PARIS

파리 여행 정보

AREA 1

튀일리~루브르
Tuileries ~ Louvre

샹젤리제 거리의 동쪽 끝 지점인 콩코르드 광장에서 튀일리 공원의 정문을 통하면 아름다운 분수와 유명 작가들의 조각이 있는 평화로운 튀일리 공원이 눈앞에 펼쳐진다. 공원 초입에 위치한 오랑주리 미술관에서 〈수련〉 대작을 여유로이 보는 것으로 하루를 시작한 다음 튀일리 공원을 가로질러 루브르 박물관에서 위대한 작품들을 보고 나면 문화의 도시, 파리에 온 것이 실감날 것이다. 루브르를 다 보고 나서는 고풍스러운 상점과 카페가 모여 있는 팔레 루아얄이나 비비엔 갤러리를 산책하듯 돌아보고 티타임을 갖거나 와인 한 잔과 함께 식사를 하는 것으로 하루를 마무리한다.

> **소요 시간** 하루
>
> **만족도**
> 문화 ★★★
> 쇼핑 ★★★★
> 음식 ★★
> 휴식 ★

출발

메트로나 버스를 타고 튀일리 공원의 시작점인 콩코르드(Concorde)역(M 1, 8, 12호선, Bus 42, 45, 72, 73, 841, 94, N11, N24번)에 내려 4번 출구 Musée de l'Orangerie로 나온다. 이 지역을 돌아보는 데는 도보만으로 충분하다. 박물관 관람으로 다리가 피곤할 테니 간편한 옷차림에 편한 신발은 필수!

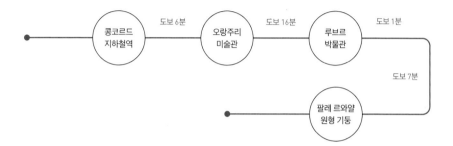

주의 사항

• 루브르 박물관 내부, 특히 인파가 몰리는 〈모나리자〉 주변은 소매치기의 온상이다. 소지품 관리에 각별히 주의한다.
• 루브르 박물관 주변에 지도를 들고 길을 묻는 척하고 접근하는 미성년 무리들은 100% 소매치기이므로 맞닥뜨리지 말고 피한다.
• 루브르 박물관과 오랑주리 미술관은 해당 사이트를 통해 미리 예약하고 사람이 적은 오전에 가는 것이 좋다.

하이라이트

• 튀일리 공원 산책, 벤치에 앉아 책 읽거나 휴식
• 오랑주리에서 모네의 〈수련〉 대작 감상
• 안젤리나에서 몽블랑과 함께 티타임
• 루브르 박물관에서 〈모나리자〉 배경으로 기념 촬영
• 카루젤 뒤 루브르(루브르 박물관 지하) 올림픽 공식 기념숍에서 기념품 구입
• 갤러리 비비엔의 와인 바, 르 콩트와 르 그랑에서 와인 한 잔
• 튀일리 공원의 대관람차에 올라 멋진 석양 감상하기
• 튀일리 공원 대관람차에서 찍는 멋진 일몰 사진
• 팔레 루아얄의 원형 기둥에 올라 인물 촬영

주요 쇼핑 스폿

• 패션 브랜드 Chanel, Maison Goyard, Balenciage, Maison Kitsune, Saint Laurent, Paraboot, Fusalp, Stone Island, Vilebrequin
• 그릇 및 기념품 Astier de villatte, Fragonad
• 디저트 Cedric Grolet, Angéllina
• 향수 Le Labo, Byredo, L'Artisan parfumeur, Diptyque

유명 조각가의 조각과 녹음이 어우러진 파리에서 가장 오래된 공원

튀일리 공원 Jardin des Tuilerie ★★★

튀일리센강 변을 따라 콩코르드 광장에서 루브르까지 이어지는 파리 심장부에 위치한 공원이다. 과거 기와 공장이었던 곳에 자리해서 '기와 공장'을 의미하는 '튀일리'가 지금의 이름으로 쓰이게 되었다. 이탈리아에서 프랑스로 시집 온 앙리 2세의 부인, 카트린 드 메디치가 르네상스 양식의 향수를 달래기 위해 1563년경에 궁전과 정원을 만들었고 앙리 4세에 의해 지금의 오렌지 온실(지금의 오랑주리 미술관)이 추가되었다. 1664년 이후 베르사유 궁전을 비롯하여 샹젤리제 거리를 조성한 것으로 유명한 르 노트르(Le Nôtre)의 설계로 공원이 정비되었다. 1871년에 화재로 소실된 튀일리 궁전은 지금 찾아볼 수 없으며 1792년 루이 16세 일가가 정원을 가로질러 입법 회의장으로 피난하다 잡혀 결국 죽음을 맞이했다는 슬픈 역사도 전해진다. 1구의 1/5 면적에 달하는 공원 안에는 로댕의 〈키스〉, 〈이브〉를 비롯하여 자코메티의 〈거대한 여인 2〉와 같은 야외 조각과 만날 수 있으며 콩코르드 광장 쪽 공원 초입에는 모네의 〈수련〉 대작을 전시하는 오랑주리 미술관과 사진과 설치 미술을 보여주는 쥐드 폼 갤러리가 있다. 공원 중심에는 팔각형 인공 호수가 힘찬 물줄기를 내뿜고 크고 작은 조각상과 연못이 있어 파리 시민들의 휴식 공간으로 사랑받고 있다. 거대 원형 관람차와 놀이 기구들이 설치되어 있을 때가 많아 파리의 아름다운 석양을 조망할 수 있는 핫스폿으로 사랑받고 있다. 튀일리 공원의 끝자락 루브르 유리 피라미드 맞은편에 위치한 카루젤 개선문은 나폴레옹의 오스테를리츠 전투의 승리를 기념하여 1808년에 8월 15일에 완공되었으며 루브르 박물관 유리 피라미드 맞은편에 있다. 이 개선문은 나폴레옹이 로마의 콘스탄티누스 개선문을 본떠 만들었으나 생각보다 작은 것에 실망해 에투알 개선문을 건축하는 계기가 되었고 샹젤리제 거리의 개선문과 라 데팡스에 있는 신 개선문과 일직선상에 있는 '개선문 3총사'로 불린다.

How to go M1, 8, 12호선 Concorde역에서 도보 1분 Open 07:00~21:00 (일출, 일몰, 강풍 등 일기에 따라 변동 있음)
Web www.paris.fr/lieux/jardin-des-tuileries-1795

모네의 〈수련〉 대작만 봐도 후회가 없는 장소

오랑주리 미술관 Musée de l'Orangerie ★★★

콩코르드 광장에서 루브르 박물관으로 향하는 초입, 센강가에 위치한 미술관으로 이름에서 알 수 있듯이 과거 오렌지 온실로 사용되던 공간이다. 1926년에 지금의 건물 모습이 완성되어 프랑스 근대 미술 작품을 주로 전시하는데 모네의 〈수련〉 연작이 압권이다. 모네는 제1차 세계대전의 종전을 기념하여 국가에 수련 그림 2점을 기증할 뜻을 비춘다. 그리고 당시 친구이자 총리였던 클레망소는 지베르니의 아틀리에를 방문하여 그가 이미 기증을 결심했던 그림보다 큰 장식화를 의뢰했는데 그가 내세운 조건으로 '작품은 시민에게 공개할 것, 장식이 없는 하얀 공간을 통해 전시실로 입장할 수 있게 하고 작품은 자연광 아래에서 감상하게 한다'는 조항에 국가가 동의하자 이를 수락했고 모네 전시실은 1927년에 처음 개방되었다. 이후 기욤 컬렉션의 전시를 위해 건물 위에 새로운 전시실이 증설되자 자연광이 들어오지 않았고 미술관은 모네와의 약속을 지키기 위해 입구 홀에서 판자를 댄 다리를 건너 직접 들어갈 수 있도록 리노베이션했다. 총 가로 길이의 합이 100미터, 너비 2미터에 이르는 거대한 〈수련〉 대작은 타원형 전시실에 전시되어 매년 50만 명이 넘는 관광객들이 이를 보기 위해 방문한다.

기욤은 자동차 정비소 직원이었다가 아트 딜러로 새로운 생을 살면서 유명해진 인물로 원래는 아프리카 미술품을 부자들에게 판 돈으로 모딜리아니, 피카소, 마티스, 드렝, 르누아르, 세잔과 같은 인상파, 신인상파 작품을 구입했으며 모딜리아니, 수틴과 같은 작가를 후원한 것으로 알려져 있다. 기욤에게 피카소를 비롯해서 많은 화가를 소개해 준 시인, 아폴리네르의 연인, 마리 로랑생의 주요 작품은 다른 박물관에서 만나기 힘든 작품이다.

How to go M1, 8, 12호선 Concorde역에서 도보 6분

Add Jardin des Tuileries, 75001 Paris

Open 월·수~일요일 09:00~18:00 *마지막 입장 17:15

Day off 화요일 5/1, 7/14, 12/25

Price 일반 €12.50, 일반과 동행한 만 18세 이하 어린이/금요일 야간 개장 €10

*상설 전시 150여 작품 설명을 들을 수 있는 한국어 오디오 가이드 대여 일반 €5, 학생 €4

Web www.musee-orangerie.fr

TIP

정 작가가 추천하는 주요 작품

오랑주리 미술관에서 모네 〈수련〉 대작, 르누
아르 〈피아노 치는 소녀〉, 세잔 〈정물화〉, 모
딜리아니 〈폴 기욤 초상화〉, 마티스 〈만도린
을 든 여인〉, 수틴 〈한 남자의 초상화〉, 피카
소 〈흰 모자를 쓴 여인〉 등의 명화는 놓치지
말기를!

프랑스 가구와 오브제에 관심 있다면 이곳으로

장식 박물관 Jardin des Tuilerie ★

리볼리 거리 루브르 궁전의 북서쪽 윙에 위치한 박물관이다. 15만여 점의 방대한 컬렉션 중에 대중에게 전시되는 것은 6천여 점으로 연중 다양한 기획전이 열린다. 시대적으로는 중세-르네상스-17~18세기-19세기-아르누보-아르데코, 현대로 구분하고 있으며 주제별로는 그래픽 아트, 보석, 장난감, 벽지, 유리, 패션 및 직물, 광고로 나뉜다. 주요 작품으로는 오트쿠튀르 디자이너 잔느 랑방의 아파트를 통채로 옮겨 놓은 공간과 보석 디자이너 르네 라리크, 조르주 브라크, 알렉산더 칼더가 디자인한 보석류, 크리스찬 디올에서 생 로랑까지 패션 디자이너들의 작품, 산업 디자이너 필립 스탁, 건축과 가구 디자이너로 지금도 많은 컬렉셔너들이 선망하는 장 프루베, 샤를로트 페리앙, 르 코르뷔제의 가구와 오브제는 디자인과 인테리어 디자인, 건축에 관심 있는 사람들이라면 놓쳐서는 안 될 장소로 추천한다.

How to go M1, 7호선 Palais Royal-Musée du Louvre역에서 도보 3분
Add 107 Rue de Rivoli, 75001 Paris
Open 화~일요일 11:00~18:00
*마지막 입장 17:15, 12/24~31 17:00 조기 폐장
Day off 화요일 5/1, 7/14, 12/25
Price 일반 €15, 만 26세 이하 무료 *니심 드 카몽도 박물관 콤비네이션 티켓 €22 (4일간 유효)
Web https://madparis.fr

〈모나리자〉로 유명한 세계 3대 박물관

루브르 박물관 Musée du Louvre ★★★

러시아 상트페테르부르크에 있는 예르미타시 미술관, 영국의 대영 박물관과 함께 세계 3대 미술관으로 꼽힌다. 필립 오귀스트 왕에 의해 12세기 말 바이킹족의 침략을 막기 위해 축조된 성으로 지금의 모습은 800여 년이 지난 1989년 프랑수아 미테랑 대통령이 추가한 유리 피라미드로 완성되었다. 14세기 샤를 5세 당시에 왕궁으로 이용되던 시기에 왕의 도서와 귀중품이 대거 들어왔으며 프랑수아 1세에 의해 1545년 르네상스식 성이 건립되었다. 1793년 나폴레옹이 유럽 정복 전쟁에서 노획한 예술품에 왕족과 귀족, 성직자들이 소장했던 예술품을 더해 박물관으로 문을 연 것이 루브르 박물관의 기초가 되었다. 지하 계단을 통해 내려가면 마주하게 되는 안내 데스크와 쉴리, 리슐리외, 드농관으로 연결되는 나폴레옹 홀과 유리 피라미드는 프랑수아 미테랑 대통령 당시 20여 년의 그랑 루브르 계획에 의해 새로 만들어졌으며 미국계 중국인 I.M 페이의 유리 피라미드가 완성되면서 지금의 모습이 갖춰졌다. 200년의 역사를 자랑하는 이 미술관은 동서로 약 1km, 남북으로 300m에 달하는 큰 규모로 회화, 조각, 공예품에 이르기까지 다양하며 고대부터 19세기 중반까지의 작품을 소장하고 있다.

How to go M1, 7 Palais-Royal역·Musée du Louvre역 6번 출구가 지하 박물관 입구와 연결

Add 8 rue Sainte-Anne, 75001 Paris.

Open 월·수·목·토·일요일 09:00~18:00, 금요일 09:00~21:45

*개관 1시간 전까지 티켓 구매 가능, 12/24, 31 17:00 문 닫음

Day off 화요일, 1/1, 5/1, 12/25   Price 일반 €22 (인터넷 예약 시 €22) 만 18세 이하 무료

*주요 작품을 설명해 주는 한국어 오디오 가이드 수준이 꽤 만족스럽고 가격도 저렴하다. €5

Web www.louvre.fr

루브르 효율적으로 보기

루브르 박물관의 소장품 61만여 점(실제 전시되는 작품은 35,000여 점)을 모두 보려면 작품당 40초씩 일주일을 쉬지 않고 봐야 한다는 계산이 나올 정도로 방대하다. 따라서 무작정 헤매는 것보다 효율적인 방문 계획을 세우는 것이 중요. 박물관의 구조는 'ㄷ' 자를 거꾸로 뒤집어 놓은 모양으로 쉴리, 드농, 리슐리외관이 자리 잡고 있고 각각 반 지하층에서 3층까지 총 4개 층으로 구성되어 있다. 섹션별로는 고대 오리엔트 미술, 고대 이집트 미술, 고대 그리스 에트루리아/로마 미술, 고대 이슬람 미술, 회화, 조각, 미술 공예품, 소묘/판화의 8개 섹션으로 나뉘어 있으며 전체 방은 403개이다.

TIP

- E-ticket 소지자와 입장 시간을 예약한 줄이 따로 있으며 보통 자신이 예약한 시간보다 15~30분 전에 도착해서 줄을 선다.
- 박물관 입장객 수를 3만 명으로 제한하는 정책이 시행되면서 밖으로 나오면 다시 들어갈 수 없다.

루브르 박물관
안내도

TIP

정 작가의 추천 현지 가이드

루브르 박물관, 오르세 미술관 전문

📷 정남희 님 @kundera1929

박물관 입장

지하철 역과 연결된 카루젤 뒤 루브르(Carussel du Louvre)나 유리 피라미드(성수기에는 덜 붐비는 Porte des lions, quai François Mitterrand로 가면 줄 서는 시간을 줄일 수 있다)를 통해 나폴레옹홀에 들어가면 매표소, 안내 센터, 기념품점, 카페, 짐 보관소 등이 모여 있다. 여기에서 티켓을 사고 한국어로 된 안내도를 챙겨 들고 관심 있는 작품을 체크한다. 중앙홀에서는 쉴리, 드농, 리슐리외로 통하는 에스컬레이터가 연결되는데 입구에서 한국어 오디오 가이드를 빌려 자신이 보고 싶은 작품 앞에서 해당 번호를 누르는 것으로 자세한 설명을 들을 수 있다. 오디오 가이드는 현재 위치를 파악해 원하는 작품이 있는 곳까지 가는 방법도 알려주며 약 700여 점의 작품에 대한 설명을 들을 수 있어 가성비가 좋다. 온라인으로 예약하거나 자동 판매기에서 오디오 가이드 대여권을 구매한 후 지하 2층 나폴레옹 홀, 지하 1층 각 전시관 입구 옆에 있는 오디오 가이드 대여 부스로 가면 된다. 대여 시 신분증을 맡겨야 한다.

루브르 출입구 안내

총 4개의 출입구가 있으며 리슐리외(Richelieu) 출입구는 단체 입장객 전용이다.

1 피라미드 출입구

메인 출입구로 줄 서는 사람이 많아 아래와 같이 색상에 따라 줄을 구분하니 확인 후 줄을 서야 한다.

- 오렌지: 루브르 티켓 현장 구매할 방문객
- 녹색: 온라인 사전 티켓 예매한 방문객
- 노랑: 연간 회원권, 멤버십 특별 패스를 소지한 방문객
- 파랑: 임산부, 유모차, 장애인 등 거동이 불편한 방문객

2 리옹문 (Porte des Lions)

사람이 가장 적은 곳이나 금요일은 문을 닫는다.
현장 구매가 닫혀 있을 시 티켓을 사전 예매한 사람만 입장할 수 있다.

3 카루젤 (Carrusel)

메트로 1번 출구와 연결되는 지하 출입구
장애인/단체/멤버십 카드/사전 예매 티켓 소지자 전용 출입구

루브르 박물관 이용 추가 팁

- 붐비는 박물관을 즐기기 원한다면 오전 9시에 갈 것
- 18세 미만, 금요일 저녁에 26세 미만인 모든 사람은 입장 무료
- 매월 첫째 토요일 오후 6시부터 오후 9시 45분까지 7월14일에는 무료
- 매주 수요일과 금요일 야간 개장(21:45까지)을 활용하면 하루가 길어진다.
- 대형 유리 피라미드 아래쪽에 소지품을 보관(Vestiaires et consignes)할 수 있는 곳이 있어 여기에 짐을 맡기면 가볍게 관람할 수 있다.
- 입장 전에 화장실에 들르고 물을 미리 준비해 가는 것이 절약의 방법
- 박물관 관람을 마치고는 박물관과 연결된 대형 쇼핑몰(Carussel du louvre)에서 쇼핑하거나 근처에 있는 명품 브랜드 거리 생 토노레 거리(rue saint honoré)에서 쇼핑

함무라비 법전 석비

리슐리외관 0층 227번 방

기원전 1792년부터 1750년경에 바빌론을 통치한 제6대 함무라비 왕이 반포한 고대 바빌로니아의 법전이다. 정의의 수호신인 태양신, 샤마수의 양 어깨 위로 불꽃이 타오르고 있으며 왕과 신이 대화를 나누는 장면은 정치과 종교의 일치를 보여준다. 인류 최초의 법전으로 꼽히며 눈을 뽑은 자는 눈을 뽑고 이를 뽑은 자는 이를 빼는 식으로 채무, 이자, 세금, 유산 상속, 동업 등 상법에 관련된 조항과 결혼과 양자와 같은 민법 조항, 간음, 절도 등의 형법적 조항도 담고 있다.

밀로의 비너스

쉴리관 0층 345번 방

작자 미상. 1820년 작은 섬 멜로스에서 우연히 발견되었다. 콘스탄티노플에 주재하던 프랑스 대사 드리비에르 후작이 구입해 루이 18세에게 선물했고, 왕이 루브르에 기증했다. 기원전 100년경의 헬레니즘 시대에 제작된 것으로 알려져 있으며, 완벽한 8등신 여인의 몸은 좌우로 뒤틀려 있고 현재는 두 팔이 없는 채다. 한 팔은 들고 있으며 다른 한 손은 흘러내리는 옷을 잡고 있었을 것으로 추정된다. 콘트라포스토로 불리는 비대칭 자세에 S자형 포즈를 한 여인은 도도한 표정과 눈, 코, 입 등의 조화 그리고 무심한 얼굴 등으로 당시의 발달된 조각 기술을 드러낸다.

메두사호의 뗏목

드농관 1층 700번 방

프랑스 낭만주의 화가, 테오도르 제리
코가 1819년 살롱 전에 출품한 그림이
다. 1816년 7월 세네갈로 향하던 군함,
메두사호가 난파해 선원들이 뗏목에 기
대 표류하다 구조된 사건을 배경으로
그렸다. 149명의 사람들이 뗏목 하나
에 의지한 채 지치고 배가 고파지자 인
육까지 먹는 등 최악의 상황을 겪었다.
인근을 지나던 배에 구조되었는데 이때
생존 인원은 15명에 불과했고 그중 5명은 병원에서 사망했다. 테오도르 제리코는 이 광경을 찍기 위해 생존자들이 치료
를 받던 곳 근처에 아틀리에를 차렸고 생존자의 증언을 듣는 한편 죽은 자들의 살색과 질감을 관찰하기 위해 영안실에서
사체들을 관찰했다.

민중을 이끄는 자유의 여신

드농관 1층 700번 방

부르봉 왕조의 왕인 샤를 10세가 입헌군
주제를 거부하고 왕정 체제로 회귀하려
는 움직임을 보이자 시민들이 반발한다.
이때 일으킨 1830년 7월 혁명을 기리기
위해 외젠 들라크루아가 제작한 그림이
다. 프랑스 3색기를 들고 앞으로 달려 나
가는 여인은 희생자들을 넘어 전진하는
힘차고 주도적인 모습인데 이는 당시 우
아하고 아름다운 여성을 표현하던 고전
미술에서 탈피한 낭만주의의 선구자 들
라크루아의 진취적인 화풍을 보여준다.

나폴레옹 1세 황제의 대관식

드농관 1층 702번 방

자크 루이 다비드의 대표작으로 1804년 12월 2일 노트르담 성당에서 거행된 황제의 대관식을 주제로 그렸다. 그는 대관식 연습 때부터 실제 대관식에 참석해서 스케치를 했다. 전체적인 구성은 마리 드 메디시스 왕비의 대관식에서 빌려 왔다. 그림 중앙의 발코니에는 황제의 모친이 앉아 있었는데 다비드가 황제의 명에 의해 그려 넣은 것이며 나폴레옹이 자신의 손으로 왕관을 쓰는 모습 대신 황제가 황비, 조제핀에게 왕관을 씌우고 뒤에 앉은 교황이 축복하는 장면으로 바꾸었다. 실제 대관식에 오지 않은 어머니를 그림에서 빼면 사람들의 웃음거리가 될 수 있어서 일부러 그려 넣었다고 한다.

....

사모트라케의 니케

드농관 1층 703번 방

헬레니즘 시대의 가장 뛰어난 조각으로 꼽히는 '승리의 여신상'으로 스포츠 브랜드 나이키의 모티브가 되었다고 알려졌다.. 발견 당시부터 머리와 두 팔은 없었다. 3미터가 넘는 거대한 대리석 조각으로 기원전 190년경에 만들어졌다. 에게해 북동쪽의 사모트라스에서 발견되었다. 로도스섬, 유다모스가 인티오코스 왕이 이끄는 시리아군과의 해전에서 승리한 것을 기념해 제작된 조각이다. 지금은 파괴된 여신의 오른팔에는 승리자에게 씌울 월계관이 있었다고 한다. 손발이 없을 정도로 손상이 심각하지만 그 자체만으로도 얼마나 아름다운 작품인지 충분히 드러난다.

루이 15세 왕관

드농관 1층 705번 방

루이 15세를 위해 만들어진 두 개의 왕관 중 하나로 금관 주변을 값진 보석들이 둘레에 박혀 있는데 왕관의 머리 끝부분은 다섯 개의 커다란 다이아몬드로 이루어진 백합꽃 모양이다. 머리띠 부분은 두 줄로 늘어선 진주들과 에메랄드, 루비, 사파이어, 토파즈 등 여덟 가지 색깔의 보석과 다이아몬드로 장식돼 있다. 이 왕관은 보석 세공사인 클로드 론데가 디자인하고 왕의 보석 세공사였던 오귀스트 뒤플로가 제작했다. 273개의 다이아몬드로 만들어진 루이 15세의 왕관은 호화로운 왕가 의식을 암시하는 동시에 18세기 보석 세공인의 장인 기술을 그대로 보여 준다.

암굴의 성모

드농관 1층 710번 방

당대 최고의 화가이자 과학, 기술, 건축 등 다방면에 뛰어난 발명가였던 레오나르도 다빈치가 밀라노의 산 프란체스코 그란데 성당을 위해 제작했으나 금전적인 문제로 철거되고 말았다. 사물이 단순히 거리만이 아니라 공중의 대기 농도에 따라 달리 보인다는 사실을 적용해 레오나르도만의 대기 원근법이 최초로 선을 보인 작품이다. 유대인의 왕이 베들레헴에서 탄생했음을 알고 이 지역에서 태어난 2세 미만의 사내 아이는 죽이라는 헤롯왕의 핍박을 피해 피난을 간 성모자와 세례자 요한이 이집트에서 만난 상황을 보여준다. 두 아이 중 왼쪽이 세례자 요한이며 오른쪽이 아기 예수이다. 런던의 내셔널 갤러리에 있는 것은 거의 제자들이 그렸고 레오나르도 다빈치가 온전하게 그린 것은 루브르의 소장품이라는 설이 있다.

모나리자

드농관 1층 711번 방

가로 53센티미터, 세로 77센티미터의 작은 그림이지만 방탄 유리로 둘러싸인, 루브르 박물관에서 가장 유명한 그림이다. 르네상스 미술사가 바사리가 밝힌 바에 따라 피렌체의 명사였던 프란체스코 델 지오콘다의 부인이었을 것으로 추정할 뿐 그림의 모델이 누구인지에 대해서는 확실한 정보가 없다. 슬픈 사람이 보면 슬퍼 보이고 기쁜 사람이 보면 웃는 것처럼 보인다는 신비한 미소가 대단하다. 경계선을 흐릿하게 처리하는 스푸마토 기법이 신비함과 자연스러움을 동시에 준다. 레오나르도 다빈치가 1503년경 피렌체에 머물 때에 그린 것으로 추정되며 1513년 프랑스 왕 프랑수아 1세의 초청을 수락하고 프랑스에 올 때 레오나르도가 직접 이 그림을 갖고 왔다고 한다.

가나의 혼인잔치

드농관 1층 711번 방

요한복음 2장 1-12절에 나오는 가나의 혼인잔치에서 일어난 예수의 기적을 그린 파울로 베로네제의 작품이다. 행사 중에 술이 부족했고 예수님이 시종에게 명하여 항아리에 물을 채워 주인에게 주라하니 주인은 물이 술로 변한 것을 목격한 사건을 그린 것이다. 결혼식의 주인공인 두 부부는 중앙에 있는 예수로부터 떨어진 채 커다란 식탁의 왼쪽 가장자리에 앉아 있다. 예수는 성모 마리아와 그의 두 제자, 왕자들과 베네치아 귀족들, 터번을 쓴 동양인과 하인, 백성 등 많은 인물에 둘러싸여 있다. 화폭의 중심에 있는 하인이 자르고 있는 고기는 그리스도의 신비로운 몸을 상징하고 디저트로 서비스하고 있는 마르멜로 열매 상자는 결혼의 상징으로 표현되고 있다. 1562년 베네치아의 마기오르 베네딕트회가 수도원의 식당을 장식하기 위해 이 그림을 주문했다.

사기 도박꾼

실리관 2층 912번 방

카라바조의 명암법에 큰 영향을 받은 조르주 드 라 투르의 작품으로 어둠과 빛의 강렬한 대비 속에 인물들의 표정을 드라마틱하게 표현했다. 돈 많고 어리숙한 귀족 청년이 노련한 도박꾼 여인들에게 농락당하는 모습을 묘사했다. 네 인물은 카드 게임을 하기 위해 테이블에 모여 있는데 잠시 동작을 멈춘 것처럼 보인다. 오른쪽의 화려한 옷을 입은 젊은 남성이 패를 들여다보고 있는 틈을 타 다른 사람들은 서로 곁눈질하고 있다. 그가 공모자들에게 고립돼 있음을 보여주고 있다.

터키 욕탕

실리관 2층 940번 방

장 오귀스트 도미니크 앵그르의 말년 작품(84세 때 완성)으로 이슬람 교도들의 여인들이 모이는 하렘을 배경으로 한 그림이다. 18세기 초 이스탄불 여성 목욕탕을 방문했던 영국 대사 부인의 편지에서 영감을 받아 그렸다. 1848년 나폴레옹 3세의 사촌인 나폴레옹 왕자가 하렘의 여인들을 그려달라고 주문해 제작됐으나 작품을 본 왕비가 충격을 받아 1905년이 되어서야 앵그르 회고전에서 일반인들에게 공개될 수 있었다.

레이스를 짜는 여인

리슐리외관 2층 837번 방

네덜란드의 화가, 요하네스 페르메이르의 작품으로 루브르 박물관이 1870년에 구입해서 전시 중이다. 한 여인이 집중해서 레이스를 뜨고 있는 장면이다. 전경에 양탄자와 흰 실과 붉은 실이 놓여 있는 단순한 주제의 그림이지만 르누아르가 세계에서 가장 아름다운 그림이라 했을 정도로 완성도 높은 작품이다. 작업 전에 철저한 사전 조사를 했다는 페르메이르답게 레이스를 뜨는 모습이 상세하면서도 정확하게 묘사되어 있으며 당대 바로크 회화에서 보기 힘들던 아웃포커스를 표현하여 피사계 심도를 도입했다.

가브리엘 데스트레와 그 누이

리슐리외관 2층 824번 방

16세기 말 퐁텐블로 화파의 작품으로 목판에 그린 유화다. 상앗빛 피부의 두 여인이 공동 욕실에 있다. 가브리엘의 젖가슴을 만지는 누이이자 공작이었던 빌라의 행동은 앙리 4세와의 결혼을 앞둔 그녀를 향한 축복과 다산에 대한 기원을 우의적으로 드러낸 것이다. 하지만 첫 아이를 가질 당시 그려진 것으로 추정되는 이 그림은 왕의 정부였던 자신이 바라던 결혼을 조르기 위해 왕에게 선물한 것으로 추정된다. 하지만 가브리엘은 앙리 4세의 세 번째 아이를 낳는 도중에 죽음을 맞이하게 된다.

엠마오의 순례자들

리슐리외관 2층 844번 방

특유의 명암법으로 높은 종교적 정감과 인간 내면의 움직임을 표현한 화가, 렘브란트는 최고의 종교화가였다. 그의 대표작 중 하나인 이 그림은 누가복음 24장의 장면이다. 두 제자가 부활하신 예수님을 만난 곳이 엠마오다. 두 제자와 예수님 그리고 음식의 시중을 들고 있는 한 젊은이가 등장하며 예수님이 빵을 쪼개는 순간 예수님을 알아보는 제자들의 모습이 그려져 있다. 1777년 파리에서 여러 사람을 거쳐 구입되다가 프랑스 혁명을 거치는 동안 국가 소유가 되었다. 낡고 오래된 건물에서 초췌한 예수의 모습이 묘사되었고 예수 뒤로 빛나는 광채가 초자연적인 진실을 보여준다.

세례 요한과 함께 있는 성모와 아기 예수

드농관 1층 5번 방

라파엘로의 대표작 중 하나로 레오나르도 다빈의 수학적이고 과학적인 부분과 미켈란젤로의 감정 표현의 영향을 받았다고 본다. 세례 요한의 시선은 예수를 향하고 아기 예수는 성모 마리아를 쳐다보는 모습에서 공기 원근법이 적용되었고 성모 마리아와 두 아기는 이등변 삼각형 구도로 안정된 느낌을 준다. 예수와 같은 또래로 그려진 세례 요한은 나중에 예수가 십자가에 못 박힐 것을 암시하듯 십자가 모양의 막대기를 들고 무릎을 꿇고 있다. 처연한 모습의 성모 마리아는 천주의 뜻이 어떠하든 그대로 순응하고 받아들이는 신성하고 순수한 사랑을 보여준다. 동명의 그림이 각각 루브르 박물관, 이탈리아 우피치 미술관, 오스트리아 빈 미술사 박물관에 있으며 세 그림 모두 라파엘로가 23-24세에 피렌체에서 그렸다고 추정된다.

화려한 보석상이 광장을 둘러싸고 있는 직사각형 모양의 광장

방돔 광장 Place Vendôme ★

베르사유 궁전의 건축가로 유명한 쥘 아르두앙 망사르의 설계로 만들어진 팔각형 모양의 광장이다. 광장의 이름은 앙리 4세와 그의 정부인 데스트레 사이에서 태어난 아들 드 방돔 공작의 집터에 세워진 데서 기인한다. 나폴레옹이 오스테를리츠 전투에서 승전한 후 적에게서 노획한 1200여 문의 대포를 녹여 만든 전승 기념탑이 광장 중앙에 우뚝 서 있다. 최근 이곳이 유명해진 데는 생 로랑 앰베서더로 컬렉션에 참석한 블랙핑크 로제가 머물면서 유명해진 리츠 파리(Ritz Paris) 때문일지도 모른다. 이 호텔을 자신의 집이라 부르며 37년간 여기에 살았던 코코 샤넬과 어니스트 헤밍웨이가 마티니를 즐겨 마셨다는 바도 있지만 1997년 8월 31일 파리에서 교통사고로 유명을 달리한 다이애나 비가 마지막 밤을 보낸 곳으로도 유명하다. 또한 이탈리아 로마 태생으로 1930년대 파리, 런던, 미국의 패션계를 장악하며 코코 샤넬의 질투의 대상이 된 스키아파렐리의 부티크가 21번지에 문을 열면서 화제를 낳기도 했다. 지금은 파텍 필립, 쇼메, 롤렉스, 카르띠에 주얼리, 샤넬 주얼리, 반 클리프 아펠과 같은 보석상이 방돔 광장에 모여 있어 결혼 반지나 시계를 구입하려는 고객들이 찾고 있다. 프랑스 대혁명 당시 지도자였던 당통과 쇼팽이 숨을 거둔 집(12번지)도 광장을 병풍처럼 둘러싸고 있는 건물에 자리한다.

How to go M1호선 Tuileries역에서 도보 6분

다니엘 뷔렌의 설치 미술과 고즈넉한 정원이 주는 휴식 공간

팔레 루아얄 Domaine National du Palais-Royal ★★

'ㅁ'자형의 아름다운 회랑에는 골동품 가게, 갤러리, 카페, 레스토랑, 숍들이 들어서 활기를 띠고 그 안에 위치한 정원으로 눈을 돌리면 강아지와 함께 산책하는 동네 주민의 모습을 볼 수 있는 역사적인 건물이다. 이 건물이 세워질 당시 주인은 루이 13세 시기 정치적인 실권을 쥐었던 리슐리외 추기경이었으며 그는 '갑옷을 입은 추기경'으로도 불린 권력자로 1629년 건축가, 자크 르메르시에에게 의뢰해서 만든 웅장한 궁전이다. 그는 당시에 프랑스와 경쟁 관계에 있던 스페인 합스부르크 왕가의 공주 안 오트리쉬와 루이 13세를 정략결혼시킨 장본인이기도 하다. 루이 13세가 죽고 5세의 어린 나이에 왕위에 오른 루이 14세가 루브르 궁전에서

How to go M1호선 Palais-Royal-Musée du Louvre역에서 도보 3분

이주하면서 '왕궁(Palais Royal)'이라는 뜻의 이름이 붙여지게 되었다. 루이 14세가 프롱드의 난으로 야반도주한 이후 한때 루이 14세의 동생인 오를레앙 공 필리프 1세의 거처로 이용되었으며 문화부가 들어가 있다. 루브르 건물을 뒤로하고 콜레트 광장(Place Colette)이 있는 남쪽 입구를 통해 진입하면 260개의 스트라이프 무늬의 각기 높이가 다른 다니엘 뷔렌 작가가 만든 설치 미술인 기둥(1986년 작) 〈두 개의 고원〉과 폴 뷰리이 작가의 분수와 만나게 되는데 여기가 인증샷을 찍기에 가장 좋은 포인트다. 연극에 관심이 있는 사람이라면 놓쳐서는 안 될 코미디 프랑세즈는 파리 유일의 국립 극장으로 1680년 8월 24일에 세워졌다. 3천 개가 넘는 풍부한 레퍼토리를 바탕으로 몰리에르, 라신 등의 고전에서부터 이오네스코 등의 현대극을 상영하고 있으며 우리에게는 볼테르로 알려진 프랑수아 마리 아루에의 심장이 묻혀 있는 곳이기도 하다.

TIP

프롱드의 난

귀족 세력이 왕권에 대항해 일으킨 최후의 반란으로 5세에 즉위한 루이 14세를 대신해 왕후였던 안 도트리슈와 재상이었던 쥘 마자랭이 권력을 쥐게 되었다. 마자랭의 중과세 부과에 불만을 품은 귀족과 민중이 연합하여 궁정과 대립하다가 1648년 8월에 마자랭이 매관제로 증가한 법복 귀족이 증가했던 고등법원의 구성원을 체포한 사건을 계기로 법복 귀족과 민중들이 봉기해서 당시 10세이던 루이 14세의 침실까지 난입했으나 이를 미리 알아챈 루이 14세와 마자랭은 생 제르맹 앙레로 피신했다. 어릴 적 겪었던 이 사건이 계기가 되어 루이 14세는 부르봉 왕조의 강력한 왕권을 상징하는 베르사유 궁전을 건설하게 되었다.

지붕이 있어 비 오는 겨울에 걷기 좋은 아케이드

비비엔 갤러리 Galerie Vivienne ★

전체 길이 176미터, 너비 3미터로 신고전주의 스타일의 지붕이 있는 아케이드. 건설 당시 파리 시의회 의장이던 루이 비비엔의 이름을 딴 비비엔 거리에서 이름을 따왔다. 모자이크, 그림, 조각과 같은 장식은 1823년에 이곳을 설계했던 프랑수아 자크 들라노이가 디자인한 원형을 간직하고 있으며 1974년에 역사적인 기념물로 지정되었으며 지금도 매년 6백만 명의 방문자가 이곳을 찾고 있다. 과거에는 재단사, 제화공, 포도주 상인, 안경점, 서점 등이 들어서 활기찬 상업 활동을 하던 곳으로 지금은 고서점과 인테리어 상점, 와인 상점 및 와인 바, 레스토랑들이 영업을 하고 있다. 나폴리 방식의 피자로 유명한 다로코(Daroco), 파리에서 가장 훌륭한 와인 숍이자 오래된 식료품점으로 알려진 캬브 르 그랑(Les Caves Legrand) 정도를 추천한다.

How to go M3호선 Bourse역 1번 출구에서 도보 5분
Add 4 Rue des petits Champs 75002 Paris
Web www.galerie-vivienne.com

최근 리노베이션을 마친 파리에서 가장 아름다운 도서관

리슐리외 도서관 BNF Richelieu ★

1643년 학자들의 학문 연구와 프랑스에서 발간된 모든 인쇄물의 보존을 위해 문을 연 곳으로 마자랭 추기경의 거처로
처음 지어졌다가 왕립 도서관으로 바뀌었다. 이후 독서와 사색, 대중의 편의를 위한 공간으로 새로 태어났다. 300년 이
상의 역사를 자랑하는 박물관은 최근 12년간의 리노베이션을 거쳐 보다 현대적이고 기능적인 공간으로 탈바꿈했는데
여기에는 건축가 브루노 고댕(Bruno Godin)과 비르지니 브레갈(Virginie Brégal)이 설계를 맡았다. 도서관에 가려면 비비
엔 정원을 지나 안으로 들어가야 하는데 강철과 알루미늄으로 된 나선형 계단이 아름답고 누구나 무료 입장이 가능한 압
도적인 중세 분위기의 타원형 룸에는 2만여 권의 책과 160여 석의 열람실이 갖춰져 있다. 고대부터 현재에 이르는 900
여 점의 유물을 관람할 수 있는 400여 평의 박물관에서는 카트린 드 메디치의 에메랄드 펜던트, 루이 14세 시대의 대형
카메오 등 유명 작품들을 볼 수 있으며 루이 14세 살롱에는 18세기 중반 왕실 수집품으로 보관되던 주화 등이 전시된다.

How to go M3호선 Bourse역에서 도보 3분

Add 5 Rue Vivienne 75002 Paris

Open 화~일요일 10:00~18:00

Web https://www.bnf.fr/fr/la-bnf-richelieu

1880년부터 내려오는 앤티크의 따스함이 느껴지는 커피 하우스

카페 베흘레 Café Verlet

귤, 레몬 등을 설탕에 절여 겨울에 디저트로 만들
던 고급 식료품점으로 1880년에 처음 문을 열었
다. 1995년 창업자 직계 가족인 피에르 베흘레
의 조카, 에릭 뒤쇼수아가 인수해 운영하고 있다.
에릭은 남아메리카, 서인도 제도, 아프리카를 다
니며 공정 무역과 친환경을 준수하는 생산자를
찾아다니며 직접 고른 35종의 원두와 50여 종의
차를 판매한다. 피에르 가니에르, 피에르 에르메,
티에리 막스, 장 폴 에방과 같은 유명 셰프와 파
티시에들이 이곳의 로스팅 원두를 사용한다. 나
폴레옹이 유배되었던 세인트헬레나섬에서 재배

되는 원두 '나폴레옹'은 이 가게에서 제일 비싸지만(250g, 110€) 프랑스를 기억하고자 하는 이들에게 추천할 만한 아이템
이다. 다크 초콜릿과 삼나무, 정향의 맛이 입안에서 오래 지속되는 인도네시아의 루왁 커피(250g, €62)도 인기 있다.

How to go M1, 8, 12호선 Concorde역에서 도보 1분   Add 256 Rue Saint-Honoré, 75001 Paris
Open 매일 07:00~21:00 (일출, 일몰, 강풍 등 일기에 따라 변동 있음)   Web www.verlet.fr

〈르 피가로〉지가 '디저트계의 톰 포드'라 극찬한 파티시에

세바스티앙 고다르 Sébastien Gaudard

1993년 유명 식료품점인 포숑에서 탄탄한 실력을 쌓고 26세의
어린 나이에 피에르 에르메의 주방을 진두 지휘하던 파티시에
세바스티앙 고다르가 연 숍이다. 인테리어 디자이너 클로디오
코루치가 디자인한 봉 마르셰 백화점 내 델리 카바의 디저트를
책임지기도 했던 그는 미식 가이드북 〈푸들로〉에서 올해의 파
티시에로 선정되기도 했던 실력파. 1층은 마카롱, 에클레어, 아
이스크림을 판매하며 2층에는 여유로운 티타임을 즐길 수 있는
살롱 드 테가 마련돼 있다.

How to go 1호선 Pyramides역에서 도보 3분
Add 3 Rue des Pyramides 75001 Paris
Open 매일 10:00~19:00
Price €20 Web www.sebastiengaudard.com

예쁜 디자인과 섬세한 맛의 조화

카페 뉘앙스 Café Nuances 👍

유명 인테리어 디자인 회사, 우크로니아(Uchronia)가 디자인
하고 열정 넘치는 샤를&라파엘 형제가 커피를 내리는 카페로
방돔 광장 근처에 위치해 있다. 섬세한 맛과 바리스타의 뛰어
난 솜씨로 추출되는 커피 카푸치노(€4.50)도 훌륭하지만 시
그니처로는 식용 꽃잎을 뿌린 꽃과 장미 향이 나는 로즈 라테
(€6.5)가 있으며 밤꿀을 곁들인 허니 시나몬 라테를 함께 즐
기면 좋다. 과일 향이 진하게 나는 특별한 커피를 즐기고 싶다
면 오렌지 모카를 주문해 보자.

How to go M7, 14호선 Pyramides역에서 도보 5분   Add 25 Rue Danielle Casanova 75001 Paris
Open 월~토요일 08:00~18:00, 일요일 09:00~18:00   Price €15 이하
Web https://cafenuances.com/

파리 최초의 바리스타 중 한 사람인 데이비드 플린이 창업한 곳

텔레스코프 카페 Téléscope Café

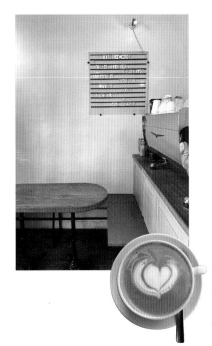

미니멀하면서 스타일리시한 카페로, 유명 일본 우동집인 쿠니
토라야와 이웃하고 있다. 콜롬비아, 에티오피아, 브라질, 온두
라스 등에서 공수한 다양한 원두를 마르조코 에스프레소, 에
어로 프레스 등으로 내리며 플랫화이트와 곁들이는 초콜릿
헤이즐넛 브라우니를 추천한다. 미국인과 영국인 피가 섞인
바리스타 데이비드 플린과 프랑스인 니콜라 클락이 협업해서
처음 문을 열었다. 영미권 고객들이 꾸준히 찾고 있으며 영국
과 노르웨이에서 생산된 훌륭한 로스팅 커피와 미니멀한 스
칸디나비아 스타일의 인테리어를 사랑하는 커피 마니아들이
즐겨 찾는 장소이기도 하다.

How to go M1호선 Tuileries역에서 도보 1분
Add 5 Rue Villédo 75001 Paris
Open 월~화요일 08:30~16:00, 수~금요일 08:30~15:00
Day off 토~일요일   Price €15 이하
Web https://www.instagram.com/telescopecafe/?hl=en

귀여운 여우가 상징인 패션 브랜드가 운영하는 카페

카페 키츠네 Café Kitsuné

패션 디자이너 마사야 쿠로키와 DJ 듀오 다프트 펑크의 매니저
겸 아티스트 디렉터였던 길다스 로액이 패션과 음악을 접목시
켜 2002년에 창립한 브랜드 키츠네에서 운영하는 카페로 루브
르 주변에 3개 매장이 있으며 여기가 원조 격이다. 귀여운 여우
로고가 새겨진 셔츠와 카디건으로 우리나라에서도 인기를 끌고
있으며 국내에서는 삼성물산이 수입하여 매장과 카페를 운영한
다. 혼잡한 번화가에 있는 다른 두 곳과 달리 여기는 팔레 루아
얄의 한적한 공원 내에 위치해 있어 조용하게 사색하거나 책 읽
기에 좋다. 특히 맑은 날 내리쬐는 햇살을 맞으면서 초록의 나무
들을 바라보며 멍 때리기 좋은 장소다.

How to go M1, 7호선 Palais Royal-Musée du Louvre역에서 도보 6분   Add 51 Gal de Montpensier 75001 Paris
Open 매일 09:30~19:00   Price €15 이하   Web https://maisonkitsune.com

보다 나은 미래를 위해 건강한 음식은 필수

와일드 앤 더 문 Wild & the moon

건강한 음식을 먹는 즐거움, 우리의 몸과 환경에 대한
존중과 조화를 꿈꾸는 음식이라는 테마로 2016년에
생겨난 카페로 파리에 8개의 매장을 운영한다. 스위
스 태생으로 중동에서 음식 사업으로 성공한 엠마와
로칠드 투자 은행의 전 파트너였던 에르베가 함께 만
든 브랜드로 파리에서 가장 빠르게 성장하는 기업형
카페 중 하나다. 올 화이트로 마감하고 화초로 단장된
공간은 삭막한 도심을 잠시 떠나 휴식을 꿈꾸는 사람
들이 모여든다. 지속 가능하고 맛있는 패스트푸드, 글
루텐 0%로 만든 냉압착 주스, 식물성 음료, 스무디,
샐러드, 수프 등을 즐길 수 있다.

How to go M7, 14호선 Pyramides역에서 도보 6분
Add 19 Place du Marché Saint Honoré 75001 Paris
Open 매일 08:00~20:00   Price €15 이하
Web https://www.wildandthemoon.fr

제대로 된 대만 밀크티를 즐길 수 있는 유니크한 장소
라이체 팔레 루아얄 Laïzé Palais Royal

"원할 때마다 오세요."라는 의미의 이름을 가진
편안한 카페로 파리에 4개 지점을 두고 있다. 대
만의 전통 차 문화를 현대적인 공간에서 즐길 수
있도록 만들어 파리 현지인들로부터 좋은 반응
을 얻고 있다. 파쿠아산의 경사진 황토 토양에서
생산되어 손으로 수확한 포모사차와 우롱차를
비롯하여 다양한 밀크티를 즐길 수 있다. 독특한
매력의 검정깨 밀크티와 타로 퓌레 라테를 추천
한다.

How to go M1, 7호선 Palais Royal-Musée du
Louvre역에서 도보 6분
Add 8 rue de Valois 75001 Paris
Open 매일 08:00~20:00
Price €15 이하
Web https://fr.laizeparis.com/

디저트 아트로 인스타 팔로워 천만 명을 바라보는 대세남
세드릭 그롤레 Cédric Grolet 👍

2018년 월드 페이스트리컵 대회에서 '세계 최고의 파티시에'
로 뽑혔을 뿐 아니라 2012년 이후 파리의 5성 팰리스 호텔인
르 뫼리스의 수석 파티시에로 일해 온 세드릭 그롤레는 '제과
업계의 에르메스'로 불릴 정도로 비싼 케이크류를 선보이지만
전 세계에서 온 디저트 매니아들로 언제나 긴 줄을 서야 할 뿐
아니라 매장에서 제품을 사는 것도 예약을 해야 할 정도의 대
세남이다. 맛과 향뿐만 아니라 진짜 과일로 착각하게 하는 모
양과 질감도 과일과 흡사한데 이는 제철 과일, 바닐라빈, 향을
입히기 위한 재료의 양이 엄청나기 때문이다.

How to go M7, 14호선 Pyramides역에서 도보 3분
Add 35 Avenue de l'Opéra 75001 Paris
Open 매일 수~일요일 09:30~18:00
Price €20
Web https://cedric-grolet.com

몽블랑 케이크의 성지와도 같은 곳

앙젤리나 본점 Angélina

1903년에 남부의 코트다쥐르와 엑스 레 뱅에서 활동했던 오스트리아 제과업자, 앙투안 럼펠메이예가 설립한 살롱 드 테로 '앙젤리나'란 가게 이름은 그녀의 며느리 이름이었다. 벨 에포크 양식으로 꾸며진 실내 장식은 당시 유명 건축가였던 에두아르 장 니에만의 작품으로 세월이 흘러도 변치 않는 기품 있는 분위기로 많은 파리지엔들과 여행자들을 끌어들인다. 단골로 다녀간 인사만 해도 코코 샤넬, 마르셀 프루스트 등이 있으며 시그니처 메뉴인 몽블랑은 바삭한 머랭과 생크림을 먹음직스럽게 감싸고 있는 밤 크림 맛이 훌륭하며 여기에 핫초콜릿을 함께 곁들이면 여행으로 인한 피로와 추위가 단숨에 사라지는 걸 느낄 수 있다. 다만 단것을 너무 즐기지 않는다면 몽블랑에 홍차 정도를 권한다.

How to go M1호선 Pyramides역에서 도보 2분   Add 226 Rue de Rivoli 75001 Paris
Open 월~목요일 08:00~19:00, 금~일요일 08:30~19:30   Price €20   Web www.angelina-paris.fr

와인을 진심으로 사랑한다면 놓칠 수 없는 곳

르 콤트와 르 그랑 Le Comptoir Legrand

1880년에 처음 문을 연 역사적인 와인 숍이다. 파리에서 가장 훌륭한 와인 셀렉션을 갖춘 와인 바와 숍을 함께 운영한다. 와인 숍에서 전문적으로 와인을 소개하는 카비스트라는 직업이 처음 생겨난 곳이 이곳이다. 프랑스 전국의 와인 생산자들이 파리에 올 때 들르는 사랑방과 같은 장소로 희귀한 와인들을 다량 구비하고 있다. 자크 셀로즈, 크루그, 피에르 피터, 세드릭 브샤와 같은 샴페인, 벵상 도비사, 메종 르르와, 프레르 호크, 본 마레와 같은 부르고뉴 와인은 다른 곳에서는 맛보기 힘들어 와인 러버라면 놓쳐서는 안 될 곳이다.

How to go M3호선 Bourse역에서 도보 5분
Add 1 rue de la Banque 75002 Paris
Open 월~토요일 10:00~19:30
Price 해당 와인 숍에서 와인을 골라 바에서 마실 경우 자릿값 €25

전설의 대문호 헤밍웨이가 즐겨 찾던 장소
바 헤밍웨이 Bar Hemingway

단 25개의 좌석과 멋진 장식, 모험을 좋아했던 작가의 이야기를 전하는 오브제와 포트레이트, 손으로 쓴 편지가 가득하다. 〈노인과 바다〉를 비롯해 세계적인 소설가로 유명세를 떨치던 헤밍웨이가 시가를 피우며 나타날 것 같은 리츠 호텔의 바다. 헤밍웨이는 2차 세계 대전 중에 종군 기자로 파리에 자주 머물렀으며 몽파르나스의 여러 문한 카페를 오가며 『무기여 잘 있거라』를 비롯한 소설을 탈고했다. 수석 바텐더 안 소피 프레스타일이 만드는 드라이 마티니와 세렌디피티 중 하나는 마셔볼 만한 가치가 충분하다.

How to go M7, 14호선 Pyramides역에서 도보 7분
Add 15 Place Vendôme 75001 Paris
Open 매일 17:30~익일 00:30   Price 칵테일 €32
Web www.ritzparis.com

와인 매니아와 소믈리에들이 즐겨 찾는 와인 바
윌리스 와인 바 Willis's wine bar

론 지역의 와인을 사랑했던 영국인 마크 윌리엄슨이 1980년에 루브르 박물관과 오페라 사이에 있는 작은 거리에 문을 열었다. 클래식한 프랑스 와인을 합리적인 가격으로 경험할 수 있는 장소다. 매년 아티스트와 협업하여 만드는 포스터 중 마음에 드는 것을 구입해보자. 메종 보르디에의 버터와 블랑제리 59의 빵을 사용하며 시그니처 메뉴인 뿔닭은 그대로지만 나머지 음식은 매일 바뀐다. 2022년에 40년간 요리사로 일해온 프랑수아 욘은 떠났지만 그의 뒤를 이은 셰프가 선보이는 가정식 프리젠테이션과 브레이크 타임없이 와인과 즐길 수 있는 식사는 무난하다.

How to go M7, 14호선 Pyramides역에서 도보 6분   Add 13 rue des petits Champs 75001 Paris
Open 월~토요일 12:00~익일 23:30   Price 전·본식 €30가량
Web www.williswinebar.com

섬세한 프렌치와 정적인 홍콩 음식이 만났을 때
레스토랑 얌차 Restaurant Yam'tcha

미슐랭 3스타, 파아스트랑스 레스토랑의 파스칼 바르보에게 사사받은 아들렌 그라타가 홍콩에서 활동을 마치고 남편과 함께 프랑스와 아시아 요리를 접목한 특별한 요리를 선보인다. 미슐랭 1스타 레스토랑으로 가격이 비싼 편이지만 여기에서 다루는 음식과 희귀한 아시아 차의 마리아주와 세심한 맛의 조합으로 조리한 가리비, 홍합, 조개찜과 도미구이, 패션 푸르트와 구운 파인애플로 만든 디저트가 훌륭하다.

How to go M1호선 Palais Royal-Musée du Louvre역에서 도보 5분
Add 121 Rue Saint Honoré 75001 Paris
Open 화~금요일 12:00~14:30, 19:30~22:30
Category 파인 다이닝, 미슐랭 1스타
Price 메뉴 €170
Web https://www.yamtcha.com

파리 최고의 스시를 선보인다
진 파인 다이닝 Jin

루브르 박물관과 방돔 광장 사이에 있으며 최대 10명 정도가 들어가는 은밀한 장소다. 브르타뉴와 스페인산 생선을 숙성시켜 가장 좋은 시기에 제공한다. 스시와 사시미를 능숙하게 다루는 셰프의 오마카세는 적어도 파리에서는 스시 비와 더불어 최고의 스시라 해도 과언이 아니다. 잘게 썬 와사비를 곁들인 숙성된 도미회, 부추와 간 생각을 얹은 참치회, 쌀겨에 절인 농어 등의 참치회는 셰프가 눈앞에 내려놓은 후 15분 이내에 먹어야 한다.

How to go M1호선 Tuileries역에서 도보 4분   Add 6 rue de la Sourdière 75001 Paris
Open 화~토요일 12:00~14:30   Category 파인 다이닝, 스시 오마카세
Price 기본 오마카세 €180   Web www.jin-paris.com

비스트로노미라는 새로운 요리의 장르를 개척한 브루노 뒤셰

레걀라드 생 토노레 Régalade Saint Honoré 👍

럭비와 음식을 사랑하는 상남자, 브루노 뒤셰가
사치스러운 가스트로노미 음식과 소박한 비스트
로의 중간 형태인 비스트로모니라는 새로운 장르
를 개척하여 문을 연 곳이다. 이제 브루노는 일선
에서 물러났지만 그가 만든 요리의 철학은 후계자
에게 이어져 합리적인 가격에 시그니처 메뉴인 오
징어 먹물 리소토, 바삭한 캉탈 지역의 삼겹살, 캐
러멜이 들어간 리오레를 즐길 수 있다.

How to go M1호선 Louvre Rivoli역에서 도보 3분
Add 106 Rue Saint Honoré 75001 Paris
Open 화~토요일 12:15~13:45, 19:15~21:45
Category 프렌치 네오 비스트로
Price 메뉴 €43
Web https://laregalade.paris

2구에 위치한 가성비 좋은 비스트로

르 뫼튀레 Le Mesturet

전통 프렌치 메뉴를 오랫동안 좋은 가격에 지켜
온 충실함과 엄격함이 느껴진다. 송아지 고기 블
랑케트, 장조림과 비슷한 뵈프 부르기뇽, 무지개
송어 칠레 등 다양하고 클래식한 메뉴를 제공한
다. 할머니 솜씨 같은 푸근한 프렌치 가정식을 저
렴하게 즐길 수 있어 현지인들로부터 사랑받는
다. 우리나라 기사 식당처럼 편안한 분위기로 와
인 셀렉션 역시 훌륭하다.

How to go M1호선 Palais Royal-Musée du
Louvre역에서 도보 5분
Add 6 rue de la Sourdière 75001 Paris
Open 매일 12:00~23:30 Category 프렌치 비스트로
Price 전식+본식 또는 본식+후식 €29~ 전식+본식+후식 €35~ Web www.lemesturet.com

나폴리 피자의 진면목을 볼 수 있는 곳

다로코 Daroco

높은 천정과 150평 규모의 거대한 공간은 원래의 재료인 돌, 콘크리트, 목재를 살리면서 디자이너 올리비에 드라노아가 새롭게 꾸몄다. 패션 디자이너 장 폴 고티에의 세련된 부티크가 떠난 자리에 들어선 이탈리안 레스토랑. 다채로운 전채, 피자, 파스타를 중심으로 우리 입맛에 잘 맞는 음식을 선보인다. 샐러드, 아란치니, 포카치아, 도미 카르파치오 그리고 디저트로 파블로바와 티라미수를 즐기다 보면 이탈리아 현지 레스토랑에서 즐기는 맛을 그대로 느낄 수 있다. 개방된 주방에서 만드는 피자는 언제나 주문을 받은 후에 만들어 신선하다.

How to go M3호선 Bourse역에서 도보 3분
Add 6 rue Vivienne 75002 Paris   Open 매일 12:00~23:30
Category 이탈리아 비스트로   Price 파르마 쇼 피자 €24
Web www.daroco.com

일본 라멘이 생각날 때 가면 좋은 장소

멘키치 라멘 Menkicchi Ramen

쫄깃한 수제 면과 입에서 녹는 차슈 그리고 닭과 돼지뼈로 우려낸 국물이 음습한 파리의 겨울날 국물 생각이 날 때 가기 좋은 곳이다. 이미 나리타케라는 유명 라멘집에서 일했던 사에구사 마코토가 내놓는 된장, 간장, 채소 베이스의 국물을 고를 수 있다. 일본 생맥주 통을 의자로 만들고 벽에 꽂혀 있는 만화책 등의 캐주얼한 분위기다. 다만 가장 짠 간장 베이스 국물은 피하고 그래도 국물이 짤 때는 물을 섞지 말고 '부이용, 실 부 플레'라고 하면 간을 하지 않은 육수를 주니 이를 섞어 먹으면 좋다.

How to go M7, 14호선 Pyramides d역에서 도보 3분
Add 41 rue Sainte Anne 75001 Paris
Open 월~금요일 11:30~15:00, 18:30~22:30,
토~일요일 11:30~22:15
Category 일본 라멘 전문점
Price 교자 €6 라멘 €14
Web https://kintarogroup.com/menkicchi

파리에서 가장 비싼만큼 제일 맛있는 우동

쿠니토라야 Kunitoraya

다시로 국물을 내고 도톰하고 쫄깃한 면은 보리를 베이스로 했다. 우동 메뉴는 100% 여기에서 직접 만든다. 파리에서 가장 비싼 우동이지만 맛에 있어서는 타의 추종을 불허한다. 얇게 썬 쇠고기를 베이스로 하는 매콤한 카레 라면과 새우 튀김이 2개 들어간 텐푸라 우동, 일본산 와규를 넣어 만든 와규 우동이 훌륭하다. 거기에 시원한 생맥주 한 잔을 곁들이면 금상첨화. 긴 줄을 서야 할 때가 많으므로 영업 시간 15분 전에 가서 줄을 설 것을 권한다.

How to go M7, 14호선 Pyramides d역에서 도보 5분   Add 1 rue Villédo 75001 Paris
Open 월~금요일 12:00~14:30, 19:00~22:00, 토요일 12:00~16:00, 19:00~22:00
Category 일본 우동 전문점   Price 우동 €15~ 덮밥 €21
Web www.kunitoraya.com

2024년에 오픈한 한국 분식집

마리 마리 Mari Mari

2024년에 문을 연 신생 한국 분식집으로 한국 식당이 모여 있는 생 탄 거리(rue Saint Anne)에서 약간 위쪽에 있다. 불고기, 김치, 새우 마요 김밥과 튀김류 그리고 떡볶이, 닭강정, 잡채밥, 라면과 같은 간단한 메뉴로 요기가 필요할 때 부담없이 들를 수 있다. 단품으로 주문하는 것보다 세트 메뉴로 즐기는 것이 저렴하다.

How to go M3호선 Quatre Septembre역에서 도보 3분
Add 23 rue d'antin 75002 Paris
Open 매일 11:30~20:30
Price 메뉴 €16~, 김밥 €12

본점만이 누릴 수 있는 혜택이 있다

샤넬 플래그십 스토어 Chanel

코코 샤넬이 추구해 온 실용성과 우아함은 지금까지 많은 여성
들의 마음을 사로잡고 있다. 매릴린 먼로가 잠옷 대신 입었다는
샤넬 넘버 5 향수, 우아함의 상징인 트위드 재킷과 리틀 블랙 드
레스가 주는 세련된 느낌도 좋지만 가장 인기 있는 아이템은 역
시 미니멀함을 유지하되 과하지 않은 장식으로 패션을 마무리하
는 '사첼백'일 것이다. 우리나라에 소개되지 않는 신상이 많고 본
점에서만 제공하는 하얀색 쇼핑백과 박스도 탐나는 곳이니 전
세계 샤넬 매장 중에서 가장 많은 사람이 몰리는 것이 당연하다.

How to go M1, 8, 12호선 Concorde역에서 도보 5분
Add 31 rue Cambon 75001 Paris
Open 월~토요일 10:00~19:00, 일요일 11:00~19:00
Web https://services.chanel.com

혁신적인 디자인과 창의성이 기대되는 브랜드

발렌시아가 플래그십 스토어 Balenciaga

"우아함이란 거추장스러운 것들을 제거하는 것이다."라
고 말한 크리스토발 발렌시아가가 다시 주목받은 것은
하이엔드 스트리트 브랜드 '베트멍'의 수장인 바잘리아
를 영입한 이후였는데 아방가르드한 디자인과 스포티한
룩으로 트리플 에스 슈즈와 어글리 슈즈 열풍을 몰고 왔
다. 발렌시아가의 신상을 우리나라보다 저렴한 가격에
구매할 수 있는 것이 장점이다.

How to go M1호선 Tuileries역에서 도보 3분
Add 336 rue Saint Honoré 75001 Paris
Open 월~토요일 10:00~19:30, 일요일 11:00~19:00
Web https://www.balenciaga.com

데일리백의 끝판왕

메종 고야드 플래그십 스토어
Maison Goyard

1853년에 프랑수아 고야드는 귀족들이 여행을
위해 들고 다닐 수 있는 단단한 나무 재질의 케이
스의 겉면을 가죽으로 감싼 여행 가방을 고안해
냈다. 고야드 셰브론 패턴으로 유명한데 가방에
이니셜과 디자인 모티프를 입히는 '마자쥬' 페인
팅은 수작업으로만 진행된다. 천연 아라비아 고

무에 면, 리넨에 코팅을 해서 제작하며 미니앙주, 벨베데르, 바렌백 등이 우리나라에서 인기 있다. 전 세계 35개 매장 중
프랑스에 3개 있고 우리나라에 4개 매장이 있지만 가격 면에서 유리하며 반려동물 라인을 염두에 두고 있다면 단연 여
기에 와야 한다.

How to go M1호선 Tuileries역에서 도보 5분   Add 233 rue Saint Honoré 75001 Paris
Open 월~토요일 10:00~19:00   Web www.goyard.com

기본에 충실한 폼 나는 캐주얼 브랜드

아미 파리 Ami Paris

디자이너 알렉산드로 마티우시가 설립한 프랑스 캐주얼 브랜드. 어디서나 편하게 입을 수 있는 실용성과 감각적인 디자
인으로 카디건이나 후드티처럼 베이직한 아이템도 유명하지만 오버사이즈의 겨울 패딩을 비롯하여 유니크한 디자인의
옷도 인기 있다. 우리나라에 없는 아이템을 저렴한 가격에 살 수 있다.

How to go M1, 8, 12호선 Concorde역에서 도보 5분   Add 31 rue Cambon 75001 Paris
Open 월~토요일 10:00~19:00, 일요일 11:00~19:00
Web https://services.chanel.com

플랫 슈즈의 끝판왕
레페토 플래그십 스토어 Repetto

군더더기 없는 심플한 디자인과 부드럽게 접히는 소재로 여성들에게 사랑받는 브랜드다. 1947년 프랑스 파리 국립 오페라 극장이 바라보이는 작은 아틀리에에서 로즈 레페토가 토슈즈를 세상에 내놓았다. 당시 그녀는 무용계의 전설인 아들 롤랑프티의 제안을 받고 무용가를 위해 발레 슈즈를 제작했다. 브리지트 바르도의 제안을 받아들여 만든 플랫 슈즈는 현재까지 신데렐라라는 이름으로 많은 사랑을 받고 있다. 남녀를 불문하고 사랑받는 '지지' 슈즈 역시 스테디셀러다.

How to go M3, 7, 8호선 Opéra역에서 도보 2분   Add 22 rue de la paix 75001 Paris
Open 월~토요일 10:00~19:00, 일요일 11:00~18:00   Web www.repetto.fr

귀여운 여우 마스코트로 인기몰이 중
메종 키츠네 플래그십 스토어 Maison Kitsuné

패션 디자이너, 일본인 마사야 구로키와와 DJ와 음악 관련 일을 하던 프랑스인 길다스 로액 디자이너가 만든 캐주얼 브랜드. 귀여운 여우 로고가 특징으로 반팔티와 카디건, 후드티와 같은 기본 아이템이 언제나 베스트셀러다. 우리나라에 비해 다양하고 저렴한 제품을 고를 수 있는데 특히 세일 기간에는 할인 폭이 크다.

How to go M3호선 Pyramides역에서 도보 6분
Add 52 rue de Richelieu 75001 Paris
Open 월~토요일 10:00~19:00, 일요일 13:40~18:30
Web https://maisonkitsune.com

장인이 손으로 빚은 세련된 도자기
아스티에 빌라트 플래그십 스토어 Astier Villatte

1996년에 설립된 프랑스 핸드메이드 도자기 브랜
드. 반죽부터 유약을 바르는 일에 이르기까지 장인
들의 손에 만들어지는 도자기로 우리나라에도 큰
인기를 얻고 있다. 표면에 기포가 있거나 유약이 발
리지 않아 점토가 드러나는 일도 수작업 공정의 결
과라 당당히 말하는 브랜드지만 그런 특유의 개성
이 장점이다. 50만 원짜리 컵이 탄생하려면 건조
작업까지 15일 이상 걸릴 정도로 작업 기간이 긴
것도 비싼 이유다. 집에서 사용할 만한 도자기 제품
은 물론 향수, 조명, 가구, 문구류까지 다양한 제품
을 만날 수 있다.

How to go M3호선 Pyramides역에서 도보 6분
Add 173 rue Saint Honoré 75001 Paris
Open 월~토요일 10:00~19:00, 일요일 13:40~18:30
Web www.astierdevillatte.com

향신료 매니아라면 반드시 가 봐야 할 곳
에피스 호링저 Epices Roellinger

1982년 브레타뉴 지방에서 유명 셰프였던 호렝저
가 자신의 이름을 딴 향신료 전문점을 연 것이 태동
이다. 일상에서 흔히 사용하는 소금, 잼, 후추, 블렌
딩 된 허브티를 비롯하여 전 세계에서 온 다양한 향
신료를 구비하고 있다. 10유로 이하 가격으로 경험
할 수 있는 세계 향신료 탐험은 요리를 즐기는 이들
을 위한 훌륭한 선물이 될 것이다

How to go M7, 14호선 Pyramides역에서 도보 5분
Add 51 bis Saint anne 75002 Paris
Open 화~토요일 10:00~19:00
Web www.epices-roellinger.com

한국 방송에도 출연했던 샴페인에 진심인 부부가 운영

샴파뉴 아를로 Champagne Arlaux 👍

샤를 10세 대관식 후인 1826년부터 니콜라 아를로가 처음 샴
페인을 생산한 것을 시작으로 15대째 샴페인 만드는 일에 열
정을 가져온 가족 기업이 운영하는 파리의 작은 부티크. 프리
미에 크뤼로 분류된 몽타뉴 드 랭스 지역의 포도밭에서 살아
남은 오래된 포도나무에서 생산된 아를로 샴페인은 피노 누아
와 뫼니에, 샤르도네 품종으로 만들어진다. 마카오의 미슐랭 3
스타 조엘 로부숑, 일본의 총리 관저와 JAL 항공기 비즈니스
석 등에 제공되는 검증된 샴페인이다.

How to go M1호선 Tuileries역에서 도보 5분
Add 350 rue Saint Honoré 75001 Paris
Open 화~토요일 10:00~19:00 방문 시 사전 예약 필요 T. 01 47 07 43 08
Web https://arlaux.com

퍼스널라이징이 주는 특별한 선물

르 라보 Le Labo

손으로 딴 장미, 손으로 부은 양초, 손으로 만든
향수와 같이 열정적이고 영혼이 담긴 향을 만드
는 니치 향수 브랜드. 2006년 프랑스 출신의 화
학자 에디로시와 향수 업계에서 일하던 파브리
스 페노가 뉴욕에서 창립했다. 가게에서 손수 핸
드 블랜딩한 향을 만들어 라벨링을 한다. 라벨에
생산 날짜, 장소, 고객의 이름이나 원하는 문구를
넣을 수 있는 것이 특별했으나 지금은 커스텀 향
을 만들 수는 없다. 대신 원하는 문구를 넣을 수
있는 라벨링 서비스는 제공된다. 르라보 상탈 33
이 시그니처이며 우리나라에도 10여 종 판매되
지만 파리 지점에서는 더 많은 향수를 직접 시연
해 보고 살 수 있다.

How to go M1호선 Tuileries역에서 도보 3분
Add 203 rue Saint Honoré 75001 Paris
Open 월~토요일 10:30~19:30
Web www.lelabofragrances.com

예쁜 기념품을 사기에 좋은 곳
프라고나르 Fragonard

전 세계 향수 에센스의 대부분을 생산하는 그라스에 본점을 둔 향수 브랜드다. 17세기부터 이어온 특별한 제조법으로 만드는 향수는 최고급 원료로 프라고나르 조향학교 출신의 장인들이 예술 정신을 담아 조향한다. 최근 향수에서 분야를 확장하여 프로방스의 스타일을 담은 옷과 패브릭 제품을 선보이며 선물을 사기에 좋은 장소로 여행자들의 눈길을 사로잡고 있다.

How to go M1호선 Tuileries역에서 도보 3분   Add 207 rue Saint Honoré 75001 Paris
Open 월~토요일 10:00~19:00   Web https://www.fragonard.com/

섬세한 향과 예쁜 패키지가 선물용으로 인기 만점
라티쟝 파퓨메르 L'Artisan parfumeur

1976년 장 라포르테가 설립한 브랜드로 자연의 소재를 재료로 사용하고 독특한 향기의 원료를 선택한다. 다양한 시도를 거듭하여 다른 향수 브랜드와 차별화하고 있다. 창의적이고 섬세하고 부드러운 플로럴 향을 조합하여 만든 라 샤스 오 파피용, 자몽과 과일의 상큼한 향이 나는 베티버 에클라트 향을 추천한다.

How to go M1호선 Tuileries역에서 도보 3분
Add 209 rue Saint Honoré 75001 Paris
Open 매일 10:30~19:30   Web www.artisanparfumeur.fr

니치 향수 마니아의 천국
조보이 퍼퓸 레어 Jovoy parfums rares

파리에서 유명한 니치 퍼퓸 편집숍으로 영국, 카타르, 우리나라에 지점을 두고 있다. 희소성, 발견, 경이로움, 끝없는 호기심 등을 콘셉트로 하는 특별한 공간이다. 코스메틱 전문숍인 세포라나 약국 등에서 일반적으로 구할 수 없는 고급 브랜드만을 엄선해서 판매하는 것이 포인트. 시연이 가능해서 매혹적인 향기를 선호하는 향수 마니아들의 성지로 유명하다. 향수와 관련된 개인적인 컨설팅을 받을 수 있으며 이를 위해서는 사이트를 통해 예약해야 한다.

How to go M1호선 Tuileries역에서 도보 4분   Add 4 rue de Castiglione 75001 Paris   Open 월~토요일 11:00~19:30

레 알&보부르

Les Halles & Beaubourg

에밀 졸라의 소설 『파리의 위장』의 배경이 된 지역으로, 과거에 파리 사람들의 먹거리를 책임지는 식품 시장이 있었다. 1970년대가 되면서 먹을 거리가 많은 시장에 쥐가 들끓는 등 위생 문제가 심각해지자 파리시는 식품 시장을 파리 남쪽의 헝지스로 이전시켰고 그 자리를 대신해 넬슨 만델라 공원과 웨스트 필드와 같은 대형 쇼핑몰이 들어서 활기를 띄는 서울의 명동과 같은 지역으로 변모했다. 레알 북쪽의 에티엔 마르셀 지역은 빈티지 편집숍과 패션 부티크들이 모여 있어서 멋쟁이들이 즐겨 찾는 쇼핑 지역으로 사랑받고 있다. 레 알 지역이 최근에 주목 받는 이유 중 하나는 피노 컬렉션이라는 현대 박물관이 개관했기 때문이다. 레 알 동쪽에 위치한 복합 문화 공간이자 현대 미술관이 있는 퐁피두 센터와 더불어 미술 애호가들에게 사랑받고 있다.

소요 시간 하루

만족도
문화 ★★★
쇼핑 ★★
음식 ★
휴식 ★

일일 추천 코스

출발

메트로나 버스를 타고 샤틀레(Châtelet)역(M1,4,7,11,14 샤틀레 역 주변에 정차하는 버스Bus 21,38,47,58,67,69,70,72,74,76,85,96번)에 내려 걷는 것이 가장 좋다. 이 지역을 돌아보는 데는 도보만으로 충분하다.

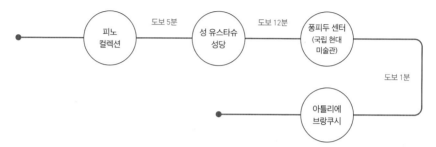

```
피노          도보 5분      성 유스타슈      도보 12분     퐁피두 센터
컬렉션                      성당                          (국립 현대
                                                          미술관)

                                                                    도보 1분

                                                         아틀리에
                                                         브랑쿠시
```

주의 사항

- 생 유스타슈 성당 앞 녹지대인 넬슨 만델라 공원은 어두워지면 마약 거래가 종종 이뤄지는 우범지대이므로 밤에는 방문을 추천하지 않는다.
- 샤틀레역의 규모는 엄청나게 크므로 자신의 목적지에 따라 나가는 출구를 잘 살펴야 고생을 덜한다.
- 피노 컬렉션이나 퐁피두 센터는 특별전이 자주 열리므로 사이트를 통해 확인하고 예약한 후 방문할 것을 권한다.

하이라이트

- 피노 컬렉션과 퐁피두 센터의 핫한 전시 챙겨 보기
- 24시간 영업하는 피에 드 코숑에서 클래식한 프랑스 음식 즐기기
- 생 유스타슈 성당에서 파이프 오르간 연주 듣기
- 파리에서 가장 오래된 빵집(Stoher)에서 디저트 맛보기
- 웨스트필드 쇼핑몰 구경하기
- 퐁피두 센터 서점과 디자인 숍에서 선물 구입
- 슈발 블랑 호텔 여름 테라스에서 점심 식사 또는 칵테일
- 튁 데 롬바르에서 재즈 공연 듣기
- 퐁피두 센터 6층에 자리한 카페 조르주에서 일몰 감상
- 피노 컬렉션 카페 레스토랑, 브라(Bras)에서 예술적인 음식과 디저트 즐기기
- 슈발 블랑 호텔 테라스에서 센강 배경으로 인생샷 찍기

주요 쇼핑 스폿

- 백화점 사마리탄
- 대형 쇼핑몰 웨스트필드 포럼 데 알
- 제과/주방용품점 모라, 에이 시몬

안도 다다오가 리노베이션을 맡은 건물에서 즐기는 현대 미술

피노 컬렉션 Pinault Collection ★★★

2021년 일본 건축가 안도 다다오와 프랑스 국립 문화유산의 수석 건축가인 피에르 앙투안 가티에의 공동 지휘 아래 현대 미술관으로 화려하게 재탄생했다. 역사 문화재로 등록된 돔 천정을 살리는 등 기존의 내부 구조를 유지하면서 현대 미술을 위한 새로운 전시 공간을 창조하기 위해 안도는 원형의 홀 내부에 거대한 콘크리트 실린더를 설치했으며 노출 콘크리트 벽으로 섬세하고 매끄럽게 마무리했다. 플로스(Flos) 사가 브홀렉 형제와 합을 맞춰 조명 작업에 참여했으며 17미터에 달하는 조명은 나선형 계단의 화려한 형태와 더해지면서 관람객들을 압도한다. 천장을 가

득 메운 벽화가 과거 상업 거래소로 이용되었던 이 건물의 정체성을 말해주는데 복원 작업을 통해 다섯 개 대륙 간에 일어나는 무역의 현장을 보여주고 있다.

미술관 주인인 피노 부자는 1970년대부터 예술품에 관심을 갖게 되었다. 회화는 물론, 비디오, 조각, 설치 미술, 사진까지 컬렉션을 넓혀간 크리스티 경매 회사의 소유주이자 20세기와 21세기 현대 미술 작품만 5천 점 이상 소유한 프랑수아 피노가 높은 예술적 가치를 지닌 작품들을 대중에게 알리기 위해 문을 열었다. 2013년에 파리 근교 볼로뉴에 LVMH의 아르노 회장이 문을 연 루이 비통 재단의 성공에 영향을 받아 열었다는 후문도 전해진다. 라이벌에 대한 질투심에서 생겨났을지도 모르는 피노 컬렉션의 오픈으로 파리시와 현대 미술을 사랑하는 사람들이 큰 덕을 본 셈이다. 상설 전시보다는 연중 기획전 위주로 열리며 건물 맨 위층에 자리한 미셸 브라의 레스토랑은 한때 미슐랭 3스타 셰프에 올랐던 아버지의 뒤를 이어 세바스티앙 브라에 의해 운영되며 예약제다.

How to go M4호선 Les Halles역에서 도보 5분   Add 2 Rue de Viarmes 75001 Paris
Open 월·수~일요일 11:00~19:00, 금요일 21:00까지   Day off 화요일, 5/1
Price 일반 €14, 18~26세 €10 매월 첫 번째 금~일요일 17~21시 무료   Web www.pinaultcollection.com

프랑수아 피노

보테가 베네타, 발렌시아가, 브슈롱, 알렉산더 맥퀸, 구찌, 생로랑을 소유한 케링(Kering) 그룹과 샤토 라투르 와이너리, 크리스티 경매장 등이 포함된 아르테미스(Artémis)의 경영자로 2023년 포브스에서 선정한 세계 28위의 재력가이자 세계 10대 아트 컬렉터다.

아름다운 파이프 오르간 연주를 놓치지 말자

성 유스타슈 성당 Eglise Saint Eustache ★

1백여 년의 건설 기간을 거쳐 1637년에 완성된 가톨릭 성당으로 1862년에 역사 기념물로 지정되었다. 높은 천장을 지탱하기 위한 장방형의 교차 볼트(Vault) 천장, 외부 공중 부벽 등은 고딕 양식을 따랐다. 이오니아식 벽 기둥과 기둥의 천사 장식 등은 르네상스 양식이며 1844년 화재를 겪은 다음 두 개의 종루가 새로 지어졌다. 성모의 제단의 성모와 아기 예수상은 교회 조각의 대가로 이름을 날리던 장 바티스트 피갈의 작품이며 키스 해링이 사망 2주 전에 완성한 청동 크립티크가 숨은 볼거리다. 세계에 9개뿐인 이 작품은 에이즈 피해자를 위한 기도회와 장례식 등을 허용하고 있어 이에 감명받은 존 레넌의 스피릿 재단이 여기에 기부했다고 한다. 역사적인 인물들의 종교 의식으로도 유명하다. 여기에서 리슐리외 추기경(1585년), 몰리에르(1622년), 루이 15세의 정부 퐁파두르(1721년) 등이 세례를 받았고 루이 14세는 1649년에 여기에서 첫 영성체를 받았으며 모차르트 어머니와 시인 미라보(1791년)의 장례식 등이 거행되었다. 프랑스 최대 규모의 오르간은 8천 개의 파이프를 통해 아름다운 선율을 들려주는데 영국의 엘리자베스 여왕이 연주를 듣기 위해 방문할 정도로 명성이 자자하다. 오르간 연주는 매주 일요일 11시, 18시에 들을 수 있다. 2019년 4월 15일 노트르담 대화재 이후 공사 기간 동안 부활절이나 크리스마스 미사 등이 임시로 이곳에서 열리고 있다.

How to go M4호선 Les Halles역에서 도보 3분   Add 2 Imp. Saint-Eustache 75001 Paris
Open 월~금요일 10:00~18:00, 토~일요일 10:00~19:00   Day off 특별한 미사가 있는 축일
Web www.saint-eustache.org

건물의 안팎이 바뀐 듯한 특별한 건축물

퐁피두 센터 Centre Georges Pompidou ★★★

프랑스 제5공화국 2대 대통령으로 1974년까지 재임한 대통령, 조르주 퐁피두의 계획에 따라 국제 건축 공모전이 열렸다. 681개의 도안 중 리처드 로저스와 렌조 피아노, 지안프랑코 프란치니 3인의 건축가가 협동하여 디자인한 도안이 선정되어 1977년 2월에 완성한 건물이다. 1960년대 영국의 공동체 아키그램의 영향을 많이 받았다는 견해가 있다. 건물 외관을 지배하는 철골과 노출된 엘리베이터, 배수관과 통풍구 등 건물 내부에 있어야 할 시설들이 건물 밖으로 노출되어 파격적이다. 공기 공급 파이프와 지지구조는 흰색으로 칠해졌고, 계단과 에스컬레이터는 붉은색으로, 전기 배선은 노랑, 수도관은 녹색, 공기 조화 시스템과 관련한 파이프는 파랑으로 채색되었다. 에펠 탑이 지어질 당시 많은 사람들로부터 혹평을 받은 것처럼 파리시와 어울리지 않는다는 이유로 많은 논쟁의 대상이 되었으나 인상적인 외관은 현대 건축사에 한 획을 그었다. 유럽 현대 미술관 중에서도 가장 뛰어나다는 평가를 받는 퐁피두 센터는 회화, 디자인, 건축, 사진, 뉴미디어와 같은 7만여 점이 넘는 예술품을 소유하고 있어 뉴욕의 현대 미술관(MoMA)과 쌍벽을 이룬다. 20여 회 이상 열리는 기획 전시는 다양한 볼거리를 제공하며 아이들을 위한 아틀리에, 도서관, 영화관과 같은 복합 문화 공간으로 이용된다. 건물 4, 5층에 마련된 상설 전시 공간에서 현대 예술의 흐름을 살펴볼 수 있다. 1층에 있는 디자인 아트숍과 아트북 전문 서점은 다양한 오브제와 아티스트가 만든 소품을 갖추고 있어 기억에 남는 파리 기념품을 사기에도 좋다. 리노베이션을 위해 2025년부터 5년간 휴관 예정이다.

How to go M11호선 Rambuteau역에서 도보 3분
Add Place Georges-Pompidou 75004 Paris
Open 월·수~일요일 11:00~23:00, 목요일 23:00까지   Day off 화요일
Price 서점, 기념품 숍 등은 무료, 영화관과 미술관 이용은 유료
Web www.centrepompidou.fr

TIP

렌초 피아노

건축의 노벨상으로 불리는 프리츠커상을 1998년에 수상했다. 일본 오사카의 간사이 국제 공항, 스위스 바젤의 베일러 재단 미술관 등이 그의 작품이다.

현대 미술의 계보를 보여주는 장소

프랑스 국립 현대 미술관 Musée National d'Art Moderne ★★★

유럽에서 가장 큰 현대 미술관으로 20세기 주요 미술의 흐름을 주도한 모더니즘, 포스트모더니즘, 팝 아트, 설치 예술 등 다양한 장르의 소장품을 보유했다. 시대적으로는 1905년부터 최근에 이르기까지 현대 작가들의 작품을 전시한다. 미술관 입구는 5층이며 5층에서는 1905년부터 1960년대까지의 모더니즘 작품을 관람하고 계단을 통해 4층으로 이동해서 1960년대 이후 20세기 후반의 포스트모더니즘 작품을 차례로 감상하면 된다. 피카소의 작품, 피에트 몬드리안의 〈뉴욕〉, 페르낭 레제의 〈여가〉, 마르크 샤갈의 〈에펠 탑의 신랑 신부〉, 마르셀 뒤샹의 〈샘〉, 앙리 마티스의 〈두 무희〉, 〈푸른 누드〉, 〈왕의 슬픔〉, 니키 드 생팔의 〈신부〉 등이 있다. 그 밖에도 장 뒤뷔페와 루이즈 부르주아, 에른스트, 미로, 만레이, 잭슨 폴록, 앤디 워홀, 알렉산더 칼데의 작품이 한데 모여 있어 제대로 보려면 반나절은 족히 걸린다.

How to go M11호선 Rambuteau역에서 도보 3분   Add Place Georges-Pompidou 75004 Paris
Open 월·수~일요일 11:00~21:00, 목요일 23:00까지   Day off 화요일, 5/1   Price 일반 €15 학생 €12
Web www.centrepompidou.fr

현대 조각의 아버지로 불리는 브랑쿠시에게 헌정된 공간

아틀리에 브랑쿠시 Atelier Brancusi ★

1876년 루마니아에서 태어난 콘스탄틴 브랑쿠시가 1904년부터 1957년 사망할 때까지 파리에서 거주하며 작업한 조각을 선보인다. 자신의 스튜디오 전체를 프랑스에 기증하겠다는 유언에 따라 1962년 팔레 드 도쿄에 있던 아틀리에가 1977년에 퐁피두 센터 앞 200여 평의 부지로 옮겨 왔다. 1997년에 건축가 렌초 피아노가 리노베이션을 거쳐 새로이 꾸몄다. 여기에서는 작가가 생전에 작업했던 137점의 조각품과 87개의 원본 받침대, 41점의 그림, 1,600여점 이상의 원본 인쇄물 등과 만날 수 있다.

How to go M11호선 Rambuteau역에서 도보 3분   Add Place Georges-Pompidou 75004 Paris
Open 수~월요일 14:00~18:00   Day off 화요일   Price 무료
Web www.centrepompidou.fr/fr/collection/latelier-brancusi

TIP

콘스탄틴 브랑쿠시

루마니아의 시골 마을 호비차에서 출생해 어릴 때부터 나무와 돌에 조각하는 법을 접하면서 미술에 흥미를 느꼈다. 부카레스트 미술학교를 졸업한 후 1904년에 파리에 정착했고 프랑스 에콜 데 보자르에서 공부했다. 민속 예술과 아프리카 예술을 모더니즘으로 승화시키는 작업으로 로댕에게 기량을 인정받아 조수 자리를 제안받았으나 거절한 일화는 유명하다. 모딜리아니, 아폴리네르 같은 작가들과 교류하면서 자신의 순수함을 지켜나갔다. 대표작으로는 〈입맞춤〉, 〈청년 토르소〉, 〈공간의 새〉 등이 있다. 세계적인 조각가이며 디자이너로 유명한 이사무 노구치는 브랑쿠시의 조수로 일하면서 많은 영향을 받았다.

월드 바리스타 챔피언이 운영하는 예약제 카페
쉽스탕스 카페 Substance Café 👍

몽토게이 뒷골목에 위치한 작은 스페셜티 커피숍이자 로스터리.
커피의 테루아를 가장 잘 맛볼 수 있도록 시간을 들여 맛있는 커
피를 만들기 때문에 매장에 있는 손님들이 오롯이 커피에 집중할
수 있도록 테이크아웃 컵, 설탕, 페이스트리, 음악을 제공하지 않
는다. 심지어 88점 이상의 스페셜티 커피만 취급하며 고유의 맛
을 즐기는 것을 선호하므로 원두의 블렌딩도 거부한다. 예약제
로만 운영되며 월드 바리스타 대회 1등 출신의 요아킴이 커피를
내리며 고객들과 커피에 대한 지식을 나누는 특별한 장소다.

How to go M3호선 Sentier역에서 도보 4분
Add 30 rue Dussoubs 75002 Paris
Open 월~금요일 12:30~19:00   Day off 토~일요일
Price €15   Web www.substancecafe.com

파리의 아름다운 전망을 즐기는 카페
조르주 Georgesé

풍피두 센터 옥상에 자리한 레스토랑으로 노트르담 대
성당을 비롯한 파리의 주요 기념물의 전망을 즐기며 음
료를 마시거나 간단한 식사를 할 수 있다. 바에서 칵테일
을 즐기거나, 풍피두 관람을 마치고 친구들과 일몰을 감
상하며 출출한 배를 채우기에 좋고, 현대적이고 세련된
인테리어가 독창적이다. 파리 최고의 힙플레이스를 갖고
있는 코스트 그룹의 패밀리 중 하나로 여기에서 일하는
서버들이 간혹 모델이나 연예인으로 발탁될 정도로 멋
쟁이들이라 눈길을 끄는 곳이기도 하다.

How to go M11호선 Rambuteau역에서 도보 3분
Add Place Georges-Pompidou 75004 Paris
Open 수~목요일, 토~월요일 12:00~02:00
Day off 화·금요일
Price 음료 €10 전후, 식사 €30 전후
Web https://restaurantgeorgesparis.com

300년이 넘는 역사를 자랑하는 빵집

스토레 Stohrer

2022년에 고인이 된 엘리자베스 영국 여왕이 즐겨 찾았던 전통의 빵집으로 1725년에 문을 열었다. 루이 15세의 페이스트리 셰프였던 니콜라스 스토레가 처음 문을 열었다. 호텔 갈리레르 오페라 갸르니에의 장식 작업에 참여했던 보드리가 디자인한 예쁜 실내 인테리어도 볼만하다. 시그니처 메뉴는 럼이 들어간 작은 케이크 바바 오 럼(Baba au rhum), 파리 브레스트(Paris Brést) 등이다. 영국 여왕을 위해 만들었다는 부셰 아 라 헨(Bouchées à la reine)도 유명하다.

How to go M4호선 Etienne Marcel역에서 도보 4분
Add 51 rue Montorgueil 75002 Paris
Open 매일 08:00~20:30   Price 와인 €25 내외, 음식 1인 €20
Web https://stohrer.fr/

긴 줄을 서야 맛볼 수 있는 레바논 유기농 아이스크림

글라스 바쉬르 Glace Bachir

식용 매스틱 나무의 수액과 살렙 가루를 넣어 만든 쫀득한 터키 아이스크림과 비슷한 섬세한 질감이 자랑인 레바논 아이스크림 가게로 2016년에 문을 열었다. 로즈, 아몬드, 레몬, 피스타치오, 딸기 등 12가지 아이스크림도 훌륭하지만 거기에 이 가게의 시그니처인 피스타치오를 얹으면 특별함이 배가된다.

How to go M11호선 Rambuteau역에서 도보 3분
Add 58 rue Rambuteau 75003 Paris
Open 매일 12:00~22:45
Price 소(petit) €4.3, 중(moyen) €5.8, 대(grand) €8.1, 피스타치오 가루 추가 €2.8
Web https://bachir.fr

내추럴 와인에 진심인 사람들에게 추천

르 데니쉐 Le Dénicheur

바닥을 장식하는 멀티 컬러의 모자이크와 부르고뉴 레드 컬러의
의자가 있는 작은 선술집으로 최신 유행하는 350여 종의 내추
럴 와인을 전문으로 판매한다. 내추럴 와인에 진심인 에티엔 마
들랭은 와인과 함께 곁들일 수 있는 신선한 샐러드, 리코타, 커민
을 넣은 돼지고기, 보타르가를 뿌린 아삭한 아스파라거스와 같
이 제철 재료만으로 만들며 저녁에만 문을 연다. 규모가 작으므
로 사이트 통한 예약은 필수다.

How to go M4호선 Etienne Marcel역에서 도보 2분 Add 4 rue Tiquetonne 75002 Paris
Open 매일 18:00~01:00 Price 와인 €25 내외, 음식 1인 €20 내외 Web www.ledenicheurparis.com

센강이 내려다보이는 루이 비통의 새로운 카페

엘브이 드림 LV Dream

1870년에 론칭한 루이 비통에서 운영하는 복합 문화 공간 LV Dream 2층에 자
리한 살롱 드 테. 슈발 블랑 호텔의 수석 파티시에이자 쇼콜라티에인 막심 프레
데릭이 만든 초콜릿과 제과류를 맛볼 수 있다. 먹기 아쉬울 정도로 예쁜 케이크
와 최고 품질의 티를 창밖의 멋진 센강의 뷰와 더불어 즐기기에 좋은 장소다.

How to go M7호선 Pont Neuf역에서 도보 2분
Add 26 Quai de la Mégisserie 75001 Paris
Open 매일 11:00~20:00
Price 루이 비통 모티브가 새겨진 케이크 18유로

역사와 전통이 살아 있는 디저트 전문점

코바 Cova

1817년에 밀라노의 패션 브랜드숍이 모여 있는 몬테 나폴리오네에 문을
연 이탈리아에서 가장 오래된 디저트 전문점으로 파리와 모나코에 지점을
새로 오픈했다. 숙련된 셰프들이 신선하고 엄선된 재료를 사용하여 만드
는 달콤한 케이크와 페이스트리류를 비롯하여 파리에서 보기 드문 이탈리
안 정통 카페에 이르기까지 파리에서 이탈리아를 경험할 수 있는 제대로 된
장소로 자리 잡고 있다.

How to go M7호선 Pont Neuf역에서 도보 2분 Add 1 rue du Pont Neuf
Open 월·화·수·금요일 08:30~20:00, 목요일 08:30~21:00, 토~일요일 10:00-20:00

친밀한 분위기의 아담한 미슐랭 1스타 레스토랑

프랑쉬 레스토랑 Frenchie Restaurant

뉴욕의 그래머시 타번, 런던의 제이미 올리버와 피프틴, 홍콩의 만다린 오리엔탈 등 전 세계를 여행하며 팝업 레스토랑을 열며 노마드의 인생을 살았던 그렉 마샹 쉐프가 파리에 정착하면서 문을 연 파인 다이닝 레스토랑으로 미슐랭 1스타에 올랐다. 작지만 아늑한 실내에서 계절에 따라 메뉴의 진화를 보여주는 쉐프의 프렌치 오마카세를 축제처럼 즐길 수 있는 곳이다. 독창적인 맛의 조합과 정제된 음식 그리고 훌륭한 와인 페어링이 뛰어나며 옆에는 프랑스식 수제 샌드위치를 즐길 수 있는 캐주얼 음식점, 프렌치 투 고를 함께 운영한다.

How to go M3호선 Sentier역 2번 출구에서 도보 1분
Add 5 rue du nil 75002 Paris
Open 월~금요일 18:30~22:30
Price 디너 5코스 €140   Web www.frenchie-ruedunil.com

장 프랑수아 피에주가 운영하는 스테이크 전문 레스토랑

클로버 그릴 Clover Grill

2016년에 처음 문을 연 스테이크 하우스다. 대리석 테이블, 마호가니 바, 가죽 의자가 주는 세련된 인테리어와 잘 숙성된 아르헨티나, 에버딘산 블랙 앵거스와 같은 좋은 품질의 고기뿐 아니라 숯불이나 꼬치에 구워낸 고기, 생선, 채소 등을 선보인다. 미슐랭 2스타 레스토랑을 운영하는 장 프랑수아 피에주 쉐프의 업장답게 흠잡을 데 없는 고기는 물론 잘 만든 홈메이드 소스와 바삭한 감자튀김, 섬세한 질감이 살아 있는 무슬린이나 채소가 제공된다. 전식으로 즐길 수 있는 야생 오징어 카르보나라와 디저트로 즐길 수 있는 초콜릿 추로스가 시그니처 메뉴다.

How to go M1호선 Louvre-Rivoli역에서 도보 2분
Add 6 rue Bailleul 75001 Paris
Open 화~토요일 12:00~14:30, 19:00~23:00
Price 오징어 카르보나라 €29, 스테이크 €36~
Web https://xn--jeanfranoispiege-jpb.com/clover-grill

거의 밤새워 문을 여는 족발 전문점
오 피에 드 코숑 Au pied de Cochonl

1947년에 옛 중앙 시장이 있던 자리에 문을 열어서 상인들이 싸고 푸짐하게 먹을 수 있는 음식을 내놓았던 곳으로 코로나 이전에는 24시간 영업했다. 현지인은 물론 관광객들도 즐겨 찾는 곳으로 특히 저녁에 와인 한잔을 하고 밤늦도록 친구들과 떠들고 싶을 때 와인과 안주를 주문할 수 있는 파리에서 흔치 않은 장소다. 추천 메뉴로는 추운 겨울에 좋은 양파 수프를 스타터로 시키고 본식으로 주문할 수 있는 모듬 해산물 요리인 플라토 프뤼 드 메르(Plateau de Fruits de mer), 베르네제 소스를 곁들인 훈제 돼지족발, 바베큐 소스를 바른 돼지 등갈비 중에서 취향껏 고르면 된다.

How to go M4호선 Les Halles역에서 도보 3분
Add 6 rue Coquillère 75001 Paris
Open 매일 08:00~11:00, 11:30~05:00
Price 훈제 돼지족발 €24.50, 후추나 베르네제 소스를 곁들인 샤토브리앙 스테이크 €37.50,
Web www.pieddecochon.com

파리에서 가장 맛있는 피자집 중 한 곳
달마타 피자 Dalmata Pizza

전직 웹 개발자와 전직 약사가 함께 나폴리 베라 피자의 정체성을 넘어 현지보다 더 맛있는 피자 맛을 선사한다. 뉴욕의 타일 상점과 퇴폐적인 거리 네온에서 영감을 받은 도시적인 분위기를 보여주는 인테리어와 가장자리가 통통하게 부풀어 오른 13여 종의 피자 맛은 특별하다. 피오디 라테, 토마토, 페스토와 잣을 섞은 피자 중 자신의 취향에 따라 선택할 수 있다. 입구에 있는 긴 대리석 카운터와 커다란 화덕이 손님을 맞는데 하루 최대 202개의 피자만을 만들며 직원 대부분은 이탈리아인이다. 작가가 추천하는 피자는 리코타, 피오 디 라테 모차렐라 및 신선한 송로버섯을 넣은 블랙 데리리움(Bleak Delirium)이다.

How to go M4호선 Etienne Marcel역에서 도보 2분   Add 4 rue Tiquetonne 75002 Paris
Open 월~금요일 12:00~14:30, 19:00~22:45, 토~일요일 12:30~15:00, 19:00~23:00
Price 피자 €10~24   Web www.gruppodalmata.com

파리 월남 국수계의 왕자로 떠오른 신생 맛집

맘 프롬 하노이 Mam from Hanoï 👍

〈푸디〉를 비롯하여 SNS계에 이르기까지 파리 월
남 국수의 절대 강자로 떠오른 맛집으로 맛에 있
어서는 최고 수준이다. 테라코타 벽과 짙은색 목재
의 깔끔한 실내와 프랑스산 좋은 고기와 세계 챔
피언 쌀 등을 사용하여 만든 엄선된 재료를 사용
하여 가족이 만드는 아담한 식당이다. 베트남 만
두, 넴(NEM)과 국수를 함께 주문하고 디저트로 코
코넛 아이스크림이 들어간 아포가토를 주문하면
금상첨화다. 다만 예약제로 운영하는 데다 테이크
아웃 손님을 제대로 소화하지 못해 서비스가 굉장
히 느리다는 점은 알아두자. 거의 도를 닦는 마음으
로 기다려야 음식이 내 테이블 위에 놓인다는 것은
아쉽다.

How to go M3호선 Sentier역에서 도보 3분
Add 39 rue de Cléry 75002 Paris
Open 월요일 12:00~14:30, 19:00~22:45, 토~일요일 12:00~14:30 19:00~21:30   Price 넴 €7 월남국수 €15.50
Web https://mamfromhanoi.com

편안하게 즐길 수 있는 중국 가정식

프티 바오 Petit Bao

중국식 고기 만두로 이미 여러 지점을 운영 중인 곳. 김이 모락
모락 나게 쪄서 내놓는 만두와 작은 접시에 나오는 여러 음식들
은 가정에서 먹는 편안한 스타일로 서비스된다. 만두를 전식으
로 주문한 다음 새콤달콤한 소스를 곁들인 닭고기, 특제 소스를
넣어 캐러멜라이징한 매콤한 가지볶음을 주문하면 덮밥 형태로
나오는 스페셜 메뉴 중 고르면 된다. 만두는 여러 종류가 있으나
돼지고기와 새우가 들어간 것과 바베큐 소스가 들어간 돼지고기
만두 정도가 무난하다.

How to go M3호선 Sentier역에서 도보 3분
Add 116 rue Saint Denis 75002 Paris
Open 월~금요일 12:00~15:00, 19:00~23:00, 토~일요일 12:00~16:00, 17:00~23:00
Price 만두 €7~, 덮밥 €13.0~   Web http://baofamilly.co

가장 최근에 새롭게 태어난 파리의 역사적인 백화점
사마리탄 파리 Samaritaine Paris

퐁네프 다리 옆에 위치한, LVMH 그룹이 운영하는 백화점으로 1870년에 어니스트 코냑 제라는 사업가가 처음 문을 열었다. 파리시가 안전상의 이유로 영업을 중단시켜 이를 보강하기 위한 16년간의 리노베이션 공사 끝에 2021년 다시 오픈했다. 16,000장의 금박으로 장식된 난간과 270개의 참나무 계단이 주는 웅장함, 100년 전에 만든 에나멜 용암 장식의 아름다움을 만끽할 수 있으며 패션, 향수, 메이크업, 주얼리, 선물 용품들이 즐비한 호화로운 쇼핑 코너, 12개의 크고 작은 푸드 코너, 스파와 트리트먼트룸을 비롯한 다양한 뷰티 코너가 자리하고 있다. 같은 계열사인 봉 마르셰 백화점에 비해 고급 식료품점과 리빙 관련 코너가 없다는 것은 조금 아쉽다.

How to go M7호선 Pont Neuf역에서 도보 3분   Add 9 rue de la monnaie 75001 Paris
Open 매일 10:00~20:00   Web https://www.dfs.com/en/samaritaine

320년 역사를 가진 차 전문점
다만 프레르 Dammann Frères

1692년에 프랑스의 태양왕 루이 14세로부터 프랑스에서의 차 독점권을 받은 다만 씨와, 차와 바닐라의 공급자로 부친의 사업을 이어간 후손들이 세운 회사가 전신이다. 처음 창립한 전통의 차 전문 회사로 일리 그룹이 경영권을 획득하고 2008년에 파리에 첫 매장을 열었고 2011년에 오사카에도 지점을 열었다. 전설적인 얼 그레이부터 자르댕 블루 블렌드와 같은 평범하지만 가성비 좋은 라인도 좋지만 특별한 랍상 소총(Lapsang Souchong) 홍차를 추천한다. 명나라 말기에서 청나라 초기에 중국 푸젠성 우이산 부근에서 만들어진 이 차는 소나무 향과 훈연 향이 강하며 귀한 차로 우리나라에도 알려져 있다.

How to go M1, 4, 7, 11, 14호선 Châtelet역 13번 출구에서 도보 1분
Add 24 avenue Victoria 75001 Paris   Open 월~토요일 10:00~19:30, 일요일 11:00~14:00, 15:00~19:00
Web https://www.dammann.fr/fr/

패션에 집중하여 성공을 거둔 남성 패션 편집 매장

로열 치즈 Royal Cheese

1998년 노르딘과 코리스틴 부부가 처음 문을 연 편집 매장으로 처음에는 에드윈, 꼼데가르송 등 일본 브랜드를 포함해 칩 먼데 이 같은 슬림진 청바지 등 프랑스에 알려지지 않은 브랜드를 소개했다. 가게 이름은 영화 <펄프 픽션>에서 존 트라볼타가 사무엘 잭슨에게 치즈가 들어간 1/4파운드 버거라고 설명한 데서 힌트를 얻었다고 한다. 파리에 운영되는 로열 치즈 매장 중 가장 큰 규모로 이곳 말고도 스케이트 보드 브랜드를 위한 로열 치즈 반스, 미국 및 스칸디나비아 브랜드를 주로 판매하는 마레의 푸아투 거리 매장, 신발 전문인 비에이 뒤 텅플의 매장 등이 있다.

How to go M4호선 Etienne Marcel역에서 도보 3분

Add 22 rue Tiquetonne 75002 Paris

Open 월~토요일 11:00~20:00 Web www.royalcheese.com

파리를 대표하는 향수 전문 편집숍

노즈 Nose

향수 및 뷰티 제품 큐레이터숍으로 500 종류가 넘는 향수와 50개 이상의 디자이너 브랜드, 1,500여 종의 레퍼런스를 갖춘 곳이다. 각자에게 맞는 이상적인 향수를 찾아주는 아이디어로 조향사, 통계학자, 전직 전략 컨설턴트 등 7명의 공동 창업자가 함께 운영 중이다. 향수와 더불어 향초와 디퓨저 등 향과 관련한 다양한 경험이 가능하다.

How to go M3호선 Sentier역에서 도보 4분

Add 20 rue Bachaumont 75002 Paris

Open 월~토요일 11:00~19:30

Web https://noseparis.com

커피에 진심인 사람이라면 놓쳐서는 안 될 곳
카페 파프 Café Pfaff

2017년 프랑스 최고의 에스프레소로 선정된 블렌드를 비롯하여 에티오피아, 온두라스, 컬럼비아,페루, 브라질, 콩코 등 전 세계를 발로 뛰며 선택한 다양한 원두를 직접 로스팅해서 판매한다. 이곳의 원두로 서비스하는 카페(Caféonoman)도 파리 11구에서 운영하지만 이 지점은 원두와 네스프레소용 캡슐, 커피 머신과 각종 도구만을 판매한다. 추천 원두로는 에티오피아 퓨어 알라카, 메이어 에스프레소 드 프랑스 2017 정도가 있다.

How to go M4호선 Les Hallesl역에서 도보 5분
Add 6 rue Sauval 75001 Paris
Open 화~금요일 10:30~13:30, 14:30~19:00, 토요일 10:30~19:00
Web www.cafes-pfaff.com

요리, 제과 관련 모든 조리 도구를 살 수 있는 전문 매장
시몽 파리 A.Simon

1884년부터 프랑스와 해외에 있는 레스토랑과 호텔을 위해 조리 도구를 판매해 온 곳으로 레스토랑 종사자들과 제과 제빵 전문가들이 즐겨 찾는다. 우리나라에도 홈 베이킹 열풍이 불면서 이웃한 모라(Mora, 13 rue Montmartre 75001 Paris)와 함께 많은 사람들이 찾고 있으며 발품을 조금 팔면 구매대행을 통해 구입하는 것보다 월등히 저렴한 가격에 살 수 있다. 주방용품보다 제과, 제빵 전문 용품이 필요한 사람은 근처에 있는 모라(월~금요일 09:45~18:30, 토요일 10:00~18:30)라는 곳을 추천한다.

How to go M4호선 Les Hallesl역에서 9번 출구로 나와 도보 5분
Add 48 Montmartre 75002 Paris   Open 월~금요일 09:00~19:00, 토요일 10:00~19:00
Web https://www.instagram.com/a.simon_1884/?hl=fr

파리 한인 슈퍼마켓 Ace Mart Vs K-Mart

에어비앤비나 취사 가능한 아파트형 숙소에 묵는 한국인이 한국 식재료를 유용하게 구할 수 있는 파리 대표 한인 마켓이다. 이미 파리에도 여러 지점을 두고 있는 에이스 마트는 최근에 루브르 지점을 열었고 케이마트는 이와 경쟁하듯 피라미드 지점을 운영한다. 두 곳 다 가장 최근에 만들어져 타 지점에 비해 분위기가 깔끔하고 시내 중심이라 접근성이 좋고 제품 진열도 잘 되어 있어 편리하다. 한국인에게 인기 있는 라면, 햇반, 만두와 같은 간편식 외에도 간단히 식사 대용으로 즐길 수 있는 즉석 김밥과 핫도그는 물론 모든 재료가 준비된 부대찌개나 육개장 등도 판매한다.

Ace Mart Louvre

How to go M1호선 Louvre Rivoli역에서 도보 1분   Add 3 rue du Louvre 75001 Paris   Open 매일 10:00~21:00

K-Mart

How to go M7, 14호선 Pyramides역에서 도보 3분   Add 4-8 rue Sainte Anne 75001 Paris   Open 매일 10:00~21:00

AREA 3

마레 지역
Marais

센강 우측에 자리한 마레 지역은 파리 3, 4구 대부분의 지역을 아우른다. 과거 늪이 있던 지역으로 '늪지대'를 뜻하는 '마레'라는 이름을 얻게 되었다. 16~17세기에 부호들의 대저택이 잇따라 들어섰으나 포부르 생토노레와 생제르맹을 선호하는 엘리트들이 떠나고 프랑스 대혁명이 발발하면서 부유층이 사라졌다. 이 자리를 장인과 노동자들이 채우며 버려지다시피 했다. 1960년대 문화부 장관으로 부임한 앙드레 말로가 이 지역을 대대적으로 개발하면서 다시 활기를 띠기 시작했으며 피카소 미술관, 빅토르위고 박물관, 보주 광장, 카르나발레 박물관과 같은 볼거리는 전 세계 여행객들의 사랑을 받고 있다. 그 밖에도 유명 작가들의 작품을 전시하는 갤러리, 파리 멋쟁이들이즐겨 찾는 패션 및 소품 브랜드 숍과 메르시를 비롯한 편집숍들이 모여들면서 힙스터들의 놀이터로 주목받고 있다.

소요 시간 하루

만족도
문화 ★★★
쇼핑 ★★★
음식 ★★
휴식 ★★

출발

메트로 8호선 Saint-Sébastien-Froissart 역이나 메트로 1, 5, 8호선 Bastille역에 내려 걷는 것이 가장 좋다

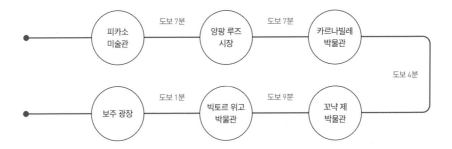

주의 사항

- 종일 걸어야 하므로 옷차림은 간편하게, 신발은 가벼운 것으로 착용한다.
- 쇼핑 중 특히 결재 시 지갑 및 소지품 관리에 주의하도록 하자.
- 피카소 미술관은 가급적 사전 예약하고 오전에 들르면 좋다.

하이라이트

- 작지만 알찬 피카소 미술관 꼼꼼히 살펴보기
- 앙팡 루즈 시장에서 거리 음식으로 점심 해결
- 파리 역사를 한눈에 볼 수 있는 카르나발레 박물관에서 역사적인 유물 탐방
- 스웨덴 문화원 카페에서 티타임
- 편집 매장, 메르시에서 기념품 및 지인들 선물 쇼핑
- 화이트 커피, 더 커피 등 예쁜 카페에서 사진 한 컷
- 아름다운 보주 광장과 마레 골목길에서 연예인 화보 촬영을 따라 해 보기

주요 쇼핑 스폿

- 메르시
- 도버 스트리트 퍼퓸 마켓
- 에타 리브르 오랑주
- 오피신 유니베셀 불리
- 모리스 파브르
- 브로큰 암

177

전 세계 피카소 미술관 중 최대 컬렉션을 자랑하는 곳

피카소 미술관 Musée National Picasso-Paris ★★★

17세기 중반에 지어진 고택을 프랑스 현대 건축가 롤랑 시무네가 개조하여 1985년에 문을 연 국립 미술관이다. 과거 소금세를 징수하던 관리가 살던 저택이어서 호텔 살레로 불렸던 이곳은 이후 대사관과 학교 건물 등으로 사용되다가 19세기 중반 파리시가 매입했다. 사회주의를 신봉했던 피카소는 프랑코의 독재하에 있던 스페인으로 돌아가지 않고 파리 시민으로서 많은 작품을 남겼다. 생전에 4만여 점의 작품을 남겼다는 피카소가 죽고 나서 세금을 미술품으로 납부하는 대물 변제 제도를 통해 상속인들이 다수의 피카소 작품을 기증했고 거기에 미술관의 자금을 보태어 구입한 작품을 한데 모아 1962년에 미술관을 열었다. 피카소는 스스로 자기 작품을 가장 많이 갖고 있는 사람은 자신이라 말하고 다닐 만큼 많은 작품을 소유했었다. 본인의 작품 말고도 세잔, 드가, 루소, 쇠라, 마티스 등의 창작품도 소장했기에 피카소 미술관에서는 다른 유명 작가들의 작품도 만나볼 수 있다. 파리 피카소 미술관은 피카소의 출생지인 말라가를 비롯해 전 세계에 있는 피카소 미술관 중 가장 많은 작품을 소유하고 있는 것으로 유명하다. 박물관 내에 전시되는 297점의 회화, 368점의 조각 및 3D 작품, 108점의 도자기 등 5천여 점의 작품 중 고른 것들로 작품과 자필 원고는 전 세계에서 유일하게 시대별로 그의 작품 변천 과정을 살펴볼 수 있다. 2023년에는 패션 디자이너 폴 스미스가 공간을 기획하면서 특별 전시가 열려 전 세계 여행자들을 끌어모았다.

How to go M8호선 Saint-Sébastien-Froissart역에서 도보 7분   Add 5 Rue de Thorigny 75003 Paris

Open 화~금요일 10:30~18:00, 토~일요일 09:30~18:00   Day off 월요일

Price 일반 €14 *매월 첫 번째 일요일 무료   Web www.museepicassoparis.fr

피카소 미술관에서 놓쳐서는 안 될 주요 작품

청색 시대

`1901~1904`

피카소가 파리와 바르셀로나를 오가던 시기로 절친이었던 카를로스 카사헤마스가 자살하면서 정신적 충격을 받는 등 인간적으로 어려운 시기였다. 내면의 불안과 고통을 바탕으로 알코올중독자, 성매매 여성과 같은 극빈층 사람들을 화폭에 담았다.

대표작 〈자화상〉, 1901

장미 시대

`1904~1906`

1904년 몽마르트르에 정착한 피카소는 보헤미안 문화의 영향을 받았다. 그를 후원한 미국인 컬렉터, 거트루드 스타인의 영향으로 유래하고 따뜻한 색조를 사용했다. 어린이, 동물, 연인, 서커스와 피에로, 곡예사 등을 생동감 있게 표현했다.

대표작 〈자화상〉, 1906

아프리카 영향기

`1907~1909`

아프리카 미술과 공예품을 처음 접한 이후 피카소는 추상적이고 기하학적인 형태, 길쭉한 얼굴과 과장된 특징을 사용하는 아프리카 조각에 매료되었다. 큐비즘의 선구자 격인 〈아비뇽의 처녀들〉이 대표작인데, 이는 여성 누드화에서 전통적으로 사용했던 부드러움과 섬세함 대신 거친 각도와 평면으로 변환된 모습을 담으면서 비평가들로부터 외면을 받기도 했으나 20세기 가장 중요한 예술 활동 중 하나인 큐비즘이 탄생했다.

대표작 〈아비뇽의 처녀들〉, 1907

입체파 시대

1909~1917

1907년에 시작된 큐비스트 시대에는 조르주 브라크와 함께 형태, 공간, 색채의 기본 요소들을 해체하고 분석하여 추상적인 재구성을 시도한다. 소재 면에서도 신문, 벽지와 다른 재료를 통합하는 등 혁신적인 접근이 시도된다.

대표작 〈만돌린을 든 남자〉, 〈화가와 모델〉, 〈L'homme à la cheminée〉

. . . .

신고전주의와 초현실주의

1920~1930

1920년대에 피카소는 고전적인 형태와 주제에 초점을 맞추면서 신고전주의 시대의 시작을 알린다. 이 시기 그의 작품에서는 균형, 명확성, 질서가 강조된다. 1930년대에 접어들면서 초현실주의 운동의 영향을 받아 왜곡되고 환상적인 이미지와 모호함을 특징으로 하는 몽환적인 작품을 발표하는데, 그중 하나가 스페인 내전의 참상을 그린 1937년 작 〈게르니카〉이다.

대표작 〈Paul en arlequin〉, 〈Deux femmes courant sur la plage〉, 〈Portrait de Dora Maar〉, 〈Portrait d'Olga dans un fauteuil〉, 〈L'Acrobate〉, 〈La flute de Pan〉, 〈Le Baiser〉, 〈Nu sur fond blanc〉, 〈Joueurs de ballon sur la plage〉, 〈Grand nu au fauteuil rouge〉

. . . .

제2차 세계대전 이후

1940~1973

지중해적 시기로 언급되는 이 시기에 피카소는 그림, 조각, 판화를 포함한 다양한 작업을 이어 나갔고 한국전쟁의 참혹성을 고발한 〈한국에서의 학살〉을 그렸다. 후기 작품들은 신화와 고전적인 주제, 개인적인 경험과 기억을 중점에 두었지만, 그의 창조 정신은 마지막까지 활발하게 불탔다.

대표작 〈Le Baiser〉 〈L'homme au mouton〉 〈L'ateoier de la californie〉

파리에서 가장 오래된 노천 시장

앙팡 루즈 시장 Marché couvert des enfants rouges

1615년에 처음 문을 연 파리에서 가장 오래된 지붕이 있는 상설 시장
이다. 파리 사람들이 일상적으로 들르는 곳으로 신선한 과일과 채소,
치즈, 꽃 등을 판매하는 가판대가 흥미롭다. 일본, 이탈리아, 모로코,
프랑스, 아프리카 등 다양한 국가와 대륙의 요리를 맛볼 수 있는 포장
마차 스타일의 푸드코트도 인상적이다. 오전에 피카소 박물관 관람
을 마치거나 마레 지역을 걷다 출출해질 때쯤 구경 삼아 들러 끼니를
때우기에 좋은 곳이다. 일본식 벤토를 가볍게 먹을 수 있는 셰 타에코
(Chez Taeko), 쿠스쿠스나 양꼬치 등의 모로코 가정식을 즐길 수 있
는 트레푀르 마로캥(Le Traiteur Marocain)을 추천한다.

How to go M8호선 Filles du Calvaire역에서 도보 6분

Add 39 Rue de Bretagne 75003 Paris

Open 화~수, 금~토 08:30~20:30, 일요일 08:30~17:00

Day off 월요일   Web www.paris.fr/lieux/marche-couvert-des-
enfants-rouges-5461

포토 저널리즘의 선구자, 브레송에 헌정된 박물관

앙리 까르띠에브레송 재단 Fondation Henri Cartier-Bresson

프랑스를 대표하는 사진작가 앙리 까르띠에브레송의 업적을 기리기
위해 그의 아내가 세운 재단이다. 브레송의 사진과 특별전을 볼 수 있
어 사진 애호가들이 즐겨 찾는다. 면사 공장으로 막대한 부를 축적한
집안에서 5남매 중 맏이로 태어난 브레송은 어린 시절부터 탁월한 예
술적 재능을 드러냈다. 1933년부터 전업 사진작가가 되었다. 제2차
세계대전 시기 종군 사진작가로 활동하다 독일군 포로가 되었고, 수
용소를 탈출한 후 포토저널리즘에 집중하기 시작했다. 서방 사진작가
로는 최초로 소련을 방문했으며 중국과 쿠바 등을 촬영하면서 로버트
카파가 세운 매그넘 포토스의 수장이 되었다가 상업성을 띤 매체와 결별했다. 1948년에 마하트마 간디를 만나고 헤어진
지 1시간 만에 간디가 암살되는 사건을 겪으며 더욱 유명해졌다. 1952년 《결정적 순간》이라는 사진집을 냈다. 사진이 한
순간에 영원을 포착할 수 있음을 깨달은 그의 작품을 기억하는 이들을 위해 아내이자 매그넘 사진 기자였던 마틴 프랑크
가 재단을 세웠다. 2003년에 설립된 이 재단은 앙리 까르띠에의 작품뿐 아니라 사진 아카이브와 문서, 원본 인쇄물, 밀착
인화지, 희귀 서적, 출판물은 물론 앙리 까르띠에 상을 받은 작가들이나 설립자와 같은 결을 가진 전현직 사진작가들의
작품을 전시한다.

How to go M8호선 Filles du Calvaire역에서 도보 9분   Add 79 Rue des Archives 75003 Paris

Open 화~일요일 11:00~19:00   Day off 월요일   Price 일반 €10, 만 65세 이상·만 25세 이하 €6

Web www.henricartierbresson.org

파리에서 가장 오랜 역사를 자랑하는 박물관 중 하나

카르나발레 박물관 Musée Carnavalet-Histoire de Paris ★★

태양왕 루이 14세의 대형 조각상이 관람객을 맞이하는 이곳
은 62만여 점의 소장품 중 파리와 관련된 유물이 많아 '파리
역사박물관'으로도 불린다. 1880년에 자크 데 리네리 공의 대
저택 터에 르네상스 양식으로 처음 지어졌으며 이후 1989년
카르나발레 호텔과 르 펠레티에 드 생 파르고 호텔 두 개를 시
의회에서 매입하여 리노베이션 후 재개관했다. 고대부터 로마
시대, 중세 시대, 프랑스 대혁명 시기를 거쳐 오늘에 이르기까
지 파리의 다양한 변천 과정과 역사적인 순간 등을 기록하는
데 가치 있는 2,500여 점의 회화, 2만 점의 그림, 30만 점의 판
화, 800점의 가구, 2천 점의 조각 등이 볼만하다. 1789년 바스티유 습격 사건의 모습과 지금은 사라진 바스티유 감옥의
모형, 앙투아네트의 처형 장면 등을 그린 그림, 루이 15세의 응접실, 나폴레옹 3세의 요람, 《잃어버린 시간을 찾아》를 집
필한 마르셀 프루스트의 침대와 그가 쓴 원고들, 프랑스 혁명의 시발점이 된 바스티유 습격 사건을 그린 기록화가 주요
볼거리로 꼽힌다.

How to go M1호선 Saint Paul역에서 도보 5분   Add 23 rue de Sévigné 75003 Paris
Open 화~일요일 10:00~18:00(17:45까지 입장 가능)   Price 무료   Web www.carnavalet.paris.fr

아담한 공간 안에 빛나는 미술품과 오브제들

꼬냑 제 박물관 Musée Cognacq-jay ★

타임머신을 타고 과거로 돌아간 듯한 느낌을 주는 장소로 16세기 저택인 호텔 드 도농
에 자리한다. 지금은 LVMH 그룹에 매각된 사마리탄 백화점의 창립자 에르네스트 꼬냑
(Ernest Cognacq)과 마리루이즈 제이(Marie Louise Jay) 부부가 1900년에서 1927년
사이에 수집한 1,200여 점의 미술품과 가구, 장식품을 볼 수 있는 아담한 박물관이다.
두 부부는 골동품 상인과 미술사학자의 도움을 받아 이들을 수집했으며 파리시에 기증
했고 파리시는 크리스티앙 라크루아에게 전권을 위임하여 리모델링을 맡겨 2015년에
새롭게 태어났다. 세브르 메뉴펙처에서 생산된 세라믹, 프라고나르의 갈랑트 그림 등이
유명하다.

How to go Access M1호선 Saint Paul역에서 도보 7분   Add 8 rue Elzévir 75003 Paris
Open 화~일요일 10:00~18:000(17:45까지 입장 가능)   Day off 월요일, 5/1, 7/1, 12/25   Price 무료
Web www.museecognacqjay.paris.fr

마레 중심에 자리 잡은 북유럽 문화원
스웨덴 문화원 Institut suédois

1971년에 마레 지역에 문을 연 스웨덴의 유일한 해외 문화 센터다. 프랑스 주재 스웨덴 대사관에서 일했던 미술사학자의 권유로 스웨덴 정부가 건물을 매입했다. 스웨덴 아티스트들의 전시회, 콘서트, 영화 상영과 연극, 토론이 펼쳐진다. 1층의 야외 카페에서는 한적한 분위기에서 식사나 음료를 즐길 수 있으며 스웨덴 음식도 맛볼 수 있다.

How to go Access M1호선 Palais Saint Paul역에서 도보 6분
Add 11 rue Payenne 75003 Paris
Open 수~일요일 12:00~18:00
Day off 월~화요일
Price 무료
Web https://paris.si.se

아름다운 건물에 사방이 둘러싸인 아름다운 광장
보주 광장 Place des Vosges ★

마레 지구와 바스티유 광장을 이어주는 파리에서 가장 잘 보존된 광장이다. 1612년 성대한 불꽃놀이와 함께 개장한 후 수많은 유명 인사들이 소박한 나무로 꾸민 중앙 정원이 내려다보이는 빨간 벽돌로 된 집에서 살았다. 광장이 들어서기 전 이 자리에는 팔레 드 투르넬이라는 왕실 궁전이 있었다. 카트린 드 메디치는 1559년 남편 앙리 2세가 이 광장에서 열린 마상 시합에서 몽고메리 장군에게 눈을 찔려 죽자 이곳을 떠나며 궁전을 파괴했다. 파리 역사상 최초의 계획된 개발 사례인 뾰족한 지붕을 올린 이들 36채의 도시 저택이 왕가의 광장으로 불리던 이곳을 병풍처럼 둘러싸고 있다. 공주, 리슐리외 추기경, 쉴리 백작, 빅토르 위고, 테오필 고티에, 프랜시스 베이컨, 리처드 로저스 등이 살았으며 고급 상점과 미술관들이 아케이드를 메우고 있다. 광장 중앙에는 루이 13세의 동상이 서 있고 4개의 분수와 잔디밭에서 한가로이 산책을 즐기는 파리지엔들의 모습을 볼 수 있다. 프랑스를 대표하는 대문호인 빅토르 위고와 리슐리외 추기경이 과거 여기에서 살았으며 뉴욕 호텔에서 여성과 관련한 스캔들로 IMF 총재 자리를 박탈당한 스트로스 칸도 여기에 살았다. 지금 이 건물들에는 미슐랭 3스타 레스토랑인 앙브와지에를 비롯한 카페와 레스토랑들이 들어섰으며 빅토르 위고가 살던 저택은 박물관으로 운영된다.

How to go Access M1호선 Saint Paul역에서 도보 7분   Add 3Place des Vosges

장발장의 작가가 집필하던 작업실이 박물관으로 변신

빅토르 위고 박물관 Maison Victor Hugo ★★

우리에게는 장발장으로 유명한 《레 미제라블》,《노트르담의 꼽추》를 집필한 세계적인 대문호, 빅토르 위고가 대저택의 2층을 임대하여 1832년부터 1848년까지 16년 동안 부인과 함께 머물던 집이 박물관이 되었다. 혁명군이 밀려오자 1851년 12월 나폴레옹 3세가 쿠데타를 일으켜 제정을 선언했고 반정부 인사로 찍힌 위고는 벨기에로 피신했다. 초등학교 편의시설로 이용되기도 하다가 1903년 위고의 탄생 100주년을 기념하기 위해 그와 관련한 자료와 유물을 수집했던 극작가, 폴 뫼리스의 소장품과 위고의 유품을 기증받아 박물관으로 개관했다. 보주 광장이 한눈에 내려다보이는 창가에 앉아 집필하는 위고의 모습이 눈앞에 보일 듯 지난 세월의 흔적을 고스란히 간직한 박물관 내부가 따스한 느낌을 준다. 《레 미제라블》을 집필했던 레드 라운지로 불리던 방과 아시아 미술품을 주로 수입했던 독일인 지그프리드 빙의 도움으로 꾸며진 중국 라운지를 비롯하여 위고의 일생을 살펴볼 수 있는 가구와 오브제들이 유년기, 청년기, 망명 시절, 망명 이후, 위고가 죽기 전까지 삶을 따라가며 전시되는 7개의 방에는 초상화, 문서, 삽화뿐 아니라 그가 생전에 사용하던 물건들도 그대로 보여준다. 뮤지컬과 영화화된 작품의 포스터들도 눈길을 끈다. 그는 소설가로 알려져 있지만 그림도 잘 그리는 예술가여서 그가 그린 소묘 작품도 볼 수 있다. 평소 그와 친분을 가졌던 작가 고티에, 조각가 오노레 드 발자크, 음악가 프란츠 리스트와 같은 유명한 예술가들과 정치인들이 드나들던 사교의 장소로도 이용되었다. 박물관에서 내려다보이는 아름다운 보주 광장의 모습을 놓치지 말자.

How to go M1호선 Saint Paul역 7번 출구에서 도보 7분   Add 6 Pl. des Vosges 75004 Paris
Open 10:00~18:00   Day off 월요일   Price 무료
Web www.maisonsvictorhugo.paris.fr

오롯이 차에 집중할 수 있는 특별한 살롱 드 테

오가타 Ogata 👍

일본의 현대 미학가이자 디자이너인 오가타 신이치로가 디자인
한 공간으로 일본의 생활 예술을 숍, 레스토랑, 전시관, 다도 문
화 체험관 등에서 직접 경험할 수 있다. 눈으로 확인하고 맛을
보며 향을 느낄 수 있는 정제되고 미니멀한 공간으로 바깥세상
과는 완전히 단절된 특별한 경험을 할 수 있는 곳이다. 지하에
있는 살롱 드 테 Sabo에서는 최고 품질의 제철 차를 맛볼 수 있
는데 고요함 속에서 다가오는 특별한 차와 나의 만남은 오롯이
차에 몰입하게 만든다. 살롱 드 테는 인터넷을 통해 미리 예약할
것을 권한다.

How to go M8호선 Saint Sébastien Froissart역에서 도보 5분
Add 16 rue Debelleyme 75003 Paris
Open 살롱 드 테 11:00~17:00, 일본식 브런치 토요일 11:00~14:00
Price 살롱 드 테 €35~, 브런치 €65~ Web https://ogata.com

저소득층 여성을 돕기 위해 시작된 공익 기업에서 운영

아라쿠 카페 Araku café

1999년 아라쿠 고원인 동부 가츠 지역 공동체에 사회 및
공중 보건 프로젝트를 위해 방문했던 난디 재단이 영국
의 지배에 넘어가 포기했던 이 지역의 커피 재배를 다시
독려함으로써 어린 소녀들이 교육을 받을 수 있는 자원
을 마련하기 위해 운영하는 곳이다. 유기농 아라비카 커
피 재배와 바이오다이나믹 커피를 소개하면서 100만 그
루의 커피나무를 심은 이 단체는 6가지의 다른 테루아를
가진 40개 시점 마을의 커피를 분석하여 고유의 향을 지
닌 유기농 아라비카 커피 6종을 탄생시켰다. 이렇게 생산
된 커피를 즐길 수 있는 카페와 이를 구입할 수 있는 마레
의 숍을 2017년부터 운영하고 있다. 여기의 커피는 대부
분 인도산이어서 우리에게 생소하지만 커피 협회가 평가
한 기준 점수 90점 이상의 것들이니 안심하고 구입해도 된다.

How to go M8호선 Saint Sébastien Froissart역 1번 출구에서 도보 5분   Add 14 rue de bretagne 75003 Paris
Open 매일 09:00~19:00   Price €15   Web www.arakucoffee.com

비밀의 정원에서 즐기는 디저트
봉탕 Bontemps

마레는 깔끔하고 세련되게 차려진 커피숍이 대부분이지만 여기는 사람 냄새 나는 앤티크 도자기와 오래된 바닥의 타일, 오팔린 펜던트 조명이 있으며 계절에 따라 제철 재료를 사용한 케이크와 매번 바뀌는 꽃다발의 향기로 가득한 특별한 장소다. 색소를 사용하지 않는 케이크는 피에몬테산 헤이즐넛, 마다가스카르산 버번 바닐라, 터키산 피스타치오 등 좋은 재료로 만들어지며 꽃소금의 짭짤함과 약간의 달콤함이 어우러져 단짠의 맛을 보여주는 쇼트브레드, 가나슈를 얹은 계절 타르트 등이 유명하다. 일요일 브런치를 느긋하게 즐기기에 좋은 비밀의 정원이라는 테라스 레스토랑을 함께 운영하니 특별한 차와 제철 페이스트리를 즐기거나 야생 허브를 곁들인 양고기 콩피 등의 식사를 즐기려면 반드시 들러보자.

How to go M8호선 Saint Sébastien Froissart역 1번 출구에서 도보 9분
Add 57 rue de bretagne 75003 Paris
Open 베이커리 수~금요일 09:00~14:00, 14:30~19:00, 토요일 10:30~19:00, 일요일 10:30~14:00, 14:40~18:00
레스토랑 수~금요일 12:00~18:00, 토요일 12:00~18:30, 일요일 11:45~18:00
Price €15
Web https://bontemps.paris

희귀한 커피를 즐길 수 있는 특별한 장소
카와 Kawa

생산자와의 직거래 원칙을 고수하는 공정 카페로 게이샤, 수단 루메, 부르봉 로즈&시드라와 같은 희귀 품종을 포함하여 2주마다 새로운 원두를 내놓는다. 커피마다 고유한 스토리가 있고 커피 재배 파트너와의 공공 무역을 통해 얻는 원두를 즐길 수 있게 하는 것이 이 카페의 기본 철학이다. 추천 원두로는 파나마 게이샤 아부 롯 #1935, 콜롬비아 네스토 라소 등이 있다.

How to go M8호선 Saint Sébastien Froissart역 1번 출구에서 도보 8분 Add 96 rue des archives 75003 Paris Open 수~토요일 08:30~19:00 Price €15 Web https://kawa.coffee/

지금 파리에서 가장 핫한 카페 중 하나

더 커피 The Coffee 👍

세계에서 테이크아웃 카페가 가장 많은 도쿄에서 생활했던 브라질인 알렉산드라, 카를로스, 루이스 페르토나니 세 사람이 모여 콤팩트하고 미니멀하며 완벽한 품질의 커피를 제공하는 카페를 파리에 세우기로 하고 마레 지역에 처음 문을 연 이후 7개의 지점을 잇달아 오픈했다. 단순한 커피 음료에 다양한 변화를 주어 블랙 진저, 퓨어 블랙과 같은 이름을 부여하였고 디자이너가 참여하여 에지 있는 굿즈까지 만들어 단순히 커피를 소비하는 장소가 아니라 하나의 새로운 문화를 만들어가고 있는 카페다. 커피 주문부터 아이패드로 정교하게 프로그래밍된 테크놀로지와 기능적인 그래픽의 편리함을 시스템화했다.

How to go M3호선 Arts et métiers역 4번 출구에서 도보 3분
Add 40 rue des Gravilliers 75003 Paris   Open 월~금요일 07:30~19:00, 토요일 09:30~19:00
Price €15   Web https://thecoffee.jp

포토그래퍼가 운영하는 사진 카페

프랑주 Fringe

싱글 오리진 스페셜티 커피와 차, 초콜릿을 간단한 건강식과 함께 제공하는 에스프레소 바 겸 사진 전시 공간으로 포토그래퍼가 운영한다. 엄선된 사진작가의 작품을 지속적으로 업데이트하며 많은 사진집과 잡지를 보유 중이다. 바나나 초콜릿 케이크, 케피 롤케이크 등의 수제 케이크와 차이라테, 플랫화이트 투 샷 등을 추천한다.

How to go M8호선 Saint Sébastien Froissart역 1번 출구에서 도보 4분
Add 106 rue de Turenne 75003 Paris
Open 월~금요일 08:30~16:00, 토~일요일 10:00~17:00
Price €15
Web www.fringecoffeeparis.com

귀여운 펠리컨 마스코트와 개성 넘치는 원두 이름
옐로 투칸 Yellow tucan

보주 광장과 바스티유 사이에 자리 잡은 카페로 유기농 커피와 맛있는 페이스트리, 품질 좋은 압착 주스를 제공한다. 100% 아라비카 스페셜티 커피는 유기농 인증을 받은 것을 주로 사용하며 이들은 바리스타가 엄선한 협동조합에서 손으로 수확되는 것이다. 프랑스에서 장인 정신으로 진행되는 로스팅을 통해 최상의 맛을 추출하여 품질 및 신선도, 향이라는 커피 전체의 특성과 정체성을 느낄 수 있게 해주는 것으로 유명하다. 레몬 케이크와 바나나 브레드, 필터 V60 커피를 추천한다.

How to go M8호선 Filles du Calvaire역 8번 출구에서 도보 4분
Add 20 rue des Tournelles 75004 Paris
Open 월~금요일 08:30~17:30, 토~일요일 09:00~18:00
Price €15   Web www.yellowtucan.com

이탈리아 형제가 만드는 세련된 베이커리
브리가 Briga

이탈리아의 작은 마을 브리가타 출신의 루시오와 토마스 형제가 운영하는 페이스트리 바. 보주 광장 근처에 위치한 예쁜 베이커리. 감동적이며 섬세한 작은 케이크들은 바바, 땅콩과 패션프루트 타르트, 호두와 포도 등의 조합으로 만들어지며 프리젠테이션 만치의 맛 또한 훌륭해서 동네 사람들에게 사랑받는 장소로 자리 잡았다.

How to go M8호선 Chemin vert역 1번 출구에서 도보 4분
Add 6 rue du Pas de la Mule 75003 Paris
Open 월~금요일 07:30~20:00, 토~일요일 08:00~20:00
Web https://brigat.paris

월드 베스트 파티시에가 운영

미쉘락 Michalak

런던 힐튼을 시작으로 니스의 네그레스코, 파리의 포숑, 뉴욕의 피에르 에르메, 파리의 라 뒤레와 플라자 아테네 호텔에서 셰프 파티시에까지 역임했던 크리스토프 미쉘 락은 이미 2005년 월드 베스트 파티시에의 영예를 안은 유명 인사다. 파리 국립 미술학교에 낙방한 이후 페이스 트리에 빠져들었으며 그의 창의적인 열정과 노력의 결 과물은 뻔한 파리 디저트계를 발칵 뒤집어놓을 정도로 기발하고 혁신적인 것들이다.

How to go M11호선 Hotel de ville역 5번 출구에서 도보 4분
Add 16 rue de la Verrerie 75004 Paris
Open 매일 11:00~19:00 Web www.christophemichalak.com

대만 파티시에의 섬세함이 느껴지는 베이커리

프티트 일 Petite Ile

노출된 오래된 벽, 나무로 된 카운터가 미니멀하고 따뜻 한 분위기를 전달한다. 마레에서 조용히 인기를 얻고 있 는 빵집으로 파리의 유명 요리, 제과학교 에콜 페랑디를 졸업한 치 야 왕과 산업 디자이너 출신의 포 후안 창이라 는 두 사람의 대만 파티시에가 운영한다. 작은 규모지만 페이스트리와 바게트, 약간의 샌드위치, 거기에 대만의 정체성을 담은 견과류와 용안을 곁들인 빵과 대만 빵이 함께 소개된다. 아마 씨와 참깨를 곁들인 크루아상, 고구 마 크림빵, 과일 브리오슈는 발효를 통해 만들어지는데 다른 곳에서는 흔히 팔지 않으니 맛볼 것을 권한다.

How to go M8호선 Filles du Calvaire역 1번 출구에서 도보 3분
Add 8 rue des Filles du Calvaire 75003 Paris
Open 수~토요일 08:00~18:00, 일요일 09:00~14 :30

체코에서 즐기던 맛 그대로

알마 더 심네 케이크 팩토리 Alma the chimney cake factory

이곳에서 파는 빵은 긴 원통형 모양에 중심이 비어 있는
것이 굴뚝을 닮았다고 해서 '굴뚝빵'으로도 불린다. 우리
네 호떡처럼 체코의 길거리 어디서나 맛볼 수 있는 인기
빵으로, 반죽을 발효시킨 후 긴 막대 모양으로 말아 설탕
과 계핏가루를 뿌리고 굴리면서 구워내는데 파리에서는
유일하게 이곳에서 만나볼 수 있으며 차이나 핫초콜릿,
필터 커피 등과 함께 즐길 수 있다. 복층으로 된 테이블
구조도 특이하다.

How to go M8호선 Saint Sébastien Froissart역에서 도
보 6분

Add 59 Bd Beaumarchais 75003 Paris

Open 수~일요일 08:00~18:00

Price 아침 메뉴 €7~, 커피 €2.2~, 심네 핫도그 €7

Web www.almathechimneycakefactory.com

시리아 파티시에가 내놓는 개성 있는 디저트

알레프 Aleph

시리아 알레포에서 10년 동안 자란 미리암 사베트가 인공색소,
향료, 방부제 없는 빵을 만드는 마레의 페이스트리 및 식료품점
으로 2017년에 오픈했다. 노르망디 지역의 크림, AOP 샤랑트
버터, 아말피 레몬, 다마스커스 로즈, 이란산 피스타치오 등 양
질의 재료를 가지고 파티시에인 미리암 사베트가 만든다. 바삭
한 원형의 엔젤 헤어(카다이프)는 정제 버터를 넣어 모양을 만든
다음 과일 콩피와 휘핑 크림을 넣어 마무리한다. 페이스트리 자
격증을 취득하여 우수한 프랑스 베이커리의 기술을 배우고 거
기에 시리아 전문가의 기술을 더해 지금의 맛을 완성했다.

How to go M1호선 Hôtel de ville역 5번 출구에서 도보 4분

Add 20 rue de la Verrerie 75003 Paris

Open 월~금요일 11:00~20:00, 토~일요일 10:00~20:00

Price €15

Web www.maisonaleph.com

한입에 쏙 들어가는 다양한 슈

포펠리니 Popelini

16세기 슈 페이스트리의 창시자로 알려진 카트린 드
메디치 여왕이 이탈리아에서 프랑스로 시집오면서 데
려온 이탈리아 태생 요리사의 이름에서 상호명을 땄다.
피스타치오, 바닐라, 커피, 가염 버터 캐러멜, 레몬, 다
크 초콜릿, 프랄린을 포함한 11가지의 슈크림을 즐길
수 있다. 홈런볼과 비슷하다고 생각할 수 있지만 밀도

가 높고 크기가 작아 여러 가지 맛을 즐겨도 배부르지 않아 계속 먹게 되는 것이 흠이라면 흠이다.

How to go M8호선 Filles du Calvaire역 5번 출구에서 도보 4분

Add 29 rue Debelleyme 75003 Paris

Open 월~금요일 11:00~19:30, 토요일 11:00~19:30, 일요일 10:00~18:00

Web https://www.instagram.com/popeliniofficiel/?hl=fr

마레 중심에 있는 마음이 따뜻해지는 프렌치 가정식

셰 네네스 Chez Nenesse 👍

미슐랭 스타 레스토랑에서 경력을 쌓던 셰프가 파인 다이닝의 세계 대신 보다 많은 사람에게 저렴하고 푸짐한 음식을 나누기 위한 가게를 열었다. 마요네즈를 얹은 계란, 상큼한 사과를 곁들인 청어 등의 가벼운 전식에 송아지 고기 조림, 녹두를 으깨 사이드 디시로 함께 나오는 스테이크 등의 요리는 할머니가 만들어 주실 법한 프랑스 가정식 요리다. 크렘 캐러멜 역시 수제로 선보인다. 예약을 받지 않으므로 문 여는 시간 전에 가게 문 앞에서 기다려야 한다.

How to go M8호선 Saint Sébastien Froissart역 1번 출구에서 도보 6분
Add 17 rue de Saintonge 75003 Paris
Open 월~금요일 12:00~14:15, 20:00~22:15
Price €20
Web https://www.instagram.com/popeliniofficiel/?hl=fr

언제나 활기 넘치는 이탈리안 레스토랑

빅 러브 Big Love

커다란 유리문이 세상과 레스토랑을 연결해 주는 곳으로 지금은 프랑스를 넘어 유럽으로 확장 중인 이탈리안 레스토랑 전문, 빅마마 그룹의 패밀리다. 생산자가 직접 만든 제철 농산물과 넉넉한 양이 담겨 나오는 접시에 담긴 음식들, 벽면을 가득 메우고 있는 향신료와 소스, 곡물이 나폴리의 식료품점을 방문한 듯한 느낌을 준다. 이탈리아에서 공수한 재료를 사용하고 장작불에 구운 글루텐프리 피자와 다양한 전채 요리를 스프릿츠와 함께 맛볼 수 있으며 주말 브런치도 유명하다.

How to go M8호선 Filles du Calvaire역 1번 출구에서 도보 5분
Add 30 rue Debelleyme 75003 Paris
Open 매일 12:00~14:30, 18:45~22:45 *브런치 토~일요일 11:00~15:30
Price €20
Web https://www.bigmammagroup.com/fr/trattorias/biglove

쇼핑하다 출출해지면 가볍게 즐기는 일본 가정식

셰 타에코 Chez Taeko

파리에서 가장 오래된 노천 시장으로 기록된 마르셰 앙팡 루즈
(Marché Enfants rouges)에서 오랫동안 터줏대감처럼 잘 버텨온
곳이다. 규모는 작지만 우리나라 광장시장처럼 캐주얼한 분위기에
서 호박과 새우 고로케, 고등어 조림, 가라아게와 돈가스 등의 일본
가정식을 부담 없이 즐길 수 있는 곳으로 정재형 씨가 파리를 방문
할 때 찾는 곳으로도 알려져 있다. 센차와 겐마이차 녹차를 함께 즐
기면 더욱 좋다.

How to go M8호선 Saint Sébastien Froissart역 1번 출구에서 도
보 6분
Add 39 rue de Bretagene 75003 Paris
Open 화~토요일 11:30~17:30, 일요일 11:30~16:00
Price €15~

우리 입맛에 잘 맞는 카레 전문점

퐁슈 Pontochoux

가게 이름은 다리 밑에서 배추를 재배해서 이름이 지어졌다는
교토의 폰토초에서 비롯되었다. 앞서 소개한 셰 타에코 팀이 운
영하는 일본식 카레 전문점으로 주인의 고향인 후쿠오카의 유명
한 선술집 분위기를 연상시킨다. 맥주 상자로 만든 의자를 비롯
하여 스트리트 푸드 식당답게 가식적이지 않은 인테리어가 편안
한 느낌을 주고 빵가루를 입혀서 튀긴 돈가스와 콩에 절인 타마
고, 마파두부, 돈부리 프라이드치킨 등을 즐길 수 있다.

How to go M8호선 Saint-Sébastien-Froissar역 1번 출구에서
도보 2분
Add 18 rue du Pont aux Choux
Open 화~토요일 11:30~19:00, 일요일 11:00~17:30
Price €15~€35

쇼핑 후 오래된 카운터에서 즐기는 에스프레소
오피신 유니베셀 불리 Officine Universelle Buly 1803

1803년 파리의 유명한 조향사, 장 뱅상 불리가 화장용 식초로 트
리트먼트의 새 역사를 썼다가 사라졌던 것을 2014년에 빅투아
드 타일락과 라단 투아미가 되살려 생제르맹 거리에 첫 번째 약
국을 열었다. 극장 세트처럼 꾸며진 이 브랜드는 과거의 우수성
에서 영감을 얻고 현재의 최고를 제공하면서 뷰티 헤리티지를 발
전시킨다는 전략을 가진 LVMH에 합병되었다. 16세기를 연상케
하는 장엄한 인테리어 디자인과 고유의 향을 발산하는 불리의 향
수와 베스트셀러 핸드크림을 전시하고 있으며 멋진 바에서 즐기
는 이탈리안 스타일의 커피와 디저트도 훌륭하다.

How to go M8호선 Filles du Calvaire역 1번 출구에서 도보 6분
Add 45 rue de Saintonge 75003 Paris
Open 화~일요일 11:00~19:00
Web https://buly1803.com

4대째 이어오는 비누 전문 기업의 쇼룸
모리스 파브르 Marius Fabre

1900년부터 4대에 걸쳐 살롱 드 프로방스 중심부에서 전통적
인 마르세유 비누 제조를 이어온 브랜드의 마레 매장이다. 인간
에게 건강하고 환경을 존중하는 천연 제품을 선보이며 가격대도
합리적이어서 선물을 구입하러 들르기에 좋다. 추천 아이템으로
는 세면대 옆 벽에 부착해서 비누만 교체 가능한 벽걸이 장식과
마르세유 비누(Savon de Marseille à fixer au mur), 빈티지 라벨
이 붙은 시원한 소나무 향이 기분 좋은 손비누 등이 있다.

How to go M8호선 Chemin Vert역 1번 출구에서 도보 6분
Add 26 rue de Turenne 75003 Paris
Open 월요일 14:00~19:00, 화~일요일 10:00~19:00
Web https://www.marius-fabre.com/fr/

트렌드에 앞서 나가는 패션 피플의 선택

도버 스트리트 퍼퓸 마켓 Dover street parfum market

레이가와 쿠보와 남편이자 경영자인 아드리안 조페가 편집
매장으로 시작했다. 도쿄, 런던, 뉴욕 등에서 패션 피플들에
게 큰 사랑을 받고 있으며 여기는 향수에 집중하는 단독 매
장이다. 크로셰 아티스트인 마그나 사예그가 꾸민 몰입감
있는 인테리어와 바이레도, 구찌, 톰 브라운, 쿠레쥬 등의 향
수는 물론 스킨케어, 보디케어 등의 뷰티 제품과 만날 수 있
으며 익스클루시브 라인도 갖추고 있다.

How to go M1호선 Saint Paul역 1번 출구에서 도보 6분
Add 11 bis rue Elzevir 75003 Paris
Open 월~토요일 11:00~19:00, 일요일 12:00~18:00
Web https://www.doverstreetparfumsmarket.com/

파리 스타일의 니치 향수를 원한다면 여기

에타 리브르 도랑주 Etat libre d'orange

1854년부터 1902년까지 영국에 대항하다가 남아공에 편입된
지금은 지구상에 존재하지 않는 에타 리브르 도랑쥬의 이름을
따서 만든 프랑스의 니치 향수 브랜드다. 뉴욕타임스가 선정한
퍼퓸 하우스에서 최고 별점을 받았으며 독립 향수 회사로 파리
지엔들에게 유명하다. 재스민과 담배 향을 섞거나 '유혹하는 남
자의 손을 뿌리치지 못하는 여자의 향', '나는 쓰레기다'와 같은
유머와 재치가 느껴지는 이름만큼 향 또한 개성이 강하다.

How to go M8호선 Filles du Calvaire역 1번 출구에서 도보 9분
Add 69 rue des Archives 75003 Paris
Open 월~토요일 11:00~14:30, 15:30~19:00
Web https://www.etatlibredorange.com/

특별함이 있는 DIY 매장은 죽기 전에 들러볼 만한 곳
베 아슈 베 BHV

160년이 넘는 역사를 갖고 있는 이곳은 영업 실적 악화로 인해 갤러리 라파예트로 주인이 바뀌었다. 파리 시청사 옆에 있다는 접근의 용이성과 주인이 바뀐 이후 대폭 물갈이된 브랜드와 매장의 분위기를 입고 다시 태어났다. 이 백화점만의 하이라이트라고 할 수 있는 지하 DIY 매장은 문손잡이부터 특별한 전구와 집 안 스위치, 페인트에 이르기까지 집을 꾸미는 데 필요한 모든 물건을 구입할 수 있어 집 꾸미는 데 관심이 있는 사람이라면 꼭 한번 들러볼 만한 가치가 있다.

How to go M1, 11호선 Hôtel de ville역 6번 출구에서 백화점 지하로 연결
Add 52 rue du Rivoli 75004 Paris
Open 월~토요일 10:00~20:00, 일요일 11:00~19:00
Web https://www.bhv.fr/

독립 에이전시이자 출판사가 운영하는 예술 서점
오에프알 OFR

예술 서적과 패션 잡지를 전문으로 하는 책방이다. 서울 서촌에도 지점을 냈다. 여느 서점에서는 보기 힘든 다양한 음반, 잡지, 서적을 한 번에 구경할 수 있다. 책방에서 DJ가 팟캐스트를 만들거나 파리 관련 포켓 가이드북을 만드는 등 독립 에이전시이자 출판사로도 활동하며 유명한 사진작가와 공동 작업을 펼치면서 아티스트, 저널리스트, 예술가들의 아지트로 사랑받고 있다. 상업적인 사진이나 손님에게 방해가 되는 촬영은 금지하고 있으니 주의할 것.

How to go M3호선 Temple역 1번 출구에서 도보 2분
Add 20 rue dupetit-Thouars 75004 Paris
Open 매일 10:00~20:00
Web https://www.instagram.com/ofrparis

컨템포러리 갤러리와 예술 서점 전문점
이본 랑베르 Yvon Lambert

1936년 남부 프랑스의 방스에서 태어난 동명의 주인이 운영하며 현대 미술 갤러리스트로 활발한 활동을 하고 있다. 20년 넘게 다양한 현대 미술 서적, 전시 카탈로그, 희귀 도서 및 절판 도서, 포스터를 만들어온 서점이다. 출판사이자 갤러리. 신흥 예술가와 유명 예술가의 작품을 적절히 교차 전시하며 예술가들과 예술 애호가를 끌어모으는 역동적인 장소로 발전했다. 이곳의 에코백이 입소문을 타면서 이를 구입하려는 한국 관광객들의 방문도 늘고 있다.

How to go M8호선 Filles du Calvaire역 1번 출구에서 도보 1분
Add 14 rue Filles du Calvaire 75003 Paris
Open 매일 10:00~20:00
Web https://www.yvon-lambert.com/

참신한 디자인 감각으로 태어난 프랑스의 문구 전문점
파피에 티그르 Papier tigre

2012년에 태어난 브랜드로 일드프랑스에서 폐기물을 회수한 종이를 사용하여 노트 및 각종 디자인 문구류를 창의적으로 재창조해 왔다. 막심 브레농과 줄리앙 크레스펠이 의기투합하여 시작했고, 성공을 거두어 도쿄에도 지점을 내었다. 여기에서 판매되는 노트나 달력, 펜, 마커 등은 파리에서 제작된다. 베스트셀러 아이템으로는 해야 할 일을 적는 A5 사이즈 노트(€19), 달력 등이 있다.

How to go M8호선 Filles du Calvaire역 1번 출구에서 도보 2분
Add 5 rue Filles du Calvaire 75003 Paris
Open 매일 11:30~19:30
Web https://www.papiertigre.fr/

나의 스토리를 주머니 칼날에 기록한다

디조 Deejo

2010년 스테판 르보가 편지 무게와 비슷하게 혁신적으로 디자인하고 발명하여 주머니에 넣고 다닐 수 있게 되었다. 심플하고 가볍고 주머니에 들어가는 완벽한 핏을 보여주는 주머니칼로 일상에서 사용하는 다양한 칼에 자신이 원하는 문양을 새길 수 있게 했다. 몇 년 후 스테판의 동료인 뤽 푸앙은 디조 칼에 감정이 담긴 사물, 우리가 애착을 갖게 되는 사물, 희귀성을 더해 맞춤 제작이 가능하도록 했다. 강철 마감, 티타늄의 무광택 반사, 올리브 나무 칼 손잡이를 사용해 남자들의 로망인 시계, 펜, 좋은 가죽 제품 곁에 디조의 주머니 칼을 놓고 쓸 수 있게 한 것이 장점이다. 피부에 문신을 표시함으로써 자신을 드러내는 것에서 모티브를 얻어 자신에게 어울리는 디조를 칼에 새길 수 있으니 나만의 칼을 소유하고 싶은 사람에게 추천한다.

How to go M8호선 Filles du Calvaire역 1번 출구에서 도보 2분   Add 6 rue des filles du calvaire 75003 Paris
Open 화요일 14:00~19:00, 화~일요일 10:00~19:00   Web https://www.deejo.fr/

파리 최고의 콘셉트 스토어

메르시 Merci

유명한 빈티지카 빨간색 피아트 500이 수호자처럼 매장 앞뜰에서 손님을 맞는, 파리를 대표하는 콘셉트 스토어로 2009년 처음 문을 연 이후 꾸준한 사랑을 받고 있다. 500평 규모의 3개 층 건물에는 중고 도서 카페, 시네마 카페, 조명, 패브릭, 문구류, 식기류에 이르기까지 다양한 라이프 스타일 제품이 있다. 마다가스카르에서 교육의 혜택을 받지 못하고 소외된 아프리카 빈곤층 여성을 위한 교육 및 공익 사업에 사용된다는 선한 목적으로 아동복 브랜드의 창업자 마리 프랑스 코헨 여사에 의해 시작되었다. 우리나라 사람들은 파리 방문 기념품으로 실로 된 팔찌와 에코백을 많이 구입한다.

How to go M3호선 Temple역 1번 출구에서 도보 4분
Add 111 Bd Beaumarchais 75003 Paris
Open 월~목요일 10:30~19:30, 금~토요일 10:30~20:00, 일요일 11:00~19:30
Web ttps://merci-merci.com/

패션 피플들에게 꾸준한 사랑을 받는 마레의 터줏대감

브로큰 암 The broken arm

2013년에 처음 문을 열었으며 잘 선택된 아이템, 다양한 독점
제품과 만날 수 있는 북마레의 편집 매장으로 카페도 함께 운영
한다. 패션 분야에서 영향력 있는 사람들이 신뢰하는 공간으로
메르씨와 더불어 꾸준히 사랑받아왔다. 발렌시아가, 셀린, 꼼 데
갸르송, 르 메르와 같은 패셔니스타들이 사랑하는 브랜드를 엄
선하고 신흥 디자이너와 스트리트웨어까지 아우르는 셀렉션으
로 유명하다. 쇼핑을 마치고 스페셜티 커피를 즐길 수 있는 카페
에서 홈에이드 페이스트리로 당을 보충해 보자.

How to go M3호선 Temple역 1번 출구에서 도보 4분

Add 12 rue Perrée 75003 Paris

Open 월~토요일 11:00~19:00

Web www.the-broken-arm.com

최근 급부상 중인 마레의 새로운 콘셉트 스토어

아르켓 Arket

남성, 여성, 어린이, 가정을 위한 필수 아이템을
제공하는 현대적인 쇼핑 공간이자 뉴 스칸디나
비아 채식을 콘셉트로 만든 카페가 한 공간에 있
다. 스웨덴 스톡홀름의 쇠데르말름에 본사가 있
으며 더 많은 사람들이 지속 가능한 디자인을 이
용할 수 있게 하겠다는 브랜드 철학을 갖고 있다.
파리에 흔치 않은 스칸디나비아 디자인 패션 숍
으로 최근 파리지엔들의 사랑에 힘입어 급부상
중이다.

How to go M3호선 Temple역 1번 출구에서 도보 4분

Add 13 rue Archives 75003 Paris

Open 월~토요일 10:00~20:00, 일요일 11:00~19:00

Web www.arket.com/

친환경을 중시하는 멋쟁이들의 스니커즈 브랜드

베자 Veja

포르투갈어로 '본다'라는 뜻을 가진 브랜드로 프랑스의 공정무역 친환경 운동화 제조 업체이자 브랜드다. 프랑스 유명 경영학교 HEC 출신인 세바스티앙 콥과 프랑수아 기슬랭이 설립하여 2005년 팔레 드 도쿄에서 론칭했다. 2017년 기준, 전 세계에서 55만 켤레의 신발이 판매될 정도로 성공했으며 아네스 베, 봉 푸앙, 르메르, 릭 오웬스와 같은 다양한 브랜드와 컬래버레이션을 전개해왔다. 재활용 폴리에스터와 천연 고무를 기본으로 하는 환경친화적인 원자재와 비료나 살충제를 사용하지 않은 브라질 소규모 유기농 면 생산자들로부터 받는 천, 옥수수 폐기물로 만든 가죽 대용 소재 등을 사용해서 운동화를 생산하고 있다.

How to go Access M8호선 Saint-Sébastien - Froissart역에서 도보 5분
Add 15 rue de poitou 75003 Paris   Open 월~토요일 14:00~19:00, 일요일 11:00~19:00
Web www.veja-store.com/

이탈리아 프리미엄 식품 브랜드

이털리 Eaterly

'이탈리안 음식을 먹다'라는 의미로 이름한 이탈리아 프리미엄 식품 브랜드로 2007년 토리노에서 시작해 미국, 일본, 두바이, 터키까지 13개국에 매장을 갖고 있다. 이탈리아산을 기본으로 한 파스타를 비롯한 다양한 가공 식품, 모차렐라 치즈, 햄 등을 비롯한 신선 식품 그리고 가성비 좋은 와인부터 최고급 와인까지 다양한 셀러의 와인 셀렉션을 갖추고 있으며 가성비 좋은 음식점과 카페도 함께 운영해서 마레에서 쇼핑하다가 지칠 때 들러 좋은 와인도 사고 간단히 식사를 즐길 수 있다.

How to go M1, 11호선 Hôtel de ville역에서 도보 2분
Add 37 rue Sainte Croix de la Bretonnerie 75003 Paris
Open 월~수요일 10:00~22:30, 일요일 11:00~19:00
Web https://eataly.fr

세련된 패키지와 맛으로 유명한 전통의 차 명가

마리아주 프레르 Mariage Frères 👍

1854년부터 시작한 1세대 홍차 브랜드로 지금은 파리와 영국, 독일 일본 등에 여러 지점을 운영 중이다. 파리 방문자들이 필수 코스로 들러 티를 기념품처럼 구입하고 있다. 전 세계 30여 개국에서 생산된 450여 종의 차를 취급하고 있으며 우리나라 제주에서 생산된 녹차를 비롯해서 3종 정도의 한국 차도 판매한다. 마르코 폴로와 웨딩 임페리얼은 언제나 베스트셀러로 여름에 얼음을 넣어 먹는 것으로 마르코 폴로 블루가 유명하다. 플래그십 스토어라 할 수 있는 이 매장에는 숍과 티타임을 즐길 수 있는 살롱 드 떼를 함께 운영하나 살롱 드 떼는 인기가 많아 미리 예약하고 들를 것을 권한다.

How to go M1, 11호선 Hôtel de ville역에서 도보 4분

Add 30 rue du Bourg Tibourg 75004 Paris

Open 매일 10:30~19:30

Web http://mariagefreres.com

AREA 4
—
시테섬
Île de la Cité

파리의 역사가 시작된 시테섬은 프랑스 사람들에겐 정신적 지주와도 같은 곳이다. 나폴레옹 대관식에서 빅토르 위고의 장례식에 이르기까지 프랑스 역사 속 주요 사건의 배경이 된 노트르담 성당을 중심으로 고딕 건축의 정수라 불리는 생트 샤펠 성당과 콩시에르주리 같은 역사적인 건물이 모여 있다. 시테섬과 생루이섬을 연결하는 생루이 다리를 건너는 동안 거리의 악사들과 구경꾼들을 흔히 만날 수 있다. 파리에서 가장 조용하고 평화로운 주택가로 17~18세기에 지어진 귀족들의 저택이 남아 있는 이 두 섬은 시간이 멈춘 듯한 오래된 건물들 사이를 걷는 것만으로 행복을 느끼게 한다. 많은 상점이 모여 있는 좁다란 골목길과 센강 주변을 거닐면서 낭만에 젖어보자.

소요 시간 반나절

....

만족도

문화 ★★★

쇼핑 ★

음식 ★

휴식 ★

출발

메트로 4호선, Bus 21, 38, 47, 58, 70, 75, 96 시테역에 내려서 걷는 것이 가장 좋다. 이 지역의 명소들은 걷는 것만으로도 충분히 돌아볼 수 있다.

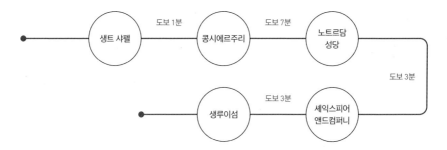

주의 사항

• 노트르담 성당 등 관광객이 몰리는 장소에서는 소지품 관리에 유의하자.
• 성당은 기도하는 성스러운 공간이므로 슬리퍼, 민소매, 짧은 반바지 등의 허술한 옷차림으로는 입장 불가하다.

하이라이트

• 성당에서 파이프 오르간 연주 듣기
• 성당 앞 포앵 제로 동판에 발뒤꿈치 대고 한 바퀴 돌기
• 생루이섬에서 베르티옹 아이스크림 먹기
• 성당 종탑 전망대에 올라 파리 전경을 앵글에 담기

TIP

노트르담 대성당 복원 소식

2019년 4월 15일 전기 누전으로 추측되는 화재로 93m의 첨탑을 포함한 목조 지붕 대부분이 소실되었다. 안타까운 화재를 극복하려 노트르담 대성당이 5년간의 복원을 거쳐 2024년 12월 8일에 복원 후 첫 미사를 계획했다. 이를 위해 250여개 회사에서 파견된 1천여 명의 장인들이 투입되어 7억 유로의 엄청난 예산이 집행되었으며 화재 재발 방지 차원에서 스프링쿨러 시설이 추가될 예정이다.

파리의 기원이 된 역사적인 지역

시테섬 Île de la cite

센강 한가운데 떠 있는 길이 914미터, 너비 183미터 크기의 작은 섬이다. 율리우스 카이사르가 쓴 《갈리아 전기》에 기원 전 2세기경 골루아인의 한 부족인 '파리지족'이 시테섬 주변에 성벽을 두르고 섬과 건너편 땅을 연결했다는 기록이 전해 지며, 파리의 발상지로 알려져 있다. 이후 로마 시대 때 교역의 중심이 되었고 6세기에는 프랑크 왕국의 궁전이 들어섰 다. 이후 콩시에르주리, 생트 샤펠, 노트르담 대성당 등이 잇달아 들어섰고 이후에 사법 재판소, 시립 병원, 파리 경찰청사 등 중요 국가 기관이 자리 잡아 오늘에 이르렀다.

How to go M4호선 Bus 21, 38, 47, 58, 70, 75, 96 Cité역에서 나오자마자 바로

아름다운 스테인드글라스를 품은 보석 같은 건축물

생트 샤펠 Sainte Chapelle ★★★

파리에서 가장 오래되고 중요한 역사적 건축물로 최고 재판소 내에 있다. 1239년 콘스탄티노플 황제로부터 예 수님의 가시 면류관을 얻게 된, 신앙심 깊었던 루이 9세 (생 루이 왕)가 예수가 매달렸던 십자가의 파편들, 그리스 도의 피(지금은 노트르담 대성당에 소장되어 있다)와 같은 다양한 성 유물을 보관하기 위해 지었으며 1248년에 완 성되었다. 성당은 2층으로 구성돼 있는데 1층에는 아치 형태의 천장을 지탱하는 대들보와 기둥, 벽을 장식한 채

색 조각이 있으며 서민이나 왕궁에서 일하는 사람들의 예배 처소로 이용되었다. 2층은 왕과 귀족과 같은 특권층이 예배를 드리는 장소로 이용되었으며 618평방미터의 면적에 1,134 장면의 성경을 그림책처럼 보여주는 스테인드글라스가 압권이다. 이 스테인드글라스는 너무나 아름답고 섬세할 뿐 아니라 13세기의 모습을 간직한 파리에서 가장 오래된 스테인드글라스로 총 16개로 나뉘며 구약의 천지 창조에서 시작해서 모세의 출애굽기, 그리스도의 유년과 속죄, 종말의 계시록에 이르기까지 방대한 성경의 내용을 연대순으로 보여주고 있으며 왼쪽에서 오른쪽으로, 아래에서 위로 이어서 읽어나가는 순서를 따르면 된다.

How to go M4호선 Cité역에서 도보 5분   Add 10 Bd du Palais 75001 Paris

Open 4/1~9/30 09:00~19:00, 10/1~3/31 09:00~17:00 *마지막 입장은 문 닫기 30분 전

Day off 1/1, 5/1, 12/25   Price 일반 €13, 콩시에르주리 통합권 온라인 예매 시 €20 *18세 이하 무료

Web www.sainte-chapelle.fr

으스스한 감옥과 고문실이 박물관으로 변신
콩시에르주리 Conciergerie ★

클로비스부터 필립 르 벨 시대까지 이용되던 파리 최초의 궁전으로 14세기 말 왕궁이 루브르로 이전하면서 감옥이 되었다. 당시 왕궁 출입 인원을 통제하고 왕궁 내 상인을 관리하며 세금을 걷는 일을 해서 붙여진 이름이다. 참고로 프랑스에서는 아파트나 학교 등의 '수위'를 '콩시에르주리'라 부른다. 1391년부터 1914년까지 5개 이상의 감옥과 고문실로 이용되던 으스스한 유물이다. 특히 죽음에 대한 공포와 원한으로 투옥된 지 얼마 지나지 않아 검은 머리가 흰머리로 변했다는 마리 앙투아네트가 지낸 감방이 가장 유명하다. 그 밖에도 물의 분자식을 알아 낸 화학자 라부아지에, 앙리 2세와 기마 시합을 하다 실수로 왕의 눈을 찔러 죽게 한 몽고메리 장군, 제2차 세계 대전 후 비시 정권을 세워 독일에 협력했던 페탱 원수, 프랑스 혁명 당시 단두대에서 사형당한 2,600여 명의 명단을 적은 방이 있으며 지롱드파의 샤펠과 당통, 로베스피에르가 죽음을 기다렸던 감방도 있다. 콩시에르주리의 입구에 있는 돔형 천장의 돌로 된 가장 오래된 중세 건축물인 근위병의 방이 나오는데 여기서 왕실 가족들이 식사를 했다고 전해지며 부엌으로 연결되는 나선형 계단이 아름답다. 건물 외관에는 1370년 파리 최초의 궁중 시계가 사각의 탑에 설치되어 있으며 지금까지 파리에서 가장 멋진 거리 시계로 인정받고 있다.

How to go M4호선 Cité역에서 도보 5분

Add 2 Bd du Palais 75001 Paris

Open 1/1~12/31 09:30~18:00 *마지막 입장은 문 닫기 30분 전

Day off 5/1, 12/25

Price 일반 €13, 콩시에르주리 통합권 온라인 예매 시 €20 *18세 이하 무료

Web www.paris-conciergerie.fr

프랑스인들의 정신적 지주

노트르담 대성당 Cathédrale Notre Dame de Paris ★★★

중세 고딕 양식의 걸작으로 꼽히는 성당으로 고대로부터 종교 행사가 있었다. 주피터를 모시던 재단이 있던 터이기도 했다. 지금의 성당은 1163년 모리스 쉴리 파리 주교가 짓기 시작해서 182년 후인 1345년에 1차 완성되었다. 에스메랄다를 사랑했던 종지기 콰지모도가 종을 울리며 피날레를 장식하는 빅토르 위고의 《노트르담의 꼽추》는 1831년에 출간되었고 동명의 영화나 뮤지컬의 배경이 된 곳이기도 하다. 프랑스의 중대한 국가 행사가 거행된 장소로도 유명한데 1302년에는 필립 4세가 최초의 삼부회 개최, 1455년에 잔 다르크의 명예 회복 재판, 1804년 12월 2일의 나폴레옹 황제 대관식을 비롯한 프랑스 왕가의 중요 대관식, 1970년 드골의 장례 미사, 2006년에 열린 프랑스 빈민의 아버지 피에르 신부의 영결식 등이 여기에서 열렸다. 1, 2차 세계대전 당시에는 성당을 독일군의 폭격에서 보호하기 위해 모래 주머니를 쌓았다. 특히 제2차 세계대전 당시에는 히틀러의 명령을 받은 병사가 성당의 아름다움에 압도되어 폭격 지시를 이행하지 못했다는 일화도 전해진다.

웅장함이 보는 이의 시선을 압도하는 외관은 높이 35미터, 폭은 48미터, 길이 130미터에 이른다. 성당 문 3개 가운데는 죽은 자들이 깨어나 심판을 받고 천국과 지옥으로 간다는 '최후의 심판' 문이고 왼쪽은 성모 마리아의 문으로 생드니 성인의 석상이 있다. 오른쪽은 성모의 어머니인 성녀 안나의 문이며 그 위로는 28명의 유대 왕들의 입상이 줄지어 서 있다. 9천 명이 동시에 미사를 드릴 수 있는 성당 내부는 세로축과 가로축이 교차하는 십자가 구조를 하고 있으며 직경 12.5미터의 스테인드글라스, '장미의 창'이 아름답다. 남쪽 장미창에는 신약이, 북쪽 장미창에는 구약의 일화들이 묘사되어 있다. 안쪽 중앙에 있는 조각상은 결혼 23년 만에 왕세자(루이 14세)를 얻은 루이 13세가 성모에게 감사하는 마음으로 봉납한 쿠아즈보의 〈피에타〉와 오른쪽에 루이 13세 상, 왼쪽에 루이 14세 상이 있다. 하늘에서 내려다봤을 때 아치와 궁 륭으로 쌓아 올린 돌벽들이 서로를 지지하도록 만들어 거대한 방주를 뒤집어놓은 모양을 연상케 한다. 매주 일요일 오후 5시 45분경에 오르간 연주회가 열리는데 8,000개의 파이프에서 울려 퍼지는 아름다운 오르간 소리와 그레고리안 성가 는 평생 한 번쯤은 들어볼 만하다.

How to go M4호선 Cité역에서 도보 5분   Web www.notredamedeparis.fr

TIP

포앵 제로 Point Zéro

성당 정문 앞 광장 바닥에 있는 팔각형의 동판인 포앵 제로는 파리에서 지방까지의 거리를 측정하는 기준점 이다. 1924년 10월 10일에 노트르담 성당 입구 약 50 미터 앞에 팔각형 청동 메달 내에 나침반 모양으로 설 치되었다. 이 판을 뒤꿈치로 밟은 다음 뒤꿈치를 떼지 않은 채 한 바퀴 돌면 파리에 다시 오게 된다는 이야기 가 전해지니 파리에 다시 오고 싶은 사람이라면 한번 시도해보자.

TIP

프랑스판 '로미오와 줄리엣'을 아시나요?

파리 철학계의 유명인이자 성직자였던 39살의 피에르 아벨라르와 17살의 어린 제자 엘로이즈의 애틋한 사랑 이야기 는 프랑스 사람들에게 유명하다. 라틴어부터 히브리어까지 능통했던 좋은 가문의 자제였던 엘로이즈의 가정 교사로 들어간 아벨라르가 사제지간에 넘어선 안 될 선을 넘고 말았다. 성직자에게 금기였던 결혼은 당시 사회에서 용납되지 않는 일이었다. 엘로이즈의 임신 사실을 알게 된 아벨라르는 그녀를 자신의 누나 집으로 피신시켰고 아들이 태어났 다. 스무 살 연상의 성자와 자신의 조카가 아이를 낳았다는 기막힌 소식을 듣게 된 엘로이즈의 숙부는 청부 살인업자 를 보내 아벨라르를 거세시키는가 하면 엘로이즈를 파리 근교에 있는 수도원으로 보내고 만다. 그 이후 죽을 때까지 엘로이즈를 그리워하던 아벨라르가 먼저 세상을 떠났고 그의 시신은 엘로이즈가 수녀원장으로 있던 수녀원으로 옮 겨졌다. 나중에 엘로이즈가 세상을 떠난 후에 두 사람은 나란히 묻히게 되었다. 그리고 두 사람의 이룰 수 없었던 사랑 이야기에 감동을 받은 사람들에 의해 그 둘은 1817년 파리의 페르 라셰즈로 이장되었다. 프랑스판 로미오와 줄리엣 으로 불리는 두 사람이 함께 살았던 장소는 시테섬 안, 케 오 프레르(Quai aux Fleurs)에 있다. 그로부터 수백 년이 지 난 후 만 39세의 나이에 역대 프랑스 최연소 대통령으로 당선된 마크롱은 스물다섯 살 연상이자 같은 반에서 공부한 딸의 엄마이기도 했던 선생님과 결혼에 성공했다. 유부녀 교사와 학생의 사랑에 충격을 받은 마크롱 대통령의 부모가 그를 파리로 유학 보냈으나 끝없는 구애 끝에 브리지트는 전 남편과 이혼하고 마크롱과 결혼하여 지금의 퍼스트 레이 디가 된 기막힌 현실을 보면서 격세지감이 느껴진다.

유명 명사들이 드나들던 영어권 고서점

셰익스피어앤드컴퍼니 Shakespeare and Company

노트르담 대성당의 근처에 위치한 중고 책방이다. 1919년 미국인 실비아 비치가 오데옹 거리에서 처음 열었다가 제2차
세계대전으로 문을 닫았다. 1951년 프랑스에서 유학 중이던 조지 휘트먼이 실비아의 정신을 이어받아 지금의 위치에서
'미스트랄'이라는 이름으로 가게 문을 열었다가 '셰익스피어앤드컴퍼니'로 이름을 바꿨다. 셰익스피어를 중심으로 한 영
미권 고서적을 읽거나 살 수 있는 책방이기에 과거 F. 스콧 피츠제럴드, 오스카 와일드, 제임스 조이스, 어니스트 헤밍웨
이와 같은 대문호들이 파리 생활을 하며 위안을 얻는 사랑방 역할을 해왔다. 제임스 조이스가 1922년에《율리시스》초
판을 발행하는 등 영국과 미국에서 판매 금지된 문제작을 볼 수 있는 곳으로도 유명세를 떨쳤다. 어둡고 오래된 장서들
이 뿜어내는 특별한 냄새를 맡을 수 있는 실내에는 '천사로 가장한 이방인을 잘 모셔라'라는 문구가 적혀 있고 영업이 끝
나면 가난한 문인이나 문학 지망생들이 서점 한편에서 잘 수 있도록 하는 전통이 내려온다. 셀린느와의 러브 스토리를
그린 자전적 소설로 베스트셀러 작가가 된 제시(에단 호크)가 파리의 한 중고 서점에서 기자들과 인터뷰를 하는 장면으로
시작되는 영화 〈비포 선셋〉의 배경으로 유명해진 장소이기도 하다. 우디 앨런의 영화 〈미드나잇 인 파리〉의 주인공 질이
이 파리의 오래된 서점에서 걸어오는 장면을 기억하는 영화 팬들도 꾸준히 찾고 있다. 책방에서는 원칙적으로 사진 촬영
이 금지되어 있으며 서점 옆 카페에서 커피를 주문하거나 에코백을 구입할 수 있다.

How to go M4호선 Cité역에서 도보 5분

Add 37 Rue de la Bûcherie 75005 Paris

Open 월~토요일 10:00~20:00, 일요일 12:00~19:00

Web www.shakespeareandcompany.com

파리의 정취를 여유로이 즐길 수 있는 곳
생루이섬 Île Saint Louis

프랑스 국왕, 루이 9세에서 비롯된 이름으로 생루이교
를 통해 시테섬과 연결된다. 좁은 일방통행로만 있고 조
용한 주택 단지로 과거 샤를 보들레르, 카미유 클로델,
폴 세잔, 마리 퀴리, 라이너 마리아 릴케, 리하르트 바그
너, 장 폴 고티에, 조지 퐁피두 대통령 등의 유명 인사들
이 거주했다. 베르사유성을 건설한 건축가, 르 보가 생루
이 엉 릴 성당(L'église Saint-Louis-en-Ile)을 지은 것을
비롯하여 1640년대 건물들이 즐비하다. 루이 13세는 사
람이 살지 않던 생루이섬에 귀족들을 위한 저택을 짓도
록 했는데 1614년에 시작한 계획은 약 25년간에 걸쳐 진행되었고 루이 13세의 의사, 건축가, 국고 관리 책임자 등이 살
았던 현판이 붙어 있다. 개성 넘치는 소품 가게들과 도란도란 담소를 나누는 사람들이 있는 카페, 파리 최초의 아이스크
림 가게 베르티옹 등이 있으며 강변의 산책로를 거닐다 보면 마음이 가라앉고 정신이 정화되는 듯하다.

How to go M4호선 Cité역에서 도보 13분

(Café & Dessert) ————————————————————————————

1954년에 레이몽드 베르티옹이 문을 연 전통의 아이스크림 가게
베르티옹 Berthillon

파리 최초의 아이스크림 가게로 과일 셔벗 위주의 아이
스크림을 가족 경영으로 만들면서 생루이섬의 명소로
자리 잡았다. 천연 재료로 만든 아이스크림은 화학 방부
제, 기타 감미료를 첨가하지 않는 건강한 맛과 새콤달콤
하고 다양한 풍미로 유명하며 유명 카페나 레스토랑들
이 이곳의 아이스크림을 판매한다는 푯말을 내걸고 홍
보할 만큼 전통이 있는 장소로 전 세계인들의 사랑을 받
고 있다. 다만 이곳 본점에서만 70여 종의 다양한 아이스
크림을 즐길 수 있어 여름에는 긴 줄을 서야 한다.

How to go M7호선 Pont Marie역에서 도보 2분
Add 31 rue saint louis en L'Ile
Open 수~일요일 10:00~20:00
Web https://berthillon.fr/

라탱 - 뤽상부르 공원

Quartier Latin-Jardin du Luxembourg

시테섬에서 남쪽으로 조금 걷다 보면 생미셸 대로와 생제르맹 거리 등을 아우르는 생제르맹데 프레 지역에 이른다. 파리에서 가장 오래된 교회 중 하나인 생제르맹데프레 교회 앞에는 실존주의 철학자인 샤르트르와 보부아르 등 1950년대 철학자와 문학가, 화가, 시인 등이 모여 담소를 나눴던 '문학 카페의 쌍두마차'로 불리는 레 뒤 마고와 카페 드 플로르를 방문하는 유명 인사와 여행자들로 북적댄다. 생제르맹 거리 주변에는 갤러리와 출판사, 대학 건물, 고급 인테리어 가구점이 모여 있어 언제나 활기차다. 이 거리에서 남쪽으로 조금 더 내려가면 프랑스 혁명 때까지 라틴어를 주로 사용한 것으로 알려진 '라탱 지구'가 나온다. 이 지역에는 수재들이 공부하는 앙리 4세, 루이 르 그랑과 같은 명문 고등학교와 소르본 대학을 중심으로 800여 년의 역사를 자랑하는 교육 기관이 모여 있으며 학생들이 붐비는 지역답게 골목마다 작은 펍과 저렴한 레스토랑이 밤늦도록 문을 연다.

소요 시간 하루	
만족도	
문화	★ ★ ★
쇼핑	★
음식	★ ★

출발

메트로 10호선 Cluny La Sorbonne에서 내려 걷는다. 다만 지역이 광범위하므로 버스나 메트로를 적절히 이용하면 시간을 절약할 수 있다.

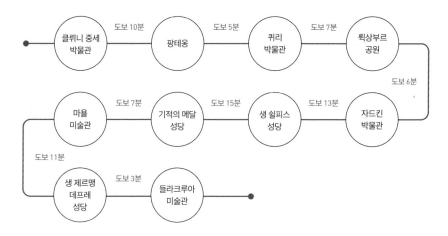

주의 사항

- 유명 카페 야외에 머물 때 개인 소지품 테이블 위에 두지 말자. 휴대품은 계속 지니고 있는 것이 낫다.
- 여름철 해를 피할 곳이 없는 뤽상부르 공원에 갈 때는 선크림과 선글라스는 필수다.
- 편의상 시티 파르마 약국과 봉 마르셰 백화점 쇼핑은 하루 중 마지막 일정으로 정한다.

하이라이트

- 들라크루아 박물관 뒤편 정원에서 멍 때리기
- 기적의 메달 성당에서 소원 빌기
- 생제르맹데프레 성당에서 클래식 음악회 듣기
- 뤽상부르 공원 산책하기
- 비 오는 날 카페 뒤 마고에서 핫초콜릿 한 잔 마시기
- 생 쉴피스 성당 내 들라크루아 명화 감상하기
- 팡테옹 전망대에서 사진 찍기
- 뤽상부르 공원 산책하는 모습 앵글에 담기
- 유명 카페에 앉아 연예인 화보처럼 사진 찍기

주요 쇼핑 스폿

- 패션 Le Bon Marché Rive Gauche, Hermés Rive Gauche, L'Arppartement Sézane et Octobre
- 어린이용품 Smallable
- 초콜릿 Patrick Roger
- 와인 Pépites
- 약국&화장품 Pharmacie Citypharma
- 리빙 Alix D. Reynis

고대 로마 유적과 중세 태피스트리를 함께 볼 수 있는 곳

클뤼니 중세 박물관 Musée de Cluny-Musée national du Moyen Âge ★★

서기 200년경 로마 시대에 2천여 평에 걸쳐 만남의 장소이자 휴식 공간이던 대중 목욕탕(냉탕, 온탕, 증기탕)이 자리 잡고 있었으며, 15세기는 그 터의 일부에 클뤼니 수도회의 숙소가 들어섰다. 1833년 고고학자이자 미술품 수집가였던 알렉산드르 뒤 솜브라드가 자신이 평생 수집한 중세 및 르네상스 유물을 보관하기 위한 목적으로 수도회 숙소를 사들였고 로마 시대의 유산인 공동 욕장의 잔해가 더해져 1843년에 박물관이 문을 열었다. 클뤼니 중세 박물관은 로마 시대 유적의 모습을 간직한 클뤼니 온천, 수도원 숙소로 사용하던 건물 2채를 합한 24개의 전시실로 이루어진다. 12세기에 제작된 〈성 니콜라의 일생〉, 14세기의 〈성녀 바르보〉, 15세기 말에 여인, 사자, 유니콘, 동물들, 꽃과 새들을 섬세하게 6개의 패널로 묘사한 플랑드르 지방에서 제작된 13전시실의 태피스트리 〈귀부인과 유니콘〉이 가장 유명하다. 사람의 손으로 짠 것이라 믿기 힘들 만큼 정교한 이 작품은 시각, 청각, 미각, 후각, 촉각 등 인간의 감각을 상징하는 다섯 작품에 귀부인과 일각수와의 수수께끼 같은 관계가 표현되어 있다. 그 밖에도 갈리아, 바바리아, 메로빙거, 서고트 지역의 예술품을 전시한다. 스테인드글라스, 도자기, 목공예품, 제단 용품과 종교적인 조각상, 중세의 무기와 갑옷 등을 만날 수 있다.

How to go M10호선 Clyny la Sorbonne역에서 도보 3분
Add 28 rue du Sommerard 75005 Paris
Open 화~일요일 09:30~18:15 *마지막 입장은 문 닫기 45분 전
Day off 1/2, 5/1, 12/25
Price 일반 €12(인터넷 예약 시 €13), 만 18~25세, 목요일 야간 €10 (인터넷 예약 시 €11)
*만 18세 이하, 매월 첫 번째 일요일 무료
Web www.musee-moyenage.fr

프랑스의 유명 인사들이 잠들어 있는 만신전

판테온 Panthéon ★

1744년 오스트리아 왕위 계승 전쟁 중에 루이 15세는 메츠(Metz)에서 중병으로 시름시름 앓던 중 자신의 병이 회복되면 파리에 수호성인인 성 주느비에브를 기리는 교회를 지어 감사를 표하겠다고 기도했다. 기적같이 회복되자 그 길로 순례길을 향해 떠나 수도자들에게 자신의 결심을 이야기했다. 그러나 전쟁으로 당시 국고는 바닥이 난 상황이었고 건축 기금 조달을 위해 왕실에서는 복권을 발행했다. 당시 왕은 로마의 성 베드로 성당, 런던의 세인트 폴 성당을 뛰어넘는 건물을 짓고자 무명의 젊은 건축가 자크제르맹 수플로(Jacques-Germain Soufflot)에게 이탈리아에서 공부한 것을 바탕으로 신고전주의 건물을 지을 것을 명했다.

높이 83미터, 폭 80미터, 안길이 110미터로 육중한 코린트 기둥이 거대한 돔을 받치고 있는데 1889년 에펠 탑이 세워지기 전까지 파리에서 가장 높은 건물로 기록되었다. 자크제르맹 수플로가 생을 마감하자 막시밀리안 브레비옹과(Maximilien Brébion)과 그의 제자 장밥티스트 홍드레(Jean-Baptiste Rondelet)가 뒤를 이어 총 40여 년에 걸쳐 지었다. 프랑스 혁명 이후 버려졌다가 프랑스의 국가 영웅을 위한 영묘로 결정되었다. 1791년 미라보의 사망 후 국립 묘지가 된 것을 시작으로 1791년에는 볼테르가, 1794년에는 루소가 이곳에서 영면에 들었다. 1806년에 나폴레옹 보나파르트는 건물을 가톨릭 교회에 반환했다가 파리 코뮌 때는 사령부 건물로 그리고 1885년 빅토르 위고의 장례식 이후 다시 묘지로 지정되는 등 수차례의 용도 변경으로 혼란을 겪은 후 에밀 졸라, 피에르와 마리 퀴리, 앙드레 말로, 조세핀 베이커 등이 잠든 만신전으로 굳혀졌다.

돔 천장에는 나폴레옹 1세가 낭만주의 작가 코로에게 명해 그리게 한 성녀 주느비에브의 프레스코화가 눈길을 끌며, 1849년 물리학자 푸코가 지구의 자전을 세계 최초로 입증했다는 '푸코의 추'가 유명하다. 4~10월의 10:15~16:30에 45분~2시간 간격으로 가이드와 함께 50명 한정으로 돔 전망대(계단 206개)에 걸어 올라갈 수 있다. 판테온 뒤편으로는 파리의 수호 성녀가 된 성 주느비에브를 기리는 생 테티엔 뒤 몽 교회(Eglise St.Etienne du Mont)가 있는데 여기에는 성 주느비에브의 성유물 상자와 철학자 파스칼, 극작가 라신 등의 묘가 있는 것으로 유명하다.

How to go RER B선 Luxembourg역에서 도보 8분

Add Pl. du Panthéon 75005 Paris

Open 4/10~9/30 10:00~18:30, 10/1~3/31 10:00~18:30 *입장 마감은 문 닫기 45분 전

Day off 1/2, 5/1, 12/25

Price 일반 €13, 전망대 €3.5

Web www.paris-pantheon.fr

퀴리 일가의 연구실이 박물관으로 변신

퀴리 박물관 Musée Curie ★

1914년부터 1934년까지 퀴리 일가의 연구실로 사용되던 곳이다. 마리 퀴리는 노벨상을 받은 최초의 여성으로 1895년 프랑스 물리학자 피에르 퀴리와 결혼했다. 방사능 이론을 개발한 선구적인 작업으로 노벨 물리학상을 수상했다. 이후에 방사성 동위 원소를 분리하기 위해 발명한 기술을 사용하여 폴로늄과 라듐 원소를 발견한 공로를 인정받아 1911년 노벨 화학상까지 받게 되었다. 방사능 발견의 역사와 방사선 치료를 통한 최초의 의학적 응용을 보여준 퀴리 일가가 평소에 사용했던 책상과 서재가 있는 사무실, 개인 화학 실험실과 라듐 연구소를 공개하며 두 건물 사이의 정원을 거닐 수 있다.

How to go RER B호선 Luxembourg역에서 도보 8분, Bus Musée et Institut Curie역에서 도보 1분
Add 1 Rue Pierre et Marie Curie 75005 Paris
Day off 프랑스 국경일, (8/11~27, 12/22~1/7)
Price 무료
Web http://musee.curie.fr

파리 도심의 오아시스 같은 휴식 공간

뤽상부르 공원 Jardin du Luxembourg ★★

축구장 30개가 넘는 면적을 자랑하는, 파리에서 가장 넓고 아름다운 공원 중 하나다. 이탈리아 메디치 가문 태생으로 1600년에 앙리 4세와 결혼해 프랑스의 왕비가 된 마리 드 메디치가 기마 시합 도중 실수로 몽고메리 장군에게 눈을 찔려 사망한 남편의 죽음에 충격을 받자 루이 13세가 어머니를 위해 이곳의 저택과 부지를 구입해서 1615년에 궁전을 지었다. 여기에서 왕비는 고향을 생각하며 이탈리아식 정원과 분수를 짓고 마음의 안정을 잠시 찾았지만 궁전은 프랑스 혁명 당시 정치범 수용소, 제2차 세계대전중에는 독일군 사령관의 집무실로 이용되기도 했으며 궁전 내에 있던 루벤스의 그림 〈마리 드 메디치의 생애〉는 치열한 전투 현장을 벗어나 루브르로 옮겨져 위기를 모면했다.

궁전 앞에 있는 거대한 팔각형 연못에는 한가로이 돛단배를 띄우고 노는 아이들과 초록색 메탈 의자에 몸을 뉘이고 책을 읽는 노인, 함께 산책을 나온 가족, 손을 잡고 행복한 시간을 보내는 연인들의 모습을 볼 수 있는 도심 속 오아시스다. 옛 뤽상부르 궁전은 현재 상원(Sénat) 의사당으로 이용되며 공원 안에는 샤를 보들레르, 스탕달, 기 드 모파상과 같은 예술가들의 흉상과 메디치 왕비의 조각상도 있다. 공원 한쪽에 있는 뤽상부르 박물관(Musée Luxembourg)에는 피카소 특별전을 비롯하여 연중 많은 거장들의 전시가 계속된다. 뤽상부르 공원에서 파리 천문대로 이어지는 잔디 거리 공원은 파리 자오선이 지나는 지점에 카르포의 〈지구를 지탱하는 네 대륙〉이라는 유명한 조각이 있는데 이것은 복제품이며 진품은 오르세 미술관에 전시되고 있다.

How to go   RER B호선 Luxembourg역에서 도보 1분
Add   Jardin du Luxembourg   Open 일출~일몰   Day off 강풍 부는 날 일시 폐쇄
Web https://museeduluxembourg.fr/fr

러시아 출신 조각가의 아틀리에가 박물관으로 변신

자드킨 박물관 Musée Zadkine ★

러시아 출신 조각가, 오십 자드킨(Ossip Zadkine)이 1928년에 이곳을 작업실 겸 거처로 정한 이후 1967년에 생을 마감할 때까지 머물렀다. 자드킨은 파리 국립 미술 학교에 입학했으나 자퇴하고 루브르 박물관에서 이집트 조각 등 고대 유물로부터 삶의 원천과 영감을 얻고자 노력했으며 모딜리아니, 부르델, 피카소 등과 교류하면서 조각과 사진, 스케치 등 300여 점의 작품을 남겼다. 이 박물관의 주요 컬렉션은 작가와 사별한 자드킨의 부인이 작가의 작업실과 주요 작품을 파리시에 기증하면서 1982년에 일반에 개방되었으며 대표작으로는 〈레베카〉, 〈파괴된 도시의 토르소〉, 〈반 고흐 형제〉 등이 있다.

How to go M4호선 Vavin역에서 도보 8분 Add 100bis Rue d'Assas 75006 Paris
Open 화~일요일 10:00~18:00 *마지막 입장 17:40   Day off 월요일, 1/1, 12/25
Price 무료   Web www.zadkine.paris.fr

TIP

자드킨 작품 속에 등장하는 반 고흐

러시아의 조각가 자드킨은 '불꽃처럼 살다간 천재 화가' 반 고흐를 오마주한 작품을 남겼다. 반 고흐가 마지막 생을 살아내다 자살한 오베르 쉬르 우아즈의 관광 안내소 앞에 작은 공원이 있다. 여기 자리한 투박하고 거칠게 깎인 반 고흐의 동상에서는 치열했던 고흐의 인생과 캔버스에 갇히는 대신 꿈틀거리는 생명력이 느껴진다. 자드킨 박물관 내에는 고흐와 평생 그를 후원하다 죽어서도 고흐의 옆을 지키고 있는 테오가 서로를 부둥켜안은 작은 조각상과도 만날 수 있다. 그 밖에 고흐가 자진해서 입원한 생 폴드 모졸레 요양원에도 반 고흐의 전신상이 관람객을 맞이하고 있음을 보았을 때 반 고흐에 대한 자드킨의 깊은 애정을 가늠해 볼 수 있다.

거장 들라크루아의 작품과 파이프오르간 소리가 인상적인 성당

생 쉴피스 성당 Eglise Saint Sulpice ★★

생제르맹데프레 수도원이 7세기 부르주의 대주교였던 생 쉴피스에게 바치는 교회를 건설한 것이 시작이다. 길이 113미터, 폭 58미터, 높이 34미터로 파리에서 두 번째로 큰 규모를 자랑한다. 지금의 모습을 위해 16세기 루이 13세의 왕비, 안 도트리슈의 명으로 시작된 대보수 공사에는 6명의 건축가가 투입되어 100여 년에 걸쳐 계속되는 등 오랜 보수 공사 끝에 완성되었다. 건물의 외관은 지오반니 세르반도니가 설계한 것을 이후에 장 살그린이 수정했다. 교회 양 끝에 있는 2개의 탑 중 오른쪽이 왼쪽에 비해 5미터 정도 낮은 이유는 설계자가 건축 도중 자살해서 미완성으로 남게 되었기 때문이다. 건물 내부에는 들라크루아가 그린 성당 초입의 마주 보고 있는 〈사원에서 쫓겨난 헬리오도로스〉, 〈천사와 싸우는 야곱〉이 유명하며 제단 뒤에는 조각가, 장 밥티스트 피갈의 〈성모와 아기상〉이 있다. 이 성당은 댄 브라운의 소설 《다빈치 코드》에서 시온 수도회의 자크 소니에르 등이 사일러스에게 죽음을 당하면서 거짓으로 입을 맞춘 시온의 쐐기들이 묻힌 장소로 유명하다. 여기에서 샤를 보들레르가 세례를 받았고 빅토르 위고가 결혼식을 올렸다. 성당 앞 광장에는 비스콘티가 설계한 〈4명의 추기경의 분수〉가 볼만하다. 생 쉴피스 성당 앞, 페후 (rue Férou) 거리에는 프랑스의 유명 시인 아르투르 랭보가 열여섯 살에 쓴 〈취한 배〉의 시구가 거대한 벽면을 메우고 있다. 바다에서 길을 잃은 배의 표류와 침몰을 1인칭의 시점으로 100행이나 기록한 시다.

How to go M4호선 Saint Sulpice역에서 도보 5분

Add 2 Rue Palatine 75006 Paris

Open 08:00~00:00   Day off 특정 종교 축일

Price 무료

Web www.paroissesaintsulpice.paris

가톨릭 신자라면 놓쳐서는 안 될 유명 성지

기적의 메달 성당 Chapelle Notre-Dame-de-la-Médaille-Miraculeuse ★

1830년 7월 18일 가타리나 라부레 수녀가 천사에게서 성당으로 가 보라는 말을 듣고 그대로 하자 그 순간 성모 마리아가 제단 앞에 나타났다. 그로부터 4개월 후, 묵상 중에 있던 가타리나 수녀는 성모 마리아가 커다란 지구의 위에서 뱀을 밟고서 십자가가 꽂힌 작은 지구의를 손에 들고 있는 모습을 보았다. "이런 모양으로 메달을 만들어라. 이 메달을 착용하는 사람은 누구나 큰 은총을 받을 것이다"라는 성모의 계시를 듣고 난 후에 고해 사제인 알라델에게 이 사실을 알려주며 마리아의 메달을 만들 수 있도록 도와달라고 청했다. 그가 파리 대교구장에게 가타리나의 정체를 밝히지 않고 성모 발현 이야기를 들려준 이후 교황청에서 인정하는 성지가 되었다. 성당 정면에서는 발현 당시의 모습을 재현한 벽화와 성모상, 유리관 속에 있는 가타리나 라부레의 시신이 안치된 모습을 볼 수 있다. 매일 평일 미사와 주일 미사에 참석하거나 기적의 메달을 사기 위해 성물 방을 찾는 전 세계 가톨릭 신자들로 발길이 끊이지 않는 유명 성지다.

How to go M10, 12호선 Sèvres Babylone역에서 도보 3분

Add 140 Rue du Bac 75007 Paris

Open 월·수~일 07:45~13:00, 14:30~19:00, 화 07:45~19:00

Day off 월요일 1/1, 12/25

Price 무료

Web www.chapellenotredamedelamedaillemiraculeuse.com

근대 조각의 선구자 마욜의 작품 세계와 만나다

마욜 미술관 Musée Maillol ★★

로댕, 부르델과 함께 근대 조각의 선구자이자 신고전주의 화가인 아리스티드 마욜을 기념하기 위해 세운 박물관이다. 마욜은 파리 국립 미술 학교에서 스승인 장 레옹 제롬으로부터 사사받았으나 지나치게 아카데미즘 화풍과 거리를 두는 한편 고갱에게 영향받은 나비(Navi)파의 일원이 되어 뷔야르, 보나르와 같은 작가들과 교류했으며 태피스트리와 테라코타 작업을 주로 했다. 1900년 이후 시력이 급격히 나빠지면서 조각에 전념한 작가는 단아한 선과 균형감 있는 자신의 조각을 살롱 전에 출품하면서 여인 누드상, 〈지중해〉와 같은 여성 누드 작품에 집중하였다. 로댕과 같은 시기에 활동했지만 격렬하거나 과장된 움직임보다는 고풍스러운 고대의 예술 세계를 작품에 녹여냈으며 종교적 테마나 신화적 존재보다는 일상의 사람을 조각으로 만드는 데 열중했다. 미술관은 여류 미술 상인이자 예술가의 뮤즈였던 디나 비에르니(Dina Vierny)가 18세기 조각가, 에드메 부샤르동이 살았던 오래된 건물을 정비하여 1995년 1월 20일 대중에 공개했다. 마욜의 조각은 물론 회화, 조각, 스케치를 비롯해 그녀가 수집한 에드가르 드가, 바실리 칸딘스키, 고갱, 마티스 등의 작품도 함께 볼 수 있다. 3개 층에 걸쳐 30개의 전시실로 이루어져 있으며 주요 작품으로는 마욜의 가장 유명한 〈세 요정〉, 〈지중해〉, 〈비너스 시리즈〉 등이 있다.

How to go M12호선 Rue du Bac역에서 도보 2분

Add 59-61 Rue de Grenelle 75007 Paris

Open 만 18세 이상 €17.50, 만6~18세 €12.50, 만 6세 미만 무료

Day off 프랑스 주요 국경일

Price 일반 €16.5, 만 26세 이하 €4.5,

Web www.zadkine.paris.fr

세계 최초의 고딕 건물 중 하나

생제르맹데프레 성당 Église de Saint-Germain-des-Prés ★★

생 뱅상의 십자가와 제복 등의 유품을 보관하기 위해 건축가 피에르 드 몽트루이의 설계로 지어진 성당이 전신이다. 이후 노르만족 침략 시 파괴된 건물을 1014년 바실리카 양식으로 재건했다. 성당 이름은 당시 파리의 주교였던 '성 제르마누스'의 이름을 딴 것으로 직역하면 '풀밭의 성 제르마누스 성당' 정도다. 세계 최초의 고딕 양식 건물 중 하나로 프랑스 대혁명 전까지 성서 사본을 제작한 필사실이 있었고 루이 14세 때는 왕명을 거역하거나 군대를 이탈한 장교와 사병을 가두는 왕립 감옥으로도 이용되었다. 성당 내부의 주요 볼거리로는 14세기의 성모자상, 수도원장 장 카미실과 철학자이자 수학자인 르네 데카르트의 묘비(원래는 폴란드 왕) 등이 있다. 성당 왼편에 자리잡은 로랑 프라슈 공원 내에는 피카소가 사랑했던 연인을 조각해 기욤 아폴리네르에게 바친 기념물이 있다.

How to go M4호선 Saint-Germain-des-Prés역에서 도보 3분
Add 3 Pl. Saint-Germain des Prés 75006 Paris
Open 일~월 09:30~20:00, 화~토요일 08:30~20:00
Day off 특별한 종교 축일에는 관광객 방문을 제한한다
Price 무료
Web https://eglise-saintgermaindespres.fr

프랑스를 대표하는 낭만주의 화가의 아틀리에

들라크루아 박물관 Musée Eugène Delacroix ★

힘찬 율동감과 격정적인 표현력의 〈민중을 이끄는 자유의 여신〉으로 유명한 들라크루아가 1857년 12월 28일부터 1863년 8월 13일 임종할 때까지 기거하면서 작품 활동을 하던 거처 겸 작업실로 1971년에 개관했다. 작가가 숨을 거둔 후 주인이 여러 차례 바뀌면서 건물이 없어질 위기에 처하자 폴 시냐크와 모리스 드니 등의 예술가 친구들이 아틀리에 보전을 위해 자신들의 작품을 팔아 아파트와 정원을 사들였고 이를 국가에 기증하여 국가의 관리를 받고 있다. 들라크루아는 말년에 질병에 시달렸지만 자신이 의뢰받았던 생 쉴피스 성당의 〈천사와 싸우는 야곱〉을 완성하겠다는 투철한 의지로 이곳에 작업실을 얻어 작업을 이어갔다. 그의 유명 작품들은 루브르를 비롯한 전 세계 주요 박물관에 흩어져 있어 딱히 볼거리가 많지 않아 크게 기대하면 실망스러울 수 있다. 그래도 〈사막의 마그달레나〉를 비롯해 피에트로 사르토가 그린 〈들라크루아의 초상〉, 잔 마틸드 에르블랭의 〈들라크루아의 초상〉 등 몇 점의 작품과 동료 예술가들과 주고받은 서간문, 크로키화와 데생 컬렉션, 생전에 사용한 노트 등 그가 생전에 사용하던 소품, 습작이 있고 침실과 서재, 거실에서 그의 과거 생활상을 유추해 볼 수 있다. 박물관을 보고 나서는 도심의 소음과 차단된 아담한 정원에서 사색을 즐길 수 있다.

How to go M4호선 Saint-Germain-des-Prés역에서 도보 4분   Add 6 rue de Furstemberg 75006 Paris
Open 수~월요일 09:30~17:30 (*8월 1일을 제외한 첫 번째 목요일 20:30까지 개관)   Day off 1/1, 5/1, 12/25
Price 일반 9유로 (만 18세 미만 무료)   Web www.musee-delacroix.fr

TIP

낭만주의

18세기 말에서 19세기 중반까지 유럽 전역에 퍼진 미술 사조로, 엄격함과 규칙을 중시하는 신고전주의에 반발하여 등장했다. 미술가의 상상력과 감수성을 중시하고 역동적이고 극적인 순간을 대담한 색채와 강렬한 붓 터치를 강조하여 그려냈으며 대표적인 화가로는 그로, 제리코, 들라크루아 등이 있다.

위인전에 나오는 인물들이 수없이 드나드는 카페의 전설

뒤 마고 카페 Les Deux Magots

1875년까지 중국의 실크 란제리를 판매하는 잡화점이었던 곳으로, 당시 2개(Deux)의 도자기 인형(Magot)이 있던 잡화점 이름을 그대로 카페 이름으로 정했다. 지금도 100년 넘은 도자기 인형 둘이 카페에 입장하는 사람을 내려다보고 있다. 폴 베를렌, 아서 랭보와 같은 문인들과 앙드레 브르통을 비롯한 프랑스 초현실주의자들이 담론을 즐기던 장소로 그들은 앙드레 말로의 《인간의 조건》이 공쿠르 상을 받은 데 대해 지나치게 학문적인 상이라며 반발했고 자신들의 아지트의 이름을 딴 '뒤 마고 카페 문학상'을 제정해서 오늘에 이르고 있다. 앙드레 지드, 파블로 피카소, 페르낭 레제, 자크 프레베르, 어니스트 헤밍웨이 그리고 매일 같은 자리에서 커피를 마셨다는 장 폴 사르트르와 시몬 드 보부아르 등이 드나들었으며 지금까지 수많은 위인들이 즐겨 찾고 있는 프랑스 카페의 전설과도 같은 곳이다. 오랜 전통을 이어가고자 웨이터들은 검정 정장에 흰색 앞치마를 착용하고 있다. 옛 방식으로 만드는 핫초콜릿은 잊을 수 없는 풍미를 선사한다. 티타임도 좋지만 푸짐한 샐러드나 오믈렛 등 간단한 식사를 즐길 수 있다.

How to go M4호선 Saint-Germain-des-prés역에서 도보 1분
Add 6 Place Saint Germain des prés 75006 Paris
Open 07:30~01:00 Price 아침 식사 €14~, 점심 식사 €17~ Web http://lesdeuxmagots.fr

뒤 마고 카페와 이웃한 또 하나의 전설

카페 데 플로르 Café des Flore

1887년에 문을 열어 비슷한 시기에 생겨난 뒤 마고 카페와 한 세기 넘도록 동반자이자 경쟁자이자 이웃으로 성업 중이다. 시인 아폴리네르가 1913년에 이 건물을 인수하고 지인들을 모아 아지트를 만들어 다다이이스트 그룹의 기초가 세워진 것으로도 유명하며 문화부 장관을 역임한 앙드레 말로가 아이스 페르노를 마시기 위해 거의 매일 들렀던 것으로도 유명하다. 1930년대에는 알베르 카뮈, 파스칼, 로베르 드와노, 자코메티, 자드킨, 마르셀 카르네, 자크 프레베르가 단골 손님에 이름을 올렸다. 최근에는 쿠엔틴 타란티노, 조니 할리데이, 로버트 드니로와 같은 할리우드 스타들이나 음악계 유명 인사들이 드나든다고 한다.

How to go M4호선 Saint-Germain-des-prés역에서 도보 1분
Add 172 Bd Saint Germain 75006 Paris
Open 07:30~01:30 Price 아침 식사 €14~, 점심 식사 €17~ Web http://cafedeflore.fr

신문화 카페를 열어가는 뉴페이스

카페 오테르 Café d'auteur

15년 넘게 스페셜티 커피 문화를 소개해온 곳이다. 소형 제네 카페 로스팅기를 이용해서 볶아낸 커피를 내리는, 파리에서는 보기 드문 장소이며 신진 작가들의 전시도 여는 갤러리 카페다. 각 커피에 가장 적합한 로스팅 및 준비 프로토콜을 실험실에서 실험하고 커피 열매부터 최종 소비자의 시음 조건까지 변환 과정의 각 단계를 세밀하게 분석한다. 소규모 생산자를 선호하고 커피 원산지와의 긴밀한 소통을 통해 계절별로 그랑 크뤼를 한정판으로 로스팅해서 판매하는 특별한 곳이다. 자메이카 블루 마운틴, 콜롬비아 엘도라도 등의 싱글 오리진은 두말할 나위 없이 훌륭하고 갱스부르나 발자크 같은 카페 주인이 블렌딩한 카페 등도 좋다.

How to go M4, 10호선 Odéon역에서 도보 3분

Add 39 Rue Mazarine 75006 Paris

Open 월~화요일 08:00~17:00, 목~금요일 08:00~18:00, 토요일 10:00~20:00, 일요일 13:00~19:00

Price €15~ Web https://cafedauteur.com

미니멀한 인테리어와 훌륭한 커피 맛으로 인정받는 곳

누아르 Noir 👍

파리 북쪽의 생투앙 벼룩시장 내에 위치한 로스팅 하우스에서 갓 볶아낸 원두로 커피를 내리는 곳으로 소규모 생산자들의 아라비카 커피를 판매한다. 이 카페의 주인은 아르지아 건축 사무소를 운영 중인 샤를로트 프티(Charlotte Petit)로 뉴욕 브루클린의 멋진 공간들에서 영감을 얻어 2022년에 첫 매장을 열었다. 지금은 파리와 근교에 14개 매장을 운영하고 있으며 2024년에 5곳의 매장을 더 열 정도로 급성장 중이다. 적당한 산미와 라즈베리나 다양한 과일 향이 복합적인 맛을 보여주는 커피와 우리가 열광하는 다양한 아이스커피를 즐길 수 있는 곳이다.

Add 9 Rue de Luynes 75007 Paris

Open 매일 08:00~18:00

Price €15~ Web http://noircoffeeshop.com

일본식 샌드위치 산도와 말차 라테 한 잔으로 휴식을
벤키 | Benchy

셰프이자 스타일리스트인 호리 가이토가 운영하는 곳이다. 일본식 샌드위치인 산도와 도쿄의 재즈바에서 흘러나오는 듯한 재즈를 즐길 수 있는 곳으로 맛있는 커피는 기본이다. 노출 콘크리트의 투박함을 비추는 뮐러 반 세베렌(Muller Van Severen) 조명, 아렌드 드 시르켈(Ahrend de Cirkel) 스툴 의자가 인테리어의 밸런스를 보여준다. 계란과 마요네즈, 유자 페이스트를 곁들인 타마고와 말차 라테를 추천한다.

How to go M4, 10호선 Odéon역에서 도보 3분
Add 50 Rue du Cherche Midi 75006 Paris
Open 화~토요일 10:00~18:00
Price €15~
Web https://www.instagram.com/benchyparis/?hl=fr

파리 커피 혁명을 몰고 온 1세대 바리스타가 운영하는 카페
카페 쿠팀 Café Coutume

2010년에 커피에 대한 열정으로 똘똘 뭉친 공동 창업자 앙투안 네티엔과 호주 출신의 톰 클락이 좋은 원두를 수입해서 로스팅 사업을 시작했다. 미슐랭 스타 레스토랑을 비롯하여 유명 레스토랑과 호텔 등에서 인기를 얻자 파리 여러 곳에 자신들의 카페를 론칭했다. 공정 무역, 전 세계를 찾아다니며 얻어낸 퀄리티 있는 커피, 적절한 온도와 조건에서 볶아내는 원두, 신선한 원두를 올바르게 내리는 기술을 가진 바리스타를 통해 좋은 커피를 선보인다. 빈티지 스타일의 카페에서 즐기는 쾌적함 또한 이 매장의 인기 비결이다. 여기에서 즐길 수 있는 유니크한 커피로는 에티오피아산 Buku Abel, Surma Gesha 등이 있다.

How to go M13호선 Saint François Xavier 75007 Paris
Add 47 Rue de Babylon 75007 Paris   Open 월~토요일 08:30~17:00
Price €15~ Web http://coutumecafe.com

잊을 수 없는 사과 파이와 비스킷

푸왈란 Poîlane

1932년 제빵사 피에르 푸왈란이 설립한 빵집으로 피에르, 리오
넬에 이어 지금은 창업자의 딸 아폴로니아 푸왈란이 경영을 맡
고 있다. 콩코드 여객기가 파리와 뉴욕을 오가던 시절에 새벽 6
시 비행기로 뉴욕 최고급 호텔에 배달되던 귀한 몸으로 빵 맛에
목숨 거는 전 세계 빵 마니아들의 성지로 통한다. 아침 식사 대
용인 사과파이와 오후 커피 한 잔과 함께 즐기는 숟가락 모양의
비스킷은 무조건 맛봐야 하며, 천연 효모와 젖산 발효를 이용해
만들고 장작불로 가열된 오븐에서 조리한 인기 빵을 사러 오는
현지인들로 하루 종일 문전성시를 이룬다.

How to go M4호선 Saint Sulpice역에서 도보 3분
Add 8 rue du Cherche-Midi 75006 Paris
Open 월~토요일 07:15~20:00   Price €15~   Web ttps://www.poilane.com/

지금 파리에서 가장 크리에이티브한 베이커리 중 한 곳

데 갸토 에 뒤 팡 Des Gâteau et du pain

오베르뉴와 아베롱 지역에서 자란 천재 파티시에 중 한 사람인
클레어 데이먼은 자신이 자란 지역의 야생적인 자연에서 영향을
받았다. 요리사의 딸이자 손녀, 증손녀로 이미 어린 시절부터 수
천 가지 홈메이드 음식을 접했으며 1995년에 파리로 상경해서
유명 디저트 하우스인 피에르 에르메와 라 뒤레 견습을 거쳐 최
고급 호텔인 플라자 아테네와 브리스톨 호텔의 파티시에로 일하
며 경험을 쌓았다. 2006년 열정적인 제빵사인 다비드 그랑제와
의기투합해서 자신의 매장을 열었으며 2018년에 올해의 베스
트 부티크 페이스트리 셰프로 선정되었다. 코르시카의 감귤, 피
카르디의 대황, 브르타뉴의 사과와 배 등 그녀의 화려한 타르트

컬렉션은 제철 재료를 사용하는 것은 물론 화려하고 예술적인
데커레이션으로 빛을 발한다. 추천 아이템으로는 프로방스 아몬드와 살구 칼리송, 초콜릿 케이크, 라즈베리 치즈 케이크
가 있다.

How to go M12호선 Rue du Bac역에서 도보 4분   Add 89 rue du bac 75006 Paris
Open 월·수~토요일 10:00~19:30, 일요일 10:00~18:00
Price €10~   Web www.poilane.com/

유퀴즈에 등장한 한인 베이커리

밀 에 엉 Mille et un

20년 넘게 프랑스에서 현지인들을 상대로 베이커리를 해 온 서
용상 파티시에가 운영하는 곳이다. 2023년 말 국내 인기 방송
프로그램 〈유퀴즈 온 더 블럭〉에 소개되면서 한국인들에게 더욱
알려졌다. 꾸준한 열정으로 한 길을 걸어온 이곳에는 빙수를 즐
기러 오는 현지인이 많으며 2023년 파리 1등 플랑 맛집으로 선
정된 흑임자 플랑, 꽈배기, 흑임자/녹차 마들렌과 같은 여느 프
랑스 빵집에서는 판매하지 않는 아이템으로 사랑받고 있다.

How to go M12호선 Rue du Bac역에서 도보 4분
Add 32 rue Saint Placide 75006 Paris
Open 월~토요일 07:30~19:30
Price €10~
Web www.instagram.com/mille_et_1/

7구에서 가장 세련된 정원이 있는 스페셜한 푸드코트

보 파사주 Beaupassage

기라성 같은 셰프와 파티시에를 모아 어벤저스급으로 문을 열었
다. 미슐랭 3스타 셰프로 우리나라 잠실 시그니엘에도 선보인 적
있는 연 야닉 알레노와 아들이 운영하는 버거 가게, 미슐랭 3스
타 티에리 막스가 운영하는 제과점, 마카롱의 황제 피에르 에르
메의 카페, 미슐랭 3스타 셰프 안 소피픽의 데일리 픽 그리고 세
티파이 카페, 카르푸 시티 등이 입점해 있다. 한 장소에서 파리 최
고의 버거를 맛보고 디저트를 즐긴 다음 맛있는 커피까지 즐길
수 있으니 쇼핑 후 쉬어 가기에 이만한 곳이 없다.

How to go M12호선 Rud du Bac역에서 도보 2분
Add 53 Rue de Grenelle 75007 Paris
Open 07:00~24:00 (입점 매점마다 상이)

1880년대 장식이 남아 있는 분위기 좋은 와인 바
라 크레므리 La Cremerie 👍

1880년대에 문을 연 고급 식료품점의 인테리어를 유산처럼 소중히 간직하고 있어 그 하나만으로도 훌륭한 분위기에서 와인을 즐길 수 있는 바다. 오래된 손잡이를 열고 안으로 들어서는 순간 천장을 보는 것만으로도 세월이 느껴지는 아담한 사랑방 같은 장소. 내추럴 와인이 양쪽 벽면을 장식하고 있어 고른 후에 테이블에 앉거나 먼저 앉아서 와인 소믈리에의 추천을 받은 후 거기에 맞는 음식을 고르면 된다. 내추럴 와인 전문점이며 테이블이 많지 않아 예약은 필수.

How to go M4, 10호선 Odéon역에서 도보 2분   Add 9 Rue des Quatre Vents 75006 Paris
Open 월~토요일 18:30~22:30   Price 2인 €50   Web https://www.instagram.com/benchyparis/?hl=fr

캐주얼한 분위기에서 즐기는 와인 한 잔의 기쁨
아방 콩투아 쉬르 메흐 Avant Comptoir sur mer & terre

길다란 구조로 나뉜 두 개의 바 중 하나로 여기에서는 석화, 새우와 같은 해산물을, 옆집에서는 돼지삼겹과 돼지 귀 볶음 등 고기류의 안주를 내추럴 와인과 함께 내놓는다. 테이블을 없애고 서서 먹는 구조로 만들어 친구들과 레스토랑 가기 전에 가볍게 들러 식전주를 즐기거나 내추럴 와인과 식사 대용의 안주를 여러 개 맛볼 수 있다. 메뉴는 천장에 매달려 있는 현판에 사진을 보면서 고를 수 있도록 되어 있고 와인은 투명한 냉장고를 통해 보여지는 것 중에 자신이 아는 것이 있으

면 달라고 요청하면 되는데 본인의 취향을 소믈리에게 이야기하는 것이 좋다. 병으로 고르는 사람에 한해 무료 테이스팅이 가능하다. 신선한 석화, 오징어 먹물 크로켓, 연어 크로켓, 타르타르 소스를 곁들인 대구 등의 안주를 추천한다.

How to go M4, 10호선 Odéon역에서 도보 2분   Add 3 Carre four de l'odéon 75006 Paris
Open 매일 12:00~23:00   Price 와인 €25~, 안주 €10~
Web https://camdeborde.com/les-restaurants/avant-comptoir-de-la-mer

부르고뉴 전문 와인 상점&바

엠바사드 드 부르고뉴 Ambassade de Bourgogne

오로지 부르고뉴 와인에 전념하는 파리의 유일한 바이자 상점 중
하나로 프티 샤블리부터 샹볼 뮤지니까지 다양한 부르고뉴 와인을
갖추고 있다. 한국에서 귀하디 귀한 부르고뉴 와인을 구입하거나
느긋하게 테이블에 앉아 혼자든 여럿이든 와인을 주문해서 즐기기
에 편안한 분위기다. 나중에 후회해 봐야 소용 없으니 우리나라에
서 구하기 힘든 와인이 눈에 띄면 주저 말고 사거나 마실 것을 권한
다. 치즈와 말린 숙성햄 등 와인과 함께 즐길 수 있는 가벼운 안줏거
리와 함께 말이다.

How to go M4, 10호선 Odéon역에서 도보 2분
Add 6 Rue de l'odéon 75006 Paris
Open 월요일 17:00~23:00, 화~토요일 10:00~23:00, 일요일 12:00~23:00
Price 와인 €30~, 안주 €10~ Web www.ambassadedebourgogne.com

Restaurant ⟨⟩ 🍴

섬세한 미슐랭 1스타 셰프가 내놓는 프렌치 파인 다이닝

컹수 Quinsou

파리를 대표하는 요리 학교, 에꼴 페랑디 맞은편에 위치한
미슐랭 1스타 레스토랑이다. 런던의 클로버, 파리의 세르
장 르크뤼테르와 같은 유명 레스토랑에서 활약했던 앙토
낭 보네 셰프의 섬세하고 세련된 음식은 오감을 즐겁게 한
다. 심플하고 절제된 인테리어가 주는 진중함, 조도가 낮은
실내, 화려하지만 산만하지 않은 정제된 플레이팅이 잘 어
우러져 완벽한 요리를 선보인다. 전국에서 찾아낸 고급 식
재료들이 사용되므로 가격대는 높은 편이며 한국인 부인의
영향으로 유자 된장과 같은 한국 식재료를 가끔씩 사용하
는 것이 반갑다.

How to go M4호선 Saint Placide에서 도보 3분
Add 33 Rue de l'abbé Grégoire 75006 Paris
Open 화~목요일 19:30~21:30, 금~토요일 12:30~13:45, 19:30~21:30 Price 점심 메뉴 €40, 저녁 메뉴 €125
Web www.quinsourestaurant.fr

디자이너 겐조의 전속 요리사가 운영하는 곳
레스토랑 토요 Restaurant Toyo

패션 디자이너, 겐조의 사택에서 개인 셰프로 일했던 나카야마 토요미츠가 운영하는 레스토랑이다. 그는 풍미와 질감을 결합하는 데 탁월한 기술을 보여주지만, 화려함보다는 젠(Zen)에 기인한 동양의 차분함과 절제미가 음식 전반을 지배한다. 극도로 세련되고 절묘한 일본의 풍미와 세심한 프랑스 미식이 만나 즐거운 음식의 향연을 즐길 수 있는 비밀의 장소다.

How to go M4호선 Vavin역에서 도보 2분
Add 17 Rue Jules Chaplain 75006 Paris
Open 화~토요일 18:00~21:00
Price 메뉴 €99~   Web www.restaurant-toyo.com

가성비 좋은 프렌치 비스트로
르 봉 푸흐상 Le Bon pourçain

카페 스턴, 라 크레므리, 라신 데프레 등을 오픈하여 성공을 거둔 다비드 라허가 운영하는 네오 비스트로다. 이전에 미슐랭 스타 레스토랑 샌더슨과 세르장 르크뤼테르에서 일했던 마튜 티쉐가 세비체 소스와 자소를 넣은 붉은 참치 타르타르 감자와 버섯과 함께 가금류를 내놓는 등 매일 장에서 사 오는 신선한 재료를 이용해서 조리한다. 특히 훈제 고구마 퓌레에 당근/감귤류 소스를 곁들인 돼지갈비, 와인에 재운 소스를 아티초크와 감자, 근대 등과 함께 내놓는 가금류 요리가 시그니처 메뉴다.

How to go M4호선 Saint Placide에서 도보 6분
Add 10 bis rue Servandoni 75006 Paris
Open 화~토요일 12:00~14:15, 19:30~22:15
Price €30   Web www.bonsaintpourcain.com

명사들이 찾는 100년 넘은 노포

브라스리 립 Brasserie Lipp

뒤 마고 카페와 카페 드 플로르 맞은편에 위치한 전설적인 비스트로로 알사스 출신의 주인, 레오나르 립이 1880년에 창업했다. 1930년대 아르누보 스타일의 아름다운 실내에서 정통 프렌치를 합리적인 가격으로 즐길 수 있는 흔치 않은 장소다. 알사스 맥주와 식초에 절인 발효 양배추와 소시지, 돼지족발 등을 삶아서 함께 먹는 슈크루트 등을 내놓으며 큰 인기를 얻었다. 베를렌이나 아폴리네르와 같은 유명 인사들의 식사 장소로 유명해졌으며 이후에는 케이트 모스, 장 폴 벨몽도, 엘리자베스 테일러, 빌 클린턴, 로베르토 벤치와 같은 유명 인사들이 들르는 명소로 자리를 지키고 있다. 세월이 흘러도 바뀌지 않는 베스트 메뉴로는 게살 샐러드, 슈크루트, 오리 뒷다리를 바삭하게 구운 메뉴인 콩피 드 갸나 등이 있다.

How to go M4호선 Saint germain des prés역에서 도보 2분   Add 151 Bd. Saint Germain 75006 Paris
Open 매일 09:00~00:45   Price 전식 €9.5~, 본식 €24.5~   Web www.brasserielipp.fr

〈미드나잇 인 파리〉에서 주인공이 헤밍웨이를 만났던 그곳

폴리도르 Polidor

1845년에 처음 문을 연 전통 있는 레스토랑으로 이전에는 치즈와 버터를 팔던 가게였다. 뒷골목에 있어 지나치다 발견할 만한 곳은 아니지만 〈미드나잇 인 파리〉에 등장한 이래 더욱 유명세를 탔다. 19세기부터 가난한 시인 제르맹 누보를 비롯하여 예술가들의 아지트로 자리 잡은 연유로 이오네스코, 르네 클레르, 폴 발레리, 제임스 조이스, 어니스트 헤밍웨이, 앙드레 지드 등이 단골로 찾아 와인과 저렴한 음식으로 배를 채우던 곳이다. 전식으로 부르기뇽 달팽이 요리, 본식으로 감자 퓌레와 함께 나오는 우리 장조림과 비슷한 뵈프 부르기뇽, 트러플 햄이 들어간 파스타 등을 추천한다.

How to go M4호선 Saint germain des prés역에서 도보 2분
Add 41 Rue Monsieur Prince 75006 Paris
Open 매일 12:00~15:00, 19:00~24:00
Price 점심 메뉴 €15.5~, 본식 €25~
Web https://www.polidor.com

신문화, 비스트로노미를 이끄는 파리의 셰프

르 콩투아 뒤 흘레 Le Comptoir du Relais 👍

2004년 이브 캉드보르드가 처음 문을 열었으며 네오 비스트로의 장르를 선보인 곳이다. 셰프가 매일 장에서 고른 신선한 재료로 만드는 음식과 100% 천연 와인 리스트가 특징인 곳으로 합리적인 가격에 제공된다. 이전에는 예약이 거의 불가능할 정도여서 함께 운영하는 호텔에 묵어야만 접할 수 있었지만 지금은 브레이크 타임 없이 문을 열어 예약 없이 가도 식사를 즐길 수 있다. 전통 프랑스 요리가 푸짐하게 나와 프랑스 음식을 처음 즐기는 사람들에게도 추천하고 싶은 맛집이다.

How to go M4호선 Odéon역에서 도보 1분
Add 9 Carrefour de l'Odéon 75006 Paris
Open 매일 12:00~23:00   Price 전식 + 본식 €35~
Web https://www.hotel-paris-relais-saint-germain.com/restaurant-le-comptoir

400년의 역사를 자랑하는 노포 중의 노포

르 프로코프 Le Procope

1686년 시칠리아 태생의 프란세스코 프로코피오 데이 코텔리가 설립한 파리에서 가장 오래된 카페다. 파리지엔들에게 커피를 처음으로 소개하여 장자크 루소, 볼테르와 같은 계몽주의 시대의 철학자와 작가들에게 인기를 끌었던 신화적 장소다. 우리의 장조림과 비슷한 쇠고기 볼살 조림, 와인과 채소를 넣고 오랫동안 끓여 내놓는 코코뱅, 1686년 스타일로 조리한 송아지 머릿고기, 트러플과 파르메산 치즈, 버섯이 들어간 리소토, 티라미수와 같은 디저트도 우리 입맛에 대부분 잘 맞는다.

How to go M4호선 Odéon역에서 도보 1분
Add 13 Rue de l'Ancienne Comédie 75006 Paris
Open 매일 12:00~24:00
Price 전식 메뉴 €11.5~, 본식 €23.50~, 디저트 €8.5~
Web www.procope.com

한번 맛보면 계속 생각나는 스테이크 전문점
흘레 엉트르코트 Relais Entrecote

파리의 3곳, 취리히, 제네바에도 지점이 있는 스테이크 전문점. 생제르맹의 중심이자 카페 드 플로르, 카페 뒤 마고와 이웃해 있어서 식사 후 두 카페 중 한 곳에서 티 타임을 하면 좋다. 호두가 들어간 샐러드가 먼저 서비스 되고 잊을 수 없는 특제 소스와 한입에 쏙 들어가는 스테이크로 구성된 단품 메뉴 덕분에 여행자도 고르느라 고민할 필요도 없어 더욱 편리한 곳이다. 고기의 익힘 정도를 이야기하면 스테이크와 감자튀김을 2회에 나눠 서비스해 준다. 다만 스테이크와 어울리는 레드와인은 함께 곁들일 것을 권한다.

How to go M4호선 Saint germain des prés역에서 도보 3분
Add 20 Rue Saint Benoît 75006 Paris
Open 월~금요일 12:00~14:30, 18:45~23:00, 토~일요일 12:00~15:00, 18:45~23:00
Price €27.5~ Web www.relaisentrecote.fr

스트리트 푸드의 세련된 변신
브레츠 카페 Breizh Café

브르타뉴 푸제르에서 어린 시절을 보낸 베르트랑이 25년째 운영하고 있는 갈레트 전문점으로 캉칼, 파리 그리고 도쿄에 여러 지점을 운영한다. 브르타뉴에서 생산되는 신선한 크림, 유기농 메밀, 보르디에 버터, 농장에서 키워낸 계란, 라벨 후즈 인증 연어를 사용하여 만드는 식사 대용의 갈레트와 여기 곁들이는 브르타뉴 지역의 특산품인 사과주가 훌륭하다. 식사를 하고 디저트 대용으로는 크레이프를 즐길 수 있는데 보르디에 버터와 설탕이 들어간 크레이프를 추천한다.

How to go M4, 10호선 Odéon역에서 도보 1분
Add 1 Rue de L'Odéon 75006 Paris
Open 월~목요일 11:00~22:30, 금~토요일 11:00~23:00, 일요일 11:00~22:30
Price 메밀 갈레트 €14.50~
Web https://www.breizhcafe.com

이탈리안 요리를 본토 스타일로 즐길 수 있는 곳

마르조 Marzo

파리 고급 주택가에 3개 지점을 보유한 이탈리안 레스토랑
이다. 화이트로 마감된 환한 분위기와 저녁이면 매장 전체
에 포인트를 주는 조명, 맛있는 피자가 행복한 저녁을 보장
한다. 토마토와 모차렐라를 넣은 가지 그라탕, 피오르 디 라
테 베이스에 블랙 트러플 크림과 버섯을 얹은 피자, 피스타
치오 크림을 얹은 브리오슈 베로네세를 추천한다.

How to go M12호선 Rue du bac역에서 도보 2분
Add 5 Rue Paul-Louis Courrier 75007 Paris
Open 월~금요일 12:00~14:30, 18:45~23:00, 토~일요일 12:30~15:00, 19:30~23:00
Price 전식 €7~, 본식 €15~, 디저트 €9~   Web www.marzo-paris.com

미국 스타일의 특별한 식사

랄프 파리 Ralph's Paris

생제르맹데프레 거리의 화려한 신고전주의 건물 내
에 위치한 미국 캐주얼 브랜드 랄프 로렌에서 운영하
는 레스토랑. 간판 하나 제대로 내걸려 있지 않고 건
물 내 중정에 테라스가 있어 조용하게 식사를 즐길
수 있다. 스테이크를 비롯해 훌륭한 미국 요리를 제
공하는 레스토랑으로 화려하지만 편안한 분위기의
실내에서 식사를 즐길 수 있다. 뉴욕에 이어 두 번째
랄프 카페도 2023년 말에 새로 문을 열었다.

How to go M4호선 Saint germain des prés역에
서 도보 4분
Add 173 Bd. Saint Germain 75006 Paris
Open 여름 12:00~16:00, 19:00~23:00, 겨울
12:00~15:00, 19:00~22:00
Price 식사 €30~
Web https://www.hotel-paris-relais-saint-germain.com/restaurant-le-comptoir

일본 전통 소바 전문점

옌 Yen

2000년 3월 개업 이래로 일본식 소바를 고집하고 있는 전문점으로 미니멀한 인테리어와 세련된 장식이 어우러진다. 일본에서 직접 수입한 메밀 씨를 레스토랑에서 분쇄한 후 숙련된 일본인 요리사가 요리하는 곳이다. 제철 재료만을 사용하며 소바 말고도 선도가 좋은 지중해 참치와 스코틀랜드 연어, 브르타뉴 가리비 등을 사용한 스시와 지라시, 와규 스테이크와 같은 다른 요리도 즐길 수 있으며 전체적으로 담백하며 서비스 또한 좋다.

How to go M4호선 Saint germain des prés역에서 도보 1분
Add 22 rue Saint Benoît 75006 Paris   Open 월~토요일 12:00~14:00, 19:30~22:30
Price 예산 €30~   Web https://www.yen-paris.fr/

(Boutique)

파리에서 가장 럭셔리한 백화점

르 봉 마르셰 리브 고슈 Le Bon Marché Rive Gauche

1852년에 처음 문을 연 백화점으로 세계 최초의 정찰제, 컨시어지 서비스를 시행했으며 지금은 LVMH 그룹 소유다. 단체 관광객에게 커미션을 주는 관행이 없어 소매치기도 덜하고 쾌적한 분위기에서 쇼핑을 즐길 수 있다. 브랜드와 아이템 셀렉션에 관해선 세계 최고라 할 수 있으며 특히 지하 캐주얼관은 한국 젊은 이들이 좋아하는 브랜드가 즐비하고 메종관 1층의 식품관은 전부 쓸어 담고 싶을 정도로 훌륭한 제품군을 자랑한다. 쇼핑 후 백화점 내에서 면세 서류를 작성하고 미리 환급받을 수 있는 공간도 잘 마련돼 있어 편리하다.

How to go M10, 12호선 Sèvres Babylone역에서 도보 1분
Add 24 Rue de Sèvres 75006 Paris
Open 월~토요일 10:00~19:45, 일요일 11:00~19:45
Web www.lebonmarche.com/

수영장을 럭셔리 브랜드 매장으로 개조
에르메스 Hermés Rive Gauche

이전에 구립 수영장으로 사용되던 장소가 세계 최고의 럭셔리 브랜드 에르메스의 매장으로 변신했다. 모자이크, 테라조로 된 타일과 목재 선반, 솟아오른 3개의 물푸레나무로 만든 오두막이 돋보인다. 2010년에 탄생했으며 에르메스의 가죽 제품과 스카프, 식기류 등을 전시하고 있다. 매장을 내려다볼 수 있는 위치에 카페와 서점이 함께 있어 쇼핑 후 잠시 쉬어 갈 수 있다.

How to go M10, 12호선 Sèvres Babylone역에서 도보 2분
Add 17 Rue de Sèvres 75006 Paris
Open 월~토요일 10:30~19:00
Web www.hermes.com

아티스트를 넘어서는 초콜릿 장인
파트릭 로제 Patrick Roger

로제는 제빵사의 아들로 태어났으며 15세부터 제빵사이자 페이스트리 셰프인 모리스 블레 밑에서 견습생 생활을 시작했다. 페이스트리 분야에서 10년, 초콜릿 분야에서 3년간 일한 후 파리 남부에 부티크를 열었다. 이후 향기로운 허브와 벌집이 공존하는 채소밭을 만들었고 기네스 세계 기록 인증을 받은 10미터 높이의 크리스마스트리를 3톤의 초콜릿을 들여 만드는 등 아티스트적인 자질과 놀라운 작품들은 세계적인 조명을 받게 되었다. 어떤 매장에 들러도 세련되면서 차분한 분위기에 먼저 압도되고 그가 만든 초콜릿 조각과 판매되는 제품에 놀라움을 금할 수 없으니 소중한 사람들에게 줄 선물로는 더할 나위가 없다.

How to go M10호선 Cluny la Sorbonne역에서 도보 2분   Add 108 Bd Saint Germain 75006 Paris
Open 매일 11:00~19:000   Web www.patrickroger.com

파리지엔의 아파트에 초대된 느낌의 패션 부티크

아파르망 세잔 L'Arppartement Sézane et octobre

이미 인터넷 비즈니스로 큰 성공을 거둔 모간 세자로리가 2016년 4월에 파리에 처음 오프라인 매장을 열었다. 지금은 파리, 리용뿐 아니라 뉴욕 등지에 이르기까지 진출하면서 큰 성공을 거두고 있다. 파리의 아파트를 연상케 하는 공간에 오너가 엄선해서 고른 패션 아이템을 비롯하여 라이프스타일 제품까지 모아 원스톱 쇼핑을 가능케 한 곳으로 부촌인 파리 6구 마담들의 큰 호응을 얻고 있는 새로운 공간이다.

How to go M10, 12호선 Sèvres Babylone역에서 도보 4분
Add 122 Rue du bac 75007 Paris
Open 화~금요일 11:00~20:00, 토요일 10:00~20:00
Web www.sezane.com/fr

어린이 전문점에서 패밀리 스토어로 진화

스말라블 Smallable

2008년 세실 로데러와 세실 로샹이 어린이 세계를 전문으로 하는 온라인 콘셉트 스토어로 문을 열었다. 아이들을 위한 의류, 장난감, 도서, 생활용품 등 일상에 필요한 다양한 물품을 갖추었으며 이곳은 어린이 용품뿐만 아니라 온 가족이 함께 쇼핑할 수 있는 다양한 아이템을 갖춘 패밀리 스토어다.

How to go M10호선 Veneau역에서 도보 6분
Add 81 Rue du Cherche Midi 75006 Paris
Open 월요일 14:00~19:00, 화~토요일 11:00~19:00
Web www.smallable.com/

세련된 도자기와 주얼리의 만남

알릭스 레이니 Alix D. Reynis 👍

2011년에 태어난 세라믹 브랜드로 리모주 도자기 제품과 주
얼리 컬렉션으로 사랑받고 있다. 생 제르맹의 작업실에서 모
델링을 하고 석고나 왁스로 조각한 도자기는 세련된 디테일
과 시대를 초월한 스타일과 우아한 기교를 보여준다. 여기의
주얼리는 절묘한 장인 정신과 현대적인 감각이 어우러져 메
르시를 비롯해서 여러 편집 매장에서 판매할 정도로 프랑스
럭셔리의 상징성을 드러낸다.

How to go M4호선 Saint Germain des prés역에서 도보 4분

Add 22 Rue Jacob 75006 Paris

Open 월~토요일 11:00~19:00

Web www.alixdreynis.com

내추럴 와인의 강자로 떠오르는 와인 바&숍

페피트 Pépites

캬트 데 뱅에서 일하면서 1,500여 유기농 와인을 발
굴해 낸 유명 소믈리에, 티보 뒤발이 문을 연 와인
바&숍이다. 상점에서 구입한 와인을 10유로 코르
크 차지를 내고 아치형으로 된 아늑한 지하 소파에
서 즐길 수 있으며 치즈나 참치 리예트와 같은 안주
를 함께 주문할 수 있다. 프랑스 와인 중 귀한 와인
도 많지만 스페인, 이탈리아, 미국과 같은 외국에서
온 50여 종의 와인과 사케, 맥주 등도 판매한다.

How to go M10호선 Mabillon역에서 도보 2분

Add 36 Rue de Buci 75006 Paris

Open 화~토요일 11:00~23:00

Web https://pepites-lacave.fr/

아랍 세계 연구소-
파리 식물원

**Institut du Monde Arabe-
Jardin des Plantes**

노트르담 대성당에서 동쪽 방향으로 걷다 보면 센강 강가에서 유명 건축가, 장누벨이 설계한 아랍 세계 연구소와 마주친다. 빛의 양에 따라 자동으로 조절되는 특별한 건물 외관과 아름다운 센강과 노트르담 성당을 조망할 수 있는 전망대가 훌륭하다. 전망대에서 내려온 뒤에는 활기찬 몽주 광장 주변의 무푸타르 거리를 산책하듯 돌아보자. 과일 가게, 카페, 작은 상점과 부담없이 프렌치 스타일을 즐길 수 있는 서민 식당, 우리나라 사람들에게 유명한 몽주 약국이 모여 있는 활기찬 지역이다. 어린이뿐 아니라 성인들도 좋아하는 진화 박물관과 동물원을 아우르는 파리 식물원을 걸으며 여행으로 지친 몸과 마음을 쉬어 가는 조용한 파리를 경험할 수 있다. 그리고 이슬람의 이색 문화를 접할 수 있는 파리 그랑 모스케에 들러 달달한 박하차 한 잔을 마시는 것으로 하루의 피로를 달래길 추천한다.

소요 시간 반나절

만족도
문화 ★★
쇼핑 ★
음식 ★
휴식 ★★★

출발

메트로 7호선 Jussieu에서 내려 아랍 세계 연구소를 먼저 방문한 다음 나머지 코스를 여유 있게 걸어서 돌아본다.

```
아랍 세계        도보 11분         파리 식물원        도보 4분         파리 그랑
연구소                                                              모스케
```

주의 사항

• 몽주 약국 쇼핑을 하려면 마지막 일정에 들러야 무거운 짐을 들고 다니지 않는다.

하이라이트

• 일몰 때 아랍 세계 연구소 전망대에서 아름다운 파리를 앵글에 담기
• 몽주 약국에서 화장품 쇼핑하기
• 무푸타르 시장 걸으면서 군것질하기
• 파리 그랑 모스케에 들러 박하차 마시기
• Too 호텔 루프탑 바에서 멋진 파리 전경 바라보기
• 무푸타르 시장을 거닐면서 예쁜 파리 상점과 카페를 배경으로 셀카 찍기

주요 쇼핑 스폿

• 무푸타르 시장
• 몽주 약국

독특한 건물 외관과 멋진 전망이 아름다운 공간

아랍 세계 연구소 Institut du Monde Arabe ★

1980년 북아프리카와 중동을 식민지로 지배했던 프랑스가 아랍 문화에 대한 지식을 알리기 위해 20개국의 연합인 아랍 연맹국과 프랑스 정부의 공동 기금 2억 3천만 유로의 시공 예산을 출원하여 세운 건물이다. 프랑스의 유명 건축가 장 누벨(Jean Nouvel)과 아키텍처 스튜디오가 아랍의 무샤라비에의 패턴을 재해석하여 빛에 민감하게 반응하는 태양 조절 조리개를 비롯해 강철과 유리로 만든 혁신적인 디자인으로 아가 칸 건축상을 수상했다. 커튼 역할을 하는 240개의 조리개는 태양에서 건물 내로 들어오는 빛과 열의 양을 감지하면 모터가 자동으로 작동하는데 빛의 양에 따라 동공의 크기를 조절하는 고양이의 눈과 닮았다. 4층에서 8층까지는 고대부터 오늘에 이르는 아랍의 예술과 문화, 역사와 관련한 전시 공간과 도서관, 컨퍼런스 룸 등으로 이용하며 엘리베이터를 타고 올라가는 9층에는 노트르담 대성당과 센강의 아름다운 석양을 즐길 수 있는 무료 전망대(무료)와 8개월간의 리뉴얼을 마치고 새롭게 문을 연 다르 미마(Dar Mima) 레스토랑이 위치해 있다.

How to go M7, 10호선 Jussieu역에서 도보 7분   Add 1 Rue Fossés Saint Bernard 75005 Paris

Open 화~금요일 10:00~18:00, 주말·국경일 10:00~19:00

Price 박물관 일반 €8, 만 26세 이하 무료   Web www.imarabe.org

식물과 동물에 관심 많은 사람이라면 놓쳐서는 안 될 명소

파리 식물원 Jardin des Plantes ★

1635년 루이 13세와 왕족의 건강을 위해 약초를 기르는 왕립 약용 식물원으로 처음 만들어졌다. 1718년 왕립 식물원으로 이름을 바꿨다. 정원, 온실, 진화 박물관, 국립 자연사 박물관, 동물원, 광물 박물관 등으로 약 9만여 평의 대지 위에 세워져 하나의 거대한 생태 공원과도 같다. 동물원에는 악어, 뱀, 캥거루, 표범, 조류 등 200여 종의 동물이 있으며 장미 정원에는 170여 종의 장미가 있다. 그중에서 가장 규모가 큰 진화 박물관은 1889년에 분리되어 식물과 동물의 진화 과정을 보여주는 수많은 표본과 박제를 전시하고 있다. 곤충, 화석, 공룡의 골격, 보석의 원석과 광물 표본 등이 전시된 국립 자연사 박물관은 세계 3대 국립 자연사 박물관 가운데 하나로 꼽히고 있다.

How to go M7호선 Place Monge역에서 도보 7분
Add 36 Rue Geoffroy Saint-Hilaire 75005 Paris
Open 월·수~일요일 10:00~18:00
Day off 화요일, 1/1, 5/1, 12/25
Price €7~13
Web www.jardindesplantesdeparis.fr

이슬람 문화를 잠시 경험하고 싶다면

파리 그랑 모스케 Grande Mosquée de Paris ★

1926년 7월 15일 개관한 파리 최대 규모의 이슬람 사원이다. 1970년대 건설 붐이 한창이던 프랑스에 꿈을 품고 이주해 온 북아프리카계 무슬림들에게 마음의 고향과 같다. 이슬람 예술의 전형적인 꽃 모티브로 장식된 문을 통해 들어가면 장인들이 새긴 전통 장식과 모자이크가 인상적인 조용한 살롱 드 테에서 박하차를 즐기는 사람들의 모습을 볼 수 있다. 그라나다의 알함브라와 비슷한 분위기의 정원, 정교하게 조각된 아케이드로 둘러싸인 파티오, 여성들에게만 출입이 허용되는 사우나 아맘과 이슬람 신자들의 기도 장소, 도서관, 카페로 구성돼 있다. 금요일과 이슬람 축일 등에는 일반인의 출입을 금하니 참고할 것. 일반 여행자라면 살롱 드 테에서 간단히 차를 마시거나 미리 예약하고 레스토랑에 들러 아랍 음식인 쿠스쿠스나 타진 등을 즐기는 것만으로도 만족스러운 경험이 될 것이다.

How to go M7호선 Place Monge역에서 도보 3분
Add 2 bis Place du Puits de l'Ermite, 75005 Paris
Open 09:00~18:00
Day off 금요일
Web www.grandemosqueedeparis.fr

한국인이 운영하는 파리 최초의 빙수 전문점

플러스 82 Plus 82

한국인이 운영하는 최초의 빙수 전문점으로 겨울에는 붕어빵
도 별미로 함께 즐길 수 있다. 각종 전시와 도서 신간 발표회
와 같이 한국 문화를 알리는 메신저 역할을 하는 곳으로 디자
이너 출신의 젊은 부부가 디자인한 예쁜 공간과 일러스트로
만든 센스 있는 메뉴판 등이 눈길을 끈다. 공간이 작고 디자인
학교 앞에 위치해 있어 늘 많은 사람들로 붐비므로 긴 줄을 서
지 않으려면 오전에 가는 것이 좋다.

How to go M7호선 Censier Daubenton역에서 도보 5분
Add 11 bis rue Vauquelin 75005 Paris
Open 월~토요일 09:00~19:00
Price 빙수 €10~, 붕어빵 €5~
Web www.instagram.com/plus82paris

커피 맛에서 진정성을 느낄 수 있는 5구의 카페

스트라다 카페 Strada café

인도, 에티오피아, 브라질의 소규모 커피 생산자들을 발
굴하여 프랑스에서 로스팅하는 스페셜 커피 전문점이
다. 마레 지역에 2호점을 냈으며 몽주 약국 근처에 있어
쇼핑 후 지친 다리를 쉬어 가기에 좋은 위치다. 플랫 화
이트 커피나 에어로 프레스 커피를 추천하며 간단히 식
사를 즐기려면 아포카도와 치즈, 토마토 등을 넣은 베이
컨 번이나 연어를 넣은 번을 추천한다.

How to go M7호선 Place Monge역에서 도보 4분
Add 24 Rue Monge 75005 Paris
Open 월~금요일 08:00~18:30, 토~일요일 09:00~18:00
Price €15~
Web https://stradacafe.fr

이슬람 사원 내에 위치한 박하차 전문 카페

모스케 살롱 드 테 Le Salon de thé

1920년 파리 시내에 지어진 유일한 이슬람 사원에서 운영하는
찻집. 현지식 그대로 신선한 민트로 넉넉하게 장식된 박하차와
당도가 높은 페이스트리를 즐길 수 있다. 햇살 좋은 날 테라스에
서 즐기는 차 한잔은 여행의 피로를 가시게 한다. 이웃한 레스토
랑에서는 북아프리카인들뿐 아니라 프랑스인들도 즐겨 먹는 아
랍식 요리 타진과 쿠스쿠스를 판매하는 레스토랑과 아랍식 사우
나 아맘도 함께 운영한다.

How to go M7호선 Place Monge역에서 도보 6분
Add 39 Rue Geoffroy Saint Hilaire 75005 Paris
Open 09:00~24:00   Web www.la-mosquee.com

최근 사마리탄 백화점에 카페를 연 스페셜티 커피 전문점

브륄르리 고블랭 Brulerie des gobelins

스페셜티, 유기농, 공정 무역 커피만을 판매하는 곳으로 최근
사마리탄 백화점에 징크 카페도 열어 함께 운영 중이다. 1957
년 이후 직접 로스팅한 커피를 판매하고 있어 많은 단골 고객
을 확보하고 있으며 노란색 표지의 눈에 띄는 표지와 세련된
패키징으로 여성들의 사랑을 받고 있다. 페루의 쿠스코 지역
에서 생산되는 원두는 복합적이고 크리미한 느낌으로 아몬드
누가 향의 부드러운 바디감이 좋으며 좀 더 좋은 것을 추천하
라면 감귤류, 흰 꽃의 풀 바디감과 캐러멜 바닐라 향이 조화를
이루는 스페셜티 커피 컬럼비아 부르봉 로즈를 추천한다.

How to go M7호선 Les Goblins역에서 도보 5분
Add 2 avenue des Goblins 75005 Paris
Open 화~토요일 09:30~19:00
Web www.bruleriedesgobelins.fr

애니메이션 〈라따뚜이〉의 배경이 된 전망 좋은 레스토랑

투르 다흐장 Tour d'argent

1582년에 처음 문을 연 레스토랑으로 센강과 노트르
담 성당의 전망이 잘 보이는 건물 6층에 자리한다. 최근
새 단장을 마치고 재오픈한 미슐랭 1스타 레스토랑으로
MOF 요리 장인 셰프 야닉 프랑크가 전통과 현대 프랑스
요리의 적절한 균형을 되찾으며 도약하고 있다. 약간 클
래식하고 무거운 분위기의 음식과 달리 스테판 트파피
에가 지휘하는 활력 넘치는 홀 서비스는 초를 켜고 와인
을 따르는가 하면 시그니처 메뉴인 카나르 아 라 프레스
(주문 시마다 일련번호를 부여하고 기념으로 손님에게 전달)
를 홀로 가져와 뼈를 바르고 압착하여 소스를 내는 모습
을 생생하게 보여준다. 여기의 압권은 30만 병의 와인으
로 혹자는 '죽기 전에 마셔보고 싶은 와인을 즐기기 위해 이곳을 찾는다'고 할 정도로 훌륭한 와인 리스트를 갖고 있다.

How to go M7호선 Pont Marie역에서 도보 4분   Add 19 quai de Tournelle 75005 Paris
Open 화~토요일 12:00~14:00, 19:00~21:00   Price 점심 코스 €150, 저녁 코스 €360,
Web www.tourdargent.com

한국을 사랑하는 에릭 트로숑이 운영하는 미슐랭 1스타 레스토랑

솔스티스 Solstice 👍

솔스티스는 지구의 자전축이 가장 태양 쪽으로 가깝거
나 멀리 기울어져 있는 상태 즉 하지 또는 동지를 의미한
다. 프랑스 유명 요리 학교인 에콜 드 페랑디에서 23년
간 교수를 역임했을 뿐 아니라 요리 장인 MOF 타이틀도
갖고 있는 에릭 트로숑이 운영하는 친밀하고 현대적인
인테리어의 레스토랑이다. 김미진 소믈리에를 아내로 둔
셰프는 직접 김치도 담글 정도로 한식을 사랑하며 미니
멀리즘을 지향하는 셰프의 오마카세 메뉴는 모든 코스
가 일정하게 최고의 맛을 보여준다.

How to go M7호선 Censier Daubenton역에서 도보 7분
Add 45 Rue Claude Bernard 75005 Paris
Open 화~토요일 19:30~21:00 *토요일은 점심도 운영 12:00~13:30   Price 5코스 메뉴 €150, 오마카세 €220,
Web https://solsticeparis.com/

섬세한 일본 셰프가 프렌치로 미슐랭 1스타를 받은 곳

솔라 Sola

1층의 젠 스타일 목재와 옛 건물의 대들보가 있는 천장, 지하의 다다미로 되어 있는 공간이 특별한 분위기를 자아내는 곳으로, 도예가이자 셰프인 코스케의 놀라운 솜씨를 즐길 수 있다. 다채로운 식재료들에 영감을 받은 셰프가 자신만의 철학을 입혀 요리로 재구성한다. 일본 요리의 정확성과 프랑스의 풍요로운 식재료가 결합하여 훈제, 건조, 발효 등의 조리법에 의해 재탄생하는 이곳의 요리는 특별하다.

How to go M10호선 Maubert Mutualité역에서 도보 3분
Add 12 Rue de l'hotel Colbert 75005 Paris
Open 화~목요일 19:00~00:30, 금~토요일 12:30~14:00, 19:00~00:30
Price 점심 메뉴 €85, 저녁 메뉴 €150 Web www.restaurant-sola.com/

삼계탕이 먹고 싶을 때 이곳으로 고고씽

종로 삼계탕 👍

파리 유일의 삼계탕 전문점으로 한국에서 공수한 인삼과 대추 등 좋은 재료를 사용하여 만들며, 2022년 한식진흥원과 농림축산식품부 지정 해외 우수 한식당에 선정되었다. 깨죽과 검은깨 삼계탕은 한국에서도 맛보기 힘든 맛으로 가을과 겨울에 파리를 찾는다면 뜨끈한 국물과 몸보신으로 이만한 것이 없다. 찜닭이나 닭강정 등도 함께 즐길 수 있다. 다만 조기 소진될 때가 있으므로 예약 시 삼계탕을 예약해야 한다.

How to go M7호선 Les Goblins역에서 도보 7분
Add 23 Bd Port Royal 75005 Paris
Open 화~토요일 12:00~14:00, 19:00~22:00
Price 검은깨 삼계탕 €25
Web www.jongno.fr

일반 약국에 비해 화장품을 싸게 살 수 있는 곳

몽주 약국 Pharmarcie Monge

'에펠 탑에 갈 시간은 없어도 몽주 약국에는 가야 한다'는 농담이 있을 만큼 한국인들이 많이 찾는다. 다만 시내 명소와의 접근성이 떨어지고 일부 제품은 다른 할인 약국에 비해 비쌀 때도 있으니 무조건 맹신할 필요는 없다. 수시로 하는 할인 품목을 중심으로 자신이 필요한 아이템을 미리 정하고 가면 좋다. 15일 이내 프랑스 출국 조건으로 면세를 받을 수 있다. 작가의 추천 물품은 하단에 있다.

How to go M7호선 Place Monge역에서 도보 1분

Add 1 Place Monge 75005 Paris

Open 월~토요일 08:00~20:00, 일요일 08:00~19:00

Open 금요일 Web https://notre-dame.pharmacie-monge.fr

몽주 약국 추천 아이템 비쉬 미네랄 89 | 달팽 수분크림 | 르네 휘테르 샴푸 | 눅스 프로디쥬스 오일 | 라 로슈 포제 멜라 B3 세럼 | 시슬리 에콜로지크 에멀전 | 코달리 비노선 프로텍트 인비지블 하이 프로텍션 스틱 SPF50 | 보토 치약 &구강 청결제 | 비쉬 미네랄 89

TIP

《파리는 날마다 축제》를 따라 걷는 생 제르맹 데프레와 주변 명소

<노인과 바다>, <누구를 위하여 종을 울리나>와 같은 명작을 남긴 세계적인 대문호, 어니스트 헤밍웨이는 1921년에서 1926년까지 파리에 살았던 기억을 되뇌이며 1960년 봄에 《파리는 날마다 축제》라는 책을 완성한다. 화가와 문필가들에게 파리에 산다는 것은 자신들의 예술 활동은 물론 서로의 교제와 우정, 사랑을 통해 힘든 생활을 버텨낼 수 있는 버팀목과 같았다. 프랑스 문화의 중흥기이자 경제와 문화의 황금기로 불리던 벨 에포크(아름다운 시절)에 파리에 살았던 기억 속의 장소들은 생제르맹 데프레 지역을 중심으로 모여 있다. 헤밍웨이는 문학가들의 안식처이자 후원자 역할을 했던 거트루드 스테인의 집과 주변에 위치한 뤽상부르 공원을 거닐며 산책을 즐겼으며 영화 <미드나잇 인 파리>에서는 파리의 소설가 지망생인 질이 과거로 가는 오래된 차를 타고 헤밍웨이를 만났던 생테티엔뒤몽 성당이 있다. 그 밖에 팡테옹 뒷편에 위치한 자신이 살았던 거처(74 rue Cardinal Lemoine) 주변에는 학생들이 드나드는 비싸지 않은 선술집과 싸구려 식당들이 모여 있다. 그 밖에도 헤밍웨이가 단골로 들르던 영미서점 '셰익스피어앤드컴퍼니'도 라탱 지구 내에 위치해 있다. 가난하지만 행복했던 시절의 파리를 세심하게 보여주는 《파리는 날마다 축제》를 파리 여행을 마치고 꼭 한번 읽어볼 것을 권한다.

AREA 7

오르세-
앵발리드-에펠 탑

Musée d'Orsay-
Hôtel des Invalides-
La Tour Eiffel

우리나라 미술 교과서에 등장해서 익숙한 인상파 화가들의 작품을 주로 전시하는 오르세 미술관. 센강을 사이에 두고 루브르 박물관과 마주하고 있다. 옛 기차역에서 환골탈태한 오르세 미술관 관람을 마치고 센강을 따라 걷다 보면 금장으로 장식된 알렉산드로 3세 다리와 만나게 된다. 여기에서 왼쪽으로 방향을 돌려 황금 돔 지붕을 향해 가면 프랑스의 영웅 나폴레옹이 잠든 앵발리드, 로댕 미술관에 다다를 수 있다. 이들 유적지에 서면 프랑스의 유구한 역사와 다채로운 문화에 대한 감탄이 절로 나온다. 이어지는 고급 주택가 지역을 관통하여 서쪽으로 다시 발걸음을 재촉하면 제3세계의 원시 문화를 살펴볼 수 있는 케브랑리 박물관과 파리 관광의 하이라이트인 에펠 탑에 당도하게 된다. 꿈에 그리던 에펠 탑에 올라 파리를 한눈에 내려다보며 벅찬 감동의 순간을 만끽해 보자.

소요 시간 반나절	
만족도	
문화	★★★
쇼핑	★
음식	★
휴식	★★

출발

RER C선 Musée d'Orasy, M12호선 Bus 63, 68, 69, 83, 84, 87, 94번 Solférino에서 내려 오르세 미술관을 보고 나서는 도보와 버스를 병행하여 이동한다.

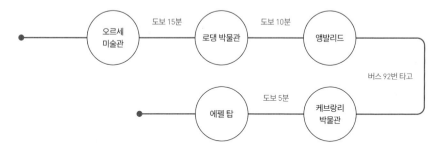

주의 사항

- 혼잡한 에펠 탑 엘리베이터 및 에펠 탑 주변에서 소매치기를 주의한다.
- 비르하켐역에서 에펠 탑 가는 길이나 에펠 탑에서 트로카데로 광장 올라가는 길에서는 야바위꾼을 무시하고 지나치도록 하자.
- 쥐가 많은 에펠 탑 주변 잔디밭에 함부로 앉거나 눕지 않도록 한다.

하이라이트

- 에펠 탑 전망대에 올라 기념 사진 촬영
- 오르세 미술관에서 인상파 작품들 감상
- 로댕 미술관 정원을 거닐며 유명 작품을 마주하고 노천 카페에서 차 한 잔의 여유 느끼기
- 케브랑리 박물관 레스토랑에서 에펠 탑 보며 식사하기
- 나폴레옹의 무덤과 군사 박물관 내 나폴레옹 특별관 관람하기
- 오르세 미술관 시계탑에서 사진 찍기

반가운 작품이 많아 만족도가 가장 높은 미술관

오르세 미술관 Musée d'Orsay ★★★

오르세 미술관은 원래 파리 만국 박람회 개최를 위해 1900년 오를레앙 철도가 건설한 철도역이자 호텔이었다. 당시 파리 국립미술학교 건축과 교수였던 빅토르 랄루가 설계한 이 건물은 철도가 발전하면서 길어지는 차량에 대응하지 못하는 승강장 환경과 이용객 수의 감소로 1939년 철도역으로서의 기능을 상실했다. 제2차 세계대전 중에는 임시 우체국으로 이용되기도 했으며 이후에는 영화 세트장, 호텔 등으로 쓰이는 등 갈피를 잡지 못하다가 1977년 발레리 지스카르데스탱 대통령이 박물관으로 만들자는 제안을 했고 후임인 미테랑 대통령에 의해 1986년에 개관했다. 당시 디자인 총감독은 아울렌티가 맡았는데 그는 자연의 채광과 인공 조명을 매치하고 벽과 바닥에 균일한 소재의 돌을 사용함으로써 통일감을 주어 차분하고 아늑한 분위기를 완성했다..

여기에 전시된 작품은 2월 혁명이 일어난 1848년부터 제1차 세계대전이 일어나기 전인 1914년까지의 서양 회화, 조각, 사진, 건축 모형 등이다. 시대적으로는 루브르 박물관과 퐁피두 현대 미술관을 잇는 역할을 하며 세계 최대 규모의 신고전주의, 인상주의 작품이 전시된다. 주요 작품으로는 마네의 〈풀밭 위의 점심 식사〉, 〈올랭피아〉, 드가의 〈열네 살 어린 무용수〉, 쿠르베의 〈세상의 기원〉, 〈오르낭의 매장〉, 세잔의 〈카드놀이 하는 사람들〉, 모네의 〈루앙 대성당 연작〉, 르누아르의 〈물랭 드 라 갈레트의 무도회〉, 고흐의 〈화가의 방〉, 밀레의 〈만종〉, 〈이삭 줍기〉, 로댕의 〈지옥의 문〉 등이 있다.

How to go M8호선 Saint-Sébastien - Froissart역에서 도보 7분

Add Esplanade Valéry Giscard d'Estaing 75007 Paris

Open 화~수요일, 금~일요일 09:30~18:00, 목요일 09:30~21:45 Day off 월요일

Price 일반 €14 인터넷 예약 시 €16 (목요일 18:00 이후 €10, 인터넷 예약 시 €12)

Web https://www.musee-orsay.fr/

오르세 미술관 효율적으로 보기

건물 구조가 지하 2층 지상 6층으로 되어 있으며 주요 작품은 0, 2, 5층에 몰려 있다. 입구를 통해 안으로 들어가면 천장에서 자연광이 비치는 0층에서 19세기 그림, 조각, 장식 미술품을 먼저 관람한다. 0층에서 꼭 만나 볼 작품으로는 고전주의 거장 장 오귀스트 도미니크 앵그르의 걸작 〈샘〉과 1800년대부터 1850년대까지의 역사화, 1870년 이전의 인상파 회화와 사실주의 회화가 있다. 밀레의 〈이삭 줍기〉, 〈만종〉, 인상파의 선구자 에두아르 마네의 〈올랭피아〉, 〈풀밭 위의 점심 식사〉, 〈피리 부는 소년〉, 사실주의 작가 귀스타브 쿠르베의 〈화가의 아틀리에〉, 〈오르낭의 매장〉, 샤를 가르니에의 〈오페라 하우스〉를 감상하고 에스컬레이터를 통해 2층으로 올라가서 인상주의 퐁타방파와 나비파에 속한 세잔, 모네, 르누아르, 반 고흐, 드가, 시슬리, 피사로 등 프랑스 미술계 거장들의 작품과 아르누보 전시실 오귀스트 로댕의 〈지옥의 문〉과 부르델의 〈활을 쏘는 헤라클레스〉 등을 관람한다. 5층은 고흐의 〈자화상〉, 쇠라의 〈서커스〉, 마네의 〈제비꽃 장식을 한 베리트 모리조〉, 〈풀밭 위의 점심 식사〉, 르누아르의 〈물랭 드 라 갈레트〉, 카이유 보트의 〈대패질하는 사람들〉, 드가의 〈무용 교실〉 등 인상파 대가의 작품이 모여 있는 오르세 미술관의 하이라이트다. 5층으로 올라가 시계탑 뒷면에 있는 캉파냐 카페에서 휴식을 취한 다음 시계탑을 배경으로 인생 사진을 찍는 것으로 오르세 미술관 관람을 마무리한다.

TIP

인터넷 예약을 추천한다. 티켓 구매는 입구 A, 뮤지엄 패스 소지자는 입구 C를 통해 들어간다. 규모에 비해 아는 작품이 많으니 가급적 줄을 적게 서는 오전 시간에 돌아볼 것을 권한다. 오르세 미술관과 로댕 미술관 통합 입장권을 구매하면 할인 혜택을 받을 수 있으며 오르세 미술관 입장권을 갖고 있으면 8일 내로 귀스타브 모로 박물관과 오페라 가르니에 입장권이 할인된다.

장 프랑수아 밀레

〈이삭 줍는 여인들〉은 가난한 농민들의 생활을 주로 그린 바르비종파의 대표 작가 밀레가 그린 작품이다. 1970~1980년
대 우리나라 사람들에게 특히 친숙해지게 되었는데 당시 이발소 벽에 흔히 걸려 있던 작품이었기 때문이다. 파리에서 남
동쪽으로 약 60여 킬로미터 떨어진 바르비종에는 19세기 초 테오도르 루소, 카미유 코로, 장 프랑수아 밀레 같은 화가들
이 주변의 퐁텐블로 숲과 같은 자연을 주로 작품에 담았다. 테오도르 루소에게 경제적 도움을 받기 위해 바르비종에 간
밀레는 가난한 농부의 아들로 태어나 일생을 농촌에서 보내면서 마주하게 된 빈난한 농촌의 삶을 주로 그렸다. 추수를
마친 들판에 나가 부농들이 남기고 간 이삭들을 주워 끼니를 때워야 했던 농촌 빈민들의 고단한 삶을 3명의 여인을 통해
보여주는 작품이다. 고된 노동과 강렬한 햇볕에 검붉게 그을린 여인들의 손과 얼굴은 가난하고 궁핍한 삶을 연상케 하지
만 한편으로는 자연스럽게 묻어나는 노동의 엄숙함과 경건한 태도를 통해 그 어떤 영웅보다 진지한 삶의 품위를 드러내고
있다.

들판 너머 성당에서 울려 퍼지는 종소리를 듣고 감자를 수확하던 두 부부가 잠시 하던 일을 멈추고 자리에서 일어나 기
도를 하는 찰나를 그린 〈만종〉 역시 밀레의 대표작이다. 만종은 농촌에서 아침, 점심, 저녁 동안 천사 마리아에게 기도문
을 외울 시간이 됐음을 알려주는 교회의 종을 의미한다. 그러나 루브르 박물관의 엑스레이 검사에서 바구니의 초벌 그림
에 감춰져 있던 어린아이의 관 모양이 발견되었다. 이로써 원래는 이 작품에 기아에 허덕이다 굶어 죽은 아기의 관을 두
고 기도하는 두 부부의 처절함이 담겨 있었다는 사실이 밝혀져 충격을 주기도 했다. 밀레의 작품들은 그의 그림을 모사
하며 따랐던 고흐나 피사로 같은 후배 화가들의 작품 세계에 영향을 끼쳤다.

귀스타브 쿠르베

1848년 2월 혁명으로 프랑스에 새로운 공화정이 수립되던 시기에 태어난 사실주의 대표 화가가 쿠르베다. 관념적인 신고전주의 양식을 거부하고 현실 도피적인 낭만주의 양식을 거부하면서 실제 삶을 진실되게 표현하고자 노력했다. 1855년 귀스타브 쿠르베가 제작한 〈화가의 아틀리에〉를 보면 우측에 독서하는 시인 보들레르를 비롯하여 사회주의자였던 친구 프루동, 중앙에 고향의 풍경을 그리는 쿠르베 자신과 그림 앞에서 골똘히 작품을 감상하는 어린이와 커다란 천으로 몸을 가린 채 그림을 내려다보는 나체의 여인을 볼 수 있다. 중앙의 그림을 중심으로 좌측으로는 작가의 고향인 오르낭의 가난한 사람들이 있고 우측으로는 파리에서 알고 지낸 부르주아 계층이 모여 있다. 이를 통해 쿠르베는 빈부 혹은 계급의 차이로 나뉜 인물군의 대비를 보여줌으로써 사회 현실을 드러내고자 했다.

〈오르낭의 매장〉 역시 사실주의 화가인 쿠르베의 대표작으로 6.6미터에 달하는 대작이다. 1850년 살롱전에 출품된 이 작품은 시골 마을에서 평범한 농부로 살다 생을 마감한 화가 친척 할아버지 장례식이다. 46명의 인물들은 전부 다른 표정을 하고 있으며 노동자나 가난한 사람들도 작품에 등장시켰다. 장례식 장면은 주로 종교화의 소재였지만 이 작품은 수평적 파노라마 구도를 사용해 사실적으로 장례식 장면을 구현했으며 슬픔을 함께 나누는 작가의 의도를 드러낸다.

에두아르 마네

말끔한 옷차림의 두 남자와 대조되는 나체 여인이 한적한 숲에서 점심 식사를 즐기는 모습을 그린 〈풀밭 위의 점심 식사〉는 마네의 대표작 중 하나로 1862년과 1863년 사이에 그려졌다. 매춘부를 돈으로 사서 도시 외곽으로 피크닉을 나간 듯한 장면을 통해 마네는 부유한 사람들의 위선을 비판하고 있는 것이다. 눈부시도록 하얀 여성의 나체와 부끄러운 줄 모르고 관람객을 쳐다보는 듯한 시선은 당시 많은 사람들에게 충격을 주었다. 1863년 살롱 심사에서 거부당하자 마네는 다른 두 작품과 함께 이 그림을 1863년 낙선전에 전시할 기회를 얻었다. 실제 전경 누드의 여인은 술집 기타리스트이자 직업 모델, 빅토린 뫼랑이다.

티치아노의 〈우르비노의 비너스〉, 고야의 〈옷 벗은 마야〉에 영감을 받았다고 전해지는 〈올랭피아〉 역시 발표 당시에는 대중에게 비난을 받았으나 지금은 걸작으로 손꼽히는 작품이다. 앞서 언급한 직업 모델 빅토린 뫼랑이 등장하여 당당하게 벗은 몸을 보여주고 있다. 세간의 비판과 달리 에밀 졸라는 이 작품을 마네의 걸작이라 했다. 올랭피아 옆의 흑인 메이드는 아프리카 사람들을 시종으로 부리던 부자들의 위선을 보여주는 한편 침대 아래에 고양이는 여성의 음부를 상징하는데 당시 프랑스에서 검은 고양이도 이런 의미였다.

마네의 〈피리 부는 소년〉은 나폴레옹 3세 황제 친위대 소속 군악대의 10대 연주병을 주제로 그린 작품이다. 다만 자신의 아들이나 〈풀밭 위의 점심 식사〉에 등장했던 여성 직업 모델 빅토린 뫼랑과 닮았다는 설도 있다. 간결한 배경 속에서 빨강과 검정 옷을 입고 피리를 부는 소년은 마네가 스페인 여행을 갔다가 프라도 박물관에서 벨라스케스의 작품을 보고 영감을 받아 그린 것이다.

에드가 드가

부유한 은행가의 아들로 태어나 어릴 적부터 발레, 클래식 공연 등을 즐겨본 드가는 일상 모습을 주로 화폭에 담았다. 특히 발레 학교를 자주 그린 것으로 유명하다. 대표작 〈발레 수업〉은 당시 잘 알려진 발레 선생님이던 '쥘 페로'의 수업 장면을 그린 것이다. 그는 무대 위에 선 발레리나보다는 파리 오페라하우스의 분장실이나 대기실, 연습실을 드나들며 발레리나들의 모습을 그렸는데 이 작품도 발레리나들이 연습을 하는 장면이다. 휴식 시간 발레리나들의 다양한 동작과 표정들을 통해 세심한 드가의 관찰력이 드러난다. 자세히 살펴보면 지팡이를 짚고 선 페로가 중심이 되고 그의 주변에는 동료와 대화하는 발레리나, 등을 긁고 있는 발레리나, 지친 듯 바닥을 쳐다보는 발레리나, 휴식 시간에도 열심히 배운 동작을 반복하는 발레리나 등이 있다. 가혹한 훈련을 통해 만들어지는 발레리나는 극한 직업이었고 불우한 현실에서 벗어나 성공하고자 했던 가난한 노동 계층의 자녀들이 주를 이루었다. 당시 몸매를 해친다는 이유로 자신의 아기에게도 젖을 물리지 않았던 상류층은 발레 문화를 그저 즐기는 사람들이었다. 〈무대 위 발레 리허설〉이라는 작품에서는 스폰서로 보이는 남자들의 모습을 볼 수 있다. 공연 중에 무대 위에서 마음에 드는 발레리나를 찾는 음탕한 모습을 보여주는데 실제 부유한 스폰서에 눈에 든 발레리나가 어느 날 주인공이 되는 일도 허다했다고 한다.

피에르 오귀스트 르누아르

19세기 파리 사람들은 한가로운 일요일 오후에 춤추고, 술 마시고 갈레트를 먹으며 시간을 보내곤 했다. 몽마르트 지역의 물랭 드 라 갈레트에서 보통의 일요일 오후를 묘사한 르누아르의 이 작품은 〈물랭 드 라 갈레트의 무도회〉라는 이름으로 스냅 사진과 같은 일상의 모습을 그리고 있다. 여성이나 풍경을 주로 그린 르누아르는 싱그러운 녹음 아래 화사한 표정을 짓고 춤을 추거나 사교에 열중하는 사람들의 행복한 모습을 다양한 표정과 몸짓까지 세심하게 표현하고 있다. 그림을 보다 보면 마치 당시 사람들의 대화까지 들리는 듯하다. 튜브에 물감을 넣는 것이 가능해졌던 19세기 인상파 화가들은 스튜디오를 벗어나 자연으로 나가 그림을 그리게 되었다. 햇빛 아래로 나가 그리는 이들의 그림은 많은 사람들에게 활력을 주었다. 르누아르는 여성과 풍경을 즉흥적인 붓 터치와 생동감 넘치는 순간의 표정을 포착하여 주로 그린 작가로 유명하다.

두 소녀가 다정하게 피아노 앞에 있는 모습을 그린 〈피아노를 치는 소녀들〉은 완벽한 구도와 세밀한 선들을 겹치고 겹쳐 온화한 표현 기법을 사용했으며 편안함이 돋보이는 노란색이 지배적이다.

빈센트 반 고흐

네덜란드 출신으로 후기 인상파를 대표하는 고흐는 따스한 햇살이 있는 프랑스 남부, 아를에서 폴 고갱과 동거했으나 의견 차이로 갈등을 겪었으며 아를의 한 카페에서 자신의 귀를 자르고 생 레미 요양원에 보내졌다. 아를에 머무는 동안 쏟아질 것 같은 하늘의 별을 보며 상념에 빠져 있던 그가 코발트색 밤하늘의 별과 가스등에서 새어 나오는 불빛을 그린 것이 〈아를의 별이 빛나는 밤〉이다. 노란색 북두칠성이 반짝이며 차가운 밤의 풍경을 따뜻하게 물들이는 이 작품은 다소 즉흥적인 방식으로 넓은 붓에 의해 강렬하게 칠해졌으며 물에 비친 빛을 표현하기 위해 붓의 자루, 혹은 갈대를 이용해서 구현했다. 고흐가 입원했을 당시 그렸던 자신의 〈자화상〉은 단정한 양복 차림의 상반신을 그린 작품이다. 수척해 보이는 눈과 긴장한 표정은 당시 그의 심리 상태를 반영하고 있으며 소용돌이치는 무늬는 고흐가 겪었던 불안함과 고통을 보여주고 있다. 놓쳐서는 안 될 또 다른 소장품으로 〈오베르 쉬르 우아즈의 교회〉가 있다. 프랑스 남부 아를과 생 레미 드 프로방스에 있는 정신병원에서 힘든 시기를 보낸 반 고흐는 파리 외곽의 오베르 쉬르 우아즈에 정착한 후 정신과 의사이자 후원자였던 폴 가셰의 보호를 받으며 70여 점의 유화와 데생을 그려낸다. 13세기 초 고딕 양식으로 지어진 오베르의 교회를 격렬한 붓 터치와 색채로 표현하여 생동감 넘치게 보여주고 있어 오히려 실물로 보는 교회보다 고흐의 작품 속 교회가 더욱 생생하게 느껴질 정도다.

....

조르주 피에르 쇠라

쇠라의 대표작이라 할 수 있는 〈서커스〉는 빛의 프리즘을 통해 새어 나오는 작은 색점을 활용한 점묘화로 유명하다. 점묘법이란 화폭에 순색의 점을 계속 찍어나가는 화법이다. 쇠라는 '신인상주의'를 대표하는 화가 중 한 사람으로 안타깝게도 32세에 나이에 요절하였다. 그의 유작이자 미완성 작품인 〈서커스〉는 역동적인 서커스의 장면과 이를 지켜보는 관객들의 생생한 표정을 담아내고 있다.

클로드 모네

프랑스 인상파를 대표하는 화가였던 클로드 모네의 대표작 중 하나로 〈생라자르역〉이 있다. 마차에 의존하던 상황에서 기차의 등장은 교통수단의 혁명을 불러왔고, 기차역은 산업화와 문명의 대표적인 상징이었다. 모네는 기차역 근처에 집을 얻어 12점의 그림을 그렸으며 푸른색 증기를 사이로 보이는 파리의 건물과 희미하게 묘사된 사람들의 모습이 주는 몽환적 분위기가 인상적이다. 루앙 대성당 맞은편에 집을 얻어 시시각각 변하는 성당의 모습을 화폭에 담아내며 수련 연작과 함께 큰 공을 들인 것이 〈루앙 성당 대작〉이다. 같은 피사체를 그렸지만 각기 다른 색과 형채로 보여지는 40여 점의 연작이다. 인상파 이전의 화가들은 물체나 인상이 입체로 된 윤곽이었으나 모네는 빛을 중심으로 형태를 빛으로 용해시켜 성당의 디테일보다는 대상 전반의 느낌을 잘 표현하는 데 애를 썼다. 건축물이 아닌 시간의 흐름에 따라 달라지는 모습을 보여주는 것이었다. 1892년부터 1893년 사이에 그린 루앙 대성당의 연작을 여러 점 볼 수 있어 좋다.

폴 세잔

근대 회화의 아버지로 불리는 폴 세잔은 피카소와 브라크와 같은 화가들에게 영향을 주었다. 〈카드놀이 하는 사람들〉이란 주제로 5점의 그림을 그린 세잔은 사람을 대상으로 한 정물화를 주로 그렸다. 테이블 한가운데 술병이 놓여 있고 화면은 두 남자에게 공평하게 둘러 나뉘어 있다. 대칭의 구도를 사용하여 두 인물의 대립 상황을 묘사하고 있는데 당시 농민들에게 카드놀이는 일을 마치고 나서 즐기는 유희였으며 서양 미술의 단골 소재였다. 파리 생활을 접고 고향인 엑상 프로방스로 돌아간 세잔이 50대에 그린 안정적이며 편안한 작품이다.

오귀스트 로댕

〈발자크상〉은 1891년에 프랑스 문인 협회에서 주문한 작품이었다. 로댕은 18개월 만에 완성하기로 한 약속을 지키지 못했다. 이 조각을 위해 로댕은 발자크의 고향인 투렌느로 내려가 마을의 풍경과 그와 관련한 작품과 서간문까지 탐독하면서 발자크의 영혼을 이해하는 작업을 했다. 1898년이 되어서야 나체 형상의 발자크를 완성한 그는 살롱전에 출품했으나 주문자인 문인 협회로부터 가운을 걸친 발자크가 유령 같다는 이유로 단호히 거절당했다. 또 다른 대표작 〈생각하는 사람〉은 단테의 《신곡》을 조각으로 표현한 지옥의 문의 일부였다가 이를 크게 제작한 것이다. 40세가 되던 1880년, 로댕은 프랑스 정부로부터 단테의 《신곡》을 표현한 부조들을 사용하여 장식 예술 박물관 정문을 제작해 달라는 주문을 받았다. 이 작품을 위해 로댕은 피렌체에 있는 기베르티가 만든 〈천국의 문〉과 바티칸의 시스티나 성당의 벽화 〈최후의 심판〉 등을 참고했다고 전해진다.

앙투안 부르델

〈활을 쏘는 헤라클레스〉는 로댕의 제자 중 자신의 길을 찾아 떠난 부르델의 작품이다. 1908년 그리스 여행에서 돌아온 작가는 고대 조각의 단순함과 균형미에 반해 자신의 작품에 이를 반영했고 〈활을 쏘는 헤라클레스〉가 그중 대표작이다. 시위와 살이 없는 활은 깊이를 더해주고 거대한 활은 인간의 무한 의지를 보여주는데 공간을 분할하는 놀라운 구도와 인물의 긴장된 육체를 단순화한 모습이 훌륭하다.

프랑스를 빛낸 영웅들에 추서되다

레지옹 도뇌르 훈장 기념관 Musée national de la Légion d'honneur et des ordres de chevalerie ★

1782년부터 1788년 사이 건축가 피에르 루소가 살름 키르부르그의 왕자 프레데릭 3세를 위해 지은 건물이다. 1804년 나폴레옹이 구입해서 자신이 만든 훈장인 레지옹 도뇌르 훈장 기념관으로 만들었다. 파리 코뮌이 일어난 1871년 화재로 소실되었던 것을 이 훈장을 받은 사람들의 노력으로 재건했으며 미국 백악관의 모델이 된 것으로 알려져 있다. 중세부터 21세기까지 레지옹 도뇌르 뿐 아니라 외국의 훈장과 각종 메달 등 5천여 점의 컬렉션을 전시하고 있어 프랑스 역사에 큰 역할을 한 사람들의 흔적들을 찾아볼 수 있다. 1802년 명예의 군단을 창설한 것을 기념하는 나폴레옹 황제의 위대한 칼라를 비롯한 나폴레옹 기념품이 대표적이다.

How to go RER C호선 Musée d'Orsay역에서 도보 1분
Add 2 Rue de la Légion d'Honneur, 75007 Paris
Open 수~일요일 13:00~18:00 Day off 월~화요일 Price 무료 Web www.legiondhonneur.fr

프랑스 하원이 사용하는 아름다운 그리스식 건물

부르봉 궁전 Assemblée nationale-Palais Bourbon ★

콩코르드 광장에서 구체제의 모순을 발로 밟으며 과거의 역사를 기억하자는 의미로 바스티유 감옥을 허문 돌을 사용해서 만든 콩코드 다리를 건너면 마주하게 되는 건물이다. 루이 14세와 마담 드 몬테스팡의 딸인 루이즈 프랑수아 드 부르봉의 주도로 처음 건설되었고 자크 가브리엘이 1728년에 완성했다. 웅장한 코린트 양식의 기둥을 가진 그리스식 건물 외관이 인상적으로 왕정 복고 시기인 1795년부터 임기 5년, 577석의 프랑스 하원 의원들이 사용하는 입법부 건물로 사용 중이다.

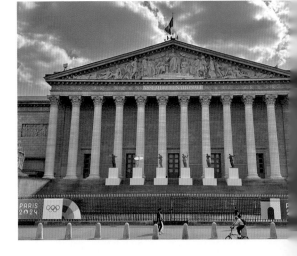

How to go M12호선 Assemblée nationale역에서 도보 4분
Add 126 Rue de l'Université 75007 Paris
Web www.assemblee-nationale.fr

나폴레옹 무덤과 관련한 주요 유적이 있는 박물관

앵발리드 Hôtel des Invalides ★★★

절대 권력을 가졌던 '태양왕' 루이 14세가 전쟁에 나가 부상당한 군인들과 퇴역 군인들의 치료를 돕기 위해 세웠다. 1676
년에 완공되었다. 아직도 이곳에는 100여 명의 퇴역 군인이 요양 생활을 하고 있으며 한국전쟁에 참전했다가 총상을 입
고 평생을 병상에서 보낸 자크 피유에 씨도 2003년 생을 마감할 때까지 이곳에서 지냈다. 요양 시설 외에 거대한 건물은
군사 박물관으로 이용되는데 고대에서 현대에 이르기까지 사용된 다양한 무기와 군사 관련 미술품, 장식품, 실물 크기
대표 모형, 중세 시대의 갑옷 등이 전시된다. 특별히 나폴레옹이 사용했던 칼과 군복, 모자, 그가 숨을 거둔 장소인 세인
트 헬레나 섬의 침실, 그가 타던 말의 박제는 관람객들에게 가장 사랑받는 아이템이다. 여기서 나와 나폴레옹의 무덤으
로 향하다 보면 명예의 뜰(Cour d'honneur)을 지나게 되는데 여기에는 15세기 말부터 제1차 세계대전까지 사용한 대포
들이 있다.

55만 겹의 금박으로 화려하게 장식된 107미터의 돔은 루이 14세가 성왕, 루이를 기리기 위해 세운 교회의 일부다. 쥘 아
르두앵 망사르가 1706년에 만들기 시작했으나 완성을 보지 못하고 드 코트에 의해 완성되었는데 이 돔의 아래에는 프랑
스의 전쟁 영웅 나폴레옹과 그의 아들, 형제등 일부 가족과 프랑스의 전쟁 영웅이 안치되어 있다. 루이 14세 당시 국경을
방어하기 위해 요새를 건설한 '보방(Vauban)' 장군의 유해는 1층에 있고 계단을 통해 지하로 내려가면 나폴레옹의 유해
가 있는 관을 마주하게 된다. 당시 프랑스 국왕이던 루이 필리프가 영국 정부와 7년간의 긴 협상 끝에 그가 죽은 세인트
헬레나섬에서 프랑스로 옮겨 온 것이다. 1840년 12월 15일 국장이 거행된 후에 비스콘티가 설계한 묘당에 있다가 이곳
으로 옮겨져 돔 아래에 안치되었다. 나폴레옹의 관은 철관, 마호가니관, 청동관, 붉은색 대리석 관 등 총 7겹으로 싸여져
있다고 한다. 나폴레옹의 관 뒤에는 '나는 내가 깊이 사랑한 프랑스 국민에게 둘러싸여 센강에서 쉴 수 있기를 바란다'라
는 유언이 적혀 있다.

How to go M13호선 Varenne역에서 도보 13분 Add 129 Rue de Grenelle 75007 Paris
Open 매일 10:00~18:00, 매월 첫째 금요일 18:00~22:00 *입장 마감은 문 닫기 30분 전
Day off 1/1, 5/1, 12/25 Price 일반 €15, 할인 €12 Web www.musee-armee.fr

로댕의 대표작과 만날 수 있는 호젓한 정원이 있는 미술관

로댕 미술관 Musée Rodin ★★★

페랑 드 모라는 1727년 가발을 만들어 부를 축적한 다음 유가 증권을 통해 큰 돈을 벌었다. 그는 당대 이름을 날리던 프랑스 건축가, 장 오베르에게 설계를 의뢰하여 3헥타르의 부지에 저택을 세웠다. 로코코풍의 우아한 외관과 정교한 실내장식이 아름다운 남향식 건물이었는데 지어진 지 2년 만에 페랑 드 모라는 단두대로 보내져 세상을 떠났고 건물은 부인에게 상속되었다. 이후 루이 14세의 며느리였던 멘느 공작에게 임대되었다가 퐁트누아 전투의 영웅인 비롱 원수가 이 집을 소유하게 되었다. 이후에 제정 시대에는 교황 특사와 러시아 황제가 머물기도 했으며 대사관저, 수도원 여학교로 수차례 용도가 변경되었다. 1905년에 국가가 사들여 아리스티드 브리앙이 장 콕토, 앙리 마티스, 오귀스트 로댕 같은 예술가들에게 아틀리에로 빌려줬다. 로댕은 국가에 자신의 작품을 기증하는 조건으로 자신의 이름을 붙인 박물관의 사용권을 얻어 생활하고 작업 활동을 했다. 지금의 박물관은 그가 죽은 지 2년 후에 개관되었다. 여기를 얻기 이전에 로댕은 주로 파리 근교, 뫼동(Meudon) 지역의 빌라 데 브리앙(Villa des Brillants)에서 주로 머물고 활동했으며 뫼동의 박물관은 주말에 대중에게 개방된다.

총 6,600여 점의 로댕 조각을 소장한 이 박물관에는 테라코타, 석고, 청동, 대리석, 밀랍, 철 등으로 된 작품이 있다. 남쪽 안뜰에서는 〈생각하는 사람〉, 북쪽 안뜰서는 〈지옥의 문〉, 〈발자크〉, 〈칼레의 시민〉을 감상할 수 있다. 미술관 건물 뒤쪽에 있는 정원에는 작은 연못과 화단, 조용히 책을 읽을 수 있는 벤치와 카페가 있다.

정원을 먼저 돌아본 다음 건물로 발길을 돌리면 1층 입구를 기준으로 왼쪽부터 시계 방향으로 9개의 방에 〈생각하는 사람〉과 〈입맞춤〉, 〈지옥의 문〉, 〈새벽〉, 〈신의 손, 연인〉과 같은 로댕의 조각이 전시된다. 6전시실에는 정부이자 모델이었던 카미유 클로델의 작품과 로댕의 작품을 함께 전시한다. 2층으로 올라가 왼쪽부터 시계 방향으로 8개의 전시실이 있으며 13전시실에는 로댕이 수집한 회화와 고대 유물들이 조각들과 함께 있다. 로댕은 생전에 빈센트 반 고흐, 클로드 모네, 피에르 오귀스트 르누아르 등 유명 화가들의 작품을 소장했다. 드로잉으로 시작했지만 조각에 더 큰 재능을 보여준 로댕은 미켈란젤로 이후의 최대의 조각가로 꼽히는데 특별히 인간의 모든 희로애락의 감정 안에서 솟아나는 생명의 약동을 사실적인 기법으로 표현했다. 그러나 늘 성공만 했던 것은 아니다. 3번의 국립 미술학교 낙방으로 생계를 위해 건축 장식업을 하면서 벨기에와 이탈리아를 여행했고 건물의 장식가에서 예술가로 이름을 날리며 '근대 조각의 아버지'가 되었다. 단테의 신곡, 지옥편을 소재로 한 〈지옥의 문〉, 〈생각하는 사람〉 등 로댕의 작품이 전 세계에 여러 점 있는 이유는 작가가 죽기 전에 작품 제작에 관한 모든 권리를 프랑스 정부에 넘겼기 때문이다. 과도한 복제로 작품의 가치가 떨어질 것을 우려한 정부에서는 1956년 로댕의 같은 작품은 최대 12개까지만 만든다는 법을 제정했다.

How to go M13호선 Varenne역에서 도보 13분
Add 129 Rue de Grenelle 75007 Paris
Open 매일 10:00~18:00, 매월 첫째 금요일 18:00~22:00
*입장 마감은 문 닫기 30분 전
Day off 1/1, 5/1, 12/25
Price 일반 €15, 할인 €12
Web www.musee-armee.fr

지옥의 문

1880년 프랑스 정부로부터 장식 미술관의 정문 조각을 주문받은 로댕이 중세의 시인 단테의 《신곡》 중 지옥편에서 영감을 받아 제작한 건으로 1885년 미술관 건립의 취소 이후 계속해서 수정을 했으나 완성은 보지 못했다. 작가는 피렌체의 세례당에 있는 〈천국의 문〉을 제작한 르네상스의 거장 기베르티에와 시스티나 예배당의 벽에 〈최후의 심판〉을 그린 미켈란젤로로부터 영감을 받았다고 전해진다. 단테가 베르길리우스의 안내로 지옥과 천국을 다녀온 경험담을 쓴 《신곡》의 지옥편을 배경으로 제작된 이 작품은 〈생각하는 사람〉이 위쪽에서 지옥에 간 사람들을 내려다보고 있으며 좌측 아래쪽에는 14세기 이탈리아 피사에서 전쟁과 혼란으로 배신을 당한 후 탑에 갇힌 우골리노 백작이 배고픔을 이기지 못하고 아들과 손자의 인육을 먹은 죄로 지옥의 맨 밑바닥에 떨어지는 조각이, 우측 아랫쪽에는 절름발이 남편을 두고 동생인 파울로와 불륜을 저지른 죄로 죽게 되는 프란체스카의 모습이 담긴 〈키스〉의 장면이 있다. 〈생각하는 사람〉과 〈키스〉는 한층 큰 크기로 제작되어 로댕의 대표작이 되었다.

칼레의 시민들

백년 전쟁 중 위기에 처한 도시를 구하기 위해 나선 여섯 명의 용감한 시민을 기념하기 위해 제작된 작품. 칼레시가 보불 전쟁에서 패배한 뒤 애국심을 고취할 목적으로 로댕에게 의뢰했다. 1347년 8월 3일 칼레시가 영국에 항복을 선언했고 그 과정에서 에드워드 3세는 삭발하고 밧줄을 목에 건 채 칼레 시민들을 대표해 교수형에 처해질 여섯 명을 뽑으라 명했다. 이때 도시의 부자, 법률가, 형제 등이 자원했다. 다행히 교수형 집행 직전 임신 중이던 에드워드 3세의 왕비가 뱃속의 아이를 위해 형을 취소할 것을 간청했고 이들은 목숨을 부지할 수 있었다. 그로부터 500년이 지난 후 칼레시는 용기 있는 시민들의 선행을 후세에 알리기 로댕에게 기념상을 의뢰했다.

키스

단테의 《신곡》 지옥편에 등장하여 지옥의 문에도 등장하게 된 슬픈 연인 파올로와 프란체스카의 이야기를 담고 있는 조각이다. 프란체스카는 지안 치오토와 결혼했으나 잘생긴 동생 파올로와 사랑에 빠지고 그들이 처음으로 키스하는 순간에 지안 치오토에 의해 죽임을 당한다. 〈키스〉는 사랑을 이루지 못한 연인들의 안타까운 최후를 비극적으로 표현했다. 마지막 순간까지도 자신들의 죽음을 인지하지 못했던 두 사람이 첫 키스의 달콤함에 빠졌을 때의 모습을 관능적으로 표현한 작품이며 로댕의 〈달아나는 사랑〉은 키스의 원본이나 마찬가지다.

생각하는 사람

1880년에 완성된 이 작품은 한 남자가 턱을 오른팔에 괴고 있는 형태의 높이 186센티미터 청동상으로 본래 작품명은 〈시인〉이다. '지옥의 문' 맨 위쪽에서 아래의 군상을 내려다보고 있는 형상을 단독으로 크게 제작하여 1904년 살롱전에 출품하면서 유명해졌다. 발끝까지 온 몸의 근육이 긴장된 채로 인간의 고뇌를 바라보면서 깊이 생각에 잠긴 모습을 보여준다. 인간의 내면세계를 팽팽한 긴장감과 사실성으로 표현한 이 작품에서 어깨와 팔 부분의 비율이 다리에 비해 크게 만들어진 것은 낮은 곳에서 올려다보는 관람자의 시선을 의식한 것으로 서글프고 고독한 분위기가 느껴진다. 생각하는 사람은 총 28개가 제작되었으며 그중 1번은 로댕 미술관이 소장하고 있고 뫼동에 있는 로댕의 무덤, 그리고 삼성 재단에서도 소유하고 있다.

제3세계의 원시 문화를 소개한다

케브랑리 박물관 Musée du quai Branly-Jacques Chirac ★

2006년 6월 '센강 가의 브랑리 지역'이라는 의미로 지은 박물관으로 아프리카-아시아-아메리카-오세아니아 지역의 초
기 문명부터 오늘까지의 유물을 전시하기 위해 에펠 탑 옆에 세워졌다. 당시 퐁피두를 설계한 렌조 피아노와 피터 아이
젠만과 같은 세계적인 건축가를 제치고 프랑스의 건축가, 장 누벨의 설계로 지어졌다. 센강 가의 거대한 투명 유리벽을
지나 안으로 들어서면 조경가 질 클레망이 만든 정원에서 다양한 수종의 나무와 만나게 되고 건물 한쪽 외벽을 메우고
있는 유명 조경가, 패트릭 블랑이 조성한 800평방미터 넓이의 수직 정원이 도심의 삭막한 분위기를 벗어나 숲속에 서 있
는 듯한 느낌을 갖게 한다.

내부 관람은 바닥에 새겨진 비주얼 아티스트, 샤 샌디슨의 〈키워드들의 강〉을 따라 200미터의 나선형 경사로를 통과
하게 되는데 이 건물의 설계를 맡은 장 누벨은 밤하늘 아래에서 오로지 별빛에 의지한 채 아프리카의 원시림을 걷는 느
낌을 주기 위해 내부 조도를 낮추었다. 주요 볼거리는 고대 페루의 직물, 오세아니아 지역의 돌 석상, 한국의 저고리를 비
롯한 아시아의 전통 의상, 영국의 탐험가 제임스 쿡이 제작한 〈타히티섬의 지도〉 등 3,500여 점이 있다. 에펠 탑을 마주
하며 식사를 즐길 수 있는 파인 다이닝 레스토랑, 레 종브르(Les Ombres)는 언제나 인기가 있어 미리 예약해야 하며 관
람을 마치고 간단히 쉴 요량이라면 건물 1층의 노천 카페(Le Café Jacques)에 들르면 된다.

How to go RER C호선 Pont de l'Alma역, Bus 42, 63, 80, 92번에서 도보 5분

Add 37 Quai Jacques Chirac, 75007 Paris

Open 화~수, 금~일요일 10:30~19:00, 목요일 10:30~22:00 *입장 마감은 문 닫기 30분 전

Day off 월요일, 1/1, 5/1, 12/25

Price 일반 €12, 만 26세 이하 €9

Web www.quaibranly.fr

파리의 상징과도 같은 철골 구조물

에펠 탑 La Tour Eiffel ★★★

높이 324미터, 7,300톤의 육중한 무게를 자랑하는 파리의 랜드마크로 1만 8천 개의 철제 조각과 250만 개의 나사로 조립되었다. 가까이 다가서면 섬세한 레이스처럼 눈앞에 펼쳐지는 철골 구조의 아름다움이 인상적이다. 어둠이 깔리면 29만 2천 와트의 조명과 매시간 5분간 반짝이는 야경도 여행객들에게 잊지 못할 장면을 선사한다. 1889년에 프랑스 혁명 100주년을 맞이하여 파리에서 만국 박람회를 개최하였는데 이 박람회를 상징할 만한 건축물로 설계되었다. 1885년에 뉴욕에 자유의 여신상을 세우기 위한 철골 구조를 비롯하여 공장, 교회, 육교와 다리 등을 4대륙에 건축한 교량 건축가로 이름을 날리던 프랑스 공학자, 귀스타브 에펠의 이름을 땄지만 실제로는 엔지니어였던 모리스 쾰랭과 에밀 뉘지에, 스테펜 소베스트르가 디자인과 건축에 참여했으며 에펠은 이들에게 마지막에 저작권과 특허권을 사들였다.

건축 당시 '흉물스러운 철 구조물'이라는 등 비난이 일자 20년의 계약 기간이 만료되는 1909년에는 철거될 위기에 처하기도 했으나, 송신탑으로 활용할 가치가 있어 프랑스 육군 고위층의 결정으로 가까스로 살아남게 되었다. 당시 에펠 탑을 극도로 싫어한 소설가 모파상은 에펠 탑이 보이지 않도록 집의 창문을 반대쪽으로 내었고 거의 매일 점심을 의도적으로 에펠 탑 1층 안에 있는 식당에서 먹었다는 일화로 유명하다. 이후 에펠 탑은 1914년 제1차 세계대전 당시 중계탑으로 쓰였고 1925년 첫 라디오 방송을 송신탑으로 이용되었으며 지금은 매년 7백만 명 이상의 관광객이 찾는 파리 최고의 명소로 사랑받고 있다. 에펠 탑 첫 번째 난간에는 당대 프랑스를 위해 큰 업적을 남긴 과학자, 공학자, 수학자 72명의 이름이 새겨져 있으며 거기에는 물리학자 푸코, 근대 화학의 아버지 라부아지에, 해왕성을 발견한 르 베리에르, 명품 시계 브랜드 브레게 창립자의 손자 등의 이름이 포함되었다. 에펠 탑이 처음 공개될 당시에 관광객들은 1,710개의 계단을 걸어 올라가야 했으나 지금은 엘리베이터가 설치되어 있다. 굳이 운동을 하고 싶을 땐 첫 번째 층까지 300계단을 올라가면 된다.

How to go RER C호선 Champs de mars역에서 도보 4분   Add Champ de Mars, 5 Av. Anatole France, 75007 Paris
Open 매일 09:30~22:45   Price 엘리베이터 2층 일반 €18.10, 12~24세 €9, 4~11세 €4.5, 3층 일반 €28.30, 12~24세
€14.10, 4~11세 €7.10, 계단 2층 일반 €11.30, 12~24세 €5.6, 4~11세 €2.80, 계단 2층+3층까지는 엘리베이터 일반 €21.50,
12~24세 €10.70, 4~11세 €5.40, 3층 커플 요금(샴페인 제공 포함) €50.30, 2층 커플 요금(샴페인 제공 포함) €37.10,
Web www.toureiffel.paris

정원을 감상하며 즐기는 잠깐의 휴식

카페 자크 Café Jacques

유명 건축가 장 누벨의 설계로 유명한 케 브 랑리 박물관 건물 1층에 위치한 카페로 조경 사 질 클레망이 디자인한 야외 정원을 바라보 며 간단한 식사나 음료를 즐길 수 있다. 알레 노 베슈가 디자인한 실내 공간에서 황갈색 가 죽, 무광 황동이 어우러진 흰색 대리석 테이 블은 에펠 탑의 특별한 전망을 강조한다. 제 철 재료로 만든 샐러드나 다양한 페이스트리 는 프랑스 미식계의 황제, 알랭 뒤카스 그룹 에서 운영하므로 맛과 품질은 보장이 된다.

How to go RER C호선 Pont de l'alma역에서 도보 6분   Add 27 Quai Jacques Chirac 75007 Paris
Open 화~일요일 10:30~18:00 Price €10~17
Web https://musiam-paris.com/fr/restaurants/cafe-jacques/

생 펄 카페의 남동생과도 같은 예쁜 카페

쿠파 카페 Cuppa café

아침에는 활력이 넘치고 오후에는 기분 전환 에 좋은 장소로 오르세 미술관 뒤편에 위치해 있다. 아늑하게 꾸며진 실내에 조용히 울려 퍼지는 음악, 다채롭고 아름다운 접시 위에 올려지는 구운 빵에 과카몰리를 곁들여 즐기 는 아보카도 토스트와 홈메이드 후무스 듀오, 제철 과일과 신선한 치즈 그리고 맛있는 커피 를 즐길 수 있는 곳이다. 인공 첨가물을 넣지 않은 음료나 팔레오 쿠키, 바나나 빵 역시 인 기 있는 메뉴다.

How to go M12호선 Solférino역에서 도보 2분   Add 86 rue de l'Université 75007 Paris
Open 월~금요일 09:00~16:30, 토~일요일 10:00~18:00   Price €10~20
Web https://www.instagram.com/cuppacafeparis

파리에서 즐기는 특별한 식사

낭만 넘치는 2층 버스는 관광용만 있는 것이 아니다. 파리 시내의 주요 명소를 관광하면서 꽤 괜찮은 프렌치를 즐길 수 있는 뷔스트로놈과 세계적인 미슐랭 스타 셰프이자 사업가인 알랭 뒤카스가 론칭한 유람선에서 즐기는 프렌치 파인 다이닝이 있다. 그동안 우리가 알았던 바토 무슈나 바토 파리지엔의 유람선에서 즐기는 식사보다 훨씬 퀄리티 있는 정상급 셰프의 음식을 즐길 수 있다는 점에서 매우 훌륭하다.

신개념 2층 버스 레스토랑
뷔스트로놈 Bustronome

파리 시내 주요 명소를 관광하는 2층 버스와 프렌치를 즐길 수 있는 레스토랑이 결합된 형태다. 파리를 혼자 여행하는 사람이나 특별한 날을 즐기기 위해 찾는 커플, 가족 여행을 즐기는 사람들에게 추천한다. 점심은 4코스 70유로/1인, 저녁은 6코스 120유로이며 예약은 인터넷을 통해 가능하다. 에릭남 삼형제가 6년 만의 파리 여행을 한 것을 다룬 MBC 예능 프로그램 〈호적 메이트〉에 소개되면서 우리나라 여행자들에게도 사랑받고 있다.

Web https://www.bustronome.com

강물 위의 낭만적인 추억
뒤카스 쉬르 센 Ducasse sur seine

모나코의 미슐랭 3스타 매장을 비롯해 파리와 런던 등에 20여 개의 파인 다이닝을 운영하는 셰프이자 레스토랑 사업가 알랭 뒤카스가 운영하는 선상 레스토랑. 조용히 이동하는 배 안에서 아름다운 센강을 바라보며 신선하게 배송되는 제철 농산물이 주목을 받고 있으며 파티시에를 포함한 36명의 요리 스태프가 알랭 뒤카스가 고안한 모던 프렌치 테이블을 보여준다.

Web https://reservation.ducasse-seine.com

채소와 이야기하는 미슐랭 3스타 셰프

아르페주 Arpège

넷플릭스 〈셰프의 테이블〉에 등장하는 전설적인 셰프 알랑 파사르가
운영하는 미슐랭 3스타 레스토랑. 세계 최초로 채소 위주 식단으로 미
슐랭 3스타가 된 그는 2000년 초반부터 채식에 집중했다. 파리 근교
에 3개의 채소 농장을 운영하고 있으며 반복되는 일상의 리듬을 환기
시키는 계절의 변화대로 요리를 한다. 매일 10시경 직영 농장에서 갓
올라온 채소에 따라 메뉴를 정하는 창의적인 요리를 맛보기 위해 전
세계에서 식도락가들의 행렬이 끊이지 않으며, 우리나라에도 몇 차례
내한해서 컬래버레이션 행사를 가졌다. 비싼 돈을 내고 먹는 만큼 예
약 시 지하의 화장실 앞 자리는 가급적 피할 것.

How to go M13호선 Varenne역에서 도보 3분
Add 84 Rue de Varenne 75007 Paris
Open 월~금요일 12:00~14:30, 19:30~22:30
Price 점심 메뉴 €185, 단품 전식 €90~, 본식 €155~, 디저트 €56
Web https://www.alain-passard.com

파리에서 가장 창의적인 미슐랭 2스타 중 하나

다비드 투탕 David Toutain 👍

노르망디 출신의 다비드 투탕은 알랑 파사르의 제자로 자연에서 얻
는 식재료의 신선함을 살리거나 때로는 숙성과 발효를 통해 새로운
요리를 창조한다. 내면의 균형을 통해 창의력을 발휘하는 열정적인
젊은 셰프는 마늘을 곁들인 계란, 헤이즐넛, 옥살리스를 곁들인 지
롤 버섯, 굴 에멀전에 부추를 곁들인 양고기와 같은 요리를 내놓아
〈고 미요〉, 〈르 셰프〉 등의 요리 잡지 및 가이드북에서 올해의 셰프
상을 여러 차례 수상했다. 크지 않은 공간과 복층 구조가 조금 아쉽
지만 식도락가들 사이에서 은퇴한 원로 셰프들의 뒤를 잇는 에너지
넘치는 셰프라 칭찬받고 있다.

How to go M8호선 La Tour Maubourg역에서 도보 5분
Add 29 Rue Surcouf 75007 Paris
Open 월·화·목·금요일 12:30~13:30, 20:00~21:30,
수요일 20:00~21:30
Price 점심 메뉴 €160~, 저녁 메뉴 €255~
Web https://www.davidtoutain.com/

오바마 전 미국 대통령이 다녀간 명소
퐁텐 드 마스 La Fontaine de mars

'샘(Fontaine)'이 들어간 이름처럼 분수가 있는 작은 광장에 이웃한 비스트로다. 빨간 가죽 벤치와 역사를 보여주는 인테리어가 따뜻한 느낌을 주고 30년 넘게 프랑스 남서부 지역 레시피를 고집해 온 셰프 피에르 소그레인이 주방을 지키고 있다. 오바마 대통령 부부를 비롯하여 유명한 정치가와 영화배우들이 찾는 레스토랑으로 부르고뉴 달팽이나 토스트 빵에 올려 먹는 반쯤 익힌 푸아그라, 바스크 지역의 특산물인 우리식 순대와 비슷한 부댕이나 바삭한 오리 넓적다리 콩피 등을 추천한다. 〈타임〉지에 장식된 오바마 방문 관련 액자가 식당 내부에 훈장처럼 걸려 있는데 이들 부부는 더치페이로 계산했다는 일화가 전해진다.

How to go M8호선 La Tour Maubourg역에서 도보 10분   Add 129 Rue Saint Dominique 75007 Paris
Open 월~금요일 08:00~18:00, 토요일 09:00~18:00   Price 본식 €30~
Web https://www.fontaine-de-mars.com

돈과 사람에 얽매이지 않고 외길을 걷는 멋진 셰프의 길
라미 장 L'ami Jean

제철 농산물에 열정을 갖고 있는 스테판 제고가 풍미가 가득하고 개성 있는 요리로 승부하는 유명 비스트로노미(파인 다이닝과 비스트로 중간 단계)다. 가정식 비스트로보다는 가격대가 높지만 장식에 치중하는 일부 미슐랭 스타 레스토랑들보다 합리적이다. 애호박과 훈제 장어 토스트, 구운 송아지 볼살 콩피 등이 유명하다. 유명 셰프지만 여기저기 지점을 내거나 누군가에게 이름을 빌려주는 대신 오롯이 자신의 일에 열정을 갖고 요리를 즐기고 있으며 남서부 프랑스 스타일의 요리를 내놓는다.

How to go M8호선 La Tour Maubourg역에서 도보 8분
Add 27 Rue Malar 75007 Paris
Open 화~금요일 12:00~14:00, 19:00~23:00, 토요일 12:00~14:00
Price 전식 €18~, 본식 €40~
Web https://lamijean.fr/

귀여운 고양이가 마스코트 같은 레스토랑
카페 드 마스 Le Café de Mars

깔끔한 파란색과 빨간색의 카운터, 리카르드 유리병이
있는 고풍스러운 카페를 연상시키며 예쁜 고양이가 터
줏대감처럼 가게와 테라스를 돌아다니는 레스토랑이다.
합리적인 가격의 음식은 심플하지만 기본에 충실하다.
붉은 참치 타다키와 구운 아스파라거스, 휘핑 크림과 민
트 장식을 곁들인 딸기 타르트 등의 요리는 철마다 변화
하며 장 포일라의 모르공 코트 뒤 퓌 등 고기와 밸런스
좋은 레드와인을 다수 보유하고 있다.

How to go M8호선 La Tour Maubourg에서 도보 8분
Add 27 Rue Malar 75007 Paris
Open 월요일 10:00~16:00, 화~일요일 10:00~23:00
Price €30~

에펠 탑 근처의 단정한 분위기의 비스트로
봉 아쾨이 Au bon Acceuil

에펠 탑 근처에 위치한 아담하고 조용한 레스토랑. 계절을 반
영한 요리를 합리적인 가격에 즐길 수 있다. 차분하면서 정제
된 정통 프렌치 요리는 옛 프랑스 버전을 요란하지 않게 재해
석했는데 퓌레 브로콜리와 양송이 버섯, 가금류 슈프림, 감자
퓌레와 광어과의 생선, 야생 복숭아 셔벗을 곁들인 신선한 과
일 등 담백한 요리들이 언제나 당신을 기다린다.

How to go M12호선 Rue du bac에서 도보 3분
Add 14 Rue de Monttessuy 75007 Paris
Open 월~금요일 12:00~14:00, 18:30~22:00
Price €40~
Web https://www.aubonaccueilparis.com/

TIP

파리 깨알 정보 by 정남희(프랑스 정부 공인 가이드)

- 파리에는 파리지엔이 많지 않다!

"당신은 파리지엔인가요?"라는 질문은 단순한 것 같아도 간단하지가 않다. 프랑스 국적을 가지고 있고, 현재 파리에서 사는 사람들을 통칭해 보통 파리지엔이라 부르지만 기성 세대들에게는 조건이 좀 더 까다롭다. 파리에서 태어나 3대 이상 계속해서 파리에 살고 있고, 다른 나라나 프랑스 지방 출신이 아닌 사람만을 파리지엔이라고 일컫는 식이다.

- 오래된 건물이 많고, 건물이 높지 않다

파리시는 산업에 필요한 공장 시설이나 대규모의 직원을 수용해야 하는 기업 건물들은 외곽 쪽에 세우도록 하였다. 그리하여 파리 중심의 오래된 거리와 유적들을 보호할 수 있었다. 덕분에 우리는 올드한 파리와 모던한 파리를 동시에 즐길 수 있는 것이다. 파리 중심의 건물들은 높이나 지붕 각도가 일정하다. 에펠 탑이나 개선문, 노트르담 성당 등에 올라가 파리 시가지를 내려다 보라. 하늘을 가로막는 높은 건물이 없다. 대개는 5-6층을 넘지 못하는데, 덕분에 우리는 파리의 스카이라인을 감상할 수 있는 것이다.

- 엘리베이터 없는 건물, 무늬만 발코니인 경우도

화가 카유 보트가 그린 그림에서처럼 충분히 넓고 전망 좋은 발코니를 가진 건물들도 있지만 무늬만 발코니인 경우도 파리에는 많다. 사실 이것은 발코니가 아니라 안전을 위한 가로대다. 파리에서 엘리베이터 있는 건물에 산다는 것은 축복이다. 4층까지만 엘리베이터가 연결되고, 5층부터는 엘리베이터가 없다든지, 엘리베이터가 있어도 겨우 두세 명 탈까 말까한 미니 엘리베이터가 존재한다. 어떻게 된 것일까?

- 파리지엔은 무채색을 좋아해

만약 겨울에 파리에 도착한다면 당신은 이 도시가 매우 칙칙하다고 단정하기 쉽다. 비 오고 흐린 날이 많은 파리의 겨울은 회색 하늘에 석조 건물까지 낭만적이라고 우기기엔 참 우울한 색조다. 게다가 파리 사람들은 무채색을 즐겨 입는다! 파리지엔은 유행보다는 개인적으로 좋아하는 스타일의 옷을 입고, 튀는 색보다는 차분한 색 조화로 멋을 내니 눈여겨보지 않고, 이런 문화에 익숙해지지 않으면 진가를 알기 어렵다.

- 볼을 맞대는 인사

프랑스인은 양 볼을 맞대며 가볍게 입으로만 쪽 소리를 내는 '비주'를 한다. 이것이 어색하다면 먼저 손을 내밀며 악수를 청해도 좋다. 타국 문화에 관용적인 프랑스인이라면 우리가 비주를 하지 않는다고 해서 섭섭해 하거나 억지로 권하지 않으니 걱정 마시라. 비주 문화에 어떤 응큼한 의도가 있는 게 아닌가 공연히 몸을 움츠릴 필요가 없다는 뜻이다.

- 손님은 왕이 아니다

자기 일이 아니면 모른다는 식의 태도는 개인 대 개인 관계에서뿐만 아니라 파리의 지하철이나 공항, 식당 등 어디에서든 쉽게 발견된다. 서비스를 제공하는 입장에서, 고객을 위해 모르면 물어서라도 알려주는 한국식 친절을 기대하기가 상대적으로 어렵다는 뜻이다. 그렇게 생각하면 실망할 가능성도 높아진다. 파리에서는 손님의 권리만큼이나 일하는 사람의 권리도 중요하게 여긴다는 점을 참고하자.

헤밍웨이와 피카소, F. 스콧 피츠제럴드를 비롯한 유명 인사들이 모이던 아지트와 같은 지역이 몽파르나스다. 이 지역은 20세기 초에 문을 연 르 돔, 라 로통드, 라 쿠폴과 같은 카페를 중심으로 화가와 문인들이 모여들면서 활기를 띠기 시작했으며 파리에서 가장 높은 건물인 몽파르나스 타워, 기차역이 들어서면서 주변 상권이 발전했다. 유명 관광지는 없지만 로댕의 제자로 유명한 브루델의 아틀리에, 스위스 태생의 작가인 자코메티 재단, 프랑스를 대표하는 건축가 장누벨이 설계한 까르띠에 재단, 그리고 지하 공동 묘지인 카타콤과 같은 소소한 볼거리들이 있어 미술과 건축을 사랑하는 사람들이 흥미를 갖고 찾는다. 몽파르나스에서 동쪽으로 향하면 차이나타운인 13구, 그리고 이 지역과 맞닿은 비트리 쉬르 센(Vitry sur seine)이 나온다. 프랑스 철도청의 옛 창고를 비롯하여 오래된 건물이 많아 낙후된 지역이었던 플라스 이탈리 주변은 전 세계의 그래피티 작가를 지원하는 등 도시 재생 사업과 재개발을 통해 새로운 건물이 들어서고 있는 역동적인 지역이다. 도미니크 페로, 장 누벨을 비롯하여 세계적으로 명성을 얻고 있는 프랑스 건축가들이 앞다투어 완성한 건축물들은 새로 모습을 드러낼 때마다 탄성을 자아내게 한다.

소요 시간 하루	
만족도	
관광	★
산책·명상	★★
미술·건축	★★

일일 추천 코스

출발

메트로로 몽파르나스 비앵브뉘(Montparnasse-Bienvenüe, M4, 6, 12, Bus 23, 28, 39, 95, 96)에 내려 걷는다. 13, 14구를 아우르는 지역으로 범위가 넓어서 대중교통을 적절히 이용하는 것이 효율적이다

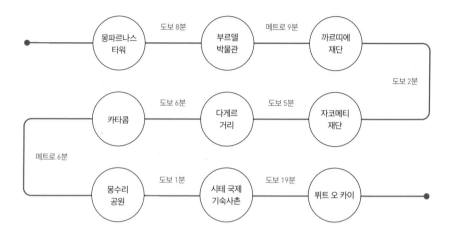

몽파르나스 타워 — 도보 8분 — 부르델 박물관 — 메트로 9분 — 까르띠에 재단 — 도보 2분 — 자코메티 재단 — 도보 5분 — 다게르 거리 — 도보 6분 — 카타콤 — 메트로 6분 — 몽수리 공원 — 도보 1분 — 시테 국제 기숙사촌 — 도보 19분 — 뷔트 오 카이

주의 사항

• 카타콤 방문 시 인터넷 사전 예약 필수다.

하이라이트

• 부르델-자코메티-까르띠에 재단 중 자신이 원하는 작가의 아틀리에나 전시 방문
• 다게르 거리의 오 메흐베유에서 디저트 맛보기
• 카타콤 방문
• 시테 국제 기숙사의 학생 식당(Crous-Maison Internationale) 이용하기
• 뷔트 오 카이의 스트리트 아티스트 작품 찾기
• 몽파르나스 타워에서 파리의 석양 감상
• 프랑수아 미테랑 도서관 내부 돌아보기

주요 쇼핑 스폿

• 와인 캬브 데 파피
• 디저트 오 메르베유 드 프레드, 로랑 뒤센, 사다하루 아오키

275

가장 멋진 에펠 탑을 보려면 이곳으로

몽파르나스 타워 Tour Montparnasse ★

총 높이 210미터에 달하는 파리에서 가장 높은 마천루(59층)로 '파리의 하늘'이란 별명을 갖고 있다. 1968년 당시 문화부 장관이던 앙드레 말로에 의해 건축 허가를 가까스로 받은 후 장 소보(Jean Saubot), 외젠 보두앙(Eugène Beeaudouin) 등 이 설계를 맡아 1973년에 완공되었다. 에펠 탑과 마찬가지로 파리의 미관을 해친다는 이유로 많은 시민들의 비난을 받 았으나 12,000여 명이 일하는 사무실 공간으로 기능적인 역할을 한다. 한편 59층의 옥상 전망대와 레스토랑이 있는 56 층 공간에서는 파리의 랜드마크인 에펠 탑을 배경으로 기념 촬영을 할 수 있으며 파리 시내가 한눈에 내려다보이는 전망 을 즐기거나 식사를 할 수 있다. 전망대나 레스토랑에 가려면 1층에서 보안 검색대를 거친 후 56층까지 38초 만에 올라 가는 초고속 엘리베이터를 이용하면 된다. 다만 화창한 날에 가야 제대로 된 파리 전경을 감상할 수 있으므로 방문 2~3 일 전에 날씨를 확인하고 티켓을 사거나 당일 현장에서 구입할 것을 권한다.

How to go M4, 6, 12호선 Montparnasse-Bienvenüe역에서 도보 2분
Add 33 Av. du Maine, 75015 Paris
Open 09:30~22:30, 금, 토, 국경일, 국경의 전날 23:00까지
Price 월~금요일 일반 €19, 12~17세&학생 €14.5, 4~11세 €9.5,
토~일요일, 국경일 일반 €20, 12~17세&학생 15.5, 4~11세 €9.5
Web www.tourmontparnasse56.com

현대 조각 거장의 숨결이 느껴지는 장소

부르델 박물관 Musée Bourdelle ★★

현대 조각의 거장 앙투안 부르델은 19세기 말~20세기 초에 활동한 프랑스 대표 조각가이자 오귀스트 로댕의 제자로 유명하다. 이곳은 1885년부터 아틀리에이자 거주지로 사용했던 장소다. 1949년 5월 그의 상속자인 아내 클레오파트르 부르델과 딸 로디아 뒤페-부르델이 석고, 대리석, 청동 등으로 만든 조각 500여 점을 기증한 것에 파리시에서 모아 온 컬렉션을 보태어 대중을 위한 박물관으로 문을 열었다. 고향인 몽토방에서 미술을 공부하고 툴루즈의 에콜 데 보자르에서 수학한 뒤 1889년의 살롱 출품작이 로댕의 눈에 들어 오귀스트 로댕의 작업실에서 보조 조각가로 일했던 부르델은 파리 시립 미술 아카데미에서 제자를 양성했고 특히 스위스의 유명 조각가, 자코메티를 가르친 스승으로 유명하다. 그리스, 이집트 등 고대 조각의 아름다움을 탐구하며 역동적이고 남성적인 작품을 많이 남겼으며 스승인 로댕과는 차별화된 조각을 만들어내어 로댕의 사후 유명해졌다. 입구 쪽 중앙홀에 〈헤라클레스 궁수〉, 아르헨티나 독립 전쟁의 영웅인 〈알베아르 장군 기념비〉, 〈죽어가는 켄타우로스〉등의 주요 작품이 있다. 1895년부터 1918년까지 살았던 아파트에 있던 가구와 집기를 유지한 작업실에는 자신과 닮았다고 생각하여 더욱 애정을 쏟았던 80여 점이 넘는 〈베토벤〉이 있다. 그리스 신화 속 헤라클레스가 미케네의 왕에게 명 받은 12가지 과업 중 6번째인 스팀팔로스 호수의 괴물 새를 퇴치하는 장면을 주제로 한 〈활을 쏘는 헤라클레스〉, 이사도라 덩컨의 춤에서 모티브를 얻은 〈샹젤리제 극장〉의 파사트를 장식한 부조 등으로 나뉜 파티션 등의 볼거리도 제공한다. 2023년 3월에 프랑스의 유명 건축가인 크리스티앙 포장박에 의해 새롭게 리노베이션을 마치고 재오픈했는데 부르델의 딸의 이름을 딴 로디아(Rhodia) 카페-레스토랑 등이 추가되었다. 아늑한 2층 카페에서 박물관 관람을 마치고 티타임을 가져보자.

How to go M4, 6, 12, 13호선 MMontparnasse Bienvenüe역에서 도보 3분
Add 33 Av. du Maine, 75015 Paris
Open 화~일요일 10:00~18:00 *마지막 입장 17:20
Day off 1/1, 11/1, 12/25
Price 무료
Web www.bourdelle.paris.fr

까르띠에의 아트 컬렉션을 만날 수 있는 곳

까르띠에 재단 Fondation Cartier

시계, 보석 분야에서 유명한 프랑스 명품 기업 까르띠에가 세운 미술관이다. 1984년 베르사유 근처에 위치한 주이 앙 조자스에 문화 재단이 세워졌다. 그로부터 10년 후 생존하고 있는 아티스트들이 활동할 수 있는 기회를 마련해 주기 위해 프랑스 최초로 기업의 재단 미술관을 설립하여 라스파유 대로에 문을 열었다. 통으로 된 유리벽을 통해 안으로 들어가면 유리와 철골로 된 육중한 건물이 나오고 19세기에 심은 삼나무가 어우러진 독일의 아티스트 로터 붐 가르텐이 디자인한 정원에서 휴식을 취할 수 있다. 투명한 재료를 사용해 빛을 다루는 데 뛰어난 프랑스의 대표적인 건축가 장 누벨이 설계했다. 일반인의 관람이 가능한 박물관은 지상 1층과 지하 1층에 있으며 복층에 위치한 서점에서는 이 재단에서 발간한 전시 도록과 포스터를 판매한다. 한국 작가로는 2007년 이불 작가의 개인전이 열렸으며 무라카미 다카시, 론 뮤엑과 같은 작가들의 특별 전시가 열렸다.

How to go M4, 6호선 Raspail역에서 도보 3분

Add 261 Bd Raspail, 75014 Paris

Open 화~토 11:00~22:00

Day off 월요일

Web www.fondationcartier.com/en

자코메티의 오마주로 태어난 작은 박물관

자코메티 재단 Institut Giacometti

스위스 태생의 조각가 자코메티의 아틀리에는 몽파르나스 지역의 아르데코 양식으로 지어진 한 건물 내에 문을 열었다
가 아쉽게도 1972년에 사라졌다. 이후 실내장식가 폴 폴레(Paul Follet)가 그의 아틀리에를 완벽하게 재현해 박물관을
열었다. 350평방미터의 아담한 박물관에는 260점의 브론즈, 550점의 석고상과 95점의 회화, 사진이 있으며 5천여 점
의 데생과 스케치, 석판화는 디지털로 복원되어 전시되고 있다. 재단에는 자코메티의 부인이 보관했던 가구와 소품, 청동
과 석고 동상 등도 있는데 그동안 대중에게 공개된 적이 없었기에 자코메티를 사랑하는 사람들에게 큰 감동을 선사한다.
2026년 과거 에어프랑스 터미널로 사용되던 앵발리드 앞쪽 센강 주변에 새로운 터전을 마련할 계획이다.

How to go M4, 6호선 Raspail역에서 도보 5분   Add 5, Rue Victor Schœlcher 75014 Paris
Open 화~일 10:00~18:00 *마지막 입장 17:20   Day off 1/1, 5/1, 12/25
Price 일반 €8.5, 학생 €3   Web www.fondation-giacometti.fr

활기 넘치는 14구의 시장 거리

다게르 거리 Rue Daguerre ★

630미터에 이르는 보행자 전용 도로로 카메라의 조상인 '다게레오 타입'을 발명한 루이 다게르의 이름을 따서 거리 이름을 정했다. 1980년대 이후 상설 시장과 다양한 상점들이 거리 양옆에 들어서면서 활기를 띠기 시작했다. 다양한 프랑스 지역의 치즈를 맛볼 수 있는 치즈 상점 프로마제리 바크루(Fromagerie Vacroux), 유명 셰프 알랭 뒤카스의 초콜릿 가게 르 쇼콜라(Le Chocolat), 머랭으로 유명한 오 메르베유 드 프레드(Aux Merveilleux de Fred), 유기농 와인 전문 가게 캬브 데 파피(La Cave des Papilles), 2021년 월드 바리스타 챔피언을 배출한 테르 드 카페(Terres de Café) 등을 추천한다.

How to go　M4, 6호선 Denfert Rocherequ역에서 도보 2분

Add　Rue Daguerre 75014 Paris

등골이 오싹해지는 이색 체험

카타콤 Catacombes ★

지하 30미터로 한여름에 가도 서늘하다 못해 춥다. 게다가 왠지 유골들을 생각하면 납량특집을 보는 것처럼 등골이 오싹해지는 곳이다. 1785년 파리의 경찰 간부였던 알렉상드르 르누아르가 비위생적인 레알 지구의 공동묘지를 정비하기 위해 파리 시내에 흩어져 있던 600만 구의 유골을 모은 것이 시작이다. 이를 위해 많은 사람들이 동원되어 과거 로마인들이 우연히 발견해서 채석장으로 사용하던 페터널에 유골을 쌓는 방법으로 지금의 카타콤이 만들어졌다. 박해받다가 유명을 달리한 순교자들의 유골을 모은 이탈리아의 카타콤('무덤들 가운데'라는 라틴어 단어에서 유래)과는 달리 버려진 사람들이나 지상에 묻히지 못한 무명의 사체들이 있는 지하 공동묘지라 보면 된다. 지하의 복잡한 구조 때문에 제2차 세계대전 당시, 독일군과 프랑스 레지스탕스의 작전 본부가 불과 수 킬로미터를 사이를 두고 세워졌지만 서로 마주친 적이 없었다고 전해진다. 필베르트 아스파라트라는 남자를 비롯하여 카타콤을 구경하던 사람들이 여럿 사라지는 미스터리한 일이 생기자 파리시는 1955년 여행객의 카타콤 출입을 막았고 지금은 전체 규모의 10% 정도만 개방하고 있다. 세계 최대의 지하 묘지로 알려진 이곳은 매년 50만 명의 관광객이 찾고 있는데 지금은 동시 입장인원을 200명으로 제한해서 입구는 매일 긴 줄로 장사진을 이룬다. 131개의 계단을 내려가야 하고 112개의 계단을 올라야 한다. 쌓여 있는 해골을 집어 가는 고약한 관광객들이 많아 출구에서 이를 검사하므로 주의할 것.

How to go M4, 6, RER B호선 Denfert Rochereau역에서 도보 1분

Add 5, Rue Victor Schœlcher 75014 Paris

Open 화~일요일 10:00~18:00 *마지막 입장 17:20   Day off 1/1, 5/1, 12/25

Price 일반 €29, 학생 및 18~26세 €23   Web www.catacombes.paris.fr

한적한 14구 주민들의 휴식 공간

몽수리 공원 Parc Montsouris ★

파리 14구에 자리한 공원으로 나폴레옹 3세와 오스망 남작의 계획에 따라 파리 남부 15헥타르에 이르는 넓은 지역에 조성되었다. 프랑스 건축가, 아돌프 알팡이 불로뉴 숲과 뷔트 쇼몽 등의 설계로 유명해진 이후에 이 공원의 구상을 맡았다. 1865년부터 1878년까지 조경 사업을 통해 만들어졌고 19세기 말 유행했던 영국 스타일의 정원으로 꾸며졌다. 넓은 잔디밭과 한적한 분위기의 호숫가에 앉아 휴식을 취하기에 좋으며 여름에는 일광욕을 즐기려는 시민들로 가득하다. 과거에 파리 기상을 관측하던 건물이 남아 있다. 19세기 말과 20세기에 만들어진 조각과 청동상들이 세워져 있는데 1980년대 포스트모더니즘의 탁월한 선구자였던 볼탕스키의 작품도 볼 수 있다. 김채원 작가의 소설 『수리 공원에 내리는 가을』, 앙리 루소의 〈몽수리 공원 산책〉과 같이 미술과 문학 작품에도 소개되는 매력적인 쉼터로 산책을 즐기기에 좋다.

How to go Rer B번, T3번 Cité Universitaire역에서 도보 1분
Add 2 Rue Gazin 75014 Paris
Open 07:00~17:45(동절기), 07:00~해 질 때까지(하절기)
Web www.paris.fr/lieux/parc-montsouris-1810

전 세계 학생들이 생활하는 다국적 기숙사촌

시테 국제 기숙사촌 Cité Internationale Universitaire de Paris ★

1920년대 초반, 전후 학생들의 거주를 위한 건물이 턱없이 부족한 것에 관심을 가진 교육부 장관의 아이디어로 세계 기숙사촌 건립의 토대가 마련되었고 1925년 첫 번째 기숙사 건물이 들어섰다. 전 세계에서 프랑스로 온 유학생과 프랑스 학생들에게 양질의 주거 조건 및 학습 조건을 제공하여 일상적인 다문화의 교류를 가능케 하겠다는 취지에 따라 조성되었다. 미국의 록펠러 재단이 재정 지원을 한 국제관을 비롯해 현재는 노르웨이, 독일, 멕시코, 베트남, 일본 등 25개국에게 제공된 부지 위에 각국 정부가 지원하여 만든 건물이 들어서 있으며 141개국의 학생 6천여 명이 사는 국제 기숙사촌으로 발전했다. 제2차 세계대전이 끝나고 샤를로트 페리앙, 르 코르뷔지에 같은 세계적인 건축가와 도시 계획가가 시테의 확장을 위해 서명하여 건물의 설계에 참여했는데 특히 스위스관과 브라질관은 '현대 건축의 아버지'로 불리는 르 코르뷔지에의 설계로 지어졌다. 이승만 대통령 당시 기숙사촌에서는 한국관을 지을 부지를 제공했으나 오랫동안 답보 상태에 있다가 2018년 9월 26번째 국가관을 완공하여 석박사 과정의 많은 한국 학생들이 생활하고 있다. 각기 다른 양식의 건물을 걸으며 산책하고 여행자들도 이용이 가능한 국제관 내의 저렴한 학생 식당(Crous)이나 카페테리아에 들러 식사를 하는 것도 특별한 경험이 될 것이다.

How to go Rer B번, T3번 Cité Universitaire역에서 도보 1분

Add 17 Bd Jourdan, 75014 Paris

283

현지인들과 함께 즐기는 파리의 바 문화

뷔트 오 카이 Butte aux Cailles ★

과거에는 초원, 포도밭, 숲으로 둘러싸였던 지역으로 1543년에 이 지역을 매입한 피에르 카이(Pierre Caille)의 이름을
따왔다. 한때 가죽 관련 산업이 발달했고 프랑스 전신국 등의 건물이 들어서는 등 활기를 띠기도 했으나 이들이 사라진
자리에 동네의 보보스(bobos, 사회적·경제적으로 성공한 부르주아 계층에 속하면서도 보헤미안과 같이 저항적이고 자유로운 삶을
추구하는 사람. 또는 그런 무리를 가리키는 조어)들이 모여들면서 와인 바, 레스토랑, 카페, 내추럴 와인 상점 등이 들어섰다.
핫플레이스가 모여 있는 휘 데 생크 디아망(Rue des cinq diaments) 거리 주변에는 매일 저녁 활기찬 분위기가 감돈다.
파리에서 가장 수질이 훌륭하다는 뷔트 오 카이 수영장과 수영장 옆에 있는 약수터를 경험해 보는 것도 즐거운 일이다.

How to go M6호선 Corvisart역에서 도보 6분

TIP

뷔트 오 카이와 더불어 메트로 6호선 Nationale역 부근은 야외 박물관을 방불케 한다. 대형 벽화들과 만날 수 있는
스트리트 아트의 경연장이다. 잔 다르크(rue Jeanne d'Arc) 거리와 뱅센 오리올(Vincent Auriol) 대로에 있는 이들 벽
화 중 으뜸은 미국 예술가 셰퍼드 페어리가 프랑스 혁명의 이념인 '자유, 평등, 박애'라는 주제로 만든 작품이다. 이를
비롯해 프랑스 유명 스트리트 아티스트인 인베이더 서명이 있는 모자이크, 아일랜드 화가 코너 해링턴이 제작한 〈포
용과 투쟁〉과 같은 걸작들과 만날 수 있다.

세계 최고의 금속 활자본인 '직지심체요절'을 보관 중인 도서관

프랑수아 미테랑 도서관 Bibliothéque François Mitterrand ★

거대한 숲을 이루는 울창한 나무를 중앙에 두고 네 권의 책 모양을 본뜬 거대한 도서관 건물이 지어졌다. 프랑수아 미테랑 대통령의 이름을 딴 이 건물은 지상 22층, 지하 5층 규모로 지어졌으며 외벽은 유리로 만들어졌고 유리창에는 햇빛의 양을 조절할 수 있는 나무판을 설치해 커튼 역할을 할 수 있도록 설계되었다. 1,400만 권의 장서를 꽂은 도서 진열대가 395km에 달하는 초대형 도서관 내부는 시민을 위한 다양한 전시와 문화 행사, 콘서트가 열리는 복합 문화 공간으로도 이용된다. 도서관의 시작은 1368년 루브르궁에 지었던 샤를 5세의 왕립 도서관이 시초로 1544년 프랑수아 1세가 퐁텐블로로 이를 옮겼다가 루이 13세, 루이 14세가 장서 수집 정책을 펴면서 유럽 최고의 도서관으로 발돋움했다. 이후 루이 16세와 앙투아네트, 엘리자베스 공주의 개인 컬렉션을 보유하고 있는 국립 도서관의 소장 공간이 부족해지자 프랑수아 미테랑 대통령이 1989년 8월 21일에 건축 콩쿠르에서 당선된 도미니크 페로의 프로젝트를 선택해서 지금의 모습을 갖추게 되었다. 친환경 건축가로 알려진 도미니크 페로는 이화여대 ECC를 설계하며 우리에게도 익숙하다. 도서관 서고에는 구한말까지 국내에 있다가 동양 문화에 관심이 많았던 프랑스 외교관에 의해 프랑스로 건너왔고 이후 골동품 수집가에게 팔려 프랑스 국립 도서관에 기증된 세계에서 가장 오래된 금속 활자본인 〈직지심체요절〉을 보관하고 있다. 또한 프랑스 국립 도서관에서 연구원으로 일하던 박병선 박사에 의해 세상에 모습을 드러낸 대한민국의 고서인 '외규장각 도서'가 있던 곳으로 지금은 양국 협의에 의해 2011년부터 5년마다 대여 재계약하는 방식으로 우리나라에 영구 임대되었다.

How to go RER C, M14호선 Bibliothéque Françoois Mitterrand역에서 도보 7분

Add Quai François Mauriac, 75706 Paris

Price 도서관 복도, 카페테리아 등의 이용은 무료

Web www.bnf.fr/fr/francois-mitterrand

센강 변에 들어선 힙스터들의 놀이터

레 독 Les Docks cite de la mode et du design ★

2013년에 문을 연 레 독은 오스테를리츠 기차역과 프랑수아 미테랑 국립 도서관 사이에 자리 잡은 패션과 디자인 복합
단지다. 센강 변에 노출된 녹색의 투명한 관형 구조가 인상적으로 프랑스인 도미니크 자콥(Dominique Jakob)과 브렌단
맥파란(Brendan Macfalane)이 의기투합해 설계했다. 파리에서 가장 유명한 패션 비즈니스 스쿨 중 하나인 IFM의 캠퍼
스와 만화 비디오 게임, 애니메이션 영화 등을 소개하는 박물관, 바와 클럽 레스토랑을 운영 중인 곳(Wanderlust), 클럽
(Nuits Fauves), 루프탑에서 맥주를 즐길 수 있는 카페(Café oz rooftop)가 함께 있어 멋쟁이들이 밤 문화를 즐기는 스폿
으로 각인돼 있다.

How to go RER C, M5, 10번 Gare d'Austerlitz역, M6호선 Quai de la Gare역에서 도보 5분
Add 34 Quai d'Austerlitz, 75013 Paris
Open 업장마다 문 여는 시간이 다르므로 사이트 통해 체크
Web www.citemodedesign.fr

파리 근교에서 가장 규모가 큰 현대 미술관

맥 발 현대 미술관 Mac val ★★

1950년대부터 현재까지 프랑스 미술계를 반영하는 2,500여 점의 미술 작품을 소장하고 있다. 파리 근교 최대 규모의 현대 미술관으로 2005년에 개관했다. 1만 평방미터의 공공 공원에 둘러싸여 있는, 깔끔한 선과 대형 유리 파사드가 있는 감각적인 외관의 건물 내에는 150석 규모의 극장, 기록 보관소, 국제 예술가들이 거주하며 작업할 수 있는 레지던스를 비롯하여 4,000평방미터의 전시 공간이 있다. 건물의 설계는 자크 리포(Jacques Ripault)와 드니 뒤아르(Denise Duhart)가 맡았다. 장 뒤뷔페, 크리스티앙 볼탕스키, 피에르 위게, 클로드 클로시와 같은 거물들의 작품에서부터 신진 예술가들에 이르기까지 다양한 테마와 시대별 전시를 볼 수 있어 현대 미술에 관심 있는 사람이라면 시간 내어 들러볼 만한 곳이다. 미술관 관람을 마치고 쾌적한 분위기의 카페, 아 라 폴리에 들러 식사를 즐기거나 휴식을 갖기에도 좋은 반나절 나들이 코스다.

How to go M7호선 Porte de Choisy역에서 T3 트램으로 갈아타고 Mac Val역에서 도보 2분
Add Place de la Libération 94400 Vitry-sur-Seine
Open 화~일요일 11:00~18:00
Day off 월요일 1/1, 5/1, 8/15, 12/25
Price 일반 €5, 만 26세 이하/학생 무료
Web www.macval.fr

14구에서 가장 맛있는 커피를 맛볼 수 있는 곳
헥사곤 카페 Hexagone Café

우리말로도 번역된 『커피는 어렵지 않아』의 저자인 베트남계 프랑스인 바리스타 충 랭 트란과 컴퓨터 과학자였다가 프랑스 커피 혁명의 선구자가 되기 위해 직장을 그만두고 커피 업계에 뛰어들어 2010년 프랑스 최고의 로스터가 된 스테판 카탈디가 함께 운영한다. 조용한 골목길에 위치한 카페에서는 에스프레소는 물론 필터, 카푸치노를 비롯해 아이스커피에 이르기까지 좋은 품질의 스페셜티 커피를 즐길 수 있으며 파리 14구에서 가장 맛있는 커피라 하기에 부족함이 없다.

How to go M13호선 Gaîté역에서 도보 7분
Add 121 Rue du Château 75014 Paris
Open 화~금요일 08:30~16:30, 토~일요일 09:30~17:30   Price €10~
Web www.hexagone-cafe.fr

과거 파리 지식인들의 아지트
르 셀렉트 Le Sélect

1923년에 처음 문을 열었으며 제2차 세계대전 중에 파리의 지식인들이 모이는 아지트였던 것으로 유명하다. 주변의 르 돔, 라 로통드, 라 쿠폴, 라 클로즈리 데 릴라와 더불어 스콧 피츠제럴드, 어니스트 헤밍웨이, 피카소가 단골로 드나들던 역사적인 장소로 아직도 오픈 당시의 빈티지 느낌의 실내 공간이 그대로 유지되고 있으며 검정 앞치마를 두른 웨이터들의 옷차림도 그 전통을 이어오고 있다. 카운터에서 마티니나 스피리츠와 같은 칵테일을 마시거나 테이블이 있는 의자에 앉아 가볍게 크로크 무슈나 닭고기가 들어간 세자 샐러드 등으로 식사를 즐기기에 좋은 장소다.

How to go M4호선 Vavin역에서 도보 1분
Add 99 Bd du Montparnasse 75006 Paris
Open 월~목요일/일요일 07:00~02:00, 금~토요일 07:00~03:00
Price 음료 €15~
Web www.leselectmontparnasse.fr

폐쇄된 기차역의 재탄생
푸앙송 Poinçon

1867년 만국 박람회가 열리던 해에 파리의 여러 지역을 연결하는 몽루즈-셍튀르역으로 태어났다. 지하철 개통 이후 승객 수가 줄면서 1934년에 폐쇄되었던 기차역사를 사용한다. 여행 문서에 구멍을 뚫는 끝이 뾰족한 금속 도구에서 이름을 따온 이 바는 2014년 이후 예술가들과 창작가들의 교류 공간이자 다양한 콘서트를 하는 장소로 변모했다. 식사 시간에는 레스토랑으로, 그 외의 시간에는 바와 카페로 운영되고 있다. 일요일에는 브런치도 가능하다.

How to go M4호선 Porte d'Orléans역에서 도보 1분
Add 124 avenue du général Leclerc 75014 Paris
Open 수~목요일 12:00~00:00, 금~토요일 12:00~01:00, 일요일 11:00~16:00
Price 커피 €2.5~, 소다 €4.5, 점심 코스 €20, 브런치 €35
Web https://poinconparis.com/

머랭 케이크로 유명한 베이커리
오 메르베유 드 프레드 Aux Merveilleux de Fred

달걀 흰자에 거품을 낸 다음 오븐에 구워서 만드는 디저트, 머랭 케이크 전문점. 1980년대부터 제과 분야에서 일해온 프레데릭 보캥이 프랑스 북부 도시, 릴에서 1997년에 첫 매장을 열었으며 지금은 프랑스 전국은 물론 일본에까지 부티크를 오픈할 정도로 큰 인기를 얻고 있다. 바삭한 머랭 위에 화이트 또는 블랙의 초콜릿 칩을 감싸서 달달하게 완성해 내는 이 케이크는 커피나 차 한잔을 곁들일 때 가히 폭발적인 맛을 자랑한다. 한 입에 쏙 들어가는 아담한 크기부터 다양한 사이즈가 있어 먹는 인원에 맞게 구입할 수 있다.

How to go M4, 6, RER B호선 Denfert Rochereau역에서 도보 3분
Add 23 Rue Daguerre 75014 Paris
Open 매일 07:30~20:00
Price 2인용 작은 케이크 €3.10
Web www.auxmerveilleux.fr

제과제빵 명장이 운영하는 베이커리

로랑 뒤셴 Laurent Duchêne

파이, 케이크, 디저트에서는 창의적인 면으로 어필하고
전통 페이스트리를 만드는 데 있어서는 기본을 존중하
고 맛과 식감의 균형을 유지하면서 혁신하는 것을 좋아
하는 제과제빵 MOF, 로랑 뒤셴이 운영하는 베이커리.
로랑 뒤셴은 미슐랭 스타 레스토랑에서 경험을 쌓은 후
1990년대에 프랑스로 돌아와 르 코르동 블루에서 강의
를 하면서 여러 언론에 기고 활동을 하다 자신의 이름을
내건 빵집을 열어 프랑스 최고의 페이스트리 셰프, 파리
최고의 크루아상 등의 상을 받았다. 추천 메뉴로는 초콜
릿을 두른 크루아상, 막대기 모양의 파리 브레스트, 퐁당
오 쇼콜라 등이 있다.

How to go M6호선 Corvisart역에서 도보 7분
Add 2 Rue Wurtz
Open 월~토요일 07:30~20:00   Price 1인용 작은 케이크 €5~
Web https://laurentduchene.com

일본과 프랑스 모두를 사로잡은 맛

사다하루 아오키 Sadaharu Aoki

일본에서 페이스트리 제빵사로 경력을 쌓던 중 1991년 파리
로 이주한 사다하루 아오키가 운영하는 아담한 베이커리로 그
는 일본 항공의 디저트를 납품하는 등 프랑스와 일본에서 뛰어
난 실력을 인정받고 있는 유명 파티시에다. 말차, 고추냉이, 유자
같은 창의적인 맛의 마카롱, 레몬 크림이 들어간 레몬 치즈 케이
크, 팥과 녹차 크림이 들어간 케이크, 밤 크림과 말차 크림이 들
어간 파리 브레스트를 추천한다.

How to go M7호선 Les Goblins역에서 도보 8분
Add 56 Bd de Port Royal
Open 화~토요일 11:00~14:30, 15:30~18:00
Price €15~   Web www.sadaharuaoki.com/

한국인 부부가 운영하는 아담한 레스토랑

맛있다 Ma-shi-ta 👍

전 외국계 항공사 직원과 여행 작가 부부가 운영
하는 한국 식당. 심플한 분위기의 인테리어에 예
쁜 식기를 사용하며 좋은 재료로 요리를 만드는
곳이다. 2023년 오픈한 지 3년 만에 농림부에서
선정한 세계 8대 해외 레스토랑에 선정되었다.
겉바속촉의 닭강정과 예쁜 보자기 모양으로 서
비스되는 잡채, 프랑스 유명 쇠고기 산지인 샤롤
레 지역의 좋은 고기를 사용하여 만드는 떡갈비
와 김치마마로 유명한 박광희 씨의 고추장 매실
장아찌를 넣어 만드는 육회 비빔밥을 추천한다.

How to go M4호선 Porte d'Orléans역에서 도보 1분   Add 9 Rue poorer de Narçay 75014 Paris
Open 화~토요일 12:00~14:30, 19:00~22:30   Price 전식 €10, 본식 €18   Web www.ma-shi-ta.com

섬세한 일본 요리와 창조적인 프렌치가 만났을 때

네즈 데테 Neige d'été

프렌치 가스트로노미 레스토랑계의 최고봉이라 할 수
있는 타이유방과 르 생크에서 오랫동안 일해 온 일본 셰
프 니시 히데키가 운영하는 레스토랑으로 미슐랭 1스타
를 받았다. 브르타뉴에서 공수된 신선한 생선과 굴, 일본
에서 가져온 숯을 사용하여 바베큐 향을 입힌 와규와 최
고 품질의 쇠고기를 제공한다. 훌륭한 음식만큼이나 섬
세함이 돋보이는 프레젠테이션은 흠잡을 데가 없다.

How to go M6호선 Camborne역에서 도보 7분
Add 12 Rue de l'amiral Roussin 75015 Paris
Open 월~금요일 19:30~20:45   Price 메뉴 €145~, 와인 페어링 €90~
Web www.neigedete.fr

다양한 콘셉트의 레스토랑과 바를 한자리에서

라 펠리시타 La Felicità

과거 프랑스 철도청 SNCF의 창고로 사용하던 1,500
여 평의 공간을 빅마마 그룹에서 렌트해서 자신들이 운
영하는 다양한 콘셉트의 레스토랑 8개와 3개의 바를 함
께 운영한다. 낡아서 사용하지 않는 기차를 비롯하여 신
나는 테마파크처럼 꾸민 공간을 다니다 보면 이름만큼
이나 축제 분위기를 물씬 느낄 수 있는 장소다. 100% 이
탈리아 현지에서 공수한 재료로 현장에서 직접 만든 음
식을 즐길 수 있다. 시카고의 오 슈발의 레시피대로 만든
섹시 버거, 모차렐라, 부라타 치즈, 고기를 곁들인 포카치
아, 트러플 향이 치즈와 잘 어우러진 트러플 파스타와 나폴리 본고장의 맛을 느끼게 해 주는 피자를 추천한다.

How to go M14, RER C호선 Bibliothèque François Mitterrand역에서 도보 5분
Add 5 Paris Alan turing 75013 Paris
Open 월~금요일 08:30~00:00, 토~일요일 11:30~01:00
*레스토랑들은 점심 저녁 식사 시간에만, 칵테일 바는 17:00부터 운영
Price 버거 €15.5~, 피자 €10.50~
Web www.lafelicita.fr

프랑스 남서부 지역의 푸짐하고 따뜻한 요리를 즐길 수 있는 비스트로

캉틴 드 트로케 La Cantine du Troquet

꾸준히 인기를 얻으며 파리에만 4개의 지점을 운영하는
레스토랑. 돌판 위에 얹어 나오는 삶은 키조개나 새우,
테린를 비롯하여 스테이크와 돼지고기에 이르기까지 셰
프 크리스티앙 에체베스트(Chriatian Etchebest)가 엄선
한 신선한 재료를 셰프만의 비법으로 조리해서 내놓는
다. 푸짐한 양 또한 보장되어 맛있고 배부르게 프렌치 식
사를 경험할 수 있는 가성비 좋은 식당이다.

How to go M6호선 Dupleix역에서 도보 2분
Add 53 Bd de Grenelle
Open 화~토요일 12:00~14:30, 19:00~22:45
Price 제철 재료를 사용한 메뉴 €40~
Web www.lacantinedutroquet.com

아기자기함이 돋보이는 한국인 셰프의 레스토랑

메종 박 Maison Park

프랑스의 유명 요리학교 폴 보퀴즈를 졸업한 한국인 셰프가 운영하는 프렌치 레스토랑이다. 연중 신선한 제철 재료를 사용해 조리하며 아기자기한 플레이팅으로 현지인은 물론 한국인들에게도 박수를 받아왔다. 추천 메뉴로는 구운 푸아그라, 감바스 새우, 돼지 족발과 같은 전식과 아구 생선이나 이베리코 플뤼마를 추천한다.

How to go M12호선 Convention역에서 도보 5분
Add 10 Rue Desnouettes 75015 Paris
Open 화~토요일 12:00~14:00, 19:00~22:00
Price 점심 메뉴 €35, 저녁 메뉴 오마카세 €77~
Web www.maisonpark.com

일본 특유의 섬세함이 돋보이는 모던 프렌치 레스토랑

레스토랑 필그림 Restaurant Pilgrim

미슐랭 1스타 레스토랑 네즈 데테를 운영해 온 니시 히데키가 몽파르나스 근처에 있는 이곳을 키타노 유리카 셰프에게 맡기고 총괄 지휘한다. 자신의 요리와 환경에 신념을 갖고 신중하게 선택한 재료를 일본 특유의 섬세한 감각으로 풀어내는 곳으로 요리를 따라 프랑스에 온 자신을 요리의 순례자처럼 생각하는 셰프의 마음이 음식에 담겨 나온다. 지중해의 참치, 간장 소스로 마리네이드한 계란과 파, 타마린 소스와 강황 크레이프가 함께 나오는 방목한 닭고기 요리 등의 메뉴는 철마다 변화가 있다.

How to go M6호선 Sèvres-Lecourbe역에서 도보 7분
Add 8 Rue Nicolas Charlet 75015 Paris
Open 월~금요일 12:00~13:30, 19:30~21:00
Price 점심 메뉴 €48, 저녁 메뉴 오마카세 4코스 메뉴 €85~
Web www.pilgrimparis.com

요리에 대한 경영자의 애정이 느껴진다

세베로 Le Severo 👍

정육점 겸 레스토랑 경영자 윌리엄 베르네가 25년간 운영해 온 곳으로 도쿄에도 2개의 지점이 있다. 베르네는 장인이 운영하는 유명 정육점(Nivernaise)에서 오랫동안 경력을 쌓고 1986년에 세베로를 열었다. 정육과 요리에 대한 열정으로 고기를 숙성하고 준비하는 이곳의 고기는 등심의 경우 30일, 소갈비는 최대 80일간 숙성하여 내놓는다. 크리스티앙 파라가 만든 프렌치 스타일의 순대 부댕 누아, 엔초비와 파마산 치즈와 함께 나오는 쇠고기 타다키, 쇠고기 갈빗살 요리 등 어느 것을 선택해도 후회가 없다.

How to go M4호선 Alésia역에서 도보 7분
Add 8 Rue des Plantes 75014 Paris
Open 월~금요일 12:00~14:00, 19:30~22:00
Price €35~
Web www.lesevero.fr

정겹고 유쾌한 분위기를 느낄 수 있는 프렌치 레스토랑

프티 플라 Les Petit plat

파리 14구에서 오랫동안 주민들에게 사랑받아 온 가정식 프렌치 레스토랑이다. 대형 거울, 말굽형 아연, 모자이크가 있는 정겨운 공간으로 유쾌한 분위기의 여주인이 장난스럽고 친절하게 맞아준다. 오브락과 같은 지역의 쇠고기를 샤스누(Chassineau) 정육점에서 공급받아 내놓는다. 직접 만든 시골 스타일의 테린과 생강 고로케를 곁들인 대구, 스리라차를 곁들인 방목 돼지의 삼겹살 등이 있으며 새조개와 대합 조개를 곁들여 12시간 동안 조리한 초리조가 시그니처 메뉴다.

How to go M4호선 Alésia역에서 도보 6분
Add 39 Rue des plantes 75014 Paris
Open 월 19:30~22:00, 화~토요일 12:00~14:00,
19:30~22:00
Price €35~
Web www.lesevero.fr

프랑스식 집밥을 경험할 수 있는 곳

보데지르 Le Vaudesir

오베르뉴 지역에서 파리로 건너온 가족이 운영하는 프렌치
시골 집밥집이다. 매일 그날의 새로운 재료로 요리해 내놓는
이 집의 가장 큰 장점은 저렴한 가격이다. 주머니 사정이 넉
넉하지 않은 인근 노동자들부터 이곳의 왁자지껄한 분위기를
사랑하는 주민들에 이르기까지 다양한 사람들이 식사 시간
전에 테라스에 몰려들어 식전주를 마시는 풍경을 흔히 볼 수
있는 골목 식당이다. 보졸레 지역과 루아르 지역의 저렴한 와
인을 잔 단위로 판매하며 보졸레 누보 행사와 같은 다양한 이
벤트도 진행한다.

How to go M6호선 Saint Jacques역에서 도보 6분
Add 41 Rue Dare 75014 Paris
Open 월요일 07:30~15:30, 화~금요일 07:30~22:30
Price €15~

파리에서 가장 창의적인 버거

피엔와이 PNY

로키 산맥을 걸어서 건너고 오직 햄버거로 살았던 루디
와 늘 좋은 회사를 세우는 꿈을 꾸던 그래피티가 파리 포
부르 생드니 뒷골목의 오래된 케밥 가게를 산 것을 시작
으로 지금은 150명의 직원을 둔 중소기업으로 성장했
다. 온도, 습도, 환기를 세심하게 제어하면서 몇 주간 냉
장실에서 고기를 숙성시키는 작업을 통해 고기가 부드
러워지고 풍미가 살아나는 것을 깨달은 두 사람이 바베
큐 소스를 비롯하여 최고의 소스를 개발하여 파리에서
가장 맛있고 창의적인 버거를 만들어 제공하면서 12개
의 지점으로 비즈니스가 확장했다. 어느 것을 먹어도 훌
륭하나 바베큐 소스와 베이컨, 양파 튀김과 체다 치즈가
들어간 '돌아온 카우보이'를 강력히 추천한다.

How to go M6호선 Edgar Quinet역에서 도보 2분
Add 15 Rue de la Gaité
Open 월~금요일 12:00~15:00, 18:00~23:00
Price €15~ Web http://pnyburger.com

맛과 멋이 적절히 어우러져 더욱 빛나는 레스토랑

오 플륌 Aux Plumes

프랑스의 좋은 레스토랑들에서 일해온 일본인 젊은 셰프 후지에다 가즈히로가 프랑스의 다양한 지역에서 생산한 좋은 품질의 고기와 농산물을 사용하여 매일 다른 메뉴를 내놓는 곳이다. 절제미와 우아함을 강조한 미니멀리스트 장식과 친절하면서 유머스러운 홀 직원이 훌륭한 요리를 더욱 빛나게 해 주며 합리적인 가격에 훌륭한 음식을 내놓는 식당에 주는 미슐랭 빕 구르망 평가를 받았다. 밤으로 만든 수프, 이웃집인 위고 드누아예 정육점의 쇠고기, 감칠맛 나는 소스로 맛을 내는 생선이나 오징어와 같은 음식은 적절한 간과 풍미가 느껴진다.

How to go M4호선 Mouton Duvernet역에서 도보 2분
Add 45 Rue Boulard 75014 Paris
Open 화/목~토요일 12:00~14:30, 19:30~22:00, 수요일 12:00~14:30
Price 점심 메뉴 €18~, 저녁 메뉴 €45~
Web www.auxplumes.com

파리에서 느끼는 아르헨티나의 맛

그리야드 드 부에노스 아이레스 Les Grillades de Buenos Aires

주변에 연극 극장이 많아 시끌벅적한 몽파르나스 지역에서 20년 넘게 한자리를 지켜온 아르헨티나 스테이크 전문점이다. 아르헨티나에서 직수입한 쇠고기를 숙련된 셰프가 부드럽고 맛있는 숯불 스테이크로 내놓는다. 전식으로 멘도사 스타일의 고기로 속을 채운 페이스트리 멘도시나 엠파나다를 주문한 다음 안심이나 채끝 등 선호하는 부위의 스테이크를 주문하면 된다.

How to go M6호선 Edgar Quinet역에서 도보 2분
Add 54 Rue du Montparnasse 75014 Paris
Open 월요일 19:30~23:00, 화~일요일 12:00~14:00,
19:30~23:00
Price €35~
Web https://lesgrilladesbsas.com/

다양한 와인과 함께 즐기는 이탈리안 가정식
레 카이유 Les Cailloux

회갈색 톤의 컬러와 원목 바닥, 금속 조명을 갖춘 이탈리안 레스토랑. 파리 13구의 보보스들이 매일 밤 만남의 장소로 찾는 뷔트 오 카이유의 중심에 위치해 있다. 가지 밀푀유와 그라탕 모차렐라, 오징어 먹물을 넣은 링귀니, 튀긴 아티초크와 오징어, 바닐라 판나코타, 시칠리아 와인부터 다양한 이탈리안 와인을 곁들인 식사를 즐길 수 있는 이탈리안 가정식을 선보인다.

How to go M6호선 Corvisart역에서 도보 5분
Add 58 Rue des cinq diamants 75013 Paris
Open 12:00~14:30, 19:00~23:00
Price 전식 €16~, 본식 €17~
Web www.lescailloux.fr

태국 정부가 인증한 우수 태국 식당
타이 루아얄 Thaï Royal

태국 스타일로 꾸며진 인테리어가 현지에서 식사를 하는 듯한 느낌을 주는 곳으로, 제대로 된 태국 음식을 즐기고 싶은 사람에게 추천하고 싶은 장소다. 매콤한 파파야 샐러드 솜탐이나 코코넛 우유를 넣은 매콤한 스프인 톰얌쿵, 할머니 스타일로 만든 닭고기 카레를 추천한다.

How to go M7호선 Maison Blanche역에서
도보 6분
Add 97 avenue d'Ivry 75013 Paris
Open 월·수~일요일
Price €25
Web https://thairoyal.fr/fr

미슐랭 3스타 셰프도 추천한 곳

포 타이 Pho Tai

13구 차이나타운의 뒷골목에 자리한 베트남 레스토랑으로 월남국수를 전문으로 한다. 1986년에 프랑스에 입국한 테(Te) 셰프가 요리를 하며 생강을 넣어 바삭하게 튀긴 치킨, 프라이팬에 튀긴 새우 등도 괜찮다. 월남국수는 12시부터 오후 8시 반까지 불을 끄지 않고 계속 소뼈를 고아 만들기 때문에 녹진한 국물이 자랑이다. 세계적인 미슐랭 3스타 셰프인 알랭 뒤카스가 종종 들르면서 그가 낸 파리 미식 가이드북에도 소개된 곳이다.

How to go M7호선 Maison Blanche역에서 도보 5분
Add 13 Rue philibert Lucot 75013 Paris
Open 화~일요일 12:00~15:00, 18:45~22:15
Price €25~

한국인 입맛까지 저격하는 매콤한 맛

크레이지 누들 Crazy Noodle

식당에서 직접 반죽해서 만든 면을 사용하는 중국식 우육면은 쫄깃한 면과 탱글탱글한 고기와 매콤한 국물 맛이 우리 입맛에도 잘 맞다. 깔끔한 인테리어와 잘 정돈된 실내만큼이나 음식도 정확하게 준비되어 나오며 양이 매우 푸짐해서 젊은 층이 즐겨 찾는다. 특별히 매운 것을 잘 먹지 못하는 사람이라면 맵기를 2단계 정도로 주문할 것을 권한다.

How to go M6, 7호선 Place d'Italie역에서 도보 2분
Add 207 Avenue de Choosy 75013 Paris
Open 목~화요일 11:30~14:30, 18:30~22:30
Price €15~
Web https://crazynoodle75.com/

1200여 종의 와인을 보유한 전문점

캬브 데 파피 La cave des papilles 👍

20년 넘게 와인 가게를 운영해 온 전설적인 주인 제라르 카츠가 과거 미슐랭 1스타 레스토랑인 사툰과 클론 바에서 소믈리에로 일했던 이완 르 무완에게 열쇠를 넘겨 주면서 계속 그 명성을 유지하고 있는 와인 숍이다. 1200여 종의 내추럴 와인과 바이오 다이내믹 와인을 보유한 전문점으로 쥐라 지역과 오베르뉴 와인의 스타 와인을 다수 보유하고 있다.

How to go M4, 6, RER B호선 Denfert Rochereau역에서 도보 4분

Add 35 Rue Daguerre 75014 Paris

Open 월요일 15:30~20:30, 화~금요일 10:00~13:30, 15:30~20:30, 토요일 10:00~20:30, 일요일 10:00~13:30

Web www.lacavedespapilles.com

AREA 9
—
몽소 공원 주변
Parc Monceau

샹젤리제 거리를 기준으로 북쪽에 자리한 17구 지역과 고급 저택들이 모여 있는 몽소 공원 주변은 여행자들이 즐겨 찾는 주요 관광지와 거리가 있다. 붐비는 인파 없이 산책할 수 있는 지역이다. 지친 도심 생활에서 한 발짝 물러나 잠시 쉴 수 있는 몽소 공원을 중심으로 주변에는 아시아 미술 작품을 주로 전시하는 세르누치 박물관과 옛 프랑스 상류층의 생활상을 엿볼 수 있는 니심 드 카몽도 박물관이 있다. 근처에 자리한 자크마르 앙드레 박물관은 이탈리아 미술을 좋아하는 사람에게 추천할 만하다.

소요 시간 반나절
....
만족도
관광 ★★★
휴식 ★★★
쇼핑 ★

파리 깨알 정보 by 정남희(프랑스 정부 공인 가이드)

• 100년도 넘은 파리의 거리 오브제

파리를 걷다 보면 계속해서 눈에 띄는 것들이 있다. 파리지엔이 이미 100년도 넘게 보아온 것들이다. 그들에게는 너무 당연한 일상의 오브제이지만 여행객들에게는 뭐하는 물건인고 호기심의 대상이 된다. 19세기 파리가 꿈꾸었던 것처럼 도시는 부산하지만 자유로운 공기가 흐르고, 복잡한 것 같아도 일련의 질서가 있다. 일단 간판이 크고 화려하지 않으며 누구도 혼자 튀는 색을 고집하지 않는다. 그러다 보니 오히려 작은 간판 하나하나가 눈에 들어온다. 어떻게든 시선을 끌어야 하는 간판들이 경쟁하지 않고 있으니 구경하는 사람도 마음이 느긋해진달까?

• 이왕이면 광고도 깔끔하게, 모리스 광고판

사람이 많이 지나다니는 교차로나 신호등 옆에는 어김없이 이것이 있다. 느리게 돌아가기도 하는 이것의 정체는 광고판! 육각형의 지붕에 원통 기둥을 하고 있고, 짙은 초록색이다. 나폴레옹 3세 치하, 오스만 시장이 주도한 도시 정비는 도시 공공물의 변화를 가져왔는데 당시 복잡하고, 지저분한 광고판은 퇴출 대상 1호였다. 1863년 파리시는 광고판 디자인을 공모했고, 이때 당선된 것이 일명 '모리스의 기둥'. 모리스 광고판은 높이 3미터의 둥근 원통 모양에, 천천히 돌며 모든 광고를 차별 없이 보여주는 식이었는데, 아름다우면서도 실용적이었다. 지금 파리 시내에는 224개의 모리스 기둥이 남아 있다.

• 파리를 사랑한 영국인의 선물, 왈라스 분수

영국인 왈라스의 이름을 딴 분수다. 파리를 사랑한 영국 출신의 부호였는데 이 분수대를 파리 시민에게 선물했다. 몇 세기 동안 분수대에는 철제 컵이 비치되어 있었다. 당시에는 관상용이 아니라 식수용이었던 것. 파리 코뮌 당시, 상하도 시설이 훼손되며 파리의 강물과 지하수는 오염되어 식수를 사먹어야 할 정도였다. 하지만 가난한 사람들은 전염병의 위험을 무릅쓰고 그 물을 마셔야 했다. 이를 안타깝게 여긴 왈라스는 손수 분수를 디자인하여 파리시에 제안했다. 시는 파리를 자국보다 더 사랑한 영국인 왈라스의 기증을 받아들여 파리 전역에 50여 개의 분수를 설치했다. 지금도 물이 나오냐고? 물론이다. 목마른 자는 가서 마시도록.

• 밤 마실을 가능하게 한 파리의 가로등

파리의 밤 문화는 가로등과 함께 시작되었다. 거리에 가로등이 설치되기 이전, 루이 14세는 도시의 치안을 위하여 길가에 면한 집들에 한하여 실내에서 불을 켜라고 지시했다. 그 후 전구가 등장하기 전까지 파리 시는 가스를 사용해 거리의 가로등을 밝혔다. 불을 켜고 끄려면 사람의 손길이 필요했으므로 가로등의 키는 2미터를 넘지 않았다. 어쨌든 사람들은 가로등의 점등과 소등을 보며 시간을 가늠하게 되었고, 가로등을 벗 삼아 밤 산책을 즐기게 되었다. 오늘날 가스등은 모두 전기식으로 교체되었고, 새로 개발된 지역에는 모던한 디자인의 가로등이 설치된다. 하지만 파리 시내 중심의 가로등은 여전히 19세기 식이 많다. 단독으로 서 있는 가로등, 쌍으로 있는 가로등, 세 개가 붙은 가로등 등 모양도 다양해 보는 재미가 있다!

• 우아하기 그지없는 파리의 지하철 입구

공공 디자인의 경우, 무난하고 설치가 복잡하지 않아야 잘 선택된다. 하지만 19세기, 엑토르 기마르가 디자인한 파리 지하철 입구를 보면 지금 봐도 파격적이다. 그는 차갑고 딱딱한 철 소재를 한없이 우아한 감성으로 풀어냈다. 기마르는 곤충과 식물의 곡선에 영감을 받아 아르누보풍으로 지하철 입구를 디자인했는데, 아르누보 양식은 1890년부터 1910년까지 프랑스에서 유행한, 장식성이 많은 스타일. 자연에서 모티프를 얻은 덩굴 무늬나 불꽃 문양이 물결치는 대담한 디자인은 충분히 아름다웠지만 실용화하기에는 어려움이 따랐다. 너무 복잡했기 때문일까? 단명한 아르누보풍의 디자인을 우리는 주로 미술관에서 감상한다. 하지만 파리에서는? 지하철을 타며 매일 만날 수 있다!

영국식 정원이 아름다운 파리지엔의 쉼터

몽소 공원 Parc de Monceau ★

개선문에서 북동쪽으로 나 있는 오슈 거리를 따라가면 나오는 몽소 공원은 9헥타르 넓이의 아담한 녹지 공간으로 주변 주민들의 산책 장소로 유명하다. 1778년 오를레앙 공작이 조성한 영국식 정원이 아름답다. 당시 공작은 화가이자 작가였던 카르몽텔에게 정원 설계를 부탁했다. 그는 피라미드, 그리스 신전, 풍차, 스위스 농가 등 여러 나라의 건축물들을 작은 크기로 만들어 산책로 사이사이에 배치했다. 결과적으로 파리의 여느 정원과는 다른 모양새를 갖추었고 크기보다 아기자기함이 돋보이는 공원으로 이름났다. 파리 시내 한가운데에 있어서 점심시간에는 운동하러 나온 직장인들의 모습도 쉽게 볼 수 있다. 미술에 관심 있는 여행자라면 중국 미술품을 전시하는 인근의 세르누치 미술관과 18세기 장식 미술품을 볼 수 있는 니심 드 카몽도 미술관도 놓치지 말자.

How to go M2호선 Moncea역에서 도보 2분
Add 35 Bd de Courcelles 75008 Paris
Open 매일 07:00~20:00
Day off 1/2, 5/1, 12/25
Web http://paris.fr/lieux/parc-monceazu-1804

아시아 예술 작품을 보유한 미술관

세르누치 박물관 Musée Cernuschi ★

한국, 중국, 일본 등에서 건너온 아시아 미술품에 관심을 두던 은행가 앙리 세르누치의 이름을 딴 박물관이다. 프랑스 8
구 몽소 공원 동쪽 끝 벨라스케 거리에 있다. 2005년 리노베이션을 통해 새롭게 구성된 1천여 평의 공간에는 18세기에
만들어진 거대한 일본 불상, 당나라 시대의 도자기를 비롯한 신석기 시대부터 13세기까지의 중국 예술품이 주를 이루며
2023년에는 〈물방울 작가, 김창열〉 회고전, 〈이배, 윤희 작가 등 한국의 모노크롬 작가 단체전〉 등의 행사가 열려 현지인
들의 큰 호응을 얻기도 했다.

How to go M2호선 Monceau역에서 도보 5분
Add 7 Av. Velasquez, 75008 Paris
Open 화~일요일 10:00~18:00 (마지막 입장 17:30), 12/24, 12/31 17:00 까지
Day off 월요일
Price 상설전 무료, 특별전 €10, 학생 €8
Web www.cernuschi.paris.fr

프랑스 17세기 장식 예술과 앤티크 컬렉션을 만날 수 있는 곳

니심 드 카몽도 박물관 Musée Nissim de Camondo ★★

1911년 '오토만 엠파이어'라는 은행의 창립자이자 공예품 수집가였던 대부호 모이즈 드 카몽도의 컬렉션이 중심이 되어 문을 연 박물관이다. 유명 건축가 르네 세르장이 설계한 저택과 소장품은 아들인 니심 드 카몽도가 장식 미술관에 기증한 것으로, 그는 제1차 세계대전에 참전해서 젊은 나이에 전사했다. 이후 제2차 세계대전 중에는 카몽도의 딸과 가족 모두 유대인이라는 이유로 히틀러에 의해 아우슈비츠 감옥에서 숨을 거둔 슬픈 가족사가 전해진다. 18세기 이후 제작된 장인들의 가구와 공예품, 부자들의 화려한 식탁의 예술을 짐작해 볼 수 있는 정교하게 세공된 은식기와 도자기 등이 과거 카몽도 가문이 사용했던 부엌과 거실에 그대로 재현되어 전시된다.

How to go M2호선 Moncea역에서 도보 7분
Add 63 Rue de Monceau, 75008 Paris
Open 수~일요일 10:00~17:30 (마지막 입장 17:00)
Day off 월~화요일
Price 상설전 무료, 특별전 €10, 학생 €8
Web https://madparis.fr

르네상스 관련 특별전이 자주 열리는 숨은 미술관

자크마르 앙드레 박물관 Musée Jacquemart-André ★★

1875년에 완성된 건물을 매입한 에두아르 앙드레와 초상화 전문 화가인 배우자 넬리 자크마르 여사가 유명 건축가 앙리 파랑을 투입하여 그들이 수집한 르네상스 시대의 이탈리아 작품을 전시할 수 있는 공간을 열었다. 유력 은행가의 상속자이자 개신교 신자였던 에두아르 앙드레는 자신과 아내가 수집한 작품을 프랑스 학사원에 유언으로 증여했는데, 그 중에는 자크 루이 다비드, 장 오노레, 프라고나르, 부셰와 같은 작가들의 걸작이 포함돼 있었다. 이곳에서 놓쳐서는 안 될 작품으로는 프라고나르의 〈모델 데뷔〉, 다비드의 〈앙투안 백작의 초상〉, 나티에의 〈마틸드 드 카니시의 초상〉이 있다. 2023년 보티첼리 특별전을 비롯하여 이탈리아 유명 화가들의 전시가 성황리에 열린 바 있다.

How to go M9, 13호선 Miromesnil역에서 도보 6분
Add 158 Bd Haussmann 75008 Paris
Open 10:00~18:00
Price 일반 €17, 학생 €13, 7~25세 €10
Web www.cernuschi.paris.fr

미슐랭 스타 셰프가 뽑은 최고의 셰프 1위
피에르 갸네르 Pierre Gagnaire

아버지의 유명 레스토랑을 물려받아 셰프로 일하던 중
지금의 위치에서 미슐랭 3스타를 받았으며 이후 2002
년 런던, 2005년에는 도쿄 그리고 연이어 홍콩과 라스베
이거스에 자신의 이름을 건 레스토랑을 열었다. 프랑스
에서 대표적인 분자 요리 셰프다. 분자 요리는 현미경으
로 재료를 분석하고 최상의 온도, 다른 재료와의 조화를
발견해 낸 끝에 만들어진 신개념 기법이다. 그가 만드는
요리에는 아이디어, 감각, 그의 철학이 고스란히 드러난
다. 리모주 지역의 송아지 고기, 랍스터 및 오리지널 올
리브 오일 등의 요리는 '피카소를 닮은 셰프'라는 별명답
게 경이롭다. 미슐랭 3스타 레스토랑의 모범 답안과도
같은 서비스와 풍부한 와인 리스트는 덤이다.

How to go M1호선 George V역에서 도보 3분   Add 6 Rue Balzac 75008 Paris
Open 월~금요일 12:30~13:30, 19:30~21:30   Price 점심 메뉴 €180~, 피에르 갸네르 메뉴 €415
Web www.pierregagnaire.com

샹젤리제 뒷골목에 위치한 비밀의 성에서 즐기는 만찬
아피시우 Apicius

샹젤리제 거리 뒤편 호화로운 18세기 저택에 자리한 이 레스토
랑의 이름은 최초의 요리책을 썼다고 전해지는 고대 로마 미식
가의 이름 '아피키우스'에서 따왔다. 장 피에르 비고타 셰프가 파
리 중심의 믿을 수 없는 큰 정원과 멋진 건물 내에 레스토랑을
열어 현대 요리의 창의성과 프랑스 요리의 전통성을 접목한 요
리를 내놓고 있다. 번잡한 샹젤리제에서 벗어나 테라스가 있는
네오 클래식 건물에서 즐기는 식사는 파리에 있다는 사실을 잊
게 하고, 음식의 향연은 분명 큰 만족을 줄 것이다.

How to go M1호선 George V역에서 도보 8분
Add 20 rue d'Artois 75008 Paris
Open 월~토요일 12:30~14:00, 19:30~22:00
Day off 일요일
Web https://restaurant-apicius.com

샹젤리제 근처에서 가장 맛있는 우동

키신 Kishin

파리에서 맛있기로 유명한 우동집 중 하나. 쫄깃한 면발의 수타
면 우동은 100% 일본 규슈산 밀가루로 만들며, 육수는 홋카이
도산 다시마와 최고 품질의 식품 공급업체인 츠키지와다큐에
서 수입하는 가다랑어포로 우려낸다. 주문을 받은 후 끓이기 시
작하므로 시간이 다소 걸릴 수 있으니 조바심 내지 마시라. 추천
메뉴는 쇠고기가 들어간 카레 우동과 새우튀김이 바삭해서 맛있
는 덴푸라 우동 등이다.

How to go M9호선 Saint Philippe du roule역에서 도보 3분
Add 7-9 rue de Ponthieu 75008 Paris
Open 월~토요일 11:45~14:30, 19:00~22:00
Price 우동 €20~, 덮밥 €20-
Web http://udon.kisin.fr

노부 셰프가 운영하는 파리 유일의 장소

마츠히사 Matsuhisa

뉴욕, 베버리힐즈, 런던, 도쿄 등에서 자기 이름을 내건 30여 개의 레
스토랑을 성공시킨 세계적인 셰프 마츠히사 노부가 필립 스탁이 디
자인한 로열 몽소 호텔에 문을 열었다. 파리에선 처음이자 유일한 장
소인 이 레스토랑은 일본 정통 스시만을 고집하지 않고 페루 스타일
의 풍미를 더해 현대적이고 세련된 음식을 내놓고 있다. 역동적인 조
명과 트렌디한 스타일의 가구, 젠(Zen) 스타일의 정원이 어우러진 곳
에서 음식과 분위기가 하모니를 이룬다. 된장 소스를 곁들인 은대구,
할라페뇨 고추를 곁들인 방어 사시미, 놓칠 수 없는 스시 또는 구운
와규 쇠고기 필레와 같은 메뉴는 한결같은 사랑을 받고 있다.

How to go M2호선 Ternes역에서 도보 7분
Add 37 Avenue Hoche 75008 Paris
Open 월~토요일 12:00~14:30, 19:00~24:00, 일요일
19:00~23:00
Price 전식 €19~, 덴푸라 €36~, 구운 와규 쇠고기 필레 €100
Web https://www.leroyalmonceau.com/restaurants/
matsuhisa-paris/

AREA 10

샹젤리제-
콩코르드 광장

Avenue des Champs-Élysées–
Place de la Concorde

세계에서 가장 걷고 싶은 거리로 연중 여행객들로 붐빈다. 크리스마스를 전후해 화려
한 일루미네이션으로 더욱 빛나는 샹젤리제 거리를 포함하여 12개의 도로가 방사상
으로 뻗어 있는 에투알 광장 중앙의 개선문, 콩코르드 광장을 아우르는 세계에서 가장
유명한 거리이다. 거리 전체에 늘어선 울창한 마로니에와 플라타너스 아래를 걷다가
마주치는 부티크와 카페, 레스토랑에 들러 휴식을 취하거나 세계적인 브랜드 숍이 모
여 있는 몽테뉴 거리에 들러 쇼핑의 즐거움을 만끽할 수 있다. 그 밖에도 미술, 사진,
패션쇼 등 다양한 이벤트가 열리는 그랑 팔레와 파리시가 운영하는 보석 같은 명화들
이 볼만한 프티 팔레 등이 특별한 볼거리를 제공한다.

소요 시간 하루

··

만족도
관광 ★★★
명품 쇼핑 ★★★
음식 ★

출발

메트로(M1, 2, 6호선, RER A선) 샤를 드 골 에투알(Charles de Gaulles Etoiles) 역에 내려 도보로 이동한다.

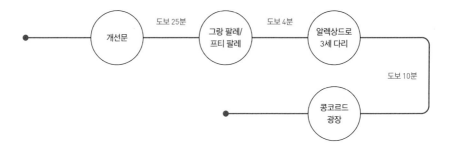

주의 사항

- 개선문에 갈 때는 지하 통로를 이용해야 한다. 무단 횡단은 절대 금물이다.
- 샹젤리제 주변은 소매치기가 늘 많으니 소지품에 각별히 신경 써야 한다. 테이블 위에 물건을 올려둔 채 대화에 빠지면 위험하다.

하이라이트

- 샹젤리제 거리의 라 뒤레나 피에르 에르메에 들러 마카롱과 커피 한잔
- PSG 숍에 들러 이강인 유니폼 구입
- 파리 시립 미술관(무료) 프티 팔레에 들러 작품 감상
- 개선문 꼭대기에 걸어 올라가 파리의 스카이라인 촬영
- 알렉상드로 3세 다리 위에서 에펠 탑 배경으로 기념샷
- 개선문 앞 샹젤리제 거리 중앙 차로에서 개선문을 배경으로 인물 사진

주요 쇼핑 스폿

- 패션 Louis Vuitton, Dior, Kenzo, Maison Margiela, Celine, Chanel, Prada, Bottega Veneta
- 디저트 Pierre Hermé, La Durée

나폴레옹이 승전 용사들을 위해 지을 것을 명령한 승리의 문

개선문 Arc de triomphe ★★★

1806년에 건축가 샬그랭이 설계한 높이 50미터, 너비 45미터, 폭 22미터의 아치형 구조다. 열두 갈래의 길이 별 모양으로 뻗어 있는 에투알 광장에 있어 '에투알 개선문'으로도 불린다. 샹젤리제 거리의 서쪽 끝, 샤를 드 골 광장 한복판에 자리 잡고 있다. 로마의 티투스 개선문을 본떠 신고전주의 양식이다. 프랑스 혁명과 나폴레옹 전쟁에서 죽은 전사자를 기리고 '오스테를리츠 전투'에서 승리한 병사들을 축하한다는 취지로 나폴레옹이 건축을 명했다. 그러나 나폴레옹은 완공(1836년)을 보지 못한 채 영국군의 포로가 되어 세인트헬레나섬에서 쓸쓸히 죽음을 맞이한다. 1840년 12월 15일 유해가 되어 개선문을 통과했다. 제2차 세계대전 중 파리를 점령한 독일군의 개선식 때에는 나치 독일 국기가 내걸렸다. 개선문 하부에 있는 4개의 조각품 중 〈1792년 출발; 라 마르세예즈〉는 날개를 단 여인으로 의인화된 프랑스가 자기의 국민을 이끄는 형상을 하고 있으며 〈1810년 승리〉는 승리의 여신이 나폴레옹에게 월계관을 씌워주는 장면이다. 개선문의 옥상에는 프랑스가 거둔 주요 승리를 새긴 30여 개의 방패가 있고 개선문 안쪽에는 558명의 프랑스 제1제국의 장군 이름이 새겨져 있다. 개선문 아래에 활활 타오르는 불길은 제1차 세계대전에서 죽은 무명용사를 기리기 위한 것으로 연중 꺼지지 않는다. 파리의 전망이 내려다보이는 전망대는 223개의 계단을 걸어 올라가면 다다를 수 있다. 노인과 장애인을 위한 엘리베이터도 준비되어 있다. 안전을 위해 샹젤리제 거리에 지하 통로를 통해 티켓 판매소와 개선문 입구가 연결되도록 했다. 주변에 소매치기가 많으므로 주의한다.

How to go RER A, M1, 2, 6 호선 Charles de Gaulles Etoiles역에서 개선문 전용 지하 통로를 이용, 도보 3분

Add Place Charles de Gaulle 75008 Paris

Open 4/1~9/30 10:00~23:00, 10/1~3/31 10:00~22:30 *입장 마감은 문 닫기 45분 전

Day Off 1/1, 5/1, 7/14(오전), 8/1(오전), 11/11(오전), 12/25

Price 일반 €16 *1~3월, 11~12월 첫 번째 일요일 무료   Web www.paris-arc-de-triomphe.fr

파리를 대표하는 아름다운 거리

샹젤리제 거리 Avenue des Champs-Élysées ★★★

마로니에와 플라타너스 등의 가로수가 울창한 이 도로 이름은 그리스 신화에서 '낙원'을 뜻하는 '엘리제'를 따서 '엘리제의 들판'을 의미한다. 우리 귀에 익숙한 '오, 샹젤리제, 오, 샹젤리제'라는 노래처럼 언제나 많은 사람들로 북적이는 생기 넘치는 거리다. 12개의 방사상 도로가 개선문으로 모이는 '별의 광장'이란 의미를 지닌 에투알 광장의 개선문에서 튀일리 공원이 시작하는 콩코르드 광장까지 폭 70m, 길이 1.8km의 직선 도로를 통칭한다. 나폴레옹의 조카인 나폴레옹 3세가 과거 들판과 습지대였던 곳에 오스만 파리 시장에게 명하여 이 거리를 조성했는데 이를 위해 베르사유 궁전의 정원 조경으로 유명한 조경가, 르 노트르가 투입되어 가로수를 심고 로터리를 만들면서 보행 도로로 확장했다. 루이 비통과 디올의 플래그십 스토어, 손흥민 유니폼을 살 수 있는 PSG 숍, UGC 영화관, 마카롱으로 유명한 라 뒤레를 비롯한 카페, 파이브 가이즈를 비롯한 레스토랑 등 다양한 매장과 카페, 레스토랑이 모여 있다. 샹젤리제가 가장 화려한 시기는 11월 중순부터로 나무에 길게 늘어진 조명이 환상적인 빛을 발하며 파리에서 대표적으로 야경을 즐길 수 있는 거리로 사랑받는다. 사이클 팬들에게 유명한 '파리 전국 일주 자전거 대회'인 투르 드 프랑스(Tour de France)의 최종 도착지이자 7월 14일 프랑스 혁명일의 군사 퍼레이드 장소로도 유명하다.

How to go RER A, M1, 2, 6 호선 Charles de Gaulles Etoiles역에서 바로

아르누보 양식의 아름다운 건물

그랑 팔레 Grand palais ★★

1896년 샤를 기로의 지휘 아래 건축가 앙리 드글란, 알베르 루베, 알베트 토마가 각각 3부분을 맡아 설계했다. 1900년 파리 만국 박람회 개막에 맞춰 세상에 모습을 드러냈다. 건물이 지어질 당시 '프랑스 예술의 영광을 위하여'라는 캐치프 레이즈에 걸맞게 매년 봄/가을 파리 컬렉션 행사 때마다 샤넬의 패션쇼가 열렸다. 100년이 넘었지만 볼탕스키, 술라주와 같은 유명 작가의 개인전, 미술 전시 Flac, 사진 전시인 '파리 포토' 등의 행사가 연중 열리는 전시장으로 활용된다. 제1차 세계대전 당시에는 군 병원, 제2차 세계대전 당시에는 독일군의 주차장으로 이용되기도 했다. 유럽 최대 규모의 유리 천 장을 갖춘 중앙홀은 6천여 톤의 강철과 유리가 사용되어 아르누보 양식의 아름다움을 보여준다. 40미터 높이에 설치된 두 개의 입구 위에 만들어진 청동 조각은 조각가 빅토르 피터와 알렉상드르 팔기에르의 솜씨로 샹젤리제 거리 쪽은 〈시 간을 초월한 불멸〉, 센강 변 쪽은 〈하모니가 불화를 이김〉이라는 작품이다. 현재 대대적인 리노베이션을 위해 휴관 중이 며 2024년 하계 올림픽에서 펜싱과 태권도 경기장으로 이용되었다.

How to go M1, 13호선 Champs-Élysées-Clemenceaue역에서 도보 4분

Add 3 Av. du Général Eisenhower 75008 Paris

Open · Day Off· Price 전시마다 상이

Web http://www.grandpalais.fr/

보석 같은 그림들과 만날 수 있는 시립 미술관

프티 팔레 Petit Palais ★★★

1880년 로마 그랑프리를 수상한 건축가 샤를 지로가 건축을 의뢰받아 '보자르 양식'으로 설계한 건물이다. 샤를 지로가 직접 설계한 웅장한 현관 및 돔을 지나 안으로 들어가면 안뜰과 정원이 나타난다. '큰 궁전' 이라는 뜻의 그랑 팔레 맞은편에 있으며 '작은 궁전'을 뜻한다. 파리 시 립 미술관의 용도로 이용되는데 프랑스 왕실 가구 컬렉션을 비롯하여 프랑스 역사상 중요한 컬렉션에서 수집한 상아, 태피스트리, 금속 세 공품, 보석 및 도자기로 된 귀중한 보물과 1800~1900년의 프랑스 미 술사를 보여주는 주요 작품, 고대 그리스와 로마 예술품 및 기독교 성 상 컬렉션을 전시한다. 특별히 클로드 모네의 〈센강의 일몰〉, 자크 루 이 다이브의 〈세네카의 죽음〉을 포함하여 들라크루아, 세잔, 로댕, 프 라고나르, 쿠르베, 모네와 같은 프랑스 예술에 중점을 두지만 렘브란

트, 루벤스와 같은 플랑드르 르네상스 회화, 그리스와 로마 조각 등 1,300여 점의 회화 및 조각 작품이 상설 전시되고 있 다. 중정에서 티타임을 즐길 수 있는 카페에서는 합리적인 가격으로 간단한 식사까지 해결할 수 있다.

How to go M1, 13호선 Champs-Élysées-Clemenceaue역에서 도보 6분
Add Av. Winston Churchill, 75008 Paris
Open 화~일요일 10:00~18:00 *기획전이 열리는 기간에는 금~토요일 20:00까지 Day Off 월요일
Price 상설전은 무료 Web www.petitpalais.paris.fr

파리에서 가장 아름다운 금장 장식의 다리

알렉상드르 3세 다리 Pont Alexandre III ★

프랑스의 지정학적 중요성을 인식한 러시아 황 제 알렉산드르 3세가 외교적으로 고립돼 있던 프 랑스와 손을 잡고 1893년 양국 간 평화 동맹을 맺었다. 알렉산드르 3세의 왕위를 물려받은 아 들, 니콜라이 2세는 프랑스와 러시아 간의 돈독 한 우호를 보여주기 위한 징표로 다리를 짓는 것 에 합의하고 1896년 머릿돌을 놓았다. 다리는 1900년 만국 박람회에 맞춰 완성되었다. 길이

107미터, 너비 40미터의 알렉상드르 3세 다리는 파리 센강에 설치된 37개의 다리 중에서도 벨 에포크의 미학을 고스란 히 보여주는 아름다운 디테일로 〈파리의 연인〉을 비롯하여 많은 영화와 드라마, CF 촬영의 배경이 되어 우리에게 익숙 하다.

How to go M1, 13호선 Champs-Élysées-Clemenceaue역에서 도보 8분

1년에 한 번, 대중에 공개되는 대통령 궁의 공식 집무실

엘리제 궁전 Palais de l'Elysées ★

1718년에 기업가인 클로저의 사위, 에브르 백작을 위해 지어진 건물로 루이 15세의 연인 퐁파두르 부인과 나폴레옹 아내 조세핀이 머물기도 했던 장소다. 프랑스 대혁명 전에는 작은 놀이공원이 있었다. 나폴레옹이 워털루 전투 패배 후 황제 퇴위서에 서명한 곳도 바로 이곳이다. 1871년 이후 지금까지 공화국 대통령의 공식 관저로 사용되고 있으며 현 프랑스 대통령인 에마뉘엘 마크롱도 이곳에서 집무를 보고 있다. 내부 관람은 허용되지 않으나 1년에 단 한 차례, 문화유산 개방의 날(Journée du patrimoine)인 9월 셋째 주 주말에는 대중에게 개방된다. 건물 구조를 살펴보면 1층에는 만찬장과 나폴레옹 3세 살롱, 각료 회의가 열리는 공간이 있으며 3층에는 대통령 집무실과 비서실 등이 있다.

How to go M1, 13호선 Champs-Élysées-Clemenceaue역에서 도보 8분
Add 3 Av. du Général Eisenhower 75008 Paris
Web www.elysee.fr/en

피의 광장에서 아름다운 화합의 광장으로 바뀌다

콩코르드 광장 Place de la Concorde ★★

남북 길이 210미터, 동서 길이 360미터로 파리에서 가장 규모가 큰 광장. 본래 루이 15세의 동상을 세우기 위해 앙주 자크 가브리엘에 의해 1763년에 만들어졌다. 프랑스 대혁명으로 루이 15세의 기마상은 철거되었고 광장은 루이 16세와 마리 앙투아네트를 비롯하여 1,119여 명이 외과의사 기요틴이 발명한 단두대에서 목이 잘려 나간 살육의 현장이 되었다. 1830년 이후 공식적으로 '평화, 화합'을 의미하는 콩코르드 광장으로 이름이 바뀌어 오늘에 이르고 있다. 프랑스 주요 도시를 상징하는 8개의 조각상과 시원하게 물줄기를 내뿜는 아름다운 분수대가 있으며, 이집트의 람세스 2세가 태양신을 숭배하기 위해 만든 룩소르 신전 오벨리스크도 이곳에서 볼 수 있다. 높이 23미터, 무게 230톤에 달하는 오벨리스크는 1829년 이집트의 총독이었던 무함마드 알리가 프랑스에 선물한 것이다. 콩코르드 광장은 7월 14일 혁명 기념일에 연단이 설치되어 프랑스 대통령과 매년 한 명씩 초청되는 국가의 국빈이 사열을 받는 곳이며 상젤리제 거리의 마지막이자 튀일리 공원이 시작되는 지점이기도 하다. 개선문을 등지고 튀일리 정원이 있는 왼쪽으로 시선을 돌리면 해군성과 크리옹 호텔을 볼 수 있다.

How to go M1, 8, 12호선 Concorde에서 바로
Add Place Concorde 75008 Paris

일반에게 새롭게 공개된 옛 해군 최고 사령부 건물

해군성 Hôtel de la Marine ★★

콩코르드 광장 옆에 크리옹 호텔과 나란히 서 있는 이 건물은 18세기 왕실 건축가였던 앙주 자크 가브리엘이 설계했다. 루이 15세 일가의 가구, 보석, 태피스트리를 보관하던 창고로 사용되다가 이후에 해군 참모 사령부가 200여 년간 건물을 사용했다. 2021년 대중에게 공개되었으며 18세기 프랑스 건축과 장식, 일상을 살펴볼 수 있도록 복원된 고급 아파트의 모습을 오디오 가이드의 설명과 함께 돌아볼 수 있다. 이 투어는 두 가지 중 하나를 고를 수 있다. 웅장한 객실과 콩코르드 광장이 내려다보이는 살롱과 로지아를 포함한 투어와 18세기 화려한 왕실 아파트먼트와 살롱과 로지아를 함께 볼 수 있는 통합 투어다.

How to go M1, 8, 12호선 Concorde역에서 도보 1분
Add 2 Place de la Concorde 75008 Paris
Open 중정 08:00~24:00, 투어 10:30~19:00(금요일~22:00)
Price 살롱&로지아 45분 투어 €9, 통합권 1시간 15분 투어 €17
Web www.hotel-de-la-marine.paris

고요한 공간이 주는 특별함

카페 자르댕 뒤 프티 팔레 Café jardin du petit palais

프티 팔레의 아름다운 중정에 마련된 테라스는 시골에 여행 온 듯한 착각이 들게 할 만큼 고요해서 따스하게 내리쬐는 햇살을 맞으며 쉬기에 좋다. 다만 한여름의 무더위를 피하려면 현대적인 가구들로 밝은 분위기를 낸 실내로 들어가야 한다. 음료나 샐러드와 파스타 등 간단한 식사를 즐길 수 있지만 음식에 큰 기대를 해서는 안 된다. 베이직한 급식과 비슷한 수준의 요리지만 공간이 주는 특별함 그 자체만으로 훌륭하다.

How to go M1, 13호선 Champs-Élysées-Clemenceau역에서 도보 6분
Add 2 Avenue Winston Churchill 75008 Paris
Open 화~일요일 10:00~17:15
Price €15~

개선문 근처에 위치한 신생 베이커리 체인

카페 주와유 샹젤리제 Café Joyeux Champs Elysées

시그니처 메뉴인 크로크 무슈를 비롯하여 계절마다 바뀌는 키슈와 같은 간식 대용 파이류나 마들렌을 비롯한 다양한 페이스트리와 커피를 즐길 수 있다. 건강한 재료를 사용하여 최근 급부상하고 있는 베이커리 체인으로 귀여운 로고와 깔끔한 인테리어로 특히 젊은이들에게 사랑받는다.

How to go RER A, M1, 2, 6 호선 Charles de Gaulles Etoiles역에서 도보 2
Add 144 Av. des Champs-Élysées, 75008 Paris
Open 월~목요일 08:30~20:30, 금 08:30~21:00, 토 09:00~21:00, 일 09:00~10:30
Web www.cafejoyeux.com

클래식 마카롱의 진정한 달인
라 뒤레 La Durée

1862년 루이 에르스트 라 뒤레가 창업하였고 이후 피에르 드 퐁텐이 두 머랭 조각 사이에 크림을 넣는 것을 고안해서 지금까지 내려오는 것이 마카롱이다. 그러니 155년의 역사를 가진 마카롱의 원조 라 뒤레는 무늬만 마카롱을 찍어내는 곳들과는 당연히 비교 대상이 아니다. 형형색색의 다양한 마카롱을 예쁜 박스에 담은 것은 선물용으로 적합하다. 5일 이상 지나면 바삭함이 사라지니 선물용은 공항에서 구입하고 여기에서는 나를 위한 마카롱만 사는 것이 좋다. 로즈 컬러의 이스파한이 베스트 메뉴이며 헤이즐넛, 소금 캐러멜 바닐라 마카롱과 피스타치오 마카롱을 추천한다.

How to go M1호선 George V역에서 도보 3분   Add 75 Avenue des Champs Elysées 75008 Paris
Open 매일 08:00~21:30   Price €15~   Web www.laduree.fr

파티시에계의 피카소
피에르 에르메 록시땅 Pierre Hermé X L'Occitaine

남부 프랑스의 프로방스에서 태어난 자연주의 화장품, 록시땅과 컬래버레이션하여 문을 연 피에르 에르메의 상젤리제 지점이다. 제과 가문에서 태어나 14세 때 가스통 르노트르에서 파티시에로 첫발을 내디뎠다. 이후 포숑의 셰프 파티시에로 경력을 쌓은 후 1998년 본인의 브랜드 '피에르 에르메'를 론칭했다. 라 뒤레가 쫄깃함이라면 피에르 에르메는 부드러움으로 텍스처가 다르다. 밀크 초콜릿과 패션프루츠가 들어간 모가도르, 엉피니멍 캐러멜, 산딸기와 장미 꽃잎으로 만드는 이스피한을 추천한다.

How to go M1호선 George V역에서 도보 3분   Add 86 avenue des Champs Elysées 75008 Paris
Open 월~목요일 10:30~22:00, 금~토 10:00~23:00, 일요일 10:00~22:00
Price €15~   Web www.86champs.com

미슐랭 3스타의 예술적인 디너

알레노 파리 Alléno Paris

개선문에서 콩코르드 광장 쪽으로 걷다 보면 오른쪽에 위치한 파빌리온에 자리 잡은 미슐랭 3스타 레스토랑이다. 잘 훈련된 직원의 서비스를 경험할 수 있는 격조 있는 곳으로 고급스러운 장식과 우아한 그릇도 갖췄다. 프랑스 고급 요리의 최고봉이라 할 수 있는 정제된 소스와 기술적인 면에서 완벽함을 추구하는 셰프의 철학이 여실히 보이는 장소로 미식가들의 사랑을 받고 있다.

How to go M1, 13호선 Champs Elysées Clemenceau에서 도보 5분

Add 8 Avenue Dutuit 75008 Paris   Open 월~목요일 9:00~24:00   Price 점심 메뉴 €68, 저녁 메뉴 €295

Web www.yannick-alleno.com

개선문 근처에서 즐기는 세련된 모던 프렌치

파주 Pages 👍

고전적인 프랑스 요리법을 열정을 배운 후, 모던함과 섬세
한 요리로 승부하는 일본 요리사 테시마 류지의 세심한 테
크닉을 느낄 수 있는 프렌치 레스토랑이다. 프랑스 북부 노
르망디와 브르타뉴의 생선, 와규 숙성 냉장고에서 숙성한
와규를 즐길 수 있으며 디저트 셰프인 하야토 유키의 디저
트로 마무리까지 탁월하다. 가격이 부담된다면 캐주얼한
스타일로 함께 운영하는 116 레스토랑에서 와규 버거를
즐기는 것도 방법이다.

How to go M6호선 Kléber에서 도보 5분   Add 4 Rue Auguste Vacquerie 75116 Paris
Open 월~금요일 12:00~13:00, 19:30~20:00   Price 점심 메뉴 €75, 저녁 메뉴 €170
Web http://restaurantpages.fr

프랑스에서 유명한 오브락 지역의 쇠고기 전문점

메종 오브락 La Maison de l'Aubrac

2003년 1월부터 3대째 물려받아 경영 중이다. 세계 101대 최고의 스
테이크 레스토랑에서 최고의 스테이크 하우스 중 하나로 인정받았다.
쇠고기로 유명한 오브락 지역의 자체 농장에서 생산된 재료를 팔고 있
으며 소갈비, 안심, 채끝 등을 450여 종의 와인과 함께 즐길 수 있다.
숙성된 쇠고기는 100g 단위로 주문할 수 있다. 고기에 진심인 사람들
이 좋아하는 쇠고기 갈비 토마호크 1kg에, 숙성된 쇠고기를 여러 종류
주문해 보는 것도 좋다.

How to go M1, 9호선 Franklin D.Roosvelt에서 도보 3분

Add 37 Rue Marbeuf 75008 Paris

Open 월~화요일 12:00~01:00, 수~토요일 12:00~07:00, 일요일
12:00~01:00

Price 스테이크 200g €26   Web http://maison-aubrac.com

파리에서도 맛있는 미국 3대 버거

파이브 가이즈 Five Guys

인앤아웃, 쉐이크쉑 버거와 더불어 미국에
서 3대 버거로 유명한 파이브 가이즈의 샹젤
리제 매장. 비싼 음식이 많거나 관광객에게
엉터리로 음식을 내놓는 식당들이 많아 믿
을 만한 음식이 없을 때 들르기에 안성맞춤
이다. 2023년 우리나라에도 매장을 오픈해
서 이미 그 맛을 예측할 수 있지만 확실히 이
곳 감자와 치즈의 원재료 맛이 좋기에 베이
컨 치즈 버거를 먹어 볼 것을 권한다. 밀크셰
이크 역시 함께 즐기면 후회하지 않는다.

How to go M1, 9호선 Franklin D.Roosvelt
에서 도보 2분

Add 49-51 avenue des Champs Elysées 75008 Paris

Open 월~목요일 11:00~01:00, 금~토요일 11:00~02:00, 일요일 11:00~01:00

Web http://restaurants.fiveguys.fr

한국적인 인테리어가 주는 친근함
미스 고 Miss Ko

세계적인 산업 디자이너 필립 스탁이 디자인한
레스토랑으로 2013년 문을 열었다. 감각적이고
왠지 퇴폐적인 느낌과 더불어 시니컬한 콘셉트
의 레스토랑은 500제곱미터의 넓은 면적을 자랑
한다. 샹젤리제 거리 쪽의 테라스에 앉아 즐길 수
있다는 장점도 있다. 음식은 일식과 프렌치의 퓨
전 정도로 푸아그라를 곁들인 스프링 롤, 스시 등
을 맛볼 수 있으며 활기찬 실내 분위기에서 칵테
일을 즐기는 것만으로도 특별한 기분을 느끼게 한다.

How to go M1호선 George V역에서 도보 2분 Add 49-51 Avenue George V 75008 Paris
Open 매일 12:00~02:00 Price 칵테일 €20 내외 Web http://miss-ko.com

음악과 칵테일이 어우러진 파리지엔 스타일의 바
레 젬바사데르 Les Ambassadeurs 👍

로즈 월드 호텔 그룹의 일원인 크리
용 호텔 내에 위치한 생음악을 들을
수 있는 바. 세계에서 가장 아름다운
광장 중 하나인 콩코르드에서 안쪽
으로 몇 발짝만 들이면 새로운 세상
이 펼쳐진다. 안락한 의자에서 아름
다운 음악을 들으며 편안하게 하루
를 마감할 수 있다. 외국 사절, 대사
를 비롯해 예술가 및 유명 인사들의
만남의 장소로 부상하고 있다. 호화
롭고 클래식한 디테일을 강조하면서
도 모던한 느낌이 곳곳에 묻어 나오

는 시니컬함이 있다. 훌륭한 칵테일은 파리 최고의 믹솔로지스트의 재능을 보여준다. 시그니처 칵테일로 몽키 47진에 재
스민, 자두, 크랜베리 등을 넣은 슬로베리를 추천한다.

How to go M1, 8, 12호선 Concorde역에서 도보 1분 Add 10 Place de la Concorde 75001 Paris
Open 매일 17:00~익일 01:00 Price 칵테일 €30 내외 Web www.rosewoodhotels.com

최신 트렌드를 보여주는 복합 멀티숍

퓌블리시스 드럭 스토어 Publicisdrug store

프랑스 최고의 광고회사 중 하나인 퍼블리시스가 운영한다. 고
급 식료품점, 아틀리에 조엘 로부숑 레스토랑, 서점, 선물용품점,
약국 등이 한 공간에 있다. 특별히 고급 식료품점에는 선물용으
로 적합한 과자, 마카롱, 와인, 샴페인 등 좋은 브랜드들이 많으
며 선물용품점에도 다양한 리치 향수부터 팬시 제품까지 안목
좋은 MD가 고른 제품들이 빼곡히 들어차 있다.

How to go M1, 2, 6, RER C선 Charles de Gaulles역에서 도보 4분
Add 133 Avenue des Champs Elysées 75008 Paris   Open 월~금요일 08:00~02:00, 토~일요일 10:00~02:00
Web http://publicisdrugstore.com

이강인 유니폼 구매자로 장사진을 이루는 명소

PSG Store

이강인 선수 입단 후 파리 방문자 사이에서 가장 핫한 곳
으로 떠오른 파리 생제르맹 구단이 운영하는 숍이다. 자
국 축구선수에 이어 2번째로 많은 유니폼이 판매되는
멤버이다 보니 여러 마케팅 자료에 등장하는 반가운 모
습을 보면 가슴이 뿌듯해진다. 유니폼 말고도 후드티와
장갑과 같은 다양한 굿즈들이 있으며 마킹 유니폼(나이
키 드라이 핏 23/24) 상의의 가격은 PSG 홈페이지 기준
€119다.

How to go M1호선 George V역에서 도보 3분
Add 92 Avenue des Champs Elysées 75008 Paris
Open 월~토요일 10:00~20:00, 일요일 11:00~19:00
Web https://store.psg.fr

AREA 11

트로카데로

Trocadéro

샹젤리제 거리를 기준으로 남쪽의 센강 변 에펠 탑 맞은편에 위치한 트로카데로 지역은 강을 따라 다양한 옛 건물들이 줄지어 있다. 에펠 탑을 배경으로 멋진 기념 촬영을 할 수 있는 트로카데로 광장은 언제나 많은 관광객이 찾아오는 곳이기도 하다. 시원한 강바람을 맞으며 거닐다 보면 건축과 문화재, 인류, 근현대 미술, 패션, 동양 예술 등 다양한 테마로 운영되는 개성 있는 박물관을 마주하게 되는데 의외로 괜찮은 볼거리를 제공해 준다.

소요 시간 반나절

만족도

관광 ★★★

명품 쇼핑 ★★

음식 ★

출발

메트로 6, 9호선 트로카데로(Trocadèro)역에 내려 걷는 것이 좋다.

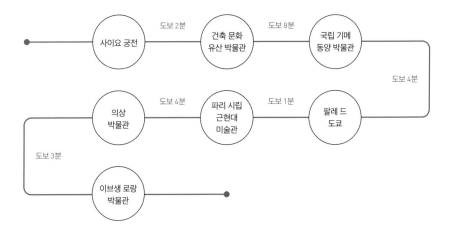

주의 사항

• 사이요 궁전에서 기념 촬영할 때는 잠시라도 물건을 바닥에 두어선 안 된다.
• 야바위꾼들 속임수에 주의하자.

하이라이트

• 사이요 궁전에서 에펠 탑 배경으로 사진 찍기
• 팔레 드 도쿄에서 에코백이나 파리 관련 굿즈 구입
• 파리 시립 현대 미술관 무료 관람
• 패션에 관심 있다면 갈리에라-이브 생로랑 박물관
  까지 욕심내어 가보기
• 영화 〈인셉션〉의 배경이 된 비르하켐 다리에서 기
  념 촬영

에펠 탑 배경으로 인생 사진을 남길 수 있는 곳

사이요 궁전 Palais de chaillot ★

새가 날개를 활짝 펼친 모습을 연상시키는 반원 형태의 건물 두
채가 광장을 사이에 두고 지어졌다. 집회의 자유가 인정되어 연
중 많은 모임이 열리는 넓은 광장이다. 에펠 탑을 배경으로 사진
찍기에 좋은 위치라 언제나 많은 인파로 붐비니 소매치기들의 온
상이기도 하다. 1937년 파리 만국 박람회를 위해 지어진 신고전
주의 양식의 건물 안에는 국립 해양 박물관, 인류 박물관, 프랑
스 문화재 박물관 등이 들어서 있다. 제2차 세계대전이 끝난 후
1946년에 창설된 UN의 본부가 1952년 뉴욕으로 옮기기 전까지
이곳에 있었고 1959년까지 NATO의 본부도 궁전 내에 설치되었
다가 브뤼셀로 이전하였다. 1948년 12월 10일 여기에서 세계 인권 선언을 했으며 사이요 궁전 아래쪽에는 시원하게 물
줄기를 내뿜는 에스플라나드 분수와 산책로가 있다.

How to go M6, 9호선 Trocadéro역에서 도보 2분   Add 1 Pl. du Trocadéro et du 11 Novembre 75016 Paris
Web www.citedelarchitecture.fr

문화유산의 시대적인 변천사를 한눈에 보여준다

건축 문화재 박물관 Cité de l'architecture et du patrimoine ★

1937년 만국 박람회를 위해 세워진 사이요 궁 동쪽 윙에 위치한 박물관으로 중세의 건축가 비올레 르뒤크가 고안한 프랑스 문화재 박물관으로 이용된다. 국가 소유의 문화재에 건축 관련 자료를 추가하여 2007년 건축과 문화유산 박물관으로 새로이 문을 열었다. 7천 평 규모의 공간에는 상설 및 비상설 전시관과 건축 관련 도서관, 컨퍼런스 룸 등이 자리를 잡았으며 시대순인 파티션은 중세부터 현대에 이르는 유물들, 가령 저택에 사용됐던 조각상, 벽에 새겨 넣은 부조 등 예술에 가까운 작품을 포함한 60개의 건축 모델로 구분되었다. 로마네스크부터 르네상스까지의 벽 장식, 시간순으로 나열된 스테인드글라스, 전국에서 수집한 프랑스의 유명 문화재, 조각, 분수와 낙수받이에 이르기까지 프랑스 문화유산과 건축의 디테일을 살펴볼 수 있다.

How to go M6, 9호선 Trocadéro역에서 도보 2분
Add 1 Pl. du Trocadéro et du 11 Novembre 75016 Paris
Open 수·금~월요일 11:00~21:00 목요일 11:00~21:00   Day Off 화요일
Price 일반 €9, 할인 €6   Web http://citearchitecture.fr

아시아 유물 컬렉션을 보유한 전시장

국립 기메 동양 박물관 Musée national des arts asiatiques-Guimet ★

1865년 이집트 여행을 갔다가 동양의 고대 문명에 관심을 갖게 된 에밀 기메는 일본과 중국 등을 여행하며 많은 예술품
과 민속품을 구매했다. 이를 바탕으로 이집트 종교와 고미술품, 아시아 출신 소장품을 더해 1889년에 리옹에 문을 열었
다. 개인 박물관으로서의 한계를 느낀 사업가 기메의 빠른 판단으로 프랑스 정부와의 협의 끝에 모든 유물을 국가에 기
증하게 되었고, 국가에서는 이집트 관련 유물은 루브르에 편입시키는 한편 파리 16구에 동양의 컬렉션을 전문으로 하는
박물관을 개관하게 되었다. 3개 층에는 한국, 일본, 중국, 인도, 네팔, 티벳, 캄보디아, 이란, 인도네시아 등의 예술 작품 4
만 5천여 점과 10만 권의 장서가 전시되고 있으며 유럽에서는 최초로 한국 관이 생겼다. 한국관에서는 고려시대 천수관
음보살 좌상, 조선시대 목조여래좌상을 비롯해 토기, 왕관, 청자, 불화, 가구와 신라 금관, 김홍도 작품 중 가장 오래된 8
폭 풍속도 등을 만날 수 있다.

How to go M6, 9호선 Iéna역에서 도보 2분
Add 6 Pl. d'Iéna 75116 Paris
Open 월·수·금~일요일 12:00~22:00, 목요일 12:00~24:00
Day Off 화요일
Price 일반 €13, 만 18~25세 €10
Web www.guimet.fr

생존하는 신진 작가들의 경연장

팔레 드 도쿄 Palais de Tokyo ★★

1937년 파리 국제 박람회를 열기 위해 지은 건물로 유럽에서 가장 큰 현대 미술 센터다. 제1차 세계대전 당시 연합국이었던 일본의 수도 이름을 따서 '도쿄 거리'로 불렸던 센터 앞 도로명에 따라 이름을 정했다. 과거에는 국립 사진 센터, 영화 학교 등으로 이용되다가 20세기 말부터 현대 미술 전시관으로 변모했다. 웅장한 아르데코 건물의 문을 통해 안으로 들어가면 콘크리트 노출벽으로 마감된 7천여 평의 내부에 전시, 공연, 레지던스, 레스토랑, 카페, 서점&기프트숍 등 역동적인 공간이 한데 모여 있다. '전시는 하되 소장은 하지 않는다'는 원칙을 고수하고 있어 '살아 있는 창조적인 미술관'으로, 혁신적이고 기발한 현대 미술 작품이 있다. 관람을 마치고는 축제 분위기가 나는 활기찬 이탈리안 레스토랑 밤비니에서 식사를 하거나 클럽 요소에서 멋진 저녁 시간을 보낼 수 있다. 센강 쪽으로 나 있는 광장에는 부르델의 조각상이 있고 그 옆에는 늘 활기차게 내달리는 스케이트 보더들의 모습을 볼 수 있다.

How to go M6, 9호선 Iéna역에서 도보 2분
Add 13 Av. du Président Wilson 75116 Paris
Open 월·수~일요일 10:00~18:00
Day Off 화요일
Price 일반 €12, 만 18~25세 €9, *전시에 따라 다름
Web https://palaisdetokyo.com

근현대 미술사를 한눈에 살펴볼 수 있는 숨겨진 보물

파리 시립 현대 미술관 Musée d'Art Moderne de Paris ★★★

1961년에 시립 미술관으로 개관했으며 20세기를 대표
하는 유럽 작가들의 작품 1만 5천여 점을 소장하고 있
다. 밤비니 레스토랑을 사이에 두고 팔레 드 도쿄 전시관
과 마주한다. 20세기의 가장 뛰어난 작가들 중에서도 앙
리 마티스, 앙드레 드랭 등이 주도한 야수파와 단순하고
추상적인 형태의 입체파 화가의 작품이 다수 있다. 그
밖에도 모딜리아니, 볼탕스키, 술라주 등의 최신 작품을
함께 전시해서 현대 미술에 관심 있는 사람들에게 다양
한 볼거리를 제공한다. 마티스의 유화 〈전원〉, 아메데오
모딜리아니의 〈귀걸이를 한 여인〉, 파블로 피카소의 〈비

둘기와 완두콩〉, 앙리 마티스의 〈목가〉, 조르주 브라크의 〈에스타크의 올리브 나무〉가 특히 유명하다. 가로 60미터, 세로
10미터에 달하는 라울 뒤피의 〈전기의 요정〉이라는 작품은 그 스케일과 디테일에서 압권이다.

How to go M6, 9호선 Iéna역에서 도보 2분   Add 11 Av. du Président Wilson 75116 Paris
Open 화~수·금·일요일 10:00~18:00, 목요일 10:00~21:30, 토요일 10:00~20:00   Day Off 토요일
Price 무료   Web https://www.mam.paris.fr/

연중 다양한 패션 관련 특별전이 열리는 장소

의상 박물관 Musée de la mode de la ville de Paris ★

19세기에 지어진 갈리에라 소유의 건물에서 이름을 따왔으며 1977년에 처음 문을 열었다. 18세기부터 오늘날까지 다양한 패션과 관련 소품 7만여 점을 전시하며 연중 다양한 테마의 특별 전시가 열린다. 2022년에는 화가이면서 자신만의 특별한 취향이 있었던 프리다 칼로에게 바쳐진 특별 전시가 문전성시를 이뤘다. 특별한 볼거리로는 마리 앙투아네트와 아들 루이 17세의 옷, 나폴레옹 황후 조세핀의 옷, 오드리 헵번이 입었던 옷을 비롯해 프랑스 유명 의상 디자이너들의 작품을 소장하고 있다. 세계적인 화가 프리다 칼로의 개인 컬렉션과 유명 디자이너 의상 수백 벌을 컬렉션한 아제딘 알라이아의 특별전과 같은 패션 관련 전시가 연중 계속된다. 이브 생로랑 박물관과 지척에 있어 패션에 관심 있는 사람이라면 함께 관람하기에 좋으며 박물관이 포함된 한적한 공원에서 휴식을 갖기에도 좋다.

How to go M6, 9호선 Iéna역에서 도보 2분
Add 10 Av. Pierre 1er de Serbie 75116 Paris
Open 화~일요일 10:00~18:00
Day Off 월요일
Price 전시에 따라 다름
Web www.palaisgalliera.paris.fr

지금 가장 핫한 생로랑을 일궈낸 디자이너의 일생과 만나다

이브 생로랑 박물관 Musée Yves Saint Laurent ★

1936년 프랑스령 알제리 도랑에서 태어나 2008년 6월에 뇌종양으로 생을 마감한 이브 생로랑의 패션에 대한 열정과 발자취를 살펴볼수 있는 국가 공인 '프랑스 박물관'으로 2017년 10월에 문을 열었다. 현재 글로벌 브랜드 생로랑의 앰버서더로 K팝 대표 주자 블랙핑크의 '로제'가 활동하고 있어 우리에게도 친숙하다. 생로랑은 21세라는 나이에 크리스찬 디올의 수석 디자이너로 임명되어 최초의 여성 정장으로 바지 정장을 도입했다. 아시아와 아프리카 모델을 처음으로 패션쇼에 세우고 몬드리안 원피스, 팝아트 컬렉션과 같은 파격적인 취향, 허벅지까지 오는 부츠 등을 선보인 것으로 유명하며 잔 모로와 카트린 드뇌브 같은 프랑스 스타들은 이브 생로랑의 옷만을 입고 싶어 했다. 30년 동안 이브 생로랑이 디자인 작업을 하던 나폴레옹 3세 양식의 3층 건물에는 그가 손님을 맞고 패션쇼를 했던 살롱, 스케치와 연필, 의상을 만드는 데 필요한 부속품이 있는 작업실, 생전 모습을 담은 사진, 영상 자료들과 만날 수 있다.

How to go M9호선 Alma Marceau역에서 도보 2분   Add 5 Av. Marceau 75116 Paris
Open 화~수·금~일요일 11:00~18:00, 목요일 11:00~21:00   Day Off 월요일   Price 전시에 따라 다름
Web https://museeyslparis.com/

명품 브랜드숍이 모여 있는 쇼핑 스트리트

몽테뉴 거리 Avenue Montaigne ★

센강 변의 알마 마르소(Alma Marceau)역부터 샹젤리제 거리와 만나는 프랭클린 D. 루스벨트(Franklin D. Roosevelt) 역까지 일직선으로 뻗어 있는 거리다. 생토노레(Rue Saint Honoré) 거리와 함께 파리에서 가장 유명한 명품 브랜드 거리로 디올, 샤넬, 루이 비통, 돌체 앤 가바나, 겐조, 프라다 등의 럭셔리 브랜드 숍이 줄지어 있다. 그 밖에도 아르누보 양식의 건물로 유명 조각가 부르델과 모리스 드니가 장식한 외관이 인상적인 콘서트 홀, 샹젤리제 극장(Théâtre Champs Elysées)에서는 2022년 6월에 소프라노 조수미의 공연을 비롯하여 훌륭한 음악 콘서트와 정상급 탱고 공연 등이 열린다. 미드 〈섹스 앤 더 시티〉로 더욱 유명해진 플라자 아테네 호텔은 연중 풍성한 제라늄이 화려한 자태를 뽐내는 아름다운 외관과 매일 저녁 힙스터들이 모여드는 바, 알랭 뒤카스의 미슐랭 3스타 레스토랑으로 유명하다. 매년 11월 20일 전후로 크리스마스 조명이 나무에 켜지는 일루미네이션이 시작되어 이듬해 1월 초까지 멋진 야경을 보여준다.

How to go M9호선 Alma Marceau역에서 도보 1분(센강 변 쪽 시작 지점 기준)

Hot 디올의 새로운 역사를 써 내려가는 장소

디올 30 Dior 30 Montaigne ★

75년 동안 크리스찬 디올의 상징적인 컬렉션이 탄생한 장소다. 3,300평에 이르는 공간에 정원, 카페, 박물관, 레스토랑, 부티크를 갖추고 있다. 부티크에서는 그라치아 키우리, 킴 존스, 빅투아르 드 카스텔란까지 세 디자이너가 디자인한 여성복, 남성복, 주얼리 라인과 가방과 뷰티 제품까지 모두 한곳에서 만나 볼 수 있다. 갤러리에는 디자이너 사무실, 모델 대기실 등의 비밀스러운 공간이 있다. 오리지널 스케치, 아카이브 문서 등 디올의 역사를 보여주는 자료들을 한눈에 살펴볼 수 있으며 예약(€12)해야 한다. 관람을 마치고는 1층의 파티세리 디올에서 헤이즐넛 수플레나 시트러스 제스트 밀푀유 등을 즐기며 휴식을 취할 수 있다.

How to go M9호선 Alma Marceau역에서 도보 6분
Add 30 Avenue Montaigne 75008 Paris
Open 월~토요일 10:00~20:00, 일요일 11:00~19:00
Web http://dior.com

100여 년의 세월을 이어온 소박한 카페

카레트 Carette

1927년 장 카레트와 아내 마들렌이 트로카데로 지역에서 자신들의 이름을 딴 페이스트리 가게를 연 것이 시초다. 마레 지역과 몽마르트르 지역에 또 다른 지점을 두고 있다. 카레트의 1호점인 이곳이 오랜 세월을 견뎌낸 것은 소박하고 따뜻한 분위기 속에서 맛있는 마카롱과 밀푀유, 에클레르 등을 고급 차와 함께 즐길 수 있기 때문이다. 1930년대로 돌아간 듯한 아르데코 스타일의 장식에 둘러싸여 차 한 잔의 여유를 즐겨보자.

How to go M6, 9호선 Trocadéro역에서 도보 2분   Add 4 Place Trocadéro 75116 Paris
Open 매일 07:30~23:00   Price €15~

에펠 탑을 마주하고 조용히 휴식을

카페 루시 Café Lucy X Mozza & Co

인류 박물관 내에 위치한 카페로 가볍게 이탈리안 음식을 즐길 수 있다. 신선하고 심플한 메뉴를 선보이면서 공항과 기차역, 관광지에 지점을 낸 Mozza & Co와의 컬래버레이션으로 운영된다. 여기를 추천하는 이유는 저렴하게 에펠 탑을 마주하며 조용히 휴식을 취할 수 있기 때문이다.

How to go M6, 9호선 Trocadéro역에서 도보 1분
Add 17 Place du Trocadéro et du 11 novembre 75116 Paris
Open 수~월요일 11:00~19:00   Day Off 화요일
Price €15 내외

파리의 제이미 올리버
파티세리 시릴 리냑 La pâtisserie Cyril Lignac

런던에 제이미 올리버가 있다면 파리에는 시릴 리냑이 있다. 2005년 한 프로듀서의 눈에 띄어 〈최고의 파티시에〉, 〈예스, 셰프〉 방송을 찍으면서 유명세를 타기 시작했으며 결국 유명 파티시에이자 미슐랭 1스타 셰프의 자리까지 올랐다. 클래식한 빵을 현대적으로 재해석하고 더욱 중독성 있는 맛과 예쁜 디자인을 가미해 성공을 거둔 이 가게에서 빵과 디저트를 넉넉히 근처 공원이나 숙소에서 즐겨 보자. 새콤달콤한 타르트 시트롱, 버번 바닐라 크림과 캐러멜, 바삭한 프랄린이 들어간 에퀴녹스를 추천한다.

How to go M9호선 Alma Marceau역에서 도보 9분
Add 2 Rue de Chaillot 75116 Paris
Open 월요일 07:00~19:00, 화~토요일 07:00~20:00, 일요일 07:00~20:00
Web http://gourmand-croquant.com

열두 개 지점을 가진 인기 매장
블랑제리 리베테 Boulangerie Liberté

2013년 미카엘 베니초우가 설립한 이후 파리에 열두 곳의 매장을 열었으며 도쿄, 교토에도 지점을 운영할 정도로 많은 사람들에게 사랑받고 있다. 유명 업체인 플랭 브르주아의 밀가루를 사용하는 등 기본에 충실한 바게트와 샤랑트 푸아투의 고급 버터를 사용한 크루아상을 비롯해 발보나 초콜릿으로 만드는 케이크, 비스킷에 이르기까지 수준급의 맛이다. 점심시간에 나오는 샌드위치도 인기가 높다.

How to go M1호선 George V에서 도보 3분   Add 30 rue de Chaillot 75116 Paris
Open 월~금요일 07:30~20:00   Web www.liberte-paris.com

경이로운 프렌치 파인 다이닝과의 만남

르 생크 레스토랑 Restaurant Le Cinq 👍

프렌치 파인 다이닝의 정수로 크리
스티앙 르 스퀘 셰프가 지휘한다. 우
아하고 기품 있는 프렌치 파인 다이
닝의 정통성을 유지하면서 거기에
현대적인 창의성을 더해 평생 기억
에 남을 만한 식사를 즐길 수 있다.
미슐랭 3스타를 계속 유지하고 있으
며 헤드 소믈리에 에릭 보마르가 선
정한 훌륭한 와인과 음식과의 조화

는 경이로운 수준이다. 포시즌스 호텔 내에 있어 정장 차림은 필수로 갖춰야 입장이 허용된다. 추천 메뉴로는 셰프가 어
릴 적 추억을 되살려 만든 캐비어와 버터밀크를 곁들인 농어, 메밀 팬케이크와 따뜻한 마요네즈를 얹은 더블린만의 왕새
우 요리 등이 있다.

How to go M1 George V에서 도보 5분   Add 31 Avenue George V 75008 Paris   Open 화~토요일 19:00~22:00
Price 아 라 카르트 전식 또는 생선 €96~, 고기 €140~, 디저트 €48~, 11코스 메뉴 €595~
Web https://bambini-restaurant.com

햇살 좋은 날 테라스에서 즐기는 이탈리안 음식

밤비니 파리 Bambini Paris

팔레 드 도쿄 내부와 테라스에 위치한 레스토랑. 시니컬과 쿨 사이라는 콘셉트 아래 이탈리아에서 공수한 재료로 다양한
종류의 파스타, 리소토, 라사냐, 피자, 밀라노 스타일의 송아지 돈가스, 대구 필레와 같은 요리를 선보인다. 음식 자체보다
는 테라스에서 에펠 탑이 내다보이는 멋진 뷰를 감상하
며 식사를 즐기고 싶은 분에게 추천한다.

How to go M9호선 Iéna에서 도보 2분
Add Palais de Tokyo, 13 avenue Président Wilson
75016 Paris
Open 매일 12:00~15:00, 19:00~23:00
Price €30 내외
Web https://bambini-restaurant.com

파리에서 가장 부유한 지역인 16구는 평화로운 분위기의 주택가로 관광객들이 즐겨 찾는 지역은 아니다. 이 지역에 위치한 마르모탕 미술관은 〈수련 연작〉으로 유명한 오랑주리 미술관에 비해 인지도는 낮지만 인상파의 태동을 알린 〈해돋이〉를 비롯하여 다양한 모네의 작품을 전시하는 보석과도 같은 장소다. 문학가 발자크가 집필 활동을 하며 생의 마지막을 보낸 집이나 현대 건축의 아버지로 불리는 메종 라 로슈 역시 예술과 문화의 도시, 파리의 진면목을 보여주는 특별한 장소들이다. 이들을 차례로 보고 나서는 루이 비통 재단이 운영하는 현대 미술 작가들의 특별전을 관람하는 것으로 알차게 하루를 마무리한다.

소요 시간 반나절

만족도

관광 ★★★

휴식 ★★★

음식 ★

출발

메트로 9호선, 라 뮤에트(La Muette) 역에 내려 발자크의 집을 방문한 다음 산책하듯 걷는다. 다만 루이 비통 재단은 대중교통을 이용해서 가기에는 불편하므로 개선문 근처(루이 비통 사이 참조)에서 출발하는 셔틀버스를 이용할 것을 권한다.

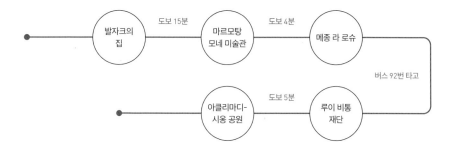

주의 사항

• 이 지역의 볼거리가 대부분 월요일에 문을 닫으므로 가급적 다른 요일에 방문하자.

하이라이트

• 발자크의 집 관람을 마치고 정원에서 커피를 마시며 잠시 멍때리기
• 마르모탕 모네 미술관에서 인상파의 효시 〈해돋이〉 관람
• 루이 비통 재단에서 특별전시 예약하고 관람하기
• 화창한 날 아클리마다시옹 공원 산책하기

에펠 탑이 보이는 예쁜 정원을 가진 박물관

발자크의 집 Maison Balzac ★

1910년에 발자크를 사랑했던 문필가 루이 보디에 드 헤이몽(Louis Baudier de Royaumont)의 후원에 힘입어 박물관으로 처음 문을 열었고 시립 박물관에 귀속된 것은 1949년부터다. 천재적인 관찰력, 정확한 묘사와 디테일로 당대에 영향을 끼친 괴테, 스콧, 호프만과 같은 위치에 오르려 했던 오노레 드 발자크가 1840년부터 1847년까지 소설, 수필, 문예 비평 등 다양한 장르의 작품을 통해 많은 사람들에게 문학 작품이 소개되었다. 특히 90편이 넘는 소설을 하나의 작품으로 묶어 출간한 《인간 희극》을 이 장소에서 집필했다. 에밀 졸라, 마르셀 프루스트, 귀스타브 플로베르와 같은 작가에게 영향을 주기도 했던 작가의 말년은 경제적으로 극심하게 어려웠다. 위험한 투자와 복잡한 여성 편력으로 빚쟁이들에게 쫓기던 발자크는 이 오래된 아파트에서 가명으로 위장하고 숨어 살았다. 발자크의 생가를 박물관으로 개조한 이곳에서는 자신의 상황이 부끄러워 7년간 밥 먹는 시간 빼고는 글을 쓰고 신문에 기고하고 정기 간행물을 편집하는 데 매진했으나 결국 엄청난 부채를 안은 채 사망한 그가 마지막까지 작품을 탈고하던 책상과 작품, 가족과 나눈 편지, 생전 사용하던 지팡이와 같은 유품을 전시한다. 관람을 마치고 에펠 탑이 보이는 아담한 정원에서 로즈 베이커리의 스페셜한 커피 한 잔과 휴식을 취할 수 있는 즐거움은 덤이다.

How to go M6호선 Passy에서 도보 6분   Add 47 Rue Raynouard, 75016 Paris
Open 화~일요일 10:00~18:00   Day Off 월요일   Price 무료
Web www.maisondebalzac.paris.fr/en

모네를 사랑한다면 놓쳐서는 안 될 장소

마르모탕 모네 미술관 Musée Marmottan Monet ★★★

일반 여행자들은 잘 모르고 놓치는 경우가 많지만 모네의 팬들에게는 보물창고와도 같다. 1882년 사업가이자 예술품 수집가였던 쥘 마르모탕이 주거와 예술품 보관을 위해 이웃한 건물과 함께 매입한 건물로 이전에는 프랑스 동부에 위치한 마을 발미(Valmy)의 공작이자 프랑스 군대 사령관이던 크리스토프 켈러만이 근처의 불로뉴 숲에서 사냥을 즐기고 쉬기 위해 별장으로 쓰던 장소다. 아버지의 뒤를 이어 건물과 르네상스 태피스트리와 조각들, 나폴레옹 1세 치하의 회화, 조각, 가구, 도자기를 수집했던 부자의 예술품들은 폴 마르모탕에 의해 1932년에 프랑스 예술 아카데미에 기증되었다. 거기에 마네와 모네, 피사로 등 인상파 화가들의 의사이자 수집가였던 조르주 드 벨리오가 상속받은 아버지의 컬렉션을 기증하면서 마르모탕 미술관의 소장품은 더욱 풍성해졌다. 그리고 클로드 모네의 둘째 아들, 미실 모네가 기증한 65점의 컬렉션과 웰덴스타인이 모아둔 13세기에서 16세기의 그림을 포함한 230여 점이 더해지면서 이곳은 세계에서 가장 많은 모네의 작품과 만날 수 있는 곳이 되었다. 지하 1층에는 모네의 작품이 전시되며 1~2층에는 나폴레옹 시대의 가구와 르누아르, 고갱 등 인상주의 작가들의 작품이 있다. 모네와 동시대 화가인 고갱, 르누아르, 피사로, 시슬리, 베르트 모리소와 귀스타브 카유보트의 작품들을 소장하고 있으며, 1985년 모네의 〈해돋이〉를 비롯하여 9점의 중요한 작품이 도난당했다가 5년간 경찰의 끈질긴 추적 끝에 코르시카섬에서 발견되어 다시 전시되고 있다.

How to go M9호선 La Muette역에서 도보 8분   Add 2 Rue Louis Boilly 75016 Paris
Open 화~수·금~일요일 10:00~18:00, 목요일 10:00~21:00   Day Off 월요일
Price 일반 €14, 25세 이하 학생 €9   Web https://www.marmottan.fr

현대 건축의 아버지가 남긴 마스터피스

메종 라 로슈 Le Corbusier-Maison La Roche ★

'현대 건축의 아버지'로 불리는 르 코르뷔지에와 사촌 동생, 피에르 잔느레가 라 로슈를 위해 디자인한 프라이빗 주택이
다. 라 로슈는 르 코르뷔지에의 든든한 후원자이자 스위스 바젤 출신의 금융인이며 피카소, 브라크와 같은 유명 작가들
의 미술 작품 수집가였다. 막다른 골목 끝에 자리 잡은 이곳은 1925년에 지어졌으며 르 코르뷔지에가 말한 "새로운 건축
의 5가지 포인트(자유로운 파사드, 자유로운 평면, 길이창, 옥상정원, 필로티)"를 구현했다. 넓은 유리창을 통해 부드러운 빛이
실내에 내리쬐고 르 코르뷔지에가 서명한 가구와 미니멀한 데코레이션으로 꾸며진 이곳은 2016년 7월부터 유네스코 세
계유산에 등재되었다.

How to go M9호선 Jasmin역에서 도보 7분
Add 8-10 Sq. du Dr Blanche 75016 Paris
Open 화~토요일 10:00 ~18:00, *마지막 입장 17:30, 12/15 13시까지
Day Off 8/1~22, 국경일, 12/22~1/1
Price 일반 €10, 학생 €5
Web www.fondationlecorbusier.fr/en/visit/maison-la-roche-paris

현대 미술 창조를 위한 새로운 공간

루이 비통 재단 Fondation Louis Vuitton ★★★

2014년 10월에 개관한 사립 미술관이다. 루이 비통 모에 헤네시 그룹의 대표, 베르나르 아르노가 개인과 그룹 소유의 컬렉션을 현대 예술의 창조를 촉진시키고 20세기 이후의 현대 미술 작품을 대중에게 소개하기 위해 설립되었다. 캐나다 건축가 프랭크 게리가 3,600장의 유리 패널을 붙인 건물 외관은 12개의 돛을 단 거대한 유리배 모양으로 길이 150미터, 높이 46미터에 달하며 11개의 전시실 외에도 기념품 숍, 레스토랑, 강당, 서점 등의 부대시설이 있다. 미술관에서는 프랑스 최고의 부호인 베르나르 아르노 회장의 개인 소장품을 전시하는 컬렉션 상설전, 1년에 2차례의 기획전이 열리며 2017년 10월 27일 조성진의 연주회를 비롯하여 유명 뮤지션들의 공연도 자주 열린다. 특별 전시는 사이트를 통해 미리 일정을 확인한 후 예약하고 가는 것이 좋다.

How to go M1호선 Les Sablons에서 도보 13분, M1, 2, 6 RER C선 Charles de Gaulle Etoile에서 2번 출구로 나오면 미술관으로 가는 꼬마 셔틀버스가 있다.

Add 8 Av. du Mahatma Gandhi 75116 Paris

Open 월요일 11:00~20:00, 수요일 11:00~19:00, 목요일 11:00~20:00, 금요일 11:00~21:00, 토~일요일 10:00~20:00

Day Off 화요일

Price 일반 €16, 26세 이하/학생 €10

Web www.fondationlouisvuitton.fr

동심을 자극하는 귀여운 놀이동산

아클리마다시옹 공원 Le Jardin d'Acclimatation ★

니콜라 사르코지 전 대통령을 비롯해 로레알 그룹 오너와 같은 부자들이 사는 뇌이쉬르센과 파리의 경계에 있는 140년 전통의 놀이공원으로 루이 비통 재단과 이웃한다. 서울 광장이 있는 우리나라에 더욱 의미 있는 곳으로, 이 광장은 서울시와 파리시의 자매결연 10주년을 기념하기 위해 2001년 11월에 들어섰다. 서울시에는 양천구 목동에 파리 공원이 있다. 자연의 멋과 시골 동네 분위기를 표현했으며 육각정으로 한국 전통의 건축 기술을 선보인다. 대나무, 수양버들, 무궁화 같은 한국 정원의 스타일을 보여주는 곳이므로 잊지 말고 들러보자. 놀이공원 내에는 유아나 초등학교 저학년 어린이들이 열광하는 회전목마와 공중그네 등이 있으며 레스토랑과 카페 등 편의 시설이 있어 쉬었다 가기에 좋다.

How to go M1호선 Les Sablons역에서 도보 13분
Add Bois de Boulogne, Rte de la Porte Dauphine à la Prte des Sablons 75116 Paris
Open 매일 11:00~18:00
Price 입장권 €7, 1일 자유 이용권 €27~
Web www.jardindacclimatation.fr

파리 개선문의 현대판

신개선문 Grande Arche de la Défense ★

1982년 프랑수아 미테랑 대통령 주최 디자인 공모전에서 당선된 덴마크 코펜하겐 왕립 예술학교 교수였던 스프레켈슨의 설계로 프랑스 혁명 200주년인 1989년 7월 14일에 완공되었다. 육면체 튜브로 된 35층 건물 안에는 전시장과 회의장이 있으며 과거에 있던 전망대는 사고로 더 이상 사용하지 않고 있다. 신개선문 앞 광장에서는 프랑스계 정유회사 토털 에너지를 비롯하여 다국적 기업들의 오피스가 입주한 주변 건물에서 나와 휴식을 취하는 직장인들의 모습을 볼 수 있다. 칼더(Calder), 호안 미로(Joan Miro) 등 세계적인 예술가의 조각 69점도 볼거리로 꼽힌다.

How to go M1호선 La défense에서 도보 1분
Add Add 1 Parvis de la Défense 92044 Paris La Défense
Web www.lagrandearche.fr

토마스 켈러가 키워낸 미국인 셰프의 미슐랭 1스타 레스토랑

코미스 Comice 👍

미국 출신의 부부 셰프 노엄 게달로프와 소믈리에인 배 우자가 운영한다. 캘리포니아 나파벨리에서 미국인 최 초로 미슐랭 3스타를 획득한 토마스 켈러를 도와 프렌치 론드리의 성공을 도운 후에 파리에 입성해서 도전장을 낸 곳으로 미슐랭 1스타를 받았다. 정통 프렌치를 먼저 경험하고 이를 자신만의 현대적인 감각으로 풀어낸 세 심한 셰프의 요리와 따뜻한 부인의 홀 서비스를 경험할 수 있는 곳이다. 모렐 버섯을 곁들인 송아지 요리인 필레 드 보, 잘 구워낸 고기 요리, 포르토 소스와 양파를 넣은 아귀, 농어 카르파치오와 같은 셰프의 요리는 안정적이 면서 훌륭하다.

How to go M10호선 Mirabeau역에서 도보 5분   Add 31 avenue de Versailles 75016 Paris
Open 월~금요일 19:00~21:00   Price 4코스 메뉴 €120~   Web http://comice.paris

파리에서 가장 오래된 한식당

우정 식당 Woojung

1994년에 오픈하여 30년 넘게 한자리를 지켜온, 파리에서 가장 오래된 한국 식당이다. 독립된 방이 있고 음식 맛이 정 갈하고 안정적이라는 평가를 받는 덕분에 대사관이나 대기업 주재원들이 주로 찾는다. 에펠 탑에서 멀지 않고 값비싼 와 인을 많이 보유했다. 추천 메뉴로는 회덮밥이나 모둠 회, 불갈비 등이 있다.

How to go M6호선 Passy역에서 도보 4분
Add 8 Bd Delessert 75016 Paris
Open 12:00~14:30, 19:00~22:30
Price 전식 €10~, 본식 €25~
Web www.woojungparis.com

일본 셰프가 운영하는 가성비 스시 맛집

스시 구르메 Sushi Gourmet

1993년에 보르도에 있는 유명 샤토 레스토랑에 취업했다가 여러 일본 레스토랑을 거쳐 지금의 자리에 셰프 유키하루 야기씨가 2008년에 문을 열었다. 20여 평 크기의 작은 공간에서 노부부가 정성스레 내놓는 스시와 지라시로 꾸준히 단골을 유지하는 곳이다. 주변에 있는 라디오 프랑스 방송국과 OECD 외교관, 동네 사람들이 주로 찾으며 한국인 주재원이나 교민들 사이에서도 가성비 좋은 맛집으로 알려졌다. 비싼 만큼 제값을 하는 스시 스페셜과 지라시 스페셜 메뉴 중 하나를 주문할 것을 추천한다.

How to go M9호선 Ranelagh역에서 도보 9분   Add 1 Rue de l'Assomption 75016 Paris
Open 화~토요일 12:00~15:00, 18:30~22:00   Price 점심 €21~, 저녁 €28~
Web www.sushimarche.fr

파리 최고의 정육 식당

라 타블 위고 데누아예 La Table d'Hugo Desnoyer

LVMH 그룹에서 운영하는 최고급 호텔인 쿠흐 슈발을 거쳐 파리에 정착한 위고 데누아예가 여러 유명 정육점에서 일하다 동업자인 크리스티앙 마티유를 만나 파리 14구에 자신의 이름을 내건 정육점을 열었고 여기가 2호점이다. 동네 작은 정육점이었다가 품질 좋은 고기와 뛰어난 정육 기술로 유명 셰프인 마누엘 마르티네즈의 눈에 띄어 셰프들 사이에서 입소문을 타기 시작했다. 곧 피에르 가니에르, 파스칼 바르보, 에릭 프레숑과 같은 미슐랭 3스타 셰프들에 납품하면서 더욱 유명해졌다. 2007년 푸들로 요리 가이드북에 올해의 정육점으로 선정되기도 했으며 6주 동안 숙성시킨 노르망디 쇠고기 갈빗살의 쫄깃한 식감과 깊은 풍미는 발군이다.

How to go M9호선 Ranelagh역에서 도보 9분
Add 1 Rue de l'Assomption 75016 Paris
Open 화~토요일 12:00~15:00, 18:30~22:00
Price 점심 €21~, 저녁 €28~   Web www.sushimarche.fr

오페라 지역

Quartier Opéra

이 지역에는 파리의 가장 화려했던 시절인 벨 에포크 시대에 지어진 오스만 양식의 아름다운 건물들이 밀집해 있다. 웨딩 케이크를 닮은 가르니에 오페라 주변에 자라, H&M 같은 상점과 라파예트-프렝탕 백화점을 중심으로 발달한 파리의 대표적인 상업 지구다. 오페라 지역에는 19세기에 유행했던 아케이드가 남아 있는데 이들은 부티크, 카페, 레스토랑이 있는 지금의 백화점 같은 곳이다. 파리에만도 한때 150여 개에 달했지만, 부동산 개발로 대부분 사라지고 파사주 파노라마, 파사주 조프루아 정도만이 옛 모습을 간직하고 있다. 오페라 지역에서 북쪽으로 걷다 보면 파리의 옛 낭만이 물씬 풍기는 골목이 있는 몽마르트르 지역과 이어진다.

소요 시간 하루

만족도

문화 ★★

쇼핑 ★★

음식 ★

휴식 ★

출발

르네상스와 플라망 작가들에 관심이 있는 사람은 자크마 앙드레 미술관에서 일정을 시작하면 좋고, 관심사가 다르다면 메트로 3, 7, 9호선 오페라 Opéra역에서 걸음을 나서자.

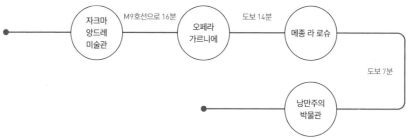

주의 사항

- 오페라 주변과 스타벅스 카페는 소매치기들의 온상이므로 주의한다.
- 백화점 안에서 물품 구입 시 소지품을 몸에서 떼지 않는다.
- 오페라 가르니에의 발레, 오페라 공연은 미리 예약한다.

하이라이트

- 오페라 가르니에 내부 관람 또는 공연 관람
- 프라고나르 향수 박물관에서 기념품 구입
- 그레뱅 박물관에서 자신이 좋아하는 스타와 함께 인물 촬영
- 비비안 갤러리의 옛날 느낌을 배경으로 사진 찍기
- 프렝탕 백화점 옥상에서 파리를 배경으로 기념 촬영

르네상스와 플라망 화가의 주요 작품을 만난 후 갖는 티타임의 여유

자크마 앙드레 미술관 Musée Jacquemart André ★★

19세기 오스만 양식의 대저택에 들어선 미술관이다. 에두아르 앙드레와 넬리 자크마 부부가 수집한 네덜란드, 벨기에 출신 플라망 화가들의 컬렉션과 18세기 프랑스 화가, 이탈리아 르네상스 작가들의 작품을 전시한다. 루이 14세 시대의 가구들이 있는 살롱 태피스트리와 반 다이크, 프란스 할스, 렘브란트의 작품이 있는 서재, 보티첼리 등 이탈리아 화가들의 작품이 있는 프로랑스의 방 등이 볼만하다. 박물관 관람을 마치고는 파리에서 손꼽힐 만큼 아름다운 살롱 드 테로 알려진 박물관 내부의 찻집에 들를 것. 차와 케이크 등으로 티타임을 여유롭게 즐기기에 좋다.

How to go M9, 13호선 Miromesnil에서 도보 6분
Add 158 Bd Haussmann 75008 Paris
Open 월~토요일 09:00~17:30, 일요일 09:00~16:30
Price 일반 €17, 만 65세 이상 €16, 학생 €7, 13~25세 €10
Web https://musee-jacquemart-andre.com

실제 인물이 살아 있는 듯한 밀랍 인형 박물관

그레뱅 박물관 Musée Grévin ★★

1882년 프랑스의 일간지 〈르 갈루아〉의 기자였던 아르튀르 메이예르가 창립하였다. 초대 예술감독이자 풍자 만화가였던 알프레드 그레뱅의 이름을 따서 지었다. 유럽에서 가장 오래된 밀랍 인형 박물관 중 하나다. 런던의 마담 투소 박물관과 더불어 유럽에서 가장 인기 있으며 2019년 리노베이션을 마치고 새롭게 태어났다. 기원전부터 오늘날에 이르기까지 역사에서 빛나는 전 세계 유명 인사들의 모습을 시대순으로 관람할 수 있도록 250여 개의 밀랍 인형이 전시되고 있다. 대표적인 인물로는 샤를마뉴 대제부터 나폴레옹 3세, 알베르트 아인슈타인, 피카소, 마하트마 간디, 지네딘 지단, 모니카 벨루치, 피에르 에르메 등이 있다. 자신이 좋아하는 인물과 셀카를 찍을 수 있으며 유명 축구선수와 패스를 하는 등 다양한 인터랙티브 체험을 할 수 있다.

How to go M3, 7, 8호선 Grands Boulevards역에서 도보 2분
Add 10 Boulevard Montmartre, 75009 Paris
Open 월~토요일 09:00~17:30, 일요일 09:00~16:30
Price 일반 €17, 만 65세 이상 €16, 학생 €7, 13~25세 €10
Web https://musee-jacquemart-andre.com

파리의 옛 거리를 경험하고 싶을 때 가보면 좋은 곳

파사주 조프루아 Passage Jouffroy ★

1836년에 건설되었고 파리에서 가장 번성했던 파사주로 유명하며 오래된 지팡이, 오래된 책을 파는 상점과 그레뱅 박물
관 등을 포함한다. 아름다운 철골과 유리 건축물이 지붕을 이루고 있는 옛 건물이 오랜 역사를 보여준다. 25년 넘게 한자
리를 지켜온 살롱 드 테 발랑탱(Le Valentin)과 파리에서 가장 예쁜 책방으로 손꼽히는 리브레리 파사주, 파리에서 가장
오래된 호텔로서 쇼팽이 조르주 상드와 만난 장소로 알려진 쇼팽 호텔이 아직도 남아 있다.

How to go M8, 9호선 Grands Boulevards역에서 도보 1분
Add 10-12 Boulevard Montmartre 75009 Paris

파리의 옛 모습을 간직한 산책 코스

파사주 데 파노라마 Passage des Panoramas ★★

주화와 우표를 파는 상점들이 모여 있는 부르스 지구부터 그랑 대로까지, 멋진 유리 지붕이 덮인 총길이 133미터의 파사주로 1799년에 건축되었다. 옛 모습을 그대로 간직한 스턴 인쇄소는 지금은 카페로 바뀌어 성업 중이다. 1807년에 개장한 테아트르 바리에테(Théâtre variétés) 극장에선 지금도 공연이 펼쳐지고 있다.

How to go M3, 8, 9호선 Grands Boulevards역에서 도보 2분
Add 11 Boulevard Montmartre 75002 Paris

TIP

파사주 이야기

제2제정 시대 150개에 달하던 파리의 파사주는 오늘날에는 30여 개만이 남아 있다. 유리로 된 천장이 있어 비 오는 날에도 쇼핑을 즐기고 차를 마시며 식사를 즐길 수 있었다. 과거의 쇼핑몰과도 같았던 이러한 공간 가운데 가장 오래된 것은 파사주 파노라마로 1799년에 만들어졌다. 파사주의 위층은 대부분 주거지로 이용되었고 앞서 소개한 곳 외에 1826년 팔레 르와얄 근처에 위치한 갤러리 베로 도다(Galerie Véro-Dodat)도 가볼 만하다.

웅장하면서 아름다운 실내와 멋진 공연을 관람하는 즐거움

오페라 가르니에 Palais Garnier ★★★

르네상스와 신바로크적 요소가 합쳐진 독특한 외관으로 거대한 웨딩 케이크를 연상케 하는 건물이다. 이 건물은 나폴레옹 3세 시절, 오스만 남작의 파리 개조 계획의 일환으로 세워졌으며 현재까지 오페라 및 발레의 전당으로서 역할을 하고 있다. 1860년 디자인 콩쿠르에 응모한 171명의 지원자 가운데 당시 무명 건축가였던 샤를 가르니에의 설계안이 채택되어 1875년에 완공되었다. 뛰어난 건축미와 역사적 가치를 인정받아 1923년 국가 문화재로 지정되어 보호받고 있다. 파리 국립 미술학교에서 공부하며 1848년 로마 대상을 획득한 후 이탈리아, 그리스 등에서 유학한 젊은 건축가가 지은 이 건물은 폭 125미터, 안 길이 73미터, 총면적 1만 1천 제곱미터다. 지붕의 바로크 스타일의 금과 청동 장식이 웅장하고 대리석과 거대한 샹들리에의 화려함, 램프를 들고 있는 조각들은 베르사유 궁전을 능가한다. 1989년 오페라 바스티유가 완성되면서 발레 전용 극장으로 이용되지만 오페라 리허설이 열린다. 제2차 세계대전 당시 독일군의 파리 입성 후 휴전 조약을 맺은 다음 날 아돌프 히틀러는 이곳을 방문하였다. 전쟁 중에도 바그너의 독일 오페라가 무대에 올려졌다고 전해진다. 히틀러는 2층 난간에서 오페라 대로를 바라보며 자신이 정복한 파리의 아름다움을 감상하는 것을 즐겼다고 한다. 〈오페라의 유령〉 속 대형 샹들리에가 땅으로 추락하는 장면은 우리에게도 익숙한데, 바로 그 모티브가 된 장소다. 니진스키와 댜길레프의 러시아 발레단 공연과 파리 오페라 발레단의 공연을 보면 더할 나위 없겠지만 여건이 허락하지 않을 땐 관광객을 위한 방문 코스라도 놓치지 않도록 한다. 거대한 대리석으로 마감된 대형 계단 그랑 에스칼리에와 샹들리에가 보는 이를 압도하고 도금한 거울과 벽화, 붉은 벨벳 카펫이 깔린 극장 내부가 멋지다. 1964년에 샤갈이 위대한 작곡가들에 대한 오마주로 오페라 지붕에 그린 〈꿈의 꽃다발〉 역시 놓쳐서는 안 될 볼거리다. 아시아인 최초로 '에투알'이라는 주연급 단계에 오른 박세은이 출연하는 공연을 보는 행운을 놓치지 않는다면 더욱 행복할 것이다.

How to go M3, 7, 8호선 Opéra역에서 도보 2분   Add Pl. de l'Opéra 75009 Paris
Open 매일 10:00~17:00, 마지막 입장 16:00   Day Off 공연, 리허설 관련 특정일   Price 일반 €15, 학생 €10
Web www.operadeparis.fr

향수의 역사를 느끼고 체험까지 해 보는 공간

프라고나르 향수 박물관 Le Musée du Parfum Fragonard ★

여러 제조사, 조향사들의 양성 기관을 갖춘 향수의 도시 그라스에 처음 문을 연 프라고나르 박물관이 가르니에 오페라 앞 스크리브 거리(Rue scribe)에 두 번째로 문을 열었다. 이 브랜드의 이름은 그라스 출신 유명한 로코코 화가인 장 오노레 프라고나르와 그의 아들에게서 따왔다. 1860년에 세워진 나폴레옹 3세의 저택에 자리한 박물관에는 현 경영자의 아버지인 장 프랑수아 코스타가 평생 오래된 물건에 열정을 갖고 수집한 3000년의 향수 역사를 담고 있다. 고대 이집트의 향수부터 20세기까지의 향수까지 1,200가지 향수병, 향수 추출을 위한 증류기 등 제조 기구와 사진들이 프라고나르 역사관, 기획 전시관, 향수 입문관으로 나뉘어 전시된다. 관람객들은 30분 정도의 방문 시간 동안 향수에 대한 기초 지식을 접하고 시향 코너에서 다양한 향수를 경험해 볼 수 있으며, 취향에 맞는 향수와 프라고나르사에서 만든 예쁜 파리 기념품을 구입할 수 있다.

How to go M3, 7, 8호선 Opéra역에서 도보 3분
Add 9 Rue Scribe 75009 Paris
Open 월~토요일 09:00~17:30, 일요일 09:00~16:30
Price 무료
Web https://musee-parfum-paris.fragonard.com

신화를 주로 그린 독특한 작가의 작품 세계를 볼 수 있는 곳

귀스타브 모로 박물관 Musée Gustave Moreau ★★

신화에 바탕을 둔 몽환적인 그림을 주로 그린 프랑스의 상징주의 화가, 귀스타브 모로가 부모님과 함께 살던 집을 개조하여 1991년부터 일반에게 공개하고 있다. 작가가 생활하던 3층 저택 안에는 아름다운 나선형 계단이 있고, 살롱 데뷔작 중 하나인 〈헤롯 앞에서 춤추는 살로메〉와 〈피에타〉를 비롯하여 400여 점(소장품은 2만여 점)을 만나볼 수 있다. 1층에는 침실, 내실, 식당과 같이 작가가 생활하던 공간이 보존되어 있고 2~3층의 스튜디오에는 작품이 전시된다. 독실한 가톨릭 신자였던 그는 '꿈, 사랑, 열정, 더 높은 차원을 향한 종교적 고양에 대한 모든 열망'을 작품에 담고자 애썼고 일반인들도 신에게 더 가까이 다가가기 위해 백일몽을 꾸도록 초대한다는 취지에서 작품 활동을 전개했다. 특히 파리 국립 미술학교에서 피코의 제자로 들라크루아의 영향을 많이 받았지만 그림 속 신화, 종교, 역사를 주제로 이야기를 그리기 위해 문학, 철학, 고고학뿐 아니라 고대 신화도 독학으로 공부하면서 자신만의 세계를 만들었다. 한편 모로의 삶과 작품 세계를 동경해 온 마티스, 마케, 루오 등을 제자로 두었으나 그는 루오를 가장 아꼈고 72세로 위암에 걸려 사망하자 루오가 초대 미술관 관장을 맡아 스승의 뜻을 많은 사람에게 알리는 데 공헌했다.

How to go M12호선 Trinité역에서 도보 4분   Add 14 Rue de La Rochefoucauld 75009 Paris
Open 10:00~18:00 *티켓 구입은 문 닫기 15분 전까지   Day Off 화요일
Price 일반 €7, 학생 €5   Web https://musee-moreau.fr

아름다운 정원 카페와 아담한 박물관이 쉼을 주는 장소

낭만주의 박물관 Musée de la Vie Romantique ★

파리 9구에 위치한 작지만 매력적인 박물관으로 건물이 도로 안쪽에 위치해 조용한 쉼터와도 같다. 1830년에 지어진 저택에 둥지를 틀고 프랑스에서 활동했던 네덜란드 출신 화가 아리 셰퍼(Ary Scheffer)의 작업실로 이용되던 곳이다. 셰퍼가 죽기 전까지 매주 낭만주의 예술가들의 모임이 이곳에서 열렸는데 이 모임에는 화가 들라크루아와 남장을 즐겼던 여성 낭만주의 소설가 조르주 상드 그리고 그녀의 연인이었던 음악가 쇼팽이 참석했다고 한다. 박물관에는 아리 셰퍼의 거주 공간에 있던 많은 그림과 피아노와 책 등이 옛 모습 그대로 재현되어 있으며 조르주 상드의 작품과 가구, 보석, 시가 상자 등도 함께 전시된다. 전시를 보고 나서는 녹음이 우거진 목가적인 분위기의 뜰에 자리 잡은 로즈 베이커리 카페에서 애프터눈 티를 즐길 수 있다.

How to go M2호선에서 도보 7분
Add 16 Rue Chaptal 75009 Paris
Open 매일 10:00~18:00, *살롱 드 떼 10:00~17:30
Day Off 1/1, 5/1, 12/25
Price 무료
Web https://museevieromantique.paris.fr

한국인이 운영하는 귀여운 카페

달다리 Daldali 👍

오페라와 몽마르트르 언덕 사이, 보보스들이 사는 지역
에 문을 연 한국식 카페. 다국적 광고회사 BBDO에서 아
트 디렉터로 일하던 박지희 주인장이 스페셜한 커피를
내리고 약과를 비롯하여 귀엽고 다양한 디저트를 직접
만들어 서비스한다. 귀여운 토끼 모양의 마스코트는 직
접 키우고 있는 토끼를 형상화한 것으로 매장 내 인테리
어와 소소한 소품들에서 주인장의 센스가 엿보이는 사
랑스러운 공간이다.

How to go M7호선 Cadet역에서 도보 3분
Add 23 Rue Margurite de Rochechouart 75009 Paris
Open 화~금요일 08:00~16:30, 토요일 10:00~16:30
Price ~€10
Web http://instagram.com/daldali_paris

심플하고 멋진 비밀의 공간에서 즐기는 스페셜티 커피

카페 피갈 Café Pigalle

피갈 메트로역에서 한 발짝 남쪽으로 발길을 옮기면 마
주하게 되는 스페셜티 카페 전문점. 나무가 지배적인 따
뜻하면서 감각적인 터치로 마감된 인테리어로 커피 마
니아들 사이에서 사랑받는 곳이다. 카운터 바에서 가볍
게 즐기는 에스프레소도 훌륭하고 조금 더 조용한 공간
을 원한다면 안쪽으로 나 있는 통로를 지나면 만나게 되
는 비밀스러운 공간에 자리를 잡을 수도 있다.

How to go M2, 12호선 Pigalle에서 도보 2분
Add 7 Rue Crochet 75009 Paris   Open 월~금요일 08:00~18:00, 토~일요일 09:00~18:00
Web instagram.com/cafepigalleparis

파리에서 순댓국으로 가장 유명한 곳

삼부자 Sambuja

오페라와 몽마르트르 사이에 위치했고 아담한 규모다. 2023년 농림부 지정 해외 우수 한식당에 '맛있다'와 함께 선정된 파리 2곳 중 하나다. 전통 한식을 즐기고 싶은 여행자에게 추천하며 파리 교민과 유학생들 사이에서는 파리에서 보기 드문 곱창볶음, 순대국 명소로 알려져 있다. 매콤한 음식이 생각날 땐 뼈다귀해장국, 감자탕을 추천한다.

How to go M12호선 Notre dame de Lorette에서 도보 1분
Add 65 Rue du Faubourg Montmartre 75009 Paris
Open 월요일 19:00~22:30, 화~토요일 12:00~14:30, 19:00~22:30
Price 전식 €12~, 본식 €16~   Web http://sambujaparis.wixsite.com/mysite

한국에서 가장 줄을 많이 서는 부베트의 파리 지점

부베트 Buvette

뉴욕 브런치 맛집으로 알려진 부베트 파리점으로 2012년에 문을 열었다. 런던, 파리, 도쿄 등에 이어 서울에도 지점을 냈다. 2011년 뉴욕 맨해튼 웨스트 빌리지에서 시작한 프렌치 식당이다. 서울에서는 오픈런을 할 정도로 긴 줄을 서야 한다지만 파리 지점은 한적해서 조용히 식사를 즐기기에 좋다. 아몬드 크루아상과 크로크 마담, 오렌지 주스 등 가볍게 식사를 즐길 수 있는 아침과 주말 브런치도 있다. 저녁 메뉴는 닭을 레드와인에 졸인 코코뱅이나 감자퓌레에 오리를 넣어 만든 파르망티에 캬나 등이 있다.

How to go M1,12호선 Pigalle에서 도보 3분
Add 28 Rue Henry Monnier 75009 Paris
Open 월~목요일 09:00~23:00, 금요일 09:00~24:00, 토요일 10:00~24:00, 일요일 10:00~23:00
Price 점심 샐러드 €18~, 브런치 €25~
Web http://ilovebuvette.com

프랑스 전통 음식을 즐길 수 있는 브라스리
보드빌 Vaudeville

1918년에 처음 문을 연 아르데코 스타일의 브라스리로 아침 식사부터 저녁까지 서비스를 제공하며 해산물 요리로 유명하다. 일요일에도 문을 열어 주변 극장에서 연극을 본 사람들도 편하게 이용할 수 있으며 현지인들에게 사랑받는 저렴한 가격의 식당이다. 바닷가재 반마리에 게 반마리, 딱새우 3마리, 소라, 새우 3마리가 큰 접시에 담겨 나오는 해산물 Haute Mer, 감자 그라탱과 모렐버섯 크림이 소스로 나오는 닭고기, 베르네제 소스를 곁들인 안심 등의 메뉴를 추천한다.

How to go M3호선 Bousrse에서 도보 2분
Add 29 Rue Vivienne 75002 Paris
Open 화~토요일 08:00~24:00, 일~월요일 08:00~23:00
Price 전식+본식 또는 본식+후식 €23.90~, 전식+본식+후식 €29.90~
Web www.vaudevilleparis.com

겨울철 스키장에서 즐겨 먹는 라클레트 전문점
몽블루 Montbleu

프랑스 알프스에서 태어나 어릴 적부터 직접 짠 우유와 매일 식탁에 올라오는 치즈를 먹고 자란 오너 데미안이 문을 연 라클레트 전문점으로 레스토랑과 치즈 가게를 함께 운영한다. 전문점이어서 제대로 된 치즈를 현장에서 살 수 있으며 감자 위에 치즈를 얹어 먹는 알프스 산간 지역의 요리인 라클레트를 무한 리필로 즐길 수 있는 곳이다.

How to go M7호선 Le Peletier에서 도보 3분
Add 37 Rue du faubourg Montmartre 75009 Paris
Open 월~토요일 12:00~22:30, 일요일 12:00~16:00
Price 라클레트 무한 리필(5종류의 치즈, 감자, 야채 샐러드) €32
Web www.montbleu.fr

내추럴 와인과 가벼운 식사를 즐길 수 있는 장소

쿠앙스토 비노 Coinstot Vino 👍

파사주 파노라마에 있으며 작은 테라스에 빛이 들어오
는 날에 들르기 좋은 곳이다. 내추럴 마니아들 사이에서
알려진 장소로 블랙 앵거스의 9번째와 11번째 사이에서
떼어 낸 갈빗살 스테이크나 스페인의 미슐랭 셰프 페란
아드리아가 극찬한 세계에서 가장 맛있는 고기로 불리
는 이베리코 플리마를 와인 전문가이자 오너인 기욤 뒤
프레가 추천하는 내추럴 와인과 함께 즐길 수 있다.

How to go M8, 9호선 Grands Boulevard에서 도보 3분

Add 22-30 Gal Montmartre 75002 Paris

Open 12:00~14:00, 18:00~24:00   Price 와인 €25~, 메인 식사 €25~

Web http://coinstovino.business.site

파리에서 유일하게 즐길 수 있는 피렌체 피오렌티나

핑크맘마 Pink Mamma

직접 키운 소를 도축하여 30일 이상 숙성시킨 피렌체의
명물, 피오렌티나 스테이크를 파리에서 즐길 수 있는 유
일한 장소다. 층마다 재미있는 인테리어로 꾸며진 4층 건
물에서 스테이크와 함께 키안티 리제르바 와인 한잔을
곁들이는 것을 추천. 고기에 딱히 관심이 없는 사람이라
면 시그니처인 트러플 파스타나 마르게리타 피자를 즐
기면 된다. 예약은 필수.

How to go M2, 12호선 Pigalle에서 도보 2분

Add 20 bis rue de Douai 75009 Paris   Open 매일 12:00~15:15, 18:45~22:45

Price €20   Web www.bigmammagroup.com/en/trattorias/pink-mamma

지금 가장 트렌디한 디저트를 한곳에서 맛보고 싶을 땐 여기로

갤러리 라파예트 오스만 Galeries Lafayette

유럽 최대 규모의 백화점이자 세계에서는 메이시스 헤럴드 스퀘어에 이어 두 번째로 큰 백화점이다. 2014년에는 런던 해로즈, 뉴욕 블루밍데일, 도쿄 이세탄 백화점을 제치고 매출 18억 유로를 달성하면서 매출액 기준 세계 최고로 자리매 김했다. 지방에 지점을 두고 있는 갤러리 라파예트 백화점의 플래그십 스토어로 여성관, 남성관, 구르메(식품 매장과 푸드 코트)-메종관(침구류, 생활용품)이 건물별로 구분되어 있다. 특별히 구르메관 1층에 있는 유명 파티시에 위주로 구성된 푸 드코트는 필립 콘티시니, 얀 쿠브레, 에클레어 드 제니, 달로와요, 피에르 마르콜리니, 피에르 에르메 등이 모여 있다. 다 양한 디저트의 세계를 한곳에서 경험할 수 있으니 디저트 마니아라면 반드시 가볼 것을 권한다.

How to go M7, 9호선 Chaussés d'andin-La Fayette역에서 도보 3분

Add 40 Bd. Haussmann 75009 Paris

Open 월~토요일 10:00~20:30, 일요일 11:00~20:00

Web https://haussmann.galerieslafayette.com

트렌디한 패션 브랜드에 올인한 파리의 역사적인 백화점

프렝탕 백화점 오스만 Printemps

패션, 럭셔리, 뷰티 브랜드가 강세
인 프랑스 유명 백화점으로 한때
우리나라에도 지점이 있었다. 갤러
리 라파예트와 이웃하고 있어 경쟁
관계다. 1991년부터 2005년까지
구찌를 비롯하여 유수 브랜드를 갖
고 있던 피노 그룹 소유에서 이탈
리아를 대표하는 백화점 그룹 리나
센트 백화점의 소유주에게 팔렸고,
다시 카타르 투자 펀드에 매각되면
서 런던의 해로즈 백화점과 더불어
중동 부자들이 선호하는 백화점으

로 포지셔닝하고 있다. 디올, 샤넬, 생로랑, 에르메스와 같은 럭셔리 패션 아이템에 집중한다. 남성, 여성, 뷰티-생활용품-
구르메 등으로 3개의 건물로 나뉘어 있으며 뷰티관 9층에는 오픈 테라스가 있어 파리를 360도로 조망할 수 있다.

How to go M3, 9호선 Havre Caumartin역에서 도보 1분   Add 64 Bd. Haussmann 75009 Paris
Open 월~토요일 10:00~20:30, 일요일 11:00~20:00   Web www.printemps.com

170년이 넘는 역사를 자랑하는 와인 숍

캬브 오제 Cave Augé

파리에서 가장 오래된 와인 숍 중 하나로 오래된
금전 등록기, 나무 사물함, 화물용 엘리베이터 등
오래된 물건들이 과거가 주는 매력을 고스란히
드러내는 장소다. 와인에 대해 해박한 지식을 가
진 마크 시바드의 뒤를 이어 루카스 칼튼, 브리스
톨, 크리용 등에서 와인 관련 일을 해 왔던 제롬
모로가 바통을 이어받아 책임자로 있다. 4천여
종이 넘는 와인 레퍼런스를 확보했고 스코틀랜드 최고의 위스키도 보유했다.

How to go M9호선 Saint Augustin역에서 도보 3분
Add 116 Bd. Haussmann 75008 Paris
Open 월요일 10:00~19:00, 화~토요일 10:00~19:30
Web instagram.com/cavesauge

AREA 14

몽마르트르
Montmartre

오페라에서 몽마르트르로 향하는 길은 진정한 파리의 뒷골목을 살펴볼 수 있는 여정이다. 화려한 오스만 양식의 건물보다 좀 더 사람 냄새 나는 골목을 산책하듯 볼 수 있기 때문이다. 사크레쾨르 성당 아래 전망대에서 내려다보는 시원한 파리의 스카이라인, 화가들이 모여 초상화를 그리는 테르트르 광장과 파리의 마지막 남은 포도밭이 주는 전원적인 풍경과 신부르주아들의 안정적인 주거 지역, 그리고 피카소, 고흐, 로트레크, 르누아르 등 유명 화가들의 아틀리에나 그들이 화폭에 담았던 장소들이 한데 어우러진 정겨운 옛 파리의 모습을 볼 수 있다.

소요 시간 하루

만족도
관광 ★★
산책·명상 ★★★
음식 ★

출발

메트로 M12호선 아베스(Abbesses)역에 내려서 걷는다. 몽마르트르 언덕의 중간쯤이라 체력적으로 덜 피곤하다.

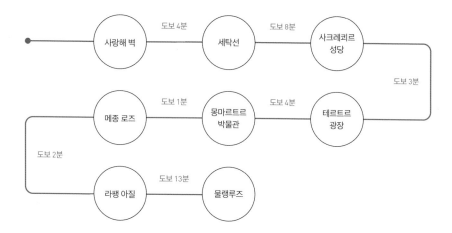

주의 사항

- 관광객들이 흔히 몽마르트르 언덕이라고 잘못 알고 내리는 앙베르(Anvers)나 피갈(Pigalle) 역은 메트로 출구부터 소매치기들이 달라붙으므로 가급적 피한다.
- 성인용품점 등이 있는 피갈역 주변 스트립 바에 간 관광객에게 수천 유로를 갈취한 사건이나 물랭루즈 주변 퇴폐 쇼장, 술집에서 관광객이 여행 경비를 털린 사례가 있으니 유의하자.
- 밤에는 인적이 드문 골목을 걷지 않는 것이 좋다.

하이라이트

- 사크레쾨르 성당 아래 전망대에서 파리 전경 바라보기
- 몽마르트르 박물관 카페에서 조용히 책 읽거나 명상하기
- 로맨틱 박물관 관람 후 로즈 베이커리 카페에서 티타임 갖기
- 테르트르 광장에서 초상화 그리기
- 사랑해 벽에서 커플 사진 찍기
- 사크레쾨르 성당을 배경으로 인물 촬영

전 세계 언어로 쓴 '사랑해'라는 말의 의미

사랑해 벽 Le Mur des Je t'aime ★

메트로 12호선 아베스(Abbesses)역에서 지상으로 나오면 마주하는 장 릭투스 광장 옆, 공원의 한편에는 전 세계 각국의
언어로 '사랑해'라는 말이 쓰여 있다. 폭력으로 얼룩지고 개인주의가 지배하는 세상에서 벽은 안과 밖을 나누고 국경을
분리하는 역할을 해왔지만 이 벽에 쓰인 말 한마디로 화해와 사랑과 평화의 이미지를 갖게 된다. 프레데릭 바롱(Frédéric
Baron)과 클레르 키토(Claire Kito)가 상상하여 만든 이 작품은 전 세계에서 신혼여행 온 사람들과 연인, 가족, 동네를 산
책하는 주민에 이르기까지 많은 사람이 즐겨 찾는 명소가 되었다.

How to go M12호선 아베스역에서 도보 1분
Add Square Jehan Rictus, 14 Pl. des Abbesses, 75018 Paris
Open 월~금요일 08:00, 토·일·국경일 09:00 *문 닫는 시간은 매달 변동
(1/1~1/31 17:30, 2/1~3/1 18:00, 3/2~4/15 19:00, 4/16~5/14 21:00, 5/16~8/31 21:30, 9/1~9/30 20:00 10/1~12/31 17:30)
Web www.lesjetaime.com

예술가들의 흔적이 느껴지는 장소
세탁선 Bateau Lavoir ★

건물 모양이 센강을 오가는 세탁선과 비슷하다는 뜻에
서 시인 막스 자콥이 지은 이름이다. 1904년부터 수많
은 프랑스 및 외국 화가와 조각가뿐 아니라 문학가, 연극
인 및 미술 상인들의 거주지이자 아틀리에로 유명했던
창작의 공간이다. 유리 지붕 아래에 20개의 작은 원룸이
있었고 거기에는 피카소, 모딜리아니, 아폴리네르, 루소
등이 살았으며 입체파의 서막을 알린 피카소의 대표작,

〈아비뇽의 처녀들〉도 여기에서 그려졌다. 1970년 5월 12일 갑작스럽게 발생한 화재로 소실되었다가 1978년에 재건되
었으며 내부 관람은 할 수 없다.

How to go M12호선 아베스역에서 도보 5분
Add 13 Place Emile Goudeau 75018 Paris

언덕 위에 우뚝 서 있는 몽마르트르의 상징

사크레쾨르 성당 La Basilique du sacré Coeur de Montmartre ★★

해발 130미터의 언덕 위에 83미터의 높이로 세워진 건물로 새하얀 파사드와 높은 돔이 인상적이다. 성당 이름은 '성스러운 마음'을 의미한다. 로마네스크, 비잔틴 양식이 혼재된 성당으로 에펠 탑과 더불어 파리 어느 곳에서도 잘 보이는 랜드마크다. 매년 1,100만 명의 순례자와 여행자가 방문해서 노트르담 성당 다음으로 많은 관광객이 찾는 곳이다. 남쪽 측면에 위치한 예배당을 포함하여 생 마르티르(Saint-Martyre)라는 이름을 딴 전통적인 처형 장소가 있던 자리에 세워져 '순교자의 언덕' 이란 이름을 갖게 되었다. 여기 처형장에서 목이 베인 생드니 주교가 자신의 잘린 목을 들고 지금의 생드니 성당 자리까지 걸었다는 이야기도 유명하다.

1870년 프로이센(지금의 독일)의 비스마르크가 프랑스를 침략한 전쟁에서 프랑스가 크게 패하고 이듬해 파리 코뮌으로 이어진 어두운 역사가 계속되자 바닥까지 떨어진 민중의 사기를 진작하기 위해 천만 명에 달하는 국민의 기부에 의해 조성된 기금으로 지어졌다. 1875년 6월 16일 파리 대주교인 기베르 추기경이 첫 돌을 놓았으며 페리괴의 생 프롱 성당을 지은 아바디가 설계를 맡아 짓기 시작했으나 지금의 모습을 갖춘 것은 2차례의 세계대전을 겪으며 반세기가 지나고 나셔였다. 대성당 정면의 문에는 그리스도의 생애를 그린 화려한 조각이 새겨져 있고 성당 내부 천정의 모자이크화는 뤼 올리비에 메르송이 설계하여 4년간의 모자이크 작업을 거쳐 탄생했는데 가톨릭 교회와 프랑스에서 영광을 얻은 예수의 성심(성모 마리아와 성 미카엘, 무릎을 꿇고 있는 교황 레오 13세와 잔다르크에 둘러싸인 모습)을 표현한다. 그밖에 19톤으로 세계에서 가장 무거운 종인 라 사보야드 종과 300개의 계단을 오르면 볼 수 있는 전망대 그리고 보물이 봉납되어 있는 지하 예배당이 볼거리다. 성당 아래 계단은 늘 인파로 붐비며 노래를 부르거나 퍼포먼스를 하는 무명 예술가들이 많은데 소매치기 또한 많으므로 각별한 주의가 필요하다. 여기만의 전통이 하나 있는데 과거 전쟁의 공포와 정부군에게 학살당한 코뮌 피해자들에게 용서를 빌기 위해 365일 24시간 릴레이 기도가 바로 그것이다. 사크레쾨르 사원 동쪽, 자그마한 생 피에르 교회는 1133년 몽마르트르 베네딕토 수도원 교회로 건립되어 지금까지 여러 번의 개조 작업을 통해 매력적인 교회로 남아 있다.

How to go M2호선 Anvers역에서 도보 9분

Add 35 Rue du Chevalier de la Barre 75018 Paris

Open 성당 06:30~22:30, 돔 10:00~17:30 *마지막 입장 17:00

Web www.sacre-coeur-montmartre.com

화가들이 멋진 그림을 그려주는 장소

테르트르 광장 Place du Tertre ★★★

카페와 레스토랑, 기념품 가게로 둘러싸인 직사각형 광장으로 광장 안에는 초상화를 그려 주는 화가들이 모여 있어 예술의 향기가 그윽한 장소로 사랑받는다. 19세기 후반 마티스와 피카소, 고흐 등 유명 화가들이 광장 주변에 자리를 잡고 작품 활동을 하고 서로 교류했다. 샹송 가수이자 프랑스의 국민 가수인 에디트 피아프가 노래를 부르기도 했고 위트릴로, 피카소 등이 이곳을 소재로 그림을 그리기도 해서 보헤미안의 향기가 넘쳐나지만 지나치게 상업적인 느낌도 나서 실망하는 사람도 있다. 지금은 시청의 허가를 받은 사람들은 광장 내에서 그림을 그리고 허가를 받지 못한 사람들은 스케치북을 들고 다니며 초상화를 그린다. 광장에서 그려주는 초상화 가격은 30~50유로인데 엉터리 화가도 있고 소매치기도 많아 주의해야 하며 제대로 된 그림을 원한다면 잠시 서서 화가가 다른 사람을 어떻게 그리는지 살펴보고 선택하는 것이 좋다. 광장 한쪽에는 1793년에 오픈한 유서 깊은 레스토랑 라 메르 카트린(La Mère Catherine)이 있는데 프랑스와 러시아가 전쟁을 하던 당시 러시아 병사들이 음식을 빨리 먹고 가기 위해 들르면서 지금의 비스트로(러시아어로 '빨리')의 어원이 된 곳으로 알려져 있다.

How to go M12호선 Lamarck-Caulaincourt역에서 도보 9분

Add 1Place du Tertre

몽마르트르 지역의 역사를 한눈에 보여주는 장소

몽마르트르 박물관 Musée de Montmartre ★

17세기에 지어진 건물로 르누아르와 쉬잔 발라동 등이 살았던 거처다. 관광객으로 붐비는 주변과 달리 목가적인 분위기를 보여주는 한적한 장소이다. 몽마르트르의 역사와 관련된 자료와 예술가들의 유품과 그림을 전시하는데 앙드레 질이 그린 근처 카바레 '라팽 아질'의 상점 간판을 비롯해서 예술가들의 회화 및 사진, 포스터 등이 볼거리다. 특히 물랭 루즈의 무희들을 소재로 한 툴루즈 로트레크의 석판화 작품들과 아마데오 모딜리아니의 그림은 놓치지 말 것. 여기에서 아틀리에를 꾸미고 작품 활동을 하던 수잔 발라동은 툴루즈 로트레크, 르누아르 등의 모델이 되었고 정식 미술 교육을 받는 대신 여러 화가로부터 어깨너머로 그림을 배우다 화가가 되면서 후에 유명해졌다. 한적한 낮에는 책을 읽으며 차 한 잔 즐기기에 좋은 카페 르누아르에서 잠시 휴식을 취하기를 추천한다.

How to go M12호선 Lamarck-Caulaincourt역에서 도보 7분

Add 12, Rue Cortot 75018 Paris

Open 매일 10:00~18:00, *마지막 입장 17:15, 카페 11:00~17:00

Price 일반 €15, 학생/18~25세 €10, 10~17세 €8, 10세 이하 무료

Web https://museedemontmartre.fr

몽마르트르 토박이, 수잔 발라동이 살던 거처

메종 로즈 Maison Rose ★

테르트르 광장에서 몽마르트르 포도밭으로 향하는 경사진 길의 모퉁이에 자리한 장밋빛의 예쁜 카페. 카페가 있는 거리 이름이 '가축이나 새가 물을 마시던 곳'이라는 뜻으로 과거에는 동물에게 물을 마시게 했을 것이라 추측된다. 몽마르트르에서 생활하면서 로트레크, 드가, 르누아르 등의 모델이었다가 35세에 화가가 된 수잔 발라동과 그녀의 아들인 위트릴로가 살았던 공간이자 그녀의 작품 〈분홍집〉의 배경이 된 집으로 지금은 건물 1층에 카페가 영업 중이다. 그녀는 작곡가, 에릭 사티와 6개월간 동거를 하며 뜨거운 사랑에 빠졌던 것으로도 유명하다. 미드 〈에밀리 파리에 가다〉에서 에밀리가 메종 로즈에서 커피를 마시는 장면이 나오면서 더욱 유명해졌다.

How to go M12호선 Lamarck Caulaincourt 역에서 도보 4분
Add 2 Rue l'abreuvoir 75018 Paris
Open 레스토랑 12:00~14:30, 18:00~21:45, 티타임 15:00~17:30
Web https://lamaisonrose-montmartre.com/en

피아노 연주를 들으며 샹송을 함께 부르는 선술집

라팽 아질 Lapin Agile ★

16세기에 헨리 4세의 사냥 휴식터였던 이곳은 몽마르트르 포도밭 아래에 있는 작은 오두막집이다. 1860년대부터 영업을 시작했으며 '암살자의 주점'으로 불리던 카바레로 단골로 드나들던 랭보와 베를렌의 친구인 앙드레 질이 그린 간판 때문에 '민첩한 토끼'라는 이름으로 바뀌었다. 실제 이 그림에는 요리에 쓰이기 전 냄비에서 화들짝 놀라 뛰어나오는 토끼가 묘사되어 있다. 주머니 사정이 넉넉지 않았던 화가와 조각가, 시인 등이 밤마다 모여 피아노 연주를 듣거나 시 낭송을 하면서 만남의 장소로 이용되었고 후에 마티스, 위트릴로, 아폴리네르 등이 유명 인사가 되면서 그들의 발자취를 따라 여행하는 많은 사람들로부터 사랑받고 있다.

How to go M12호선 Lamarck Caulaincourt역에서 도보 6분
Add 22 Rue des Saules 75018 Paris
Open 화·목·금·토요일 21:00~01:00
Price 일반 €35, 만 26세 이하 또는 학생증 소지자 €25
Web https://au-lapin-agile.com

파리에 남아 있는 유일한 포도밭

몽마르트르 포도밭 Clos Montmartre-Vigne de Montmartre ★

파리에 유일하게 남아 있는 포도밭으로 테르트르 광장에서 라팽 아질 쪽 내리막길로 가다 보면 우측에 펼쳐진다. 매년 10월이면 포도 수확 축제(Fête de Vendanges)가 열리는데 이곳의 포도로 와인을 만드는 것을 기념하는 이 행사는 1934년 처음 개최된 이후 2024년에 91회를 맞는다. 보통 5일간 18구의 여러 장소에서 150가지 행사가 진행된다. 시음회와 장터 등 다채로운 행사인데 그중 백미라 할 수 있는 퍼레이드에는 프랑스는 물론 주변 국가들의 주민까지 전통 의상을 입고 함께 참여하여 포도밭 주위를 걷는다. 이 포도밭에서 재배되는 1,726그루의 포도 나무에서 생산되는 와인은 2,400병으로 맛이 그리 특별하지는 않으나 동네 사람들의 축제 분위기는 대단히 흥미롭다.

How to go M12호선 Lamarck Caulaincourt역에서 도보 3분
Add Clos Montmartre-Vigne de Montmartre
Open 10월 둘째 주말, 포도 수확 축제 기간
Web www.comitedesfetesdemontmartre.com

영화와 현실, 과거와 현재가 공존하는 화려한 쇼의 현장

물랭 루즈 Moulin Rouge ★

'빨간 풍차'를 의미하는 이름처럼 거대한 풍차가 밤이면 불을 밝히는 곳. 물랭 루즈는 전설의 가수들이 공연하는 올랭피아 공연장을 소유했던 카탈랑 조셉 올레(Catalan Joseph Oller)와 샤를 지들러(Charles Zidler)가 1889년에 문을 연 극장식 카바레다. 당시 카바레는 파리 사교계의 중심으로 정재계 인사들이 드나들던 유흥의 장소였다. 여자 무희들이 치맛자락을 잡고 다리를 쭉쭉 들어 올리는 '프렌치 캉캉'은 이곳의 인기 공연으로 자리 잡았고, 희대의 무용수 미스켕게트, 조세핀 베이커, 잔느 아브릴, 에디트 피아프 등의 아티스트를 배출했다. 이곳을 드나들며 무희들을 그린 툴루즈 로트레크의 작품 속에서 과거 물랭 루즈에서 활동한 이들의 모습을 볼 수 있다. 지금은 80여 명의 아티스트들이 매일 저녁 2번의 공연을 하고 있다. 천여 벌의 화려한 무대 의상을 입은 무희들과 환상적인 조명과 특별한 음향 효과가 어우러진 스펙터클을 보기 위해 매년 60만 명 이상의 관람객이 찾고 있다. 2001년 니콜 키드먼과 이완 맥그리거가 열연한 바즈 루어만의 동명의 뮤지컬 영화 〈물랭 루즈〉는 54회 칸 영화제 개막작으로 상영되었다.

How to go M2호선 Blanche역에서 도보 1분
Add 82 Bd de Clichy, 75018 Paris
Open 저녁 식사+스펙터클 19:00, 스펙터클 21:00
Price 디너 €225~, 스펙터클 €110~
Web www.moulinrouge.fr

패션 디자이너와 비주얼 아티스트가 만든 카페

스프레 카페 갤러리 Sprée café Galerie

2001년에 문을 열어 2021년까지 운영되어 온 몽마르트르의 유명 편집숍 스프레를 아들이 물려받아 카페로 탈바꿈시켰다. 패션 디자이너 로베르타 오프란디와 브루노 아자디가 지오 폰티가 디자인한 의자, 넬슨이 디자인한 원형 테이블, 마르셀 브루어의 의자 등을 셀렉해서 사이트를 통해 팔며 카페에서도 일부 판매한다. 사랑해 벽에서 테르트르 광장으로 가는 길목에 있어 접근성이 좋으며 커피와 식사 대용으로 즐길 만한 샐러드 등을 먹을 수 있는 심플한 공간이다.

How to go M12호선 Abbesses역에서 도보 1분   Add 11 Rue la Vieuville 75018 Paris
Open 목~월요일 11:00~19:00   Price ~€10   Web http://spree.fr

몽마르트르 언덕에서 흔치 않은 스페셜티 커피

블랙버드 카페 Black Bird Coffee

마레 지구에도 지점이 있는 커피숍으로 아늑하고 편안한 휴식 공간이다. 페루산 커피 원두나 다크 비엔나 초콜릿 등 좋은 품질의 원두와 재료를 사용하며 간식거리로 요기하기에 좋은 페이스트리나 도넛 쿠키 등을 함께 판매한다. 몽마르트르 언덕 주변을 거닐다 커피 한 잔 생각날 때 들르기에 좋으며 커피를 마시고 바로 앞에서 파리판 인생 네 컷 사진을 찍을 수 있다.

How to go M12호선 Abbesses역에서 도보 3분
Add 54 Rue des trois frères 75018 Paris
Open 월~금요일 09:00~18:00, 토요일 09:00~18:30, 일요일 09:30~18:30
Price ~€10   Web instagram.com/blackbirdcoffee.official

카페보다 저렴하게 즐길 수 있는 서민 음식점

부이용 피갈 Bouillon Pigalle

19세기 듀발 정육점이라는 곳에서 자투리 고기를 사용하
여 조리할 수 있는 레스토랑을 열었다. 이는 프랑스 혁명
등으로 굶주린 서민들에게 싸고 배불리 먹게 해주는 새로
운 레스토랑의 장르인 부이용을 탄생시켰다. 1932년에 브
라스리로 처음 문을 열었던 건물 내에 200여 석을 갖추고
문을 연 부이용 피갈은 여행자들이 긴 줄을 서는 곳으로
싸고 푸짐한 프랑스 전통 음식을 맛볼 수 있다. 양파 수프,
달팽이와 같은 스타터로 시작해서 쇠고기를 와인에 졸인
스튜 요리 뵈프 부르기뇽, 감자 퓌레와 함께 나오는 소시
지, 감자튀김과 함께 나오는 스테이크 등이 있으며 가격이
워낙 싸기에 여러 음식을 시켜도 부담이 되지 않는다.

How to go M2, 12호선 Pigalle역에서 도보 1분
Add 22 Bd. De Clichy 75018 Paris   Open 매일 12:00~24:00 Price ~€15
Web www.bouillonlesite.com

내추럴 와인과 즐기는 모던 케밥

메흐메트 Mehmet

하얀 타일로 마감된 깔끔한 카운터와 오픈식 주방,
전통 터키식 오븐을 갖춘 18구의 케밥 맛집으로 이
전에 유명 레스토랑 세르방(Le Servan)에서 일했
던 줄리앙 카텔랑이 문을 열었다. 육즙이 풍부한
케밥에 홈메이드 감자튀김, 내추럴 와인의 조합이
흥미로운 곳으로 18구 보보스들에게 입소문을 타
면서 유명세를 떨치고 있다.

How to go M12호선 Jules Joffrin역에서 도보 6분
Add 43 Rue Ramey 75018 Paris
Open 화~토요일 19:00~23:30 *토요일은 12:00~15:00도 영업
Price 케밥과 감자튀김 €16~

라빌레트 과학공원 주변은 과거 도살장과 파리시의 장례 관련 시설이 있어 대중이 혐오하던 지역이었다. 집값이 상대적으로 쌌고 사회 기반 시설도 형편없었지만 집값이 저렴한 까닭에 도시 빈민들이 모여들면서 범죄가 자주 발생하기도 했다. 조르주 퐁피두 대통령에서부터 미테랑 대통령에 이르기까지 파리가 도시 환경을 재정비하고 문화 예술 시설을 확충하는 '그랑 트라보' 사업을 시행하면서 이 지역은 새롭게 태어났다. 과학공원과 파리국립음악원, 대형 콘서트장 제니스가 들어서면서 아티스트들의 공연이 연중 기획되고 2015년 프랑스를 대표하는 건축가, 장 누벨이 설계한 필하모니 파리가 문을 열면서 이 지역은 더욱 활기를 띠게 되었다.

소요 시간 하루		
만족도		
교육/문화	★★★	
관광	★	
음식	★	

출발

오전에 가야 좋은 벼룩시장(금~일요일에만 운영)을 구경한 후 트램 T3b를 이용해서 라빌레트(Porte de la Villette) 역에 내린다. 라빌레트 과학공원 내에 있는 과학관-필하모닉 파리-파리음악박물관을 차례로 본 다음 메트로 7호선 Riquet 역에 내려 르 상 카트르를 보는 것으로 하루를 마무리. 클래식 애호가라면 필하모니 파리에서 저녁 공연을, 대중 음악 애호가라면 제니스 파리에서 콘서트를 보는 것으로 하루를 멋지게 마무리할 수 있다.

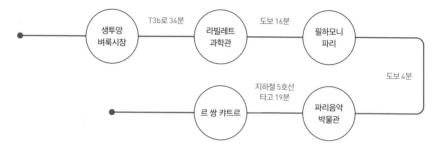

주의 사항

- 치안이 좋다고 볼 수 없는 지역이라 인적이 드문 골목으로는 다니지 않는 것이 좋다.
- 벼룩시장 주변에 소매치기와 가짜 물건을 파는 사기꾼들이 많으므로 주의한다.

- 생투앙 벼룩시장에서 보물 찾기
- K-Pop 콘서트가 자주 열리는 콘서트장 제니스(https://le-zenith.com)에서 공연 관람
- 과학공원 내 과학관 내부 관람 및 베르나르 추미의 구조물을 보며 산책하기
- 필하모니 파리에서 클래식 공연 보기

벼룩 빼고는 전부 찾을 수 있는 만물상

생투앙 벼룩시장 Marché aux puces Saint-Ouen ★★

1870년에 공식적으로 문을 열었으며 13개의 다른 시장과 2천여 개의 가게를 아우르는 7헥타르 규모의 세계에서 가장 큰 벼룩시장이다. 주말이면 15만 명(연간 방문객 5백만 명)의 현지인과 관광객이 방문한다. 골동품, 보석, 앤티크, 빈티지 물건과 만날 수 있는데 디자인 가구나 빈티지는 마르셰 세르페트(Marché serpette), 작은 소품이나 은 관련 제품에 관심이 있다면 마르셰 비롱(Marché Biron), LP나 오래된 포스터 등에 관심이 있다면 마르셰 도피네(Marché Dauphine) 등을 중심으로 돌아본다. 오전에 가는 것이 좋으며 물건을 살 때 가격 흥정은 필수다.

How to go M13번 Garibaldi역에서 도보 11분, 파리 시내에서 버스 이용 시 85번 Paul Bert 정거장 하차.
다른 루트도 있으나 안전상으로 이 방법이 가장 낫다.
Open 금요일 08:00~12:00, 토·일요일 10:00~18:00
Web www.pucesdeparissaintouen.com

아이들과 함께 즐겁게 하루를 보낼 수 있는 곳

라 빌레트 공원 La Villette ★

시립 도살장과 정육점이 즐비하던 지역이 1976년에 폐쇄된 이후 1993년에 10만 5천여 평의 공원으로 새롭게 태어났다. 1982년 도시 재개발 프로젝트 국제 공모전에서 36개국 건축가들의 400여 개 작품을 물리치고 당선된 스위스 태생의 건축가, 베르나르 추미가 공원의 개별 요소들이 서로 연결되면서 하나의 이미지를 형성하는 사퀸스의 개념을 사용하여 점과 선, 면을 이용해 공원 전체를 하나의 유기체로 연결하게끔 계획한 덕분이다. 특히 '점'이 되는 '폴리'라는 붉은색 야외 조형 건축물은 128미터 간격으로 가로세로 10.8미터 크기의 26개가 놓여 있으며 간이 식당, 매점, 어린이 놀이집 등으로 이용된다. 선은 공원의 길, 다리, 도로 등의 이동 공간, 면은 잔디와 광장으로 구성된다. 공원 중앙에는 우르크 운하가 흐르고 서쪽은 생드니 운하와 접한다. 과학 산업관과 극장이 있는 대형 건물인 과학관 남쪽에는 파리국립고등음악원, 대중음악 콘서트홀인 제니스 등 다양한 문화 시설과 걷기 좋은 4킬로미터의 산책로가 있다. 여름에는 야외 잔디밭에서 대형 프로젝트를 통해 영화를 보는 야외 영화 축제가 열린다.

How to go M7호선 Porte de la villette역에서 도보 2분

Add 30 Av. Corentin Cariou 75019 Paris

Open 화~금요일 10:00~18:00, 토~일요일 10:00~19:00

Day Off 월요일

Price €13

Web www.cite-sciences.fr

클래식 공연을 즐길 수 있는 현대적인 공간
필하모니 파리 Philharmonie de Paris ★

2015년 1월 14일에 개관한 2,400여 석 규모의 콘서트홀이다. 클래식 음악부터 현대 재즈 음악 공연에 이르기까지 다양한 장르의 콘서트가 열린다. 내리쬐는 햇살을 받으면 회색의 새 떼로 뒤덮인 모습을 보이는 독특한 외관이 인상적이다. 메인 로비 바닥에는 건물 밖에서부터 새 패턴이 이어져 있다. 구름에 떠 있는 듯한 객석은 교향곡에 몰입해 감상할 수 있도록 음향의 반향이 잘 되게끔 설계되었다. 무대와 관객의 친밀감을 강화하기 위해 베를린 필하모닉을 모델로 해서 지휘자와의 거리가 32미터 정도로 가깝다. 음향학자와의 공동 작업으로 설계되어 미적인 측면 못지않게 높은 음악적 완성도를 관객이 느끼게 했다. 리거 오르겔바우가 건축한 높이 15미터의 대형 교향악 오르간은 6,055개의 파이프를 자랑하며 2016년 2월 6일에 만들어졌다. 그랑 파리 프로젝트의 수장으로도 있는 세계적인 건축가 장 누벨의 건물로 예산 초과 탓에 공사가 중단되기도 했고 완공식도 늦어졌다. 이에 불만을 품은 건축가가 자신의 이름을 빼라고 요구했다는 후문이 미디어에 알려지면서 스캔들을 낳기도 했다. 훌륭한 클래식 공연이 많으므로 미리 사이트를 통해 예약하고 일정을 정하면 좋다.

How to go M5호선 Porte de Pantin역에서 도보 2분
Add 221 avenue Jean-Jaurès 75019 Paris
Open 화~금요일 12:00~18:00, 토~일요일 10:00~18:00
Day Off 월요일
Web https://philharmoniedeparis.fr

악기의 역사와 전 세계 희귀 악기를 소개한다

파리 음악 박물관 Musée de la Musique ★

1995년 프랑스 건축가, 크리스티앙 드 포장박의 설계로 지어진 1천 평 건물 안에 문을 열었다. 1793년 개교한 파리 음악 학교의 교수이자 작곡가였던 루이 클라피손 등이 희귀 악기를 소장한 수집가에게 사들인 다양한 악기와 음악원에서 소장한 8천여 점이 넘는 악기, 악보, 음악 관련 아이템을 모아 문을 연 전시관이다. 17세기관, 18세기관 세계 음악관 등에서 작품을 감상할 수 있다. 건물 1층에서는 음악사 관련 자료를, 2~3층에서는 현악기와 건반악기를, 4층에서는 현대악기를, 5층에서는 동양과 아프리카 등 세계의 악기를 전시한다. 1708년에 제작된 쌍둥이 바이올린, 전 세계에 12개 남아 있는 피리, 크리스털 플루트, 거북이 기타, 프레데릭 쇼팽과 프란츠 리제가 사용하던 피아노와 같은 특별한 볼거리가 눈길을 끈다.

How to go M5호선 Porte de Pantin역에서 도보 2분
Add 221 avenue Jean-Jaurès 75019 Paris
Open 화~금요일 12:00~18:00, 토~일요일 10:00~18:00
Day Off 5/1, 월요일
Price 일반 €10, 만 26~28세 €8,
Web https://philharmoniedeparis.fr

힙합과 다양한 문화가 공존하는 복합 문화 공간

르 상 카트르 Le 104 ★

도살장, 장례식장과 같은 기피시설과 북아프리카계 이민자들이 모여 살던 빈민가 지역의 환경을 개선하기 위한 프로젝트 중 하나로 파리시에서 설립한 복합 문화 공간이다. 호세 마뉴엘 공칼베(José-Manuel Gonçalvès)가 감독한 이 공간의 목적은 전 세계 대중과 예술가를 위한 거주, 생산 및 확산을 위한 공동 예술 플랫폼이다. 연극, 무용, 음악, 영화, 비디오뿐 아니라 요리, 디지털 및 도시 예술 등 계층 구조가 없는 모든 예술 장르의 프로젝트들이 연중 기획되는 재미있는 공간이다. 레스토랑과 중고 물건을 파는 엠마오스 상점, 일러스트 작품을 판매하는 키블라인드, 맥주와 음식을 즐길 수 있는 그랑 센트럴 브라스리, 매주 토요일에 열리는 유기농 마켓 등도 운영한다.

How to go M7호선 Riquet역에서 도보 5분
Add 5 Rue Curial, 75019 Paris
Open 화~금요일 12:00~19:00, 토~일요일 11:00~19:00
Day off 월요일
Web www.104.fr

AREA 16

뱅센 숲

Bois de
Vincennes

파리 동쪽에 위치한 뱅센 숲은 15만 그루의 참나무가 빼곡히 들어차 있어 반대쪽에 있는 불로뉴 숲과 더불어 '파리 사람들의 허파'라고 불리는 곳이다. 산책로와 호수가 있어 시민들이 주말 나들이 코스로 즐겨 찾는다. 루이 7세가 작은 별장을 세우고 사냥을 즐기던 곳이다. 당시 왕들은 숲을 먼저 에워싼 다음 수천 마리의 노루와 사슴을 풀어놓고 이를 잡는 행위를 즐겼는데 파리에서 멀지 않은 이곳이 안성맞춤이었다. 왕가의 영지에서 지금은 파리 시민들의 쉼터로 변모한 숲 안에는 4개의 호수가 있는 영국식 정원과 27km에 달하는 산책로, 프랑스 최대 규모의 동물원이 있으며 프랑스 올림픽 선수촌과 국립 스포츠 과학 연구소 등의 시설이 들어서 있다.

소요 시간 반나절

만족도
산책 ★★★
어린이 ★★

출발

Château de Vincennes(M1호선, Bus 46, 56, 112, 114, 115, 118, 124, 210, 318, 325번)에서 일정을 시작한다. 뱅센성 관람을 마치고 파리 동물원에 갈 때는 Parc Floral 정거장에서 46, 201번 버스로 가는 것이 좋다.

도보 12분

뱅센성 ─── 파리 동물원

주의 사항

• 여름에는 해를 피할 곳이 없고 겨울에는 비를 피할 곳이 없으니 이에 대비한 옷차림을 하고 음료수 등을 미리 준비한다.

하이라이트

• 뱅센성 산책하기
• 파리 동물원 구경하기

파리 근교에 가볼 만한 중세 성

뱅센성 Château de Vincennes ★

1200년경 필립 오귀스트 왕이 거처를 만들었으며 1350년 샤를 5세가 백년 전쟁에서 파리 동쪽을 방어하기 위한 요새를 지었다. 루이 14세 당시 마자랭 추기경이 베르사유를 설계한 왕실 건축가, 루이 르 보에게 새 궁전을 짓게 해서 막 결혼한 루이 14세의 신방을 차린 곳으로도 알려져 있다. 하지만 루이 14세는 이곳에 오래 머물지 않고 베르사유로 왕궁을 옮겨 갔고, 쓸모가 없어진 뱅센성은 1784년까지 프롱드 난에 연루된 귀족과 풍속 사범 등을 가두는 감옥으로 쓰였다. 《백과전서》를 출간한 계몽주의 철학자 디드로, 사디즘이란 장르를 만들어낸 사드 후작 등도 이곳에 갇혔다. 한편 왕궁과 귀족들이 사용했던 세브르 도자기가 20년 동안 만들어졌던 공방으로도 이용되었다. 이후 나폴레옹 황제 재위 기간에는 대포를 설치하여 파리를 지키는 요새의 역할을 담당하기도 했다. 비올레 르 뒤크 책임하에 복원 작업이 이루어져 지금의 모습을 갖추었다. 성 안의 볼거리로는 50미터 높이의 탑을 비롯하여 1369년에 설치된 시간을 알려주는 종과 왕과 왕비의 거주 건물, 성당 등이 있다.

How to go M1호선 Château de Vincennes역에서 도보 4분

Add Av. de Paris 94300 Vincennes

Open 5/21~9/22 10:00~18:00, 9/23~5/20 10:00~17:00 *마지막 입장은 문 닫기 45분 전까지.

Day Off 1/1, 5/1, 12/25   Price 일반 €9.50, 만 18세 미만 무료

Web www.chateau-de-vincennes.fr

동물 복지의 모범을 보여주는 프랑스 최대 규모의 동물원

파리 동물원 Parc zoologique de Paris ★

1793년 프랑스 혁명 당시 국회가 부유층이 개인적으로 소장한 야생동물을 압수하거나 박제해서 파리 식물원의 과학자들에게 기증하기로 의결했다. 과학자들은 동물들을 죽이는 대신 사육하기 시작했고 이들을 위한 동물원이 만들어졌다. 그러나 코끼리 등을 사육할 공간이 여의치 않아 1934년 뱅센 동물원이 설립됐다. 이후 동물원의 노후 시설 정비와 동물 복지를 위한 새로운 공간 조성을 위해 뱅센 동물원은 문을 닫았고, 1,700억 원의 공사비를 투입하여 6년간의 공사를 진행한 끝에 파리 동물원으로 2014년에 새로 문을 열었다. 유럽, 파타고니아, 가이아나, 마다가스카르, 사헬수단 등 5개 지역에 따른 바이오존으로 나눠 각 대륙에 서식하는 180여 종의 동물과 만날 수 있다. 동물들에게 스트레스를 주는 쇠창살이 없으며 실내에서 지내는 동물도 자연에 가까운 채광을 유지한다. 6세 이상이면 동물 견습 사육사가 되어 하루를 보내는 특별한 프로그램(성인 85유로, 어린이 55유로)도 있는데 사육사 전용 공간에서 동물을 가까이 관찰할 수 있으며 먹이 주기 과정에 참여할 수 있다.

How to go M8호선 Porte Dorée역에서 도보 7분

Add Av. Daumesnil 75012 Paris

Open 매일 10:00~17:00   Price 일반 €20, 만 3~12세 미만 €15

Web www.parczoologiquedeparis.fr

AREA 17

바스티유-
생마르탱 운하

Bastille–
Canal Saint-Martin

프랑스 혁명의 시발점이 된 바스티유 감옥은 지금은 흔적도 찾아볼 수 없지만 주변에 대형 콘서트홀이 들어서고 젊은이들이 선호하는 바와 숍들이 생겨나면서 활기찬 지역으로 변모했다. 바스티유에서 북쪽으로 이동하면 만나게 되는 생마르탱 운하는 젠트리피케이션을 피해 마레에서 동쪽으로 이동한 젊은 아티스트들과 보보스들의 놀이터다. 관광객이 몰려들고 이제는 대형 브랜드 숍이 대부분을 차지한 마레와 달리 편집숍과 힙한 카페, 베이커리, 레스토랑, 와인 바가 모여 있어 매일 저녁이면 일과를 마치고 하루의 피로를 풀기 위해 모여드는 사람들로 북적이는 곳이다. 두 지역보다 동쪽에 치우친 19, 20구에는 유명 인사들이 잠들어 있는 페르라셰즈 묘지와 뷔트 쇼몽 공원을 중심으로 조용한 파리를 즐길 수 있다. 내추럴 와인 바, 핫한 레스토랑들이 생겨나고 있다.

소요 시간 하루

만족도

음식 ★★★

산책 ★★★

쇼핑 ★★

일일 추천 코스

출발

메트로 1, 5, 8호선이나 29, 76, 86, 87, 91번 버스로 Bastille역에 내려 시작한다. 이후 일정은 자신의 체력에 따라 걷거나 메트로를 병행해서 시간을 절약한다.

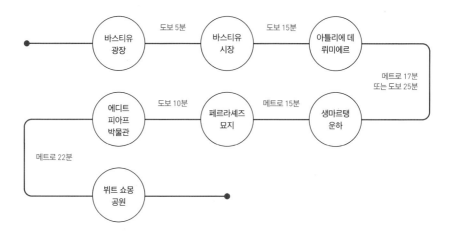

바스티유 광장 — 도보 5분 — 바스티유 시장 — 도보 15분 — 아틀리에 데 뤼미에르 — 메트로 17분 또는 도보 25분 — 생마르탱 운하 — 메트로 15분 — 페르라셰즈 묘지 — 도보 10분 — 에디트 피아프 박물관 — 메트로 22분 — 뷔트 쇼몽 공원

주의 사항

- 걷는 구간이 많으므로 특히 겨울에는 방한과 방수가 되는 겉옷을 챙기자.
- 젊은이들이 많은 지역의 바에서 대마초를 피우거나 남이 건네는 술을 마시는 행위는 절대 금하자.
- 음주 후에는 택시나 우버 등으로 안전하게 숙소로 복귀한다.

하이라이트

- 바스티유 오페라에서 공연 관람
- 아틀리에 데 뤼미에르 공연 관람
- 생마르탱 운하 주변 산책
- 페르라셰즈 묘지에서 존경하는 인물 추모하기
- 에디트 피아프의 노래를 들으며 박물관 방문하기

주요 쇼핑 스폿

- 패션 Centre commercial
- 서점 Artazart
- 디저트 Boulangerie Liberté-Du pain et des idées

옛 혁명의 정신이 깃든 역사적인 현장

바스티유 광장 Place de la Bastille ★

14세기 영국과의 백년 전쟁이 한창이던 시기에 거대한 성채가 있던 자리였다. 루이 13세의 재위 중에는 정치범이나 사상범을 가두는 감옥으로 이용되었고 여기에 투옥된 인물로 볼테르, 미라보 등이 유명하다. 1789년 7월 14일 파리 시민들이 앵발리드의 무기 창고에서 무기를 탈취해서 이곳에 있던 감옥을 습격한 것이 프랑스 대혁명의 시발점이 되었는데, 당시 바스티유 감옥에는 7명의 죄수와 수비군 60여 명이 전부였다고 전해진다. 혁명 이후 해체된 감옥은 흔적도 없이 사라졌고 대신 그 자리에 1830년에 일어난 7월 혁명을 기념하는 조형물이 서 있다. 그 탑 아래에는 7월 혁명과 2월 혁명의 희생자들이 잠들어 있다. 과거 국철 바스티유역이 있었던 곳에는 프랑스 혁명 200주년을 맞아 1989년에 2,700여석을 갖춘 오페라 바스티유가 들어섰다. 〈라 보엠〉, 〈투란도트〉, 〈호프만 이야기〉, 〈세빌리아의 이발사〉를 비롯하여 다양한 오페라 공연이 연중 계속되는 바스티유 오페라의 초대 예술감독은 다니엘 바렌보임이 맡았으며 2대 예술감독이자 상임 지휘자로 36세에 불과했던 한국 출신의 정명훈이 선임되어 우리에게 익숙한 곳이다. 아래 사이트를 통해 콘서트 예약이 가능하며 미발매 티켓의 경우 공연 당일 오후 2시부터 바스티유 오페라 매표소에서 35유로로 구입할 수 있다.

How to go M1, 5, 8호선 Bastille역에서 도보 1분

Add 1Pl. de la Bastille 75012 Paris

Web www.operadeparis.fr

일요일에 열리는 야외 마켓

바스티유 시장 Marché Bastille ★

바스티유 오페라에서 마레 쪽으로 조금 걷다 보면 나오는 리샤 르누아 거리(Richard Lenoir)와 아멜로 거리(Les Rues Amelot) 사이의 노천 시장이다. 생선, 육류, 가금류, 돼지고기, 치즈, 올리브, 과일 및 채소, 꽃 등 생산자로부터 직접 공급받은 신선한 농수산물을 구할 수 있어서 음식을 해 먹을 수 있는 숙소에 머물고 있다면 구경 삼아 들러 간단히 장을 보기에 좋다. 매주 목요일과 일요일 오전에만 문을 연다.

How to go M5호선 Bréguet-Sabin역에서 도보 6분
Add 1Pl. de la Bastille 75012 Paris
Open 목, 일요일 07:00~14:30

다양한 기획 영상에 몰입이 가능한 멀티미디어 갤러리
아틀리에 데 뤼미에르 Atelier des Lumières

국가 기간의 통신 시설이었던 숨겨진 벙커를 빛과 소리로 탄생시킨, 제주도 성산에 문을 연 예술 전시관으로 우리에게도 익숙한 스펙터클 쇼의 원조를 선보인 곳이다. 완벽히 소음이 차단된 곳곳에 고화질 프로젝트를 설치해 벽면, 기둥 등 사방에 명화를 투시한 몰입형 공간으로 과거 이 장소는 19세기 주물 공장이었다. 반 고흐, 클림트, 모네, 샤갈과 같은 거장들의 작품을 연중 기획 전시하여 관람객들에게 특별한 경험을 선사한다. 특히 가족 단위의 현지인들에게 인기가 많은 곳이다.

How to go M2, 3호선 Père Lachaise역에서 도보 8분
Add 38 Rue Saint-Maur 75011 Paris   Price 일반 €16, 학생 €13   Web www.atelier-lumieres.com

좁다란 운하 주변을 중심으로 한 힙스터들의 놀이터
생마르탱 운하 Canal Saint-Martin ★★★

파리 10구를 가로지르는 운하로 파리 시민들에게 깨끗한 식수를 공급하기 위한 목적으로 만들어졌다. 1802년 나폴레옹 1세에 의해 최초 건립된 이래 1825년 완성되었으며 식물원 앞의 센강에서 바스티유 광장 아래를 지나 빌레트 항까지 총 길이는 4.5킬로미터에 이른다. 현대에 들어서면서 상하수도 시설의 발달로 쓸모를 다한 운하는 이제는 건축 자재와 식료품 등의 해상 수송으로 이용되는 정도로 쓰임이 줄었으며 지금은 수로를 통해 여행자를 실어 나르는 유람선의 통로로 이동된다. 배가 지날 때마다 문이 열리고 닫히면서 생기는 20미터의 수위 차를 이용하여 배의 통과를 돕는 모습이 특별하다. MM Paris를 비롯해 유명 디자이너와 일러스트레이터들의 아틀리에가 오베르캄프 전철역 중심에 옹기종기 모여 있어 세련된 옷차림의 아티스트들이 거리를 활보하는 모습을 흔히 마주칠 수 있다. 해 질 녘에는 일과를 마치고 운하 주변에 삼삼오오 둘러앉아 담소를 나누거나 주변 카페와 바에 들러 식전주를 즐기는 파리지엔들로 활기를 띤다. 마르셀 카르네 감독의 고전 〈북호텔(Hotel du nord)〉과 장 피에르 주네의 〈아멜리에〉에서 여주인공이 물 수제비를 던지는 장면이 각인되어 많은 영화 팬들의 발걸음이 끊이지 않는다.

How to go M5호선 Jacques Bonsergent역에서 도보 7~8분

짐 모리슨을 비롯한 전 세계 유명 인사들이 잠든 공원 묘지

페르라셰즈 묘지 Cimetière du Père Lachaise ★★

파리 동쪽, 43헥타르의 면적에 세워진 파리에서 가장 큰 공동묘지로 공원처럼 묘지 안을 어슬렁거리며 산책하는 동네 주민들과 자신이 좋아하는 유명 인사의 묘지 순례에 나선 여행자들의 발걸음이 끊이지 않는 곳이다. 매년 1만여 회의 장례식이 열리고 300만 명의 방문객이 찾는데 워낙 규모가 크다 보니 입구에서 나눠주는 지도를 손에 쥐고도 길을 헤매는 일이 부지기수다. 묘지의 역사는 루이 14세의 고해 사제였던 페르 라셰즈의 이름에서 따왔으며 1804년 나폴레옹 1세가 건축가 알렉상드르-테오도르 브롱냐르에게 17헥타르의 넓이에 이 묘지를 설계하도록 지시했다. 그는 "모든 시민들은 인종이나 종교에 관계없이 묻힐 권리가 있다"라고 해서 당시에 비가톨릭 신자나 자살한 사람들의 매장을 금하던 관습을 없앴다. 마르셀 프루스트, 콜레트, 기욤 아폴리네르, 몰리에르, 쇼팽, 로시니, 오스카 와일드, 모딜리아니, 에디트 피아프, 들라크루아, 발자크, 록 그룹 도어즈의 리드 싱어였던 짐 모리슨의 묘가 있다. 방송 프로그램 〈알쓸신잡〉에 출연한 김영하 작가가 파리에서 가장 좋아하는 곳이라 해서 국내에서 화제가 되기도 했다. 이 묘지에는 역사의 아픔을 담은 공간이 있다. 1871년 파리 코뮌 당시 코뮌주의자들이 정부에 맞서 최후의 전투를 이어갔는데 당시 생포된 147명이 정부군의 총살로 죽음을 맞이했었다. 유명 인사들의 묘지 위치는 입구의 인포메이션 센터에서 배부하며 일부 묘지는 구글맵에도 표시되어 있으므로 반드시 챙겨서 이동한다.

How to go M2, 3호선 Père Lachaise역에서 도보 3분

Open 월~금요일 08:00~17:30, 토~일요일 09:00~17:30

Web www.paris.fr/dossiers/bienvenue-au-cimetiere-du-pere-lachaise-47

파리를 대표하는 비운의 샹송 가수의 흔적

에디트 피아프 박물관 Musée Edith Piaf ★

'작은 참새' 또는 '피아프 엄마'라는 별명을 가진 비운의 여가수 에디트 피아프를 기리기 위해 세워진 생가를 박물관으로 꾸몄다. 나이트클럽 소유자였던 루이스 레플레(Louis Leplee)가 그녀의 재능을 발견하여 무대에서 공연하는 것을 도

왔고 그녀가 사망할 때까지 모든 공연에 참석했을 뿐 아니라 피아프가 가수 활동 초기에 거주했던 아파트를 박물관으로 만들었다. 박물관 안에서는 〈라비 앙 로즈(La vie en rose)〉, 〈밀로르(Milord)〉와 같은 대표 샹송으로 세계적으로 명성을 남겼던 디바, 에디트 피아프의 생활상을 볼 수 있다. 고난과 비극의 삶을 살다 간 에디트 피아프의 개인 소장품, 사진, 서신, 공연 때마다 입었던 드레스와 신발, 플래티넘 레코드와 악보 등을 보다 보면 애잔한 생각이 든다.

How to go M2호선 Ménilmontant역에서 도보 3분   Add 5 Rue Crespin du Gast 75011 Paris
Open 월~수요일 13:00~18:00   Price €10

에펠이 설계한 다리가 있는 파리 동쪽의 거대한 녹지대

뷔트 쇼몽 공원 Parc Butte Chaumont ★

나폴레옹 3세 시대인 1867년 4월1일 만국 박람회를 계기로 처음 문을 연 25헥타르에 달하는 거대한 공원이다. 과거 채석장에 자리하고 있어 우리말로 '민둥산' 정도로 해석되며 에트르타의 절벽부터 지중해 숲에 이르기까지 프랑스의 다양한 풍경을 보여준다. 1869년 건축가 다비우드가 티볼리 신전을 본떠서 만든 이오니아와 코린트 양식을 혼합한 시빌레 궁전은 에펠이 설계한 현수 인도교 또는 반대쪽 석조 벽돌 다리를 통해 만날 수 있고 여름이면 가파르게 경사진 잔디밭에 평화로이 누워 일광욕을 즐기는 파리 사람들을 볼 수 있다.

How to go M5호선 Bus 60번 Laumière역에서 도보 5분
Open 07:00~20:00

파리에서 가장 멋진 로스팅 하우스 겸 카페에 가고 싶다면
브륄르리 벨빌 Brûlerie Belleville 👍

테루아, 품질, 신선함이 커피에서 가장 중요하다는 철학을 가진
파리 커피 혁명의 1세대 3명이 운영하는 로스팅 하우스로 텐 벨
을 운영하는 토마 르후와 이전에 텔레스코프에서 일했던 다비
드 플린이 운영한다. 2017년부터 새로운 본사가 된 이곳에서는
원두의 신선함과 맛을 보존하기 위해 고객의 요청에 따라 마지
막 순간에 분쇄하고 산도와 쓴맛 사이의 미묘한 균형을 맞춰서
내리며 오리지널 커피와 바리스타가 블렌딩한 커피를 판매한다.
코스타리카, 르완다, 온두라스, 브라질 등의 품질 좋은 커피를 다양하게 즐길 수 있도록 하는데 과일 맛이 강하고 새콤한
아프리카산, 캐러멜이나 카카오 향이 특징인 남미산 커피 중 자신의 취향에 맞는 커피를 추천해달라고 하면 점원이 친절
하게 알려준다.

How to go M2, 5, 7B호선 Jaurés역에서 도보 4분   Add 14b Rue Lally-Tollendal, 75019 Paris
Open 화~토요일 12:00~19:30   Day Off 일·월요일   Price ~€10   Web https://cafesbelleville.com/

전 세계 트렌드를 이끄는 잡지와 커피가 만났을 때
봉주르 자콥 Bonjour Jacob

전 세계 패션, 여행, 라이프스타일, 예술, 음악, 미술 등의
트렌드를 전달하는 매거진과 아트북, LP 판 그리고 카페
를 함께 운영하는 생마르탱 운하의 새로운 명소다. 아티
스트들의 작업실이 많은 동네 한복판에 자리한 데다 작
업에 영감을 받을 수 있는 책들이 많다 보니 금세 입소
문을 탔고 예술 작품 전시도 간간이 열려 활기를 더한다.
지친 작업이나 생활에 활기를 주는 강렬한 다크 초콜릿
과 새콤한 레몬 케이크, 홈메이드 쿠키나 좋은 원두로 내
린 커피를 즐길 수 있는 장소.

How to go M5호선 Jacques Bonsergent역에서 도보 4분   Add 28 Rue Yves Toudic 75010 Paris
Open 월~토요일 08:00~19:00, 토·일요일 09:00~19:00   Price ~€10   Web www.bonjourjacob.com

19구에서 가장 핫한 카페
카페 마르디 Café Mardi

뷔트 쇼몽 공원과 벨빌 사이의 조용한 주택가 뒷길에 자
리 잡은 카페로 스칸디나비아 스타일의 인테리어와 베
이커리를 즐길 수 있는 특별한 곳이다. 깔끔한 직선형 카
운터와 잘 정돈된 선반이 카페 문을 열고 들어서는 순간
기분을 좋게 하는 이곳에서는 예술가 출신 마고가 아늑
한 분위기를 꾸며냈고 페이스트리 셰프 아일린이 덴마
크의 계피 롤을 만들어 내놓는다. 예쁜 도자기 위에 담겨
나오는 계피 롤과 느리게 내리는 카푸치노 한잔의 여유
를 즐기기에 좋은 곳이다. 아침 식사 대용으로는 플레인
요거트와 과일을 곁들인 그래놀라, 반숙 계란 정도가 있
으나 크게 특별하지는 않다.

How to go M11호선 Jourdan역에서 도보 3분
Add 29 Rue de la Villette 75019 Paris
Open 월~금요일 08:30~17:00, 토~일요일 10:00~17:30
Price ~€10   Web http://mardiparis.fr/

아날로그 감성을 추구하는 사람에게 행복을 주는 장소
코멧 카페 Comets Café

11구의 뒷골목에 위치한 작은 카페로 LP 판을 한쪽에
놓고 판매하는 공간이다. 웹 프로젝트 관리자에서 바리
스타로 변신한 제롬은 아이슬란드의 레코드 가게에서
커피를 맛본 후 자신도 파리에 그와 같은 공간을 만들고
싶다는 꿈을 실현했다. 단골 손님들이 제법 생겨 활기를
띠는 이곳에서는 파리의 유명 로스팅 하우스 중 하나인
로미 커피에서 로스팅한 원두를 사용하며 점심시간에는
빵과 샐러드, 커피와 함께 즐길 수 있는 바나나/초콜릿
케이크 등이 인기 있다. 주인장이 단 한 장씩만 주문한
LP를 고르기 위해 마니아층이 수시로 드나든다.

How to go M9호선 Charonne역에서 도보 2분
Add 38 Rue Léon Frot 75011 Paris
Open 월~금요일 08:30~17:00, 토~일요일 09:30~17:00
Price ~€10, 브런치 €19
Web www.cafecomets.fr

상상할 수 없는 비밀의 정원과도 같은 곳

콤투아 제네랄 Le Comptoir general

생제르맹 운하 옆에 자리 잡고 있다. 가게 문을 열고 들어가면 기념품 숍처럼 생긴 공간이 나오고 점원의 안내에 따라 안으로 들어가면 《이상한 나라의 앨리스》에 나올 듯한 특별한 공간이 나타난다. 거대한 해적선을 배경으로 주변에 놓인 테이블에 앉아 이국적인 분위기에서 칵테일을 즐기는 사람들이 영화 속 한 장면처럼 눈앞에 펼쳐진다. DJ가 함께하는 라이브 뮤직, 살사와 다양한 테마로 연주되는 음악을 즐기거나 식사를 할 수 있는 유니크한 공간이다. 오너 오렐리앙 라퐁은 이 몽환적이고 자유로운 공간에 들어온 사람들이 청소년기에 가졌던 꿈 속에서 휴식을 취하길 바라며 이곳을 만들었다.

How to go M11호선 Goncourt역에서 도보 9분 Add 80 Quai de Jemmapes 75010 Paris
Open 화~수요일 18:00~01:00, 목~금요일 18:00~02:00, 토요일 11:00~02:00, 일요일 11:00~23:00
Day Off 월요일 Price 칵테일 €9~, 브런치 €39~, 본식 €18~ Web https://lecomptoirgeneral.com

한번 맛보면 절대 잊을 수 없는 사과 파이

데 팡 에 데 이데 Des pains et des idées

1875년에 시작된 오래된 빵집을 인수한 크리스토프 바세가 운영하는 빵집이다. 유기농법으로 생산한 밀가루와 주재료를 사용하고 돈이 되는 디저트보다는 전통 빵과 페이스트리만을 고집하는 곳이다. 사과 본연의 맛을 제대로 느낄 수 있는 사과 파이, 초콜릿 피스타치오 에스카르고는 여기에서 즐길 수 있는 최고의 빵으로 하나만 사기에는 아쉬울 정도. 2008년 미식 가이드북 고미유, 2012년 미식 가이드북 푸들로 등에서 올해의 빵집으로 선정되기도 했다.

How to go M5호선 Jacques Bonsergent역에서 도보 3분 Add 34 Rue Yves Toudic 75010 Paris
Open 월~금요일 07:15~19:30 Price 에스카르고 피스타치오 초콜릿 €5.5~, 타르텔레트 폼(사과 파이) €5.9~
Web https://dupainetdesidees.com/

내추럴 와인의 새로운 성지
야드 캬브 Yard cave

고급 식료품점, 내추럴 와인 도매 사업을 하는 회사 큘리나리스
에서 운영하는 와인 바다. 전철역에서 가까운 한적한 골목길에
자리한 숨은 장소로 영국 지방에 있는 시골 펍을 연상케 하는 분
위기에서 300여 종의 다양한 내추럴 와인을 즐길 수 있으며 식
사 시간에는 바의 옆에 있는 레스토랑에서 식사할 수 있다. 우리
나라에서도 폭발적인 인기를 누리는 얀 드리외, 장 피에르 호비
네, 알리스 부보, 장 이브 페롱과 같은 와인 메이커의 와인을 즐
길 수 있는 보물 같은 장소. 정기적으로 와인 시음회를 개최하고
유명 내추럴 생산자들과의 저녁 식사도 3개월에 한 번 정도 열
리는, 내추럴 와인 마니아들의 사랑방과도 같은 장소다.

How to go M2호선 Philippe Auguste역에서 도보 1분
Add 6 Rue de Mont Louis 75011 Paris
Open 월~금요일 12:30~14:30, 18:30~23:30, 토~일요일 18:30~23:30
Price 와인 €35   Web www.culinaries.fr/yard-mont-louis

피맥이 맛있는 파리의 흔치 않은 장소
파나메 브루잉 컴퍼니 Paname Brewing Company

2015년에 그렉 스미스와 미카엘 케네디를 비롯한 4명의 앵글
로색슨 출신자들이 문을 연 천연 재료만을 사용하는 수제 맥주
양조장. 생마르탱 운하 북단에 위치한 우르크 운하 주변을 산책
하다 목마를 때쯤 들러 맥주 한잔 즐기기에 좋은 곳이다. 운하를
막아 만든 야외 수영장을 바라보고 시원한 강바람을 맞으며 여
름밤을 보내는 재미가 쏠쏠한 곳. 여기에서 생산된 신선하고 풍
미 가득한 맥주와 피자를 먹으며 시간을 보낼 수 있다. 1시간 30
분 동안 맥주 양조 과정에 대해 전문가의 설명을 듣고 6종류의
맥주를 시음할 수 있는 견학 겸 시음 코스도 운영하니 맥주를 사
랑하는 사람이라면 경험해 보자.

How to go M7호선 Riquet역에서 도보 8분
Add 41 bis Quai de la Loire 75019 Paris   Open 11:00~01:00
Price 피자 €12, 맥주 €6, 맥주 제조 공정 견학 및 시음 €35   Web www.culinaries.fr/yard-mont-louis

파리에서 현재 가장 예약이 어려운 미슐랭 1스타 레스토랑

셉팀 Septime

알랭 파사르가 운영하는 '아르페주'의 전성기 시절에 그의 밑에서 수련한 다음 2012년에 파리에 자신의 레스토랑을 연 베르트랑 그레보는 열정과 훌륭한 아이디어, 신선함과 의외성으로 똘똘 뭉친 셰프로 셉팀은 문을 연 지 얼마 지나지 않아 미슐랭 1스타를 거머쥐었다. 현재 파리에서 가장 예약하기 힘든 레스토랑 중 하나다. 이후 샤론 거리를 접수할 정도로 그의 인기는 대단해서 셉팀 옆에는 해산물 전문 비스트로 클라마토를, 맞은편에는 셉팁 캬브라는 와인 숍을 열었고, 최근에는 태피스리라는 베이커리까지 오픈했다.

How to go M9호선 Charonne역에서 도보 5분
Add 80 Rue de Charonnne 75011 Paris   Open 월~금요일 12:15~14:00, 19:30~23:00   Day Off 토~일요일
Price 점심 메뉴 €70, 저녁 메뉴 €120   Web www.septime-charonne.fr

내추럴 와인과 멋진 프렌치 다이닝의 조화가 경이롭다

클론 바 Clown Bar 👍

1902년부터 아르누보 스타일로 꾸며진 실내는 유명 도자기 회사인 사라구미나사의 타일로 장식되어 있으며 바로 옆에 위치한 서커스단의 단원과 관객들이 공연 전후로 간단히 커피나 식사를 즐기기 위해 찾았다. 파리에서 내추럴 와인을 유행시켰으며 소타 아츠미, 루이 앙드라드의 뒤를 이은 한국인 정용훈 셰프가 주방을 지휘하며 프랑스 고전에서 영감을 받은 창의적이고 심플한 스타일로 감칠맛 나게 조리한 해산물 요리가 유명하다.

How to go M8호선 Filles du Calvaire역에서 도보 1분
Add 114 Rue Amulet 75011 Paris
Open 화~목요일 19:00~00:00, 금~월요일 12:30~14:00, 19:00~00:00
Price €40
Web www.septime-charonne.frwww.clownbar.fr

오랫동안 인기를 유지해 온 프랑스 가정식 레스토랑
세르방 Le Servan

2014년 프랑스계 필리핀인 셰프 타티아나와 소믈리에이자 매니저인 카티아 두 자매가 오픈한 네오 비스트로 레스토랑. 미슐랭 1스타 레스토랑인 셉팀의 셰프와 이곳의 셰프는 유명 요리 학교인 에꼴 페랑디에서 만나 인연을 맺은 부부 사이다. 셉팀과 세르방 레스토랑은 2020년 월드 베스트 레스토랑 50에 나란히 오르면서 화제가 되기도 했다. 데친 송아지의 뇌, 고추장 버터로 만든 강렬한 소스, 버터와 세이지, 레몬을 곁들인 오징어, 잘 데쳐 부드러운 맛이 일품인 소라에 이르기까지 원재료의 맛을 그대로 살려 신선함을 입안 가득 느낄 수 있는 요리를 내놓으며 섬세하고 친절한 홀 서비스도 만족할 만하다.

How to go M3호선 Rue Saint Maur역에서 도보 5분   Add 43 Rue Saint Maur 75011 Paris
Open 12:00~14:00, 19:30~22:30   Price €40   Web www.leservan.fr

피자 월드 챔피언이 선보이는 최고의 맛
페프 피자 Peppe Pizza

파리는 물론 전 세계에서 가장 맛있는 나폴리 피자라 해도 부족함이 없는 곳이다. 최고의 맛을 위해 이탈리아 캄파닐 지역의 현지 이탈리아 생산자들로부터 신선하고 품질 좋은 제철 재료를 공급받아 사용하고 거기에 이탈리아 나폴리 출신으로 2019년 세계 피자 챔피언인 주세페 페페 셰프의 열정적이고 창의적인 기술이 보태어진 결과이다. 2021년 유럽 톱 50 피자 상을 받았고 2022년 다시 세계 최고의 피자 장인이 되었다. 추천 메뉴로는 장인의 길을 열어준 캄피오네 델 몬도(Campione del Mondo)와 바질과 체리 토마토, 신선한 부라타를 넣어 만든 부라타 멀티 컬러 피자가 있다.

How to go M2호선 Alexandre Dumas역에서 도보 13분
Add 2 Place Saint Blaise 75020 Paris
Open 매일 12:00~14:30, 19:00~22:30
Price €20
Web https://peppe.pizza/

우리나라에까지 알려진 유명 셰프

피에르 상 Pierre Sang

한국계 프랑스 셰프로 얼마 전 서울 루이 비통 팝
업 행사를 하면서 한국에도 이름을 알렸다. 같
은 거리에 비스트로 스타일의 인 오베르캄프(In
Oberkampf), 온 감베(on Gambey), 파인 다이닝
스타일의 Signature 세 식당이 나란히 있는데
가장 추천하고 싶은 곳은 프렌치 비스트로 인 오
베르캄프다. 2012년 문을 연 이곳은 오픈형 주방
의 바나 테이블에서 식사를 즐길 수 있다. 정해진
메뉴 없이 점심은 매일, 저녁은 한 달에 한 번 바뀌고, 제철 재료를 사용해 조리한다. 프렌치 베이스에 한식의 터치가 가
미된 퓨전 스타일이라 우리 입맛에는 특히 잘 맞는다. 엄선한 그랑 크뤼 와인이나 내추럴 와인이 음식과 잘 매치된다.

How to go M3호선 Parmentierr역에서 도보 3분
Add 55 Rue Oberkampf 75011 Paris   Open 매일 점심 12:00~14:15, 저녁 19:00~21:45
Price 점심 메뉴 €23~, 저녁 메뉴 €44   Web https://pierresang.com

프랑스에서 맛보는 정통 이탈리안 음식

오스테리아 페라라 Osteria Ferrara

벽돌로 마감된 실내, 목재 펜던트 조명, 마루 바
닥이 편안한 비스트로 분위기로 시칠리아 출신
셰프 파프리지오 페라라가 현지화하지 않은 오
리지널 이탈리안 음식을 내놓는다. 밀라노식 송
아지 고기 튀김과 생선알과 샤프란을 곁들인 링
귀니 파스타, 마스카포네 크림을 곁들인 사과 케
이크 등의 메뉴를 맛봤을 때의 느낌은 파리의 이
탈리안 레스토랑 가운데 최고 중 하나라는 미슐
랭 평가원의 주장과 일치했다.

How to go M8호선 Faidherbe Chaligny역에서 도보 2분   Add 7 Rue du Dahomey 75011 Paris
Open 월~토요일 12:15~14:00, 19:30~22:00   Day Off 일요일
Price ~€40   Web www.osteriaferrara.com

오랜 세월 묵묵히 한자리를 지켜온 전통 비스트로

보팡제 Bofinger

1864년 프레데릭 보팡제가 생맥주를 제공하는 식당으로 처음 문을 열었다. 전식으로 석화 중에 질라르도 굴을 화이트와인과 함께 즐긴 후에 우리네 김치처럼 양배추를 잘게 잘라 식초에 절인 것과 소시지, 돼지 족발 등을 삶아서 나오는 알사스 지역의 요리인 슈크루트를 주문하면 후회가 없다. 바스티유 광장과 마레의 보주 광장 사이에 위치한 전통 비스트로로 벨 에포크 스타일의 실내가 아름답다.

How to go M1, 5, 8호선 Rue Saint Maur역에서 도보 5분   Add 5-7 rue de Bastille 75004 Paris
Open 월~토요일 12:00~15:00, 18:30~24:00, 일요일 12:00~24:00
Price 점심 메뉴 €19   Web www.bofingerparis.com

Boutique

베자 브랜드 설립자가 세운 콘셉트 스토어

상트르 코메시알 Centre commercial

2010년부터 한자리를 지켜온 생마르탱 운하에서 가장 핫한 콘셉트 스토어. 지금은 우리나라의 힙스터들에게도 잘 알려진 스니커즈 브랜드 베자(Veja)의 창립자가 운영한다. 세인트 제임스, 베자, 파라부트, 메종 파브르, 르 미노, 버켄스탁, 아틀리에 님과 같은, 머리부터 발끝까지 당신을 파리지엔처럼 시니컬하게 만들어줄 아이템으로 가득한 곳이다. 근처에 어린이를 위한 편집숍도 함께 운영한다.

How to go M5호선 Jacques Bonsergent역에서 도보 3분
Add 2 Rue de Marseille 75010 Paris   Open 월~토요일 11:00~20:00, 일요일 14:00~19:00

허밍턴 포스트가 뽑은 세계 3대 아트북 서점

아타자르 Artazart

생마르탱 운하 변에 위치한 아트북 전문 서점으로 갤러리와
편집숍을 겸하고 있어 다수의 일러스트 작가의 전시를 수시
로 개최한다. 프랑스의 첫 번째 프라이탁(Freitag) 매장이며
그라 램프(Gras Lampe)의 첫 리셀러라는 점에서 이미 트렌드
세터들이 드나드는 곳이란 점을 감지할 수 있을 것이다. 허핑
턴 포스트에서 뽑은 세계 3대 아트 서점에 이름을 올린 곳이

기도 하다. 웹디자이너, 그래픽 디자이너, 타이포그래퍼, 사진 작가 등 모든 창작자들의 기대를 충족시키는 장소이다.

How to go M5호선 Jacques Bonsergent역에서 도보 5분   Add 83 Quai de Valmy 75010 Paris
Open 월~토요일 11:00~20:00, 일요일 14:00~19:00   Web https://artazart.com/

작지만 편하게 와인을 살 수 있는 숍

카브 봉세르장 Cave Bonsergent

파리 10구 생마르탱 운하 근처에 있는 와인 숍이다. 자연적으
로 양조된 유기농 바이오 다이내믹 와인을 전문으로 한다. 이
웃하고 있는 북 카페 봉주르 자콥에 갔다가 나오는 길에 들러
서 내추럴 와인을 쇼핑하기에 좋다. 매장 규모가 작지만 친절
하며, 소규모 생산자들의 와인을 취급하고 있다.

How to go M5호선 Jacques Bonsergent역에서 도보 3분   Add 32 Rue Yves Toudic 75010 Paris
Open 월요일 16:00~20:30, 화~토요일 11:00~13:00, 16:00~20:30   Day Off 일요일

내추럴 와인 마니아들의 보물창고

카브 드 벨빌 La Cave de Belleville 👍

2015년부터 벨빌의 고지대에 자리 잡고 파리를 대표하는 내
추럴 와인 숍으로 자리매김해 온 곳이다. 외진 곳에 있지만 내
추럴 와인 마니아들의 성지로 여겨지며, 많은 사람들이 방문
한다. 전 약사 출신의 토마와 사운드 엔지니어 출신의 프랑수
아가 함께 운영하며 1,500여 종의 바이오 다이내믹 와인을 취

급하고 해박한 지식을 가진 주인장들을 통해 내추럴 와인의
트렌드를 살펴볼 수 있다. 우리나라 와인 숍이나 레스토랑에서 찾아볼 수 없는 희귀품들을 사고 싶다면 추천한다.

How to go M11호선 Pyrénées역에서 도보 4분   Add 51 Rue de Belleville 75019 Paris
Open 월~목요일 10:00~20:00, 금~토요일 10:00~20:30, 일요일 11:00~19:00

AREA 18

베르시

Bercy

파리의 동쪽에 위치한 베르시는 과거 낙후된 지역이었다. 그러나 지금은 파리의 새로운 스카이라인을 만드는 마천루들이 들어선 첨단 지역으로 변모했다. 이곳은 과거 보르도에서 생산된 와인들이 해외로 수출되기 전에 보관되던 와인 저장 창고가 있던 지역으로 이제는 쓸모를 다한 창고와 기찻길 주변 대신 레스토랑과 바, 상점들이 들어서면서 도시 재생의 모델이 되었다. 과거 김연아 선수의 피겨 스케이팅 대회나 BTS의 공연이 열렸던 다목적 공간 아코르 아레나(Accor Arena), 유명 건축가 프랑크 게리가 설계하여 지금은 시네마테크로 사용하는 건물과 주변을 둘러싸고 있는 베르시 공원, 베르시 빌라주 등은 팔색조 같은 파리의 모습을 보여주는 매력적인 장소다.

소요 시간 반나절

만족도
문화 ★
관광 ★
산책 ★★★

일일 추천 코스

출발

메트로 M6, 14호선 베르시역에 내려 걷는다.

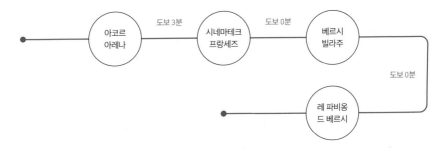

주의 사항

• 그늘이 많지 않은 지역이므로 물이나 초코바 등을 미리 사두고 선글라스나 선크림 등도 챙기자.

하이라이트

• 영화의 종주국 프랑스의 영화사를 보여주는 시네마테크 프랑세즈 방문
• 베르시 빌라주의 다양한 숍에서 쇼핑
• 베르시 공원에서 여유로이 즐기는 산책
• 스포츠 경기장과 공연장을 겸하는 아코르 아레나에서 공연 관람

K-pop 스타 공연부터 스포츠 경기까지 열리는 다목적 공간

아코르 아레나 Accor Arena ★

경사진 벽에 잔디가 덮여 있는 피라미드 모양의 외관이 인상적이다. 후원사인 아코르 아레나의 이름을 사용한다. 1984
년 다목적 모듈형 홀로 처음 문을 열었으며 총면적은 55,000제곱미터다. 파리-베르시 마스터스, 파리 그랜드 슬램 유도
대회, 김연아 선수가 참가한 피겨 스케이팅 대회 등이 열렸다. 메인 홀은 블랙핑크, BTS 공연을 비롯하여 많은 아티스트
들의 파리 투어 공연장으로 이용된다. 메인 홀은 스탠드에 지지 기둥이 없어 모든 지점에서 무대를 방해 없이 바라볼 수
있는 것이 특징인데, 유명 건축가 장 프루베(Jean Prouvé)가 불규칙한 기하학적 구조의 금속 프레임으로 지지하도록 설
계한 덕분이다. 2024년 파리 올림픽에서는 농구 및 기계체조 경기장으로 이용될 예정이다. 공연 및 경기 관련 일정은 아
래 사이트를 통해 확인한다.

How to go M6호선 Bercy역에서 나오면 바로 연결
Add 8 Bd de Bercy 75012 Paris
Web https://www.accorarena.com/fr

영화를 사랑하는 사람들에게 추천하고 싶은 장소

시네마테크 프랑세즈 Cinematheque Française ★

동대문 DDP를 설계한 자하 하디드와 더불어 해체주의 건축가로 유명한 캐나다 출신의 프랑크 게리가 '아메리칸 센터'로 처음 설계했던 건물이다. 1936년 앙리 랑글루아와 조르주 프랑주에 의해 처음 설립된 시네마테크가 프랑스 정부의 지원을 받아 지금의 건물로 이전했으며 여기에는 각종 영화 관련 자료와 영상물이 가득하다. 건물 내부에는 박물관, 전시회장, 상영관, 자료 보관실, 도서관, 카페 등을 갖추었으며 4만여 편이 넘는 영화와 영화 관련 자료를 소장하고 있다. 특별전도 자주 열려 영화 관련 연구자와 영화 분야에 관심이 많은 학생들에게 인기가 좋다.

How to go M6호선 Bercy역에서 도보 6분
Add 51 Rue de Bercy 75012 Paris
Open 월·수~금요일 12:00~19:00, 토~일요일 11:00~19:00, 파리 학생 방학 기간 11:00~19:00
*마지막 입장은 문 닫기 45분 전
Day Off 화요일, 5/1, 12/25
Price 일반 €10, 만 18~25세 €7.5, 만 18세 이하 €7.5
Web https://www.cinematheque.fr

과거 와인 저장고였던 공간이 멋진 상업 지구로

베르시 빌라주 Bercy Village ★

루이 14세 때부터 제2차 세계대전 전까지 화물 창고로 호황을 누렸던 지역으로 14만 평방미터의 대지 위에 조성된 베르시 공원(Parc de Bercy)과 이웃하고 있다. 1990년 현상설계에 공모해서 당선된 발로드와 피스트르 건축가 사무소가 참여했으며 우리나라 공무원 사회에서 도심 재생 사업의 좋은 모델로 꼽혀 많은 사찰단이 다녀간 곳이다. 가운데 철로를 두고 200미터가량의 거리 양옆에는 42채의 와인 창고를 개조한 웰빙 관련 전문점(Nature&Découvertes), 고급 티하우스(Damman frères), 향수 전문점(Fragonard), 우리의 교보문고와 같은 대형 서점(FNAC), 향수 코스메틱 전문점(Séphora), 미국 유명 버거점(Five Guys), 대형 영화관(UGC) 등이 있다.

How to go M14호선 Cour Saint Emilion역에서 도보 1분
Add 128 Quai de Bercy 75012 Paris
Web www.bercyvillage.com

영화 속 주인공이 된 듯한 착각을 일으키는 특별한 장소

레 파비옹 드 베르시 Les Pavillons de Bercy ★

19세기와 20세기의 독특한 쇼 오브제 컬렉션을 발견하
게 되는 곳. 문화, 유쾌함, 호기심이 결합한 특별한 장소
로 과거 와인 저장 창고였던 건물 내에 있다. 공연 유산
및 박람회 예술 책임자인 장 폴 파방(Jean Paul Favand)
의 주도로 문을 열었다. 볼거리로는 1931년 만국 박람회
때 인도관에 전시되었던 나는 코끼리, 100년 된 놀이기
구를 비롯하여 벨 에포크 시대의 박람회장을 재현한 모
습과 호기심의 캐비닛, 카니발, 특별한 정원 등의 특별한
장식이 있다.

How to go M14호선 BCour Saint Emilion역에서 도보 3분   Add 53 Av. des Terroirs de France 75012 Paris
Open 방문 2~3주 전 이메일 예약 시 가이드 투어로만 가능(*infos@pavillons-de-bercy.com)
Price 일반 €18.80, 장애인 €14.80, 만 4~11세 어린이 €12.80, 만 4세 이하 무료 Web https://arts-forains.com

(Restaurant)　　　　　　　　　　　　　　　　　　　　　　　　　　

이보다 푸짐할 수 없는 포르투갈 해산물 전문점

페드라 알타 Pedra alta Bercy

'바다에서 수확한 식재료로 모든 이의 요리를 풍성하게
만든다'는 철학으로 밤새 고생한 어부들을 위해 푸짐하
게 한 상을 차려 내놓는, 포르투갈의 어촌 마을에서 시작
된 레스토랑이다. 파리 샹젤리제를 비롯해 프랑스에만
12개의 지점을 갖고 있다. 바닷가재, 왕새우, 굴, 홍합 등
을 훈제해서 내 오거나 삶아서 차갑게 내오는 두 가지 종
류의 모듬 해산물 요리와 쇠고기, 돼지고기 스테이크와
같은 고기 요리를 한 번에 경험할 수 있어 문 여는 시간
에 맞춰 오픈런을 해야 하는 곳도 있다.

How to go M14호선 Cour Saint Emilien역에서 도보 5분
Add 13 Place Lachambeaudie 75012 Paris
Open 12:00~02:00   Price 2인 기준 €80~140
Web www.pedraalta.pt

BONJOUR
SUBURBS

근교 여행 정보

일 드 프랑스 지역에서 가장 인기 있는 관광지 베르사유는 숲과 늪지로 덮여 사냥감이 많았던 지역이다. 처음 지어질 당
시에는 프랑스의 마지막 왕조인 부르봉 왕조를 세운 앙리 4세 이후 모든 왕들이 사냥을 즐겼던 곳이다. 당시 사냥은 왕과
왕족들이 즐겼던 최고의 스포츠이자 은밀한 대화를 나눌 수 있는 자리이기도 했다. 찬란했던 프랑스 역사를 살펴볼 수
있는 유서 깊은 장소인 베르사유 궁전이 유명하다.

베르사유 찾아가기

파리에서 남서쪽으로 20킬로미터 떨어진 베르사유까지는 기차나 버스로도 갈 수 있다.

주요 경로 1

How to go 파리 시내 생 미셸-노트르담(Saint-Michel Notre Dame), 앵발리드(Invalides), 오르세 미술관(Musée d'orsay), 샹드 막스-투흐 에펠(Champs de mars-Tour Eiffel), 자벨(Javel) 등에서 RER C선(Versailles Château 방면)을 탄다.
종점인 리브 고슈(Rive Gauche)역에 내려서 도보로 7분가량 이동하면 된다.

Open 04:50~23:50 Interval 15~20분 Hours 파리-베르사유 궁전 30~45분

Fare €4.15(티켓은 파리에서 돌아올 것을 생각해서 2매 구입하기를 추천한다. 1~4존 이상의 나비고, 파리 비지트, 모빌리스 사용자는 무료다.)

Web www.transilien.com

주요 경로 2

How to go 몽파르나스(Gare Montparnasse) 기차역에서 지역 열차(TER 또는 Transilien)를 타고 베르사유 샹티에(Versailles Chantiers)역에 내려 25분 정도 걸어서 도착 가능하다. 베르사유 샹티에역 앞에서 편하게 버스로 이동하려면 4번, Ex 01번을 타고 베르사유 궁전 앞까지 갈 수 있다. 요금은 t+ 2.15 /1~4존 이상의 나비고, 파리 비지트, 모빌리스 사용자는 무료다.

Open 05:33~01:05 Interval 12~50분 Hours 급행 열차 타면 12분 Fare €4.15

주요 경로 3

How to go 일반 시내버스로 갈 수 있으며 가장 저렴하나 시간이 더 걸린다. 지하철 9호선 종점 퐁데세브르(Pont de Sèvres)역에서 내린 다음 역 앞에서 출발하는 171번 버스를 타고 베르사유 궁전(Château de Versailles)에서 하차한다.

Open 05:33~01:04 Interval 8~10분 Hours 퐁데세브르역에서부터 25~35분 Fare €2.15

TIP

역사에 기록된 베르사유 궁전

베르사유 궁전에서 지낸 왕들 : 루이 14, 루이 15세, 루이 16세 (1682년 5월6일-1789년 10월6일)
베르사유 궁전에서 서명된 역사적 사건 : 프로이센-프랑스 전쟁에서 승리한 프로이센 왕국의 국왕, 빌헬름 1세의 신생 독일 제국의 황제 선포식(1871년), 1차 대전의 패배를 인정하고 독일이 징병제를 폐지하고 모병제를 시행하게 만든 베르사유 조약(1919년)

베르사유 관광 안내소 Office de tourisme

Add Place Lyautey 78000 Versailles
Open 화~일요일 09:30~17:00   Day Off 1/1, 5/1, 12/25
※ 베르사유 궁전 티켓 및 궁전 지도를 받을 수 있다.

베르사유 입장 티켓

• 베르사유 궁전 티켓의 종류는 궁전, 공원만 이용하는 Palace ticket, 뮤지컬 정원만 이용할 수 있는
  Musical Gardens ticket, 그랑/프티 트리아농, 왕비의 촌락만 이용할 수 있는 Estate of Trianon ticket,
  모든 구역을 이용할 수 있는 패스포트(Passport) 등이 있다.
• 궁전 앞에서 사려면 긴 줄을 서야 하므로 공식 홈페이지를 통해 사전에 입장권을 구매하면 편리하다.
• 하루의 시간이 주어진다면 전체를 볼 수 있는 패스포트를 구입할 것을 권한다.
• 대부분 이른 시간(피크 타임 10시~13시)을 선호하므로 오전 예약을 원할 경우 미리 예약해야 한다.
• 골프장용 카트-자전거 대여 시 보증용 여권 필요

개관 시간 및 티켓 요금

궁전
Open 4~10월 09:00~18:30, 11~3월 09:00~17:30   Price €21

정원
Open 4~10월 : 08:00~20:30, 11~3월 08:00~18:00
Price 뮤지컬 정원만 이용시 : €10.50 추가
※ 뮤지컬 정원 4월 1~29일 화~목, 금요일 18일, 5월 5일~6월 30일 목~금요일, 6월 6일, 7~8월 화~금요일,
9월 1일~10월 28일 화~목, 금요일

공원
Open 4~10월 07:00~20:30, 11~3월 12:00~17:30   Price 무료

별궁
Open 별궁 4~10월 12:00~18:30, 11~3월 12:00~17:30   Price €12
Web en.chateauversailles.fr
※ 4~10월 동안 매주 일요일에는 정원에서 '분수와 음악의 축제'가 열리고, 여름철에는 불꽃놀이와 조명 쇼도 간간이
펼쳐지니 베르사유 홈페이지를 미리 확인하자.

패스포트(Passport): 궁전+정원+트리아농 €32
패스포트(Passport)+petit train(왕복) €39

베르사유 가기 전에 알아두면 좋은 꿀팁

- 궁전은 사이트를 통해 미리 예매한다.
- 정원, 공원은 현장에서 구입해도 기다리지 않는다.
- 궁전에서 제공하는 한국어 오디오 가이드는 유료지만 앱을 이용하면 무료(Cheteau de Versaille라는 앱을 다운받아 입장 후에 방마다 적혀 있는 번호를 입력하면 오디오 설명이 재생된다.)

관람 순서
- 워낙 규모가 커서 하루만에도 보기 힘들 정도다. 여유 있게 관람하려면 아침 일찍부터 서두를 것을 권한다. 궁전을 보고 나서는 많은 조각상과 분수 연목이 있는 대정원을 산책하고 그랑 프티 트리아농도 반드시 들러보자.
- 대운하 주변에서 자전거를 대여하거나 골프장용 카트를 빌리는 것이 효율적이며(여권 필요) 궁전 내부 관람을 마치고 나와 북쪽 건물 정원쪽 승강장에서 출발하는 프티 트랑을 이용해서 정원 내를 이동하는 방법도 있다.

베르사유에서 걷기 싫을 때 이용 가능한 교통수단
꼬마 기차 (Petit Tram)
Open 4/1~10/31 화~일요일 11:10~11:50 20~30분 간격, 12:00~18:15 10~30분 간격, 11/1~3/31 11:10~17:10 15~30분 간격
Course 궁전 Château Terrasse Nord Terminus → Grand Trianon → Petit Trianon → 왕비의 촌락 → Grand Canal Fare 일반 €8.5, 11~18세 €6.5

골프장용 카트 (성인 4명 가능, 여권, 운전면허증 필요)
Fare 일반 9€, 11~18세 €7

자전거
Open 2월 중순~3월말 10:00~17:30, 4~10월 10:00-18:45, 11~2월 중순 10:00~17:00
Fare 30분 €8, 1시간 €10, 4시간 €21, 8시간 €23

운하 보트 (Barques)
Open 월~금요일 3월 13:00~17:30, 4~6월 11:00~18:45, 7~8월 10:00~18:45, 9~10월 13:00~18:45, 11월 13:00~17:00
주말/국경일 3월 11:00~17:30, 4~6월 10:30~18:45, 7~8월 10:00~18:45, 9~10월 10:30~18:45, 11월 11:00~17:00
Fare 30분 €16, 1시간 €20

베르사유 궁전 Château de Versailles ★★★

루이 13세가 주변의 숲과 벌판에서 사냥하기 위해 1623년 4월 8일 베르사유 영지 전체를 매입해 숙소를 지은 것이 기초가 됐다. 베르사유 궁전을 지금의 규모로 완성시킨 왕은 태양왕, 루이 14세로 그는 1660년 스페인 공주, 마리 테레즈와 결혼한 이후였으며 총애하던 애첩 루이즈 들라 발리에르와의 밀회 장소로도 이용했다. 그러나 루이 14세가 호화로운 베르사유 궁전을 짓게 된 또 다른 이유가 있다. 루이 14세 시절 재무 장관을 맡았던 니콜라 푸케

가 루이 르 보와 르 노트르 등 당대 최고의 건축가와 조경가를 불러 주성한 보르비 콩트성에 루이 14세를 초대하여 호화로운 파티를 열었다. 여기에 초대된 루이 14세의 질투심은 이보다 더 호화로운 베르사유 궁전을 건축하게 된 구실을 제공했다. 눈치 없었던 푸케의 초대는 왕의 질투심에 불을 질러 스스로 옥에 갇히는 결과를 가져왔고 푸케의 정원에 있던 나무부터 가구들은 전부 실려와 베르사유 궁전에 강제로 바쳐졌다.

1682년에 파리에서 베르사유로 궁전을 옮긴 루이 14세는 보르비 콩트성을 지은 당대 최고의 건축가인 루이 르 보를 투입하여 궁전과 식물원, 동물원을 만들게 했다. 궁 내부의 장식은 샤를르 르 브룅이 테라스는 이탈리아 바로크 양식을 본따서 프랑수아 도르베에 맡겼으며 절대 권력의 상징인 '거울의 방'은 망사르가 완성했다. 그렇게 절대 왕정의 걸작이 완성된 것이다. 거기에 화룡정점으로 샹젤리제 거리와 튈일리 공원 등을 조성한 조경 전문가, 앙드레 르 노트르가 가세해 아름다운 정원이 탄생했으며 동시에 세계 최초의 행정 수도 모델을 제시하면서 프랑스의 정치와 문화, 예술의 중심지가 되었다. 1710년 부속 성당이 완공된 것을 마지막으로 약 50여 년의 세월이 걸린 궁전의 공사가 마무리되었다.

TIP

베르사유 궁전의 구조

궁전 앞 정문에는 '왕의 정원'으로 불리는 돌바닥 광장과 루이 14세 기마상이 있다. 베르사유 궁전은 루이 14세가 만든 궁전과 정원, 왕정 생활의 지겨움을 없애기 위해 지었다는 십자 모양의 그랑 카날, 그랑 트리아농, 프티 트리아농, 왕비의 촌락과 같은 부속 건물 등으로 이뤄져 있다. 궁전 공사는 1661년에 시작하여 1689년에 완공되었고 건축 면적은 대략 11만 제곱미터, 정원은 약 100만 제곱 미터에 이른다.

궁전 Château ★★★

금박으로 칠해진 거대한 철책 문을 통해 들어가면 돌바닥으로 된 '왕의 정원'이 나오고 중앙에 루이 14세상이 우뚝 서 있다. 북쪽 부속 건물 1층으로 들어가면 오디오 가이드(한국어도 가능)를 대여할 수 있다. 안으로 들어가면 망사르가 설계하고 처남인 코트가 완성한 왕실 예배당을 견학할 수 있다. 여기에서 루이 16세와 마리 앙트와네트의 결혼식이 거행되었고 천정에는 성서를 모티브로 한 아름다운 회화가 그려져 있다. 예배당 옆으로 이어진 '풍요의 방'에서 시작되는 6개의 방은 그리스 로마 신화에 나오는 인물들 이름이

붙어 있다. 스스로를 태양왕으로 불렀던 루이 14세가 태양 주위를 도는 행성들의 이름을 붙인 것이기도 하다. '헤라클레스의 방'에서는 베르네세의 대형 회화 〈시몬의 집에서의 저녁식사〉와 르무안이 그린 헤라클레스를 예찬한 천정화가 볼 만하다. '비너스의 방', '다이애나의 방', '마르스의 방', '머큐리의 방'이 이어지는데 특히 루이 14세의 초상화가 걸려 있는 아폴론의 방은 루이 14세가 왕좌에 앉아 접견을 했던 곳이다.

하이라이트라 할 수 있는 '거울의 방'으로 발길을 돌리면 천정화가이자 베르사유의 예술 책임자였던 르 브룅과 망사르가 함께 루이 14세의 업적에 대해 그린 30여 점의 작품이 있으며 샹들리에, 촛대, 화병 등은 당시 최고급 제품이었다. 길이가 73미터, 높이 13미터, 너비 9.7미터로 정원 쪽으로 나 있는 17개의 창문과 357개의 거울이 있는 이 방에서 정부의 만찬과 무도회장, 외국 국빈 방문 시 접견실로 이용하고 있다. 여기에서 1871년 전쟁에서 승리한 프로이센이 독일 제국 수립을 선포하고 빌헬름 1세가 초대 독일 제국 황제로 추대되었다. 이를 복수라도 하듯 1919년에는 제1차 세계 대전을 승리한 연합군이 독일과의 종전협약의 서명을 받아낸 베르사유 조약도 이곳에서 체결됐다. 이 조약의 내용으로 프랑스는 독일로부터 알자스 로렌 지역을 되찾아왔고 독일은 프랑스, 벨기에, 덴마크에게 차지했던 영토의 일부를 반환했는데 특히 폴란드에는 15%의 영토를 되돌려주었다.

거울의 방 뒷쪽의 왕의 침실에서 루이 14세가 1715년에 숨을 거두었고 프랑스 혁명군이 베르사유로 밀려들었을 당시에는 왕과 마리앙트와네트가 여기서 고개를 숙였다고 전해진다.

마리 앙트와네트 시절에 화려하게 꾸며진 '왕비의 방'은 역대 왕비들이 사용했던 방으로 침실 이외에도 귀족의 방, 만찬의 방, 왕비 근위대의 방으로 구성되었다. 왕비의 방은 잠을 자는 방이었을 뿐 아니라 취침 의식과 기상 의식을 거행하거나 손님을 접견하는 곳이기도 했다. 마리 앙트와네트가 황태자를 출산했음은 물론 3명의 왕비가 19명의 왕자와 공주를 출산했던 곳으로 혹시나 왕을 바꿔치기 하지 않을까 하는 염려로 왕족들이 지켜보는 가운데 탄생이 이뤄진 사실로 유명하다. 왕이 식사를 하던 만찬실에는 마리 앙트와네트의 초상화가 여러 점 걸려 있으며 엘리자베트 비제 르브룅이라는 초상화가가 그린 〈마리 앙트와네트와 그녀의 아이들〉이 유명하다. 마지막에 있는 대관식의 방에는 루이 필리프가 나폴레옹에게 바치는 방으로 만들었다. 자크 루이 다비드가 그린 〈파리 노트르담 성당에서 거행된 조세핀 황후의 대관식〉이 있으며 오른쪽에는 역시 다비드가 그린 〈독수리 깃발의 분배〉가 있다.

정원 Jardin ★★

정원 조경에서 유럽 최고로 꼽히던 조경가, 르 노트르가 설계했으며 대운하는 보방 원수가 건설하여 1668년에 완공되었다. 전체 면적은 815헥타르에 이르며 신화를 모티브로 한 200여 개의 조각상 등 17-18세기에 걸친 거장 조각가들의 작품이 있으며 20만 그루의 나무로 조성된 녹지대를 마음껏 걸으며 산책할 수 있다.

궁전 뒤편에 4단 케이크와 비슷한 모양의 거북이와 악어, 개구리 조각이 물줄기를 내뿜는 라톤느의 분수는 로마 작가 오비디우스의 〈변신〉 이야기를 모티브로 아폴론고 다이아나의 어머니가 당한 수모를 제우스가 복수하는 장면을 묘사하고 있다. 제우스의 저주를 받은 인간들이 흉측한 양서류로 변해가는 모습이 생생하며 라톤느 분수 주변에는 그리스, 로마 신화에 등장하는 인물들이 줄지어 있다. 태양의 신 아폴로가 전차를 타고 바다에서 비상하는 모습을 조각한 아폴로 분수는 조각가 튀비의 1670년 청동 작품이다. 아침에 떠오르는 태양을 태양의 신 아폴론을 빌려 묘사한 걸작으로 태양의 신은 루이 14세를 의미한다. 루이 14세가 곤돌라를 띄우거나 배들을 띄워 모의 해전을 즐겼다는 '그랑 카날: 대운하'로 불리는 십자형 운하는 센강 물을 끌어들여 만들었다. 대운하에서 나룻배를 빌려 노를 저으며 한가로이 시간을 보내거나 자전거나 골프 카트를 빌려 별궁들과 왕비의 마을을 돌아 보는 것은 선택 사항이다.

그랑 트리아농 Grand Trianon ★

그랑 트리아농은 루이 14세의 휴양지로 계속되는 파티와 궁전에 몰려드는 인파를 피해 휴식을 취하기 위해 지었던 별궁이다. 1687년에 쥘 아르두엥 망사르가 설계했으며 궁궐, 정원, 분수 등으로 이루어졌으며 긴 회랑이 건물을 연결한다. 이곳에는 왕의 가족들만 드나들 수 있었으며 장미빛 대리석을 사용해 매우 호화롭다. 루이 14세는 이 공간을 특별히 좋아해서 지금도 조각상이나 그림 등 루이 14세 시대의 장식이 남아 있다. 루이 14세 왕비의 시녀로 들어왔다가 연인이 된 몽테스팡 부인을 위해 지어 밀회를 즐기던 곳으로 황후 거처에 있는 거울의 살롱이 아름답다. 궁의 규방은 오스트리아 합스부르크 왕가 출신으로 1810년 나폴레옹의 두 번째 부인이 된 마리 루이즈가 잠시 머물렀다. 작은 거울의 살롱은 루이 14세 때의 것이지만 가구들은 프랑스 혁명 당시 다 팔려 버려서 마리 루이즈가 주문한 것들로 이뤄져 있고 여왕의 방은 나폴레옹 일가가 사용했다.

프티 트리아농 Petit Trianon ★

프티 트리아농은 루이 15세가 애첩, 맹트농 부인과 밀회를 즐기기 위해 건축가 가브리엘을 동원해 1768년에 지었다. 맹트농 부인은 몽테스팡 부인과 루이 14세와의 사이에 태어난 왕자의 양육을 맡고 있다가 왕의 총애를 얻어 맹트농의 토지와 후작 부인의 칭호를 받았다. 마리 테리즈가 죽자 왕과 비밀 결혼식을 올리고 15년간 왕의 정부로 많은 권력을 행사한 맹트농 부인이 주로 지내던 곳이다. 이후 루이 15세는 마리 앙트와네트가 아이를 출산하자 이 건물의 데코레이션을 그녀가 원하는 취향으로 바꾸어 선물했다. 이후에 이 건물은

1867년에 나폴레옹 3세의 왕비, 외제니가 마리 앙투아네트를 추모하는 미술관으로 그의 유품을 전시한다. 정원은 루이 15세의 명령에 따라 영국식과 중국식 정원으로 설계되었고 게임, 음악회 등을 하는 방에는 엘리자베트 비제 르브룅이 그린 〈장미꽃을 든 마리 앙투아네트〉 초상화가 걸려 있다.

왕비의 촌락 Le Hameau ★

프티 트리아농에서 10분 정도 걸으면 호수와 주변에 '왕비의 촌락'이 펼쳐진다. 1785년에 완공된 이 전원풍의 저택들은 왕족과 귀족들이 취미 삼아 농사일을 하거나 낚시, 직접 소젖을 짜는 등 소일거리를 할 수 있도록 하는 공간이었다. 물레방아, 헛간, 마구간, 비둘기집, 12채의 저택이 남아 있어 한가로운 전원생활을 즐겼던 과거의 모습을 보여준다.

베르사유 궁전 내 호텔
그랑 콩트롤 베르사유
Grand Controle Versailles $$$$

루이 14세가 건축가인 망사르가 1681년에 지은 베르사유 궁전 내부에 위치한 호텔로 2021년에 문을 열었다. 베르사유 궁전의 일부답게 고전적인 스타일의 건물 내부에는 14개의 객실과 알랭 뒤카스의 고급 레스토랑, 그랑 캐비닛이 들어서 있다. 귀족의 가문을 방문해서 생활하는 듯한 느낌을 주는 곳이다.

모두가 설레는 그곳

디즈니랜드 파리
Disneyland Paris

파리에서 동쪽으로 32킬로미터 떨어진 곳에 위치한 디즈니랜드는 미국의 로스엔젤레스와 올랜도, 홍콩, 상하이, 도쿄 그리고 파리까지 총 6개가 운영되는 어린이와 어른을 위한 꿈의 테마파크다. 여기는 1992년에 처음 문을 열었으며 디즈니랜드 파크와 월트 디즈니 스튜디오 파크 두 곳과 7개의 호텔, 골프 코스가 포함된다. 근처에 유명 아웃렛 매장인 라발레 빌리지도 있어 쇼핑과 엔터테인먼트를 함께 즐기기 위해 전 세계에서 온 여행자로부터 사랑받고 있다. 지난 2022년 개관 30주년을 맞은 파리 디즈니의 누적 입장객 수는 3억 7천5백만 명으로 하루 평균 2만 명의 관람객이 방문했으며 처음 문을 열 당시 29개였던 어트렉션은 현재 50개로 늘어났다.

디즈니랜드 찾아가기

디즈니랜드에 가는 방법은 대중교통 RER 이용과 셔틀버스 탑승으로 나뉜다. 자신의 숙소 위치나 여행 일정에 따라 적절한 교통수단을 정하는 것이 좋다.

대중교통 RER

How to go RER A4호선을 타고 Marne la Vallée/Chassy parc Disney 역 하차, 도보 2분. 파리 시내에서 약 45분 소요.
Fare 편도 일반 €5. (1~5존 유효한 티켓으로 가능). 샤를 드 골공항/오를리 공항 매지컬 셔틀 Magical shuttle(샤를 드 골 출발시 편도 €24. 오를리 공항 출발시 €24)이나 오를리 공항에서 디즈니랜드로 직행하는 버스도 있다.

셔틀버스

How to go 샤를 드 골 공항/오를리 공항
Fare 일반 €24 만 12세 이하 어린이 €11, 0~2세 무료
Web https://magicalshuttle.fr

Information

Open 디즈니랜드 파크/월트 디즈니 스튜디오
09:00~22:00
Fare 디즈니랜드 파크 또는 월트 디즈니 스튜디오 중 1개 일반 105유로, 어린이 97유로, 디즈니랜드 파크+월트 디즈니 스튜디오 일반 130유로, 어린이 122유로 (방문 시기에 따라 총 8개의 차등 요금이 적용된다) *만 3세 이하 무료, 어린이 요금 만 3~11세
Web www.disneylandparis.com

TIP

디즈니랜드 효율적으로 즐기기

- 티켓 구입은 출발 전에 해 두자.
- 연중 많은 인파로 북적대는 디즈니랜드 파리에 가기 전에 티켓을 구입하는 것이 좋다. 공원이 방문객 쿼터를 유지하기 때문에 공원 입장도 보장되므로 반드시 티켓 구입은 인터넷을 통해 미리 할 것.
- 리조트 내 레스토랑에서 줄을 서지 않고 식사를 하려면 디즈니랜드 파리 앱으로 원하는 레스토랑의 테이블을 미리 예약한다.
- 퍼레이드를 하는 시간에 놀이 기구를 타러가면 줄 서는 시간이 짧다.
- 디즈니랜드 파리 앱에서 어트랙션의 대기 시간을 수시로 확인하고 현재 위치와 대기 시간을 고려하여 대기줄이 짧은 어트렉션을 이용한다.
- 프리미어 엑세스 티켓 : 이전의 패스트 티켓을 대체하며 디즈니랜드 파리 앱이나 메인 스트리트에 있는 시청에서 구매가 가능하다. 수량 한정 아래 표시된 놀이기구 중 자신이 원하는 것을 골라서 단품으로 구매할 수도 있으며 프리미어 엑세스 얼티밋 솔루션(€90/1인)을 구입할 수도 있다.
- 디즈니랜드를 제대로 즐기려면 디즈니랜드 리조트 내 호텔이나 근처에 숙소를 정하고 1박2일 일정을 잡는 것이 좋다.

디즈니랜드 파크 Disneyland Park

디즈니랜드의 대표적인 명소로, 크게 다섯 구역으로 나뉘진다. 볼거리와 놀거리가 다양해서 남녀노소를 가리지 않고 즐길 수 있으며, 다양한 테마의 레스토랑과 부티크에 들러 기념품도 살 수 있다. 여름철에만 개장하는 야간 특별 행사에 가면 여름 밤하늘을 화려하게 수놓는 불꽃놀이 행사를 볼 수 있다. 퍼레이드 중에 가장 흥미로운 디즈니 스타즈 온 퍼레이드는 17:45분 메인 스트리트에서 열리며 그랜드 피날레인 일루미네이션+불꽃놀이는 21:50에 메인 스트리트에서 열린다.

판타지랜드 Fantasyland ★★★

디즈니의 상징 '잠자는 숲속의 미녀'의 배경이 된 아름다운 성이 있다. 전설과 동화 속 이야기를 모티브로 만들었으며 어린이를 위한 탈 것과 볼거리 중심이다. 잠자는 숲속의 미녀가 있는 성, 귀여운 덤보 기차를 타고 순회하는 작은 열차, 이상한 나라의 앨리스를 콘셉트로 만든 앨리스의 미로, 뱅글뱅글 도는 찻잔을 타고 도는 미친 모자 장수의 티컵 등을 추천한다.

메인 스트리트 Main street ★★★

20세기 초반 미국의 거리 풍경을 그대로 재현해 놓았다. 미키마우스와 미니마우스를 비롯해 디즈니 캐릭터들이 펼치는 최고의 퍼레이드(매일 11:00. 12:10, 14:55, 16:05)와 만날 수 있다. 퍼레이드는 타운스퀘어를 지난 다음 메인 스트리트, 센트럴 플라자를 한 바퀴 돌아 판타지랜드와 디스커버리랜드 사이로 나가며 30분간 진행된다. 공원을 전체적으로 순회하는 증기 기관차와 큰 기념품 점도 있다. 마블 일루미네이션은 21:00에 진행된다.

프런티어 랜드 Frontierland ★★★

1848~1849년에 캘리포니아주에서 발견된 금을 채취하기 위해 구름처럼 사람들이 몰려들었던 골드러시 당시의 미국 서부를 그대로 재현했다. 선로와 터널 사이를 신나게 질주하는 빅 선더 마운틴이 압권이며 옛날 미시시피강에서 운행되던 선더 메사 리버 보트 증기선을 타면 디즈니 파크 서쪽 지역을 둘러 볼 수 있다.

어드벤처랜드 Adventureland ★★

로빈손의 통나무집부터 카리브해의 해적에 이르기까지 다양한 테마로 구성되었다. 360도 회전하는 롤러코스터 인디애나 존스는 몇 번을 타도 질리지 않는다. `

디스커버리랜드 Discoveryland ★★

상상 속에만 존재하던 미래와 우주를 테마로 만들었다. 디즈니 파크 최고의 어트렉션인 스타워즈 하이퍼 스페이스 마운틴 정도가 성인이 즐길 만하고 나머지는 어린이가 놀거리다.

월트 디즈니 스튜디오 Walt Disney studio ★★

할리우드와 디즈니의 영화 제작 광경을 직접 살펴보며 영화로 익숙해진 주인공을 만날 수 있어 더욱 신나는 공간이다. 디즈니 영화와 TV 시리즈물에 사용된 세트들을 재현한 가상 스튜디오와 관객이 참여하도록 만든 인터렉티브한 볼거리가 많다. 마블 슈퍼히어로를 위한 새로운 존인 '어벤저스 캠퍼스'에서 스릴 넘치는 롤러코스터, 어벤져스 어셈블(플라이트 포스), 3D 안경을 착용하고 월드와이드 엔지니어링 브리게이드에 합류하여 스파이더맨과 함께 거미줄을 손으로 던지며 싸우는 혁신적인 어트렉션인 '스파이더맨 어드벤처' 등 자신이 좋아하는 슈퍼 히어로들의 액션과 모험의 세계에 빠져들게 된다. 무섭고 흥미진진한 할리우드 타워가 가장 화끈한 어트렉션이다.

· 근교 도시 ·

나폴레옹과 조세핀의 추억이 간직된

말메종
Malmaison

파리에서 북서쪽으로 17킬로미터 떨어진 말메종은 센강 변을 끼고 있는 고즈넉한 마을로 파리 근교에 큰 저택에서 살고
자 하는 부자들이 많이 사는 도시다. 왕실 생활의 압박에서 벗어나고자 했던 조세핀과 나폴레옹이 만나 사랑을 나누었던
말메종성이 유명하다.

말메종성 찾아가기

메트로 또는 RER를 타고 버스로 1회 환승해야 한다.

대중교통으로 가기

How to go RER/메트로 1호선 La Défense에서 258번 버스(Rueil Malmaison-La Jonchère)를 타고 Le Château 역 하차, 버스 정거장에서 300m

Fare €4.30

Add 12 Avenue du Château de la Malmaison 92500 Rueil Malmaison

Information

Open 10/1~3/31 10:00~12:30 13:30~17:15 주말에는 17:45까지 4/1~9/30 10:00~12:30 13:30~17:45 주말에는 18:30까지

Day off 화요일, 1/1, 12/25

Fare 일반 €6.50, 만18~25세 €5.0 정원만 입장 시 €1.50

Web https://musees-nationaux-malmaison.fr

말메종의 관광 명소

아름다운 고성
말메종성 Château Malmaison ★★★

17세기 리슐리외 경의 저택으로 조세핀과 나폴레옹의 사랑의 상징적인 장소로 유명해졌다. 부드러운 애교와 냉정함으로 나폴레옹을 사로잡았던 조세핀은 결혼 당시 나폴레옹보다 연상이었다. 두 사람은 튀일리 정원과 퐁텐블로성 등을 오가며 생활했는데 조세핀이 사들인 이 성을 나폴레옹은 작고 아담하다는 이유로 경시했다.

프랑스 장교의 장녀로 태어난 조세핀은 16세의 나이로 청년장교 알렉상드르 드 보아르네 자작과 결혼해 프랑스로 와서 살았다. 별거 중에 보아르네 자작은 프랑스 혁명으로 처형되었고 조세핀 역시 투옥되었다가 풀려나 파리 사교계에서 두각을 나타냈다. 1796년 나폴레옹 보나파르트와 3개월의 짧은 만남 후에 결혼하게 되었다. 두 자녀를 둔 이혼녀 조세핀의 넓은 인맥은 코르시카 출신의 나폴레옹에게 필요한 후원자들을 제공해 줄 수 있었고 조세핀은 그런 나폴레옹의 야망을 알아채고 결혼한 것이다.

1804년 12월 1일 나폴레옹과 조세핀은 노트르담 대성당에서 황제, 황후 즉위식을 화려하게 거행했다. 그러나 조세핀은 나폴레옹이 언제 자신을 버릴지 모른다는 불안감을 과소비로 해소하면서 엄청난 빚더미에 앉게 된다. 한 해 동안 그녀가 주문한 장갑만 985개, 신발은 520개에 달할 정도로 심한 낭비벽이 나폴레옹의 참을성에 한계에 이르게 했다. 거기에 아이를 낳지 못한다는 이유가 더해져 나폴레옹은 재혼을 하게 되었고 조세핀은 말메종성에 살면서 쓸쓸히 슬픔을 달래야만 했다. 그러나 나폴레옹은 그녀를 잊지 못해 향락에 빠진 조세핀에게서 날아온 거액의 계산서를 내 주기도 했으며 유배지로 떠나기 전에도 말메종성에 들르는 등 애증의 관계가 이어졌다.

1799년 조세핀이 구입할 당시 이 성은 당대의 유명 건축가였던 페르시에와 퐁텐이 고풍스러운 스타일로 장식했으며 조

세핀의 손자 나폴레옹 3세의 소유로 있다가 실각 후 오시리스라는 은행가가 구입해 국가에 기증한 덕분에 1906년 국립 박물관으로 단장해 대중에 문을 열었다.

박물관 내부에는 아름다운 프레스코화로 장식된 둥근 지붕의 도서관, 나폴레옹의 당구대, 조세핀이 연주하던 하프, 프랑스의 아름다운 풍경이 정교하게 새겨진 황금띠를 두른 딜에 게라르 공방의 기념 차 세트와 접시 세트, 다비드가 그린 〈알프스 산맥을 넘는 나폴레옹〉의 초상화, 의자에 기대고 있는 조세핀을 그린 제라르의 그림이 있으며 조세핀 황후가 숨을 거둔 침대도 있다.

조세핀은 정원을 가꾸는 일에도 열정적이었는데 유독 장미를 사랑했던 그녀를 위해 나폴레옹은 전쟁으로 외국에 나갔을 때 새로운 장미 종자를 찾으면 말메종으로 보냈다고 한다. 조세핀이 모은 장미의 종류만도 250여 종에 이르렀으며 유럽 최초로 검은 백조를 오스트렐리아로부터 들여오는 등 동식물에 많은 애정을 쏟았던 흔적들이 지금까지 전해지고 있다.

· 근교 도시 ·

반 고흐, 영원의 품에 안기다

오베르 쉬르 우아즈

Auvers sur Oise

불꽃 같은 생을 살다 삶을 마감한 반 고흐의 마지막 발자취를 살펴볼 수 있는 파리 근교의 작은 마을이다. 1890년 5월 21일 한적한 오베르 쉬르 우아즈에 도착한 반 고흐는 스스로 권총의 방아쇠를 당겨 죽음을 맞이했던 7월 29일까지 80여 점의 작품을 남겼다. 그가 여기에서 그린 〈오베르의 교회〉, 〈까마귀가 나는 밀밭〉, 〈가셰 박사의 초상〉과 같은 작품들은 파리 오르세 미술관에서 전시되고 있다.

오베르 쉬르 우아즈 찾아가기

파리 북역에서 기차로 갈 수 있으며 완행과 직행 열차가 운행된다.

주요 경로

How to go 완행 열차는 파리 북역 Gare du Nord에서 파리 근교로 향하는 'H' 선, Valmondois행 기차를 타고 종점에서 퐁투아즈 Pontoise행 열차로 환승해서 오베르 쉬르 우아즈(Gare d'Avers sur Oise)역에 내린다. 기차를 갈아타기 싫다면 파리 북역에서 메리 쉬르 우아즈(Mery sur Oise)행 열차를 타면 된다.

기차역에서 오베르 쉬르 우아즈 시내까지는 걸어서 20분 거리다. 4~10월 성수기의 국경일이나 주말에는 갈아타지 않는 특별 열차 (파리 북역 09:38 출발, 오베르 쉬르 우아즈 10:22 도착/오베르 쉬르 우아즈 18:32 출발, 북역 19:05 도착)가 운행된다.

Hours 소요 시간은 1시간~1시간 20분

Fare 편도 €6.9

어떻게 다닐까

기차역에서 나와 조각가, 자드킨이 제작한 고흐 동상이 있는 작은 공원과 고흐가 지냈던 라부 씨네 여인숙, 오베르 교회, 〈까마귀 나는 밀밭〉의 배경이 된 들판과 고흐와 그의 동생인 테오가 잠들어 있는 공동 묘지 순서로 돌아보는 데는 반나절이면 충분하다.

오베르 쉬르 우아즈의 관광 명소

쓸쓸했던 예술가의 마지막 거처

라부 씨네 여인숙 Auverge Ravoux ★★★

1855년 한 석공이 집을 지어 가족과 함께 살던 곳으로 이후에 그의 딸이 결혼하여 남편과 함께 살면서 1층에 와인 가게를 열었다. 1884년에 레스토랑을 겸한 마리 카페가 되었고 2층과 3층에 침대와 가구 등을 배치한 7개의 방을 세를 놓아 숙박 시설로도 이용되었다. 가난했던 반 고흐가 잠시 기거한 장소로 유명한데 그가 묵었던 3층의 초라한 다락방에는 침대와 책상, 의자 정도가 놓여 있다. 현재 건물 1층은 19세기 후반의 분위기를 고스란히 간직한 레스토랑이며 2층은 기념품 숍, 그리고 3층은 고흐가 하루 숙박료 3.5프랑을 내고 묵었던 2평 남짓한 5번 방과 스무 명 정도가 앉아 고흐의 생애를 볼 수 있는 영상 관람실이 있다.

반 고흐의 방

Add 52 Rue du Général de Gaulle, 95430 Anvers-sur-Oise

Open 2024년 3월 6일~11월 24일 수~일요일 10:00~18:00 (마지막 입장은 문 닫기 30분 전까지)

Day off 월·화요일, 11월 25일~3월 5일   Fare 일반 €10, 학생 €8   Web www.maisondevangogh.fr

고흐가 코발트빛으로 그린 소박한 성당

오베르 성당

Église Notre-Dame-de-l'Assomption ★

정확한 건축 시기는 문헌상 발견되지 않으나 1131년
에 프랑스왕, 루이 6세가 이 건물을 생뱅상 드 상리스
수도원에 기증 했다는 기록이 남아 있을 정도로 유서
깊다. 동명의 고흐 그림으로 유명해졌는데 고흐는 교
회를 진한 파란색으로, 배경의 하늘은 코발트색으로
불규칙한 건물의 실루엣을 소용돌이치듯 화폭에 담
아내었다.

Add Place de l'Eglise 95430 Anvers-sur-Oise
Open 매일 09:30~19:00

두 형제가 나란히 잠든 장소

고흐의 무덤 Tombe de Vincent van Gogh ★★★

반 고흐는 1889년 스스로 한쪽 귀를 잘라 버린 후
생 레미 드 프로방스에 있는 모솔 생폴 수도원에서
1890년 5월까지 1년간 치료를 받다 퇴원한다. 오베
르 쉬르 우아즈에 정착했지만 불안정한 정신 상태와
심각할 정도의 경제적인 어려움으로 고통을 안고 살
았다. 결국 자신의 가슴에 권총을 쏘아 사망한 고흐와
그를 평생 지켜오다 형의 자살에 충격을 받아 6개월
후 정신 질환 끝에 사망한 동생 테오가 나란히 묻혀
있는 곳이 여기다. 담쟁이 넝쿨로 뒤덮인 아담한 동네
공동 묘지 옆에는 그 작품 속에 등장했던 밀밭의 모
습을 볼 수 있다.

Open 매일 10:00~19:30

· 근교 도시 ·

예술가의 시선이 머문 그곳

지베르니
Giverny

빛과 함께 시시각각으로 움직이는 색채의 미묘한 변화 속에서 자연을 묘사하려 했던 인상파의 창시자, 모네가 마지막 생을 보낸 지베르니는 파리에서 서쪽으로 80여 킬로 떨어진 센강가에 있는 작은 마을이다. 모네는 1883년부터 43년 동안 이곳에 살면서 그림을 그렸다. 처음에는 세를 얻었지만 1887년 뉴욕 전시를 시작으로 잇따른 성공을 거두며 부를 축적한 1890년 11월에 이 집을 사들여 죽기 전까지 살았다. 모네가 남긴 진품 그림은 찾아볼 수 없지만 그의 삶의 흔적과 사랑할 수밖에 없었던 한 폭의 수채화 같은 정원이 남아 해마다 수십만 명의 여행객을 모으고 있다.

지베르니 찾아가기

기차와 버스 같은 대중교통을 가려면 다음의 경로를 추천한다.

주요 경로

How to go 파리 생나자르역에서 지역 급행열차 TER을 타고 베르농Vernon에서 내려 버스로 갈아타고 모네의 집 입구 역에 내린다.

Hours 소요 시간 50분~1시간   Interval 1~2시간마다 1대꼴로 기차가 있다.

Fare 요금은 €9~. 베르농 역에서 모네의 집 표지판을 따라 가면 탈 수 있는 버스는 기차 도착 시간에 맞춰 대기했다가 출발한다. 버스 티켓은 운전기사에게 직접 지불하며 요금은 편도 €5, 왕복 €10

지베르니의 관광 명소

수련 연작의 배경이 된 인상파 창시자의 공간

모네의 집과 정원 Maison de Claude Monet ★★★

1883년 기차를 타고 노르망디로 향하던 모네가 매혹적인 마을 풍경에 마음을 뺏긴 다음 정착하기 위해 구입한 집이다. 아내가 죽고 아내가 남긴 두 아들, 두 번째 아내인 알리스 오슈데가 데려온 여섯 자녀와 함께 지베르니에 정착한 모네는 본격적으로 '연작'에 몰두하여 1892년의 포플러, 1895년의 루앙 대성당, 1904년의 런던 풍경, 1897부터 1926년 사망 시까지 수련 연작을 그렸다. 1895년 모네는 손수 연못을 만들고 물을 끌어들였으며 일본식 다리를 지었다. 이를 위해 직접 파리 식물원까지 가서 모종과 씨앗을 구해 파종하고 직접 가꾸었을 정도로 정원은 그림에 버금가는 중요한 관심사였다. 티켓을 사고 들어가면 초입에 기념품 숍이

있는데 이곳은 오랑주리 미술관에 있는 〈수련〉 대작을 그리기 위해 모네가 특별히 지은 최후의 아틀리에다. 지금은 모작들만이 벽에 걸려 있지만 모네가 열 개가 넘는 캔버스를 두고 마무리 작업을 했던 장소로 유명하다.

1897년에 모네가 벽돌로 지은 집은 그가 살던 당시 모습을 고스란히 재현하고 있다. 건물 2층에 가장 먼저 보이는 모네가 썼던 방과 아틀리에 겸 침실이 있고 아래층에는 노란색 벽으로 마감된 주방과 식당에는 유명 화가, 가츠시카 호쿠사

이의 컬렉션이 포함된 일본 목판화 컬렉션(우키요에)이 있다.

모네의 정원에는 장미와 튤립이 만발한 꽃밭이 있으며 앞쪽으로는 약 2400평에 달하는 '꽃의 정원'이 펼쳐져 있는데 붓꽃, 아네모네, 팬지, 장미, 동백 등이 흐드러지게 피어 있다. 센강 변에서 물을 끌어와 만들었다는 '물의 정원'은 '꽃의 정원'에서 지하 터널을 지나면 나온다. 모네의 〈수련〉 연작 배경이 된 이 연못에는 대나무 숲과 일본식 다리가 있다. 지금도 수련이 물 위를 장식하고 주변에 다양한 꽃들과 버드나무가 마치 그림에 등장했던 모습 그대로 같다. 눈앞에 펼쳐지는 환상적인 풍광이 눈부시도록 아름답다.

Add 84 rue Claude Monet
Open 24년 3/29~10/31 09:30~18:00 / 문 닫기 30분 전까지 입장
Day Off 매년 문 닫는 날짜가 조금씩 달라지므로 사이트 참조
Price 일반 €11 7세 이상&학생 €6.5 만 7세 이하 무료
Web www.fondation-monet.com

TIP

모네와 가족들이 묻힌 유해들은 모네의 집과 같은 거리의 한쪽 끝인 Eglise Sainte Radegonde de Giverny(53/55 rue Claude Monet 27620 Giverny) 성당 뒤 공동묘지에 안장돼 있다.

특별 전시 위주로 운영되는 인상파 미술관
지베르니 인상주의 박물관 Musée des Impressionisme Monet ★

이 박물관의 전신은 개관한 다니엘 테라(Daniel J. Terrark) 1992년에 설립한 아메리칸 뮤지엄이다. 1880~1890년경 1천 명에 가까운 미국인 학생이 유행처럼 파리와 파리 근교로 유학을 왔는데 그중 상당수가 모네의 작품 세계를 동경한 나머지 지베르니에서 활동했다. 2009년 지금의 이름으로 바꾼 후에는 오르세 미술관, 오랑주리 미술관, 마르모탕 미술관과 파트너십을 맺어 모네와 인상파의 영향을 받은 작가들의 특별전을 1년에 3차례 열고 있으며 그동안 진행했던 전시로는 피에르 보나르, 모리스 드니, 에드가 드가, 요아킴 소로야, 구스타브 카유 보트 특별 전시 등이 있으며 현재 전시와 다음 전시는 사이트에 공지된다.

Add 84 rue Claude Monet   Open 10:00~18:00   Day Off 1/1, 12/25, 특별전 기간 중 임시 휴무
Price 전시마다 다르므로 사이트 통해 확인   Web www.mdig.fr

인상파 화가들이 쉬어가던 여인숙의 정취가 그대로

레스토랑 보디 Restaurant Baudy ★

작은 시골 마을 풍경에 매료되어 주말마다 이곳으로 그림을 그리러 왔던 윌리엄 메트카프(William Mertcalf)를 비롯한 많은 미국 화가들과 모네가 지베르니에 정착하기 전까지 즐겨 찾던 숙소다. 처음에는 안젤리나와 가스통 보디가 운영하던 작은 식품점으로 문을 열었으나 많은 예술가들과 친해진 두 부부가 이곳에 아티스트를 위한 숙소를 만들 결심을 하고 1887년에 20여 개의 방과 다이닝 룸, 두 개의 스튜디오를 갖춘 작은 호텔로 오픈했다. 지금 이곳은 미술 전시공간과 레스토랑으로 이용된다. 아름다운 장미가 만발한 정원과 작가의 아틀리에를 일반에게 공개하는 별채, 거리를 한가로이 산책하는 사람들의 모습을 보면서 식사를 즐길 수 있는 테라스 등 모든 공간이 아름답다. 3코스 메뉴는 €38로 전식으로는 가금류의 간에 아르마냑을 넣은 테린 또는 토스트에 얹어 먹는 연어 리에트, 본식으로는 감자 그라탕과 함께 나오는 꿀소스를 넣은 오리 뒷다리, 샹티 크림을 곁들인 초컬릿 케이크를 추천한다.

Add 81 rue Claude Monet 27620 Giverny 모네의 집에서 걸어서 5분 거리

Open 10:00~18:00   Day Off 화~일요일 11:30~23:30

Price 전식+본식+후식 €38   Web www.restaurantbaudy.com

· 근교 도시 ·

프랑스 르네상스의 탄생

퐁텐블로
Fontainbleau

퐁텐블로는 파리에서 남동쪽으로 60킬로미터 떨어져 있다. 프랑스 르네상스의 발생지인 퐁텐블로성을 중심으로 발달해 온 곳으로 파리 교외의 한적한 분위기와 성이 어우러져 하루쯤 산책 삼아 걷기에 좋은 곳이다. 25,000헥타르의 광활한 숲에 둘러싸인 퐁텐블로성은 12세기 초 왕실에서 사냥을 위해 지은 작은 별궁이 지어진 데서 시작했다. 16세기 프랑수아 1세가 이탈리아 원정에서 돌아오면서 데려온 건축가, 화가, 조각가들을 퐁텐블로에 머물게 하면서 개축, 확장을 거듭해 르네상스 양식으로 탈바꿈했다. 중세에 창궐했던 전염병 페스트를 피할 안전지대였다. 이후 나폴레옹 3세가 최후의 왕으로 머문 19세기까지의 예술 작품이 그대로 남아 있으며 궁전 입구의 말발굽 모양의 계단과 프랑수아 1세 갤러리에 있는 천정화 등의 볼거리가 있다.

폰텐블로 찾아가기

직접 대중교통을 이용해 찾아가려면 다음의 경로를 고려해 보자.

주요 경로

How to go 파리 리옹(Gare de Lyon)역에서 몽테로(Montereau) 방면 또는 몽타르지(Montargis) 행 기차를 타고 퐁텐블로 아봉(Fontainbleau Avon)역 하차, 기차역 앞 버스 정거장에서 1번 샤토(Château)행 버스를 타고 샤토(Château)에 하차.
Hours 파리-퐁텐블로 아봉역 기차로 45분+퐁텐블로 아봉역-퐁텐블로성 버스 10분
Fare 기차 €5 + 버스 €2.15
*퐁텐블로는 파리 5존에 있어서 나비고 가능

퐁텐블로의 관광 명소

프랑스 왕가의 역사를 한눈에 보여주는 살아 있는 역사책

퐁텐블로 궁전 Château de Fontainbleau ★★★

12세기부터 6세기 동안 증개축이 계속되면서 르네상스 양식부터 로코코에 이르기까지 다양한 건축 양식이 혼합되었다. 본격적으로 이 성에 거주한 왕은 프랑수아 1세였고 이후 부르봉 왕조의 왕들은 물론이고 나폴레옹 황제를 거쳐 나폴레옹 3세에 이르기까지 많은 프랑스 왕의 흔적이 남아 있는 곳이다. 성 내부의 주요 볼거리로는 프랑수아 1세의 일대기를 묘사한 프레스코를 비롯하여 프리마틱시오가 설계한 르네상스 시대 무도회장과 왕실의 화려함을 보여주는 아파트먼트가 있다. 나폴레옹 1세는 특히 이 성을 좋아해 자신이 사용하기 편리하게 다시 보수 작업을 거쳤다. 파사드에 있는 말굽형 계단은 나폴레옹이 엘바 섬으로 유배되기 전에 눈물을 흘리던 장교들과 작별 인사를 했다고 해서 영원한 이별을 뜻하는 아듀 광장으로도 불린다. 카트린 드 메디시스가 꾸민 디안의 정원에는 사냥의 여신 디아나의 청동 분수가 있으며 슈발 블랑 정원은 나폴레옹 1세가 성으로 가는 주요 입구로 개조했다고 한다. 800년의 역사와 1,500개의 방, 130헥타르에 달하는 광활한 궁전이다. 프랑스 왕실의 역사를 이해하는 데에서 베르사유 궁전만큼이나 중요한 곳이다.

Open 09:30~17:00(10~3월, 성수기는 18:00까지)   Fare 일반 €14 만 18~25세 €12, 만 18세 이하 무료
Web https://www.chateaudefontainebleau.fr

왕실 아파트먼트 Les Appartement ★★★

'왕의 아파트'와 '왕후의 아파트'로 구성된 왕실 아파트먼트는 왕실의 거주지다. 왕의 아파트로 연결되는 계단은 루이 15세 시대에 만들어졌다. 프리마티시오스 프레스코화, 16세기 침실의 흔적이 남아 있으며 응접실에는 높은 천장과 아름다운 장식이 있는 입구가 있다. 호위병이 사용하던 경비실에는 과거의 군주에게 경의를 표하는 장식품, 엠블럼, 헨리 4세의 흉상을 형상화한 대리석 벽난로가 있어 나폴레옹 3세가 식당으로 이용했다. 루이 9세의 방(Chambre Louis IX)은 중세부터 왕의 침실로 이용한 넓은 방으로 루이 필립이 왕의 아파트 입구에 앙리 4세의 대리석 기마상을 세워 조상에 대한 경의를 표했다. 루이 13세의 살롱(Salon Louis XIII)에는 앙리 4세의 통치 기간동안 마리 드 메디치 여왕의 화가였던 앙브호지 뒤보아가 그린 15점의 그림이 있으며 1601년 9월 27일에 마리 드 메디치가 벨벳 침대에서 루이 13세를 낳은 곳이기도 하다. 왕의 침실은 제2제정까지 사용되었으며 금도금 청동 장신구가 있는 대리석 벽난로, 루이 13세의 조각, 나폴레옹을 상징하는 황금색 꿀벌과 골동품 독수리 및 월계관 등이 있다. 황후의 방(Chambre de l'Impératrice)은 마리 드 메디치부터 마리 앙트와네트에 이르기까지 황후들이 거주하던 방으로 1644년에 공예가 안 오스트리슈가 디자인한 천정과 1787년 마리 앙트와네트를 위해 아라베스크 양식으로 만든 문과 자콥 형제가 만든 의자가 아름답다. 프랑스 혁명 이후 여기에 귀중한 실크로 침실 벽을 꽃, 새장, 꽃바구니 등으로 화려하게 장식한 것은 조세핀 황후였다.

프랑수아 1세 갤러리(La galerie François I)는 1528년에 프랑수아 1세가 왕실의 주거 공간과 트리니테 성당을 잇는 부분에 새로 만들었다. 미켈란젤로의 제자, 르로소를 비롯, 많은 이탈리아 아티스트들을 데려와 르네상스 양식으로 꾸몄으며 대리석과 석고로 데코레이션한 회반죽과 프레스코화를 사용한 것이 특징. 프랑수아 1세의 생애를 우회적으로 표현한 프레스코화가 볼만하다. 루이 16세 때에는 많은 변화를 거쳤는데 특히 디안의 정원 쪽으로 창문을 새로 만들어 탁 트인 공원 풍경을 감상할 수 있게 했다.

무도회장(La Salle de bal)은 프랑수아 1세가 신화를 소재로 이탈리아의 니콜로 델라바케가 장식을 맡았으며 나폴레옹 3세가 저녁식사를 자주 즐겼던 장소다. 그 밖에 길이 80미터, 너비 7미터의 규모로 나폴레옹 3세가 1만 6,000여 권의 장서를 위한 도서관으로 만든 디안의 갤러리(Galerie de Diane)도 둘러보자.

· 근교 도시 ·

영혼에 쉼을 주는 소박한 전원

바르비종
Barbizon

퐁텐블로에서 10킬로미터 떨어진 바르비종은 〈이삭 줍기〉, 〈만종〉으로 유명한 밀레를 비롯해 루소와 같은 바르비종 화파가 활동했던 마을로 널리 알려져 있다. 19세기 중엽 산업화된 파리를 떠나기 원했던 인상주의 선구자 중 하나인 카미유 코로나 쿠르베, 테오도르 루소, 뒤프레, 디아즈 드 라 페냐, 도니니 등이 대표적인 인물로, 가난한 농민이나 근처의 퐁텐블로 숲을 화폭에 담았다. 르누아르와 모네 등 인상파 화가들도 이 작은 마을을 자주 방문했는데 모두 소박한 전원 생활을 화폭에 담아내기 위해서였다. 2층 구조의 집에서 오전에는 농사일을 하고 오후에는 그림을 그렸던 밀레의 소박한 아틀리에는 지금은 작은 박물관이 되었다. 한국어로 된 밀레 초대전의 포스터도 전시돼 있다. 바르비종파 화가들의 상설 전시를 볼 수 있는 곳으로는 '오베르주 간'이 있다.

바르비종 찾아가기

주요경로 1

How to go 파리 리옹(Gare de Lyon)역에서 몽테로(Montereau) 방면 또는 몽타르지(Montargis) 행 기차를 타고 퐁텐블로 아봉(Fontainbleau Avon) 역에서 택시를 타고 가거나 버스로 환승한다. 버스는 퐁텐블로 아봉역에서 3분 거리의 시외버스 정거장 Gare routière 6번 플랫폼에서 바르비종행 버스(21번)를 타고 간다.

Fare €2 하루에 2편 정도여서 버스 시간을 맞추기 어려우니 퐁텐블로 아봉역 앞이나 퐁텐블로성 근처에서 택시를 타고 가는 것이 편하다. 편도 €25~30.

파리로 돌아가기

바르비종에서 파리로 돌아갈 때는 바르비종 여행 안내소나 근처 카페에 부탁해서 택시를 불러 다시 퐁텐블로 아봉역으로 가서 기차를 이용한다.

바르비종의 관광 명소

바르비종파 화가 80여 명의 아지트

바르비종파 미술관 Musée départemental des peintre de Barbizon ★

19세기 파리를 떠난 화가들이 여기에 모여들면서 '간(Ganne)'이라는 시골 노인의 식료품점이었던 곳이었다가 화가들이 모여들면서 이들을 위해 부인이 요리를 해 주면서 입소문을 타게 되었고 여관처럼 임시 거처로 이용되었다. 주머니 사정 넉넉치 않던 예술가들에게 저렴한 가격으로 푸짐한 식사와 잠자리를 제공한 덕분에 이를 틈틈히 모은 부부는 주변에 큰 집으로 이사를 갔다. 후에 1930년 대학 교수였던 피에르 레옹 고티에가 간 노인의 후손들로부터 현재 92번지에 있는 옛 건물을 구입한 다음 새로 이사 간 여관으로 옮겨졌던 가구, 그림, 장식을 모두 다시 사들였는데 여기에 드나들던 화가들의 리스트는 당시 발견된 숙박 명부 덕분이었다고 한다. 1990년 박물관 공사를 위해 덧칠을 한 회벽을 닦아내자 화가들이 벽에 그린 데생과 낙서들이 드러났다. 숲에서 작업을 마치고 돌아온 화가들이 밥값 대신 심심풀이로 벽에 그려 넣은 흔적인데 소중한 유산이 되었다. 테오도르 루소, 장 프랑수아 밀레, 콩스탕 트로옹, 로사 본에르 등의 작품 100여 점과 만날 수 있다.

Add 92 grande rue   Open 10:00~12:30 14:00~17:30
Fare 화요일, 1/1,5/1,12/24,25,31   Web 일반 €6 만18~25세, 만 65세 이상 €4

농촌의 풍경을 소재로 그린 작가의 흔적이 남아 있는 장소

밀레의 아틀리에 Atelier de Millet ★★★

밀레가 생활하던 터전을 작은 박물관으로 꾸몄다. 아틀리에 내부는 3개의 공간으로 나뉘는데 첫 번째 방은 그가 생전에 그림을 그리던 작업실로 밀레의 명작인 〈만종〉, 〈이삭 줍기〉 등의 에칭 판화와 테오도르 루소 등의 작품이 있고 옛 식당으로 사용되었던 두 번째 방에는 밀레 가족의 사진과 밀레와 루소가 생전에 사용하던 팔레트를 볼 수 있다. 마지막 세 번째 방에는 세계 각국에서 열렸던 밀레 관련 특별전의 포스터나 자료를 전시 중이다. 참고로 밀레는 1875년 1월 20일 61세의 나이로 〈만종〉의 배경이 된 샤이 숲에 잠들었다.

Add 27 grande rue 77630 Barbizon
Open 월, 목~일요일 10:00~12:30 14:00~18:00   Day off 화~수요일
Fare 일반 €5 만4~12세 €4   Web www.musee-millet.com

SPECIAL SPOT

샴페인의 성지
에페르네 Epernay

인구 3만 명의 에페르네는 300년 전부터 샴페인을 만들어 온 프랑스 동북쪽의 대표적 생산지다. 도시 전체의 지하 100 킬로미터에는 2억 병이 넘는 샴페인이 보관되어 있다. 샹파뉴가를 따라 줄지어 있는 세계적인 샴페인 하우스들은 일 년 내 샴페인을 사랑하는 사람들의 발걸음이 끊이지 않는다. 모엣 샹동의 설립자인 모에와 샹동, 메르시에를 만든 유진 메르시에 등 거리의 이름이 명인들의 이름을 딴 샴페인 하우스에 들러 샴페인의 본고장의 맛을 느껴 보자.

에페르네 찾아가기

기차

How to go 파리 동역(Gare de l'Est)에서 기차를 타고 에페르네(Epernay) 기차역까지 이동
Hours 1시간 13분~1시간 55분 소요
Fare 편도 €10~

에페르네의 샴페인 하우스들은 기차역에서 6-20분 거리에 모여 있어 도보로 돌아볼 수 있다. 자신이 원하는 샴페인 하우스가 있다면(특히 성수기에는) 미리 방문 예약을 해 놓는 것이 좋다.

돔페리뇽과 모에 샹동 샴페인을 만날 수 있는 곳

모엣 샹동 Moët&Chandon ★★

1987년 루이 뷔통과 모엣 헤네시(Moët Hennessy)의 합병으로 이루어진 LVMH사가 소유하고 있는 샴페인 하우스의 쇼룸 및 견학 코스다. 28킬로미터 길이의 미로 같은 저장고를 돌아보고 나서는 모엣 샹동 샴페인 1잔 시음이 포함된 트래디셔널 투어, 샹파뉴 지역을 사랑했던 황제, 나폴레옹을 떠올리는 임페리얼 투어, 가장 럭셔리한 프로그램으로 구성된 그랑 빈티지, 총 3종류의 투어가 준비되어 있다. 하우스 안마당에는 돔 페리뇽 수도사의 동상이 있다. 한국에서는 구하기 힘든 돔페리뇽의 특별한 빈티지 P2나 아이스 버킷 등은 다른 곳에서는 구하기 힘들므로 욕심내볼만 하다.

How to go 에페르네 기차역에서 도보 7분
Add 20 Avenue de Champagne 51200 Epernay
Open 09:30~17:00
Day Off 12/25~26, 12/30~2/28
Fare Signature 코스 1시간 30분 €60(Moët Impérial, Moët Grand Vintage Blanc 시음 포함),
L'Instant Impérial 코스 1시간 30분 €40(Moët Impérial, Moët rosé Impérial 시음 포함)
Web https://www.moet.com/fr-fr

TIP

샴페인의 아버지, 돔 페리뇽

샹파뉴 지방의 베네딕토 수도원의 수도사였던 피레르 페리뇽은 수도원 양조 담당자로 일하고 있었다. 어느 날 지하실에서 날이 추워 발효를 멈췄던 와인이 따뜻한 날씨가 되자 다시 발효를 시작하여 탄산가스가 만들어져 펑하고 터졌다. 남아 있는 와인을 마셔본 그는 "형제여, 나는 지금 별을 마시고 있습니다"라고 말했다. 그가 샴페인의 아버지로 불리는 이유는 와인 폭발을 막을 수 있는 코르크 마개와 고정하는 철실을 고안하고 병 발효 및 블렌딩 방법을 실험하여 스파클링 와인에 기여하는 등 업적을 남겼기 때문이다. 위대한 업적을 남긴 수도사에게 주어지는 '돔'이라는 직급이 붙어 '돔 페리뇽'이 되었다.

여름날에 시원한 샴페인 한잔을 마시며 쉬어 갈 수 있는 곳

페리에 주에 Champagne Perrier-Jouet Boutique ★

1811년에 페에르 니콜라스 페리에(Pierre Nicolas Perrier)와 아내 아델(Adélaide Jouët)가 에페르네에 설립한 샴페인 하우스로 벨 에포크 빈티지로 유명하다. 설립한 지 얼마 되지 않아 영국과 미국에 샴페인을 수출했으며 1842년에 최초로 브뤼(Brut) 스타일을 생산했다. 1861년 빅토리아 여왕에 독점 공급하게 된 것을 비롯하여 영국에서 큰 인기를 얻었으며 19세기 후반 아르누보의 선구자였던 에밀을 만나 아네모네 꽃무늬가 수놓인 벨에포크 병으로 유명해졌다. 모에 샹동이나 메르시에에서 방문을 마친 후라면 페리에 주에의 부티크나 바에 들러 샴페인 한 잔을 즐겨 보자.

How to go 에페르네 기차역에서 도보 9분   Add 26 Avenue de Champagne 51200 Epernay
Open 12월~3월 말   Price 샴페인 €19, 전식 €12, 본식 €18, 디저트 €12
Web www.perrier-jouet.com

상파뉴 지역 최고의 미식 레스토랑

라시에트 샴페누아즈 L'Assiette Champenoise

미슐랭 3스타 레스토랑으로 부모님의 가업을 물려 받았을 뿐 아니라 게라, 샤펠, 베르제 같은 훌륭한 미슐랭 스타 셰프들에게서 사사받은 아르노 랄르망(Arnaud Lallement) 셰프가 지휘한다. 고전적이면서 풍성한 프렌치를 위해 기억에 남는 소스와 플레이팅을 내놓으며 아버지가 이미 성공을 거둔 블루 랍스터 요리를 한 단계 업그레이드시켜 자신의 버전으로 내놓는 곳이다.

How to go 에페르네(Epernay)역에서 TER 열차를 타고 (29분 소요) 프랑셰 데스 페레(Franchet D'espèrey)역 하차 택시 또는 도보 18분
Add 40 Avenue Vaillant Couturier 51430 Tinqueux
Price 월·목·금 점심 €155, 저녁 €295
Web www.assiettechampenoise.com

에페르네에서 가장 추천하고 싶은 샴페인 하우스

520

에페르네 시내에서 가장 유명한 전문점 중 하나로 2011년부터 피에르 이브 겐주가 1350여 종류의 샴페인을 취급하고 있다. 흔히 알려졌거나 값비싼 제품보다는 소비자가 원하는 샴페인을 찾아주거나 예산에 맞춰 살 수 있도록 신경을 써준다. 사이트를 통해 샴페인 가격을 미리 알 수 있으며 직접 상점에 가지 않아도 파리 숙소에서 배송받을 수 있다.

How to go 에페르네 기차역에서 도보 12분
Add 1 Avenue Paul Chandon 51200 Epernay
Open 월~금요일 10:00~13:00 14:30~19:30, 토요
일 08:00~19:30
Web www.le520.fr

세계적으로 구하기 힘든 샴페인을 마실 수 있는 곳

자크 셀로즈 레스토랑 Jacques Selosse ★

현재 전 세계에서 가장 구하기 어려운 샴페인 중 하나인 자크 셀로즈 와인을 즐길 수 있는 샴페인 하우스 내 위치한 레스토랑이다. 시골 마을 아비즈 (Avize)의 아늑한 장소로 부르고뉴 와인을 만드는 방식을 최초로 적용한 그의 샴페인은 다른 곳에서는 마셔볼 기회도 없을 정도로 귀하다. 여기 음식은 가정식으로 편안하고 진심이 담겨 있어 자크 셀로즈의 철학을 잘 반영하고 있다. 샴페인 러버라면 반드시 그가 운영하는 호텔에 하루 머물며 샴페인 투어에 참여할 것을 권한다.

How to go 에페르네(Epernay)역에서 택시로 15~20분 소요
Add 59 rue de Cramant 51190 Avize
Price 점심 3코스 €47, 저녁 4코스 €75
Web www.selosse-lesavises.com

대한항공 퍼스트 클래스 제공 샴페인을 테이스팅

샹파뉴 앙리 지로 Champagne Henri Giraud 👍

세계적인 와인 평론가 로버트 파커가 '사실상 가장 뛰어난 샴페인 하우스'라고 극찬한 샴페인 하우스로 에페르네와 가까운 아이(Aÿ)에 위치해 있다. 로버트 파커와 더불어 와인 평론계의 양대 산맥이라 불리는 젠시스 로빈슨 평론가 역시 '프랑스 3대 샴페인'이라 말했을 정도로 완벽한 와인으로 남향의 백악질 토양에서 전해지는 깊고 섬세한 과실의 풍미를 살린 피노누아와 샤르도네로 샴페인을 만든다. 아르곤 숲의 참나무 오크통을 고집하고 사암을 구운 달걀 모양의 도자기에서 발효하며 소량만을 생산하는 여기의 와인을 시음하려면 사전 예약은 필수이다. 비용은 €180. 샴페인 하우스에서 숙박 시설을 함께 운영하는데 방 5개의 아담한 규모로 스파와 작은 수영장까지 갖추고 있어 만족도가 높다.

How to go 에페르네(Epernay)역에서 TER 타고 아이샹파뉴(Aÿ-Champagne)역 하차(소요 시간 4분) 역에서 도보로 9분

Add 71 Bd Charles de Gaulle 51160 Aÿ-Champagne

Fare 호텔 1박 €490

Web www.champagne-giraud.com

왕관의 무게를 견뎌라
랭스 Reims

파리에서 북동쪽으로 약 130킬로미터 떨어진 랭스는 인구 18여 만 명의 그랑 테스트 마른주에서 가장 큰 도시다. 노트르담 대성당에서는 국왕 클로비스가 개종 시 생 헤미 랭스 대주교에게 세례를 받은 것을 비롯하여 구국의 영웅인 잔 다르크의 도움을 받은 샤를 7세가 대관식을 올렸다. '대관의 도시'로 불릴 만큼 많은 프랑스 국왕의 대관식이 거행되었다. 랭스가 유명한 다른 이유는 전세계 유명 샴페인 하우스 9개가 위치한 샴페인의 도시이기 때문이다. 에페르네와 더불어 샴페인 애호가들이 일년 내 끊이지 않고 찾아온다.

에페르네 찾아가기

기차

TGV 이용 시 파리동(Gare de l'est)역에서 45분 소요. 랭스에는 기차역이 2개가 있다. 하나는 랭스 중앙(Reims Centre)역이고 다른 하나는 랭스 외곽에 위치한 샹파뉴-아르덴 TGV역이다. 샹파뉴-아르덴역에 내리면 시내 중심부까지 트램 B선을 타고 이동해야 하는 불편함이 있다.

Fare 편도 저가 기차(ouigo) €10~, sncf €25~.
Hours 평균 1시간 13분
*에페르네에서 랭스까지는 기차로 35분 정도 소요된다. 다만 기차가 2시간에 1대 정도 운행되므로 당일치기로 보려면 시간을 잘 확인해야 한다.

*Ouigo www.ouigo.com
*SNCF www.sncf-connect.com

관광 안내소

How to go 랭스 중앙역에서 도보 13분
Add 6 rue Rockfeller 51100 Reims
Open 월~토요일 10:00~18:00 일요일 10:00~12:30
13:30~17:00
Tel 08 91 70 13 51
Web www.reims-tourisme.com

많은 왕들의 대관식이 열린 역사적 장소

노트르담 대성당 Cathédrale Notre Dame de Reims ★★★

13세기에 지어진 성당으로 고딕 양식의 경이로움을 보여주는 건축물이다. 유네스코 문화유산에 지정된 랭스의 상징이다. 로마 시대의 목욕탕이 있던 장소로 클로비스 1세가 당시 랭스의 주교였던 성 레미지오에게 세례를 받았으며 프랑스의 많은 왕들의 대관식이 열렸다. 잔 다르크가 구해낸 샤를 7세가 1429년에 대관식을 거행한 곳이기도 하다. 천정 아래까지의 높이가 38 미터로 중앙 홀이 아름다우며 건물 외관에는 2,300개의 조각상이 정교하게 조각되어 있다. 성당 왼쪽 입구에 자리잡고 있는 웃는 천사상이 인상적이며 중세에 만들어진 성당 내부의 지름12.5미터의 스테인드글라스와 샤갈의 작품도 걸작으로 꼽힌다.

How to go 랭스 중앙역에서 도보 13분 Add Pl du Cardinal Luçon 51100 Reims
Open 07:30~19:15 Web www.cathedrale-reims.com

전 세계 대통령과 유명 인사들이 다녀간 호텔-레스토랑

도멘 레 크레예르 Domaine Les Crayères

전 세계 대통령이나 국빈, 대기업 CEO는 물론 할리우드 스타에 이르기까지 샹파뉴 지역에 여행 온 귀빈들이 묵거나 식사를 즐기기 위해 들르는 고성 호텔이다. 미슐랭 2스타에 빛나는 르 파크 (Le Parc) 레스토랑은 점심 메뉴를 즐길 경우 1인 €130부터 파인 다이닝이 아닌 가정식으로 식사를 즐기고 싶을 때 가면 좋은 브라스리 르 자르뎅(Brasserie le Parc)에서 3코스 €39유로로 즐길 수 있다. 숙박과 식사 말고 좋은 샴페인을 즐기고 싶을 때는 호텔 1층의 바인 바 라 로통드(Bar la Rotonde)에 들르는 것도 좋다.

How to go 랭스 중앙역에서 3, 4, 6번 버스를 타고 Droit d'homme역 하차. 도보 12분
Add 64 Bd Henry Vasnier 51100 Reims Open 12:00~14:00 19:00~22:00
Price 호텔 1박 €412 Web www.brasserie-labanque.fr

TIP

랭스 핑크 비스킷

샴페인과 함께 먹는 핑크 비스킷의 탄생 배경은 이렇다. 빵을 굽고 난 후 오븐에 남아 있는 열기를 활용하기 위해 궁리하던 중 이미 구워진 반죽을 오븐 안에 그대로 두어 잔열로 익혔다고 한다. 달걀, 설탕, 밀가루로 반죽을 한 다음 재빠르게 구워낸 다음에 원하는 모양으로 자른 후 건조시켜 바삭하다. 매년 3억 6천 개 가량이 생산되는데 그중에 1756년에 만들어진 메종 포시에(Maison Fossier) 만이 유일하게 이와 같은 전통 베이킹 방법을 고수하고 만들고 있으니 눈에 띄면 구입하길 추천한다.

SPECIAL SPOT

유럽의 수도라 불린 교육 도시

스트라스부르 Strasbourg

프랑스 북동부에 있는 스트라스부르는 프랑스에서 일곱 번째로 많은 사람들이 사는 곳이다. 라인강 서쪽 강변에 위치한 알자스 지역의 주도다. 독일과 프랑스, 룩셈부르크 등을 연결하는 여러 길의 교차점에 있는 요충지로 유럽 연합의 정치적 수도이기도 하다. 독일과 프랑스의 통치를 번갈아 받았던 지역으로 두 나라의 문화가 깊이 공존하고 있으며 유구한 역사를 자랑하는 건축 유산과 100개국 이상의 학생들에게 문호를 개방하여 20%가 넘는 외국 학생이 공부하는 교육의 도시로 유명하다.

스트라스부르 찾아가기

기차

스트라스부르 기차역이 시내 중심에 있어 걸어 다니는 것으로 충분하다.

How to go 파리 동역(Gare de l'est)에서 스트라스부르까지 하루 15편의 기차가 운행되며 TGV 이용 시 1시간 46분 소요되어 파리에서 당일치기로도 다녀올 수 있다. 편도 가격은 €29~ 스트라스부르 기차역(Gare Centrale)은 시내 중심에서 400미터 떨어져 있다.

Fare 편도 Ouigo €19, TGV €45

Web www.ouigo.com / www.sncf-connect.com

관광 안내소

How to go 랭스 중앙역에서 도보 13분

Add 6 rue Rockfeller 51100 Reims

Open 월~토요일 10:00~18:00 일요일 10:00~12:30 13:30~17:00

Tel 08 91 70 13 51

Web www.reims-tourisme.com

빅토르 위고가 경탄할 만큼 거대하고 섬세하다 극찬한 성당

대성당 La Cathédrale ★★★

스트라스부르 주교좌 성당으로 특이하게 붉은 사암으로 분홍빛을 나타내는 고딕 양식으로 지어졌다. 스트라스부르의 상징과도 같기에 프랑스 전체에서 노트르담 드 파리에 이어 두 번째로 많은 방문객이 찾는 성당으로 알려져 있다. 142미터의 첨탑은 세계에서 다섯 번째로 높아 시내 어디서나 보인다. 화재로 무너진 성당은 1176년부터 로마네스크 양식으로 재건되기 시작해 1300년대 후반까지 증축을 하면서 고딕 양식으로 바뀌어 갔다. 당시 이 성당의 영토는 신성로마 제국의 영내에 있어 독일어로 개신교 예배가 드려지기도 하였으며 30년 전쟁 이후 프랑스령, 보불 전쟁 이후 다시 독일령으로 주인이 계속 바뀌었다. 회랑 좌우를 장식하고 있는 스테인드글라스는 2차 대전 당시 이를 지키기 위한 사람들이 나무 상자에 포장해서 담아 도르도뉴 지역에 숨겼다가 전쟁이 끝난 후 다시 가져와 9년간의 복원 작업을 거쳐 지금의 모습으로 설치되었다. 2차 세계 대전이 계속되던 1940년 히틀러가 여기를 방문해 독일군 기념관으로 개조한다고 해서 4년간 미사가 금지된 채 폐쇄당하기도 했다. 2200개의 파이프를 갖춘 파이프 오르간과 1842년에 수학자와 기계 기술자, 조각가 등이 함께 완성한 르네상스 시대의 천문 시계가 있다. 아름다운 이 시계는 30분에 한 번 종이 울린다.

How to go 스트라스부르 기차역에서 도보 22분 Add 1 Place du Château 67000 Strasbourg
Open 월~토요일 08:30~11:15 12:45~17:45 일요일 14:00~17:15
Price 성당 무료 천문 시계 일반 €4 어린이 €2
Web www.cathedrale-strasbourg.fr

동화처럼 아름다운 파스텔톤의 집들이 모여 있는 곳

프티 프랑스 Petit France ★

그랑일 남서쪽에 위치한 예스러운 건물이 늘어서 있는 지역이다. 어부와 제분업자, 가죽 공예가, 목수와 같은 서민들이 모여 살던 곳으로 동화 속 장면과 같은 파스텔톤의 집들이 사진찍기에 좋은 곳이다. 2차 세계 대전 당시 나치의 영토로 연합군의 폭격으로 파괴되었고 이후 재건되어 현재의 모습을 갖추게 되었으며 유네스코 세계문화유산으로 분류되었다.

How to go 스트라스부르 기차역에서 도보 22분

안식을 주는 해변

도빌 Deauville

파리에서 가장 가까운 항구 도시인 도빌은 파리에서 당일치기나 1박 2일 일정으로 기분 전환 삼아 다녀오기에 좋은 도시다. 1860년대까지만 해도 작은 시골 마을에 불과했으나 나폴레옹 3세 황제의 이복형제인 샤를 드 모르니가 휴양지로 탈바꿈 시켰다. 1912년에 카지노가 개장하고 1차 세계 대전이 끝날 무렵 연합군을 위한 오락 시설이 생겨나면서 레저 도시로 발전했다. '파리의 21구'라 불릴 정도로 파리의 부유층들이 별장을 많이 갖고 있으며 해수욕은 물론 요트, 승마, 테니스에 이르기까지 다양한 레포츠 활동이 가능하다. 도빌과 투크 강을 사이에 두고 나란히 해변을 갖고 있는 트루빌은 럭셔리한 느낌의 도빌과 달리 서민적인 노천 해산물 시장을 비롯해 편안한 분위기를 지니고 있어 도빌에서 즐기고 트루빌에서 배를 채우라는 이야기가 있다.

도빌 찾아가기

기차

도빌과 트루빌은 도시 규모가 작아 걷는 것으로 충분하다. 파리에서 9시 전에 출발하는 기차를 타고 도빌 역에 내려 헤변에서 시간을 보내고 맛있는 해산물을 즐긴 후 바리에르 호텔 바에서 칼바도스 한 잔을 즐기거나 카지노 구경을 하는 것으로 마무리한다. 바닷가는 겨울철이 비수기이므로 문 닫는 곳이 많지만 조용한 겨울 바다를 느껴볼 수도 있다.

How to go 파리 생 라자르(Saint Lazare)역에서 기차를 타고 트루빌-도빌역(Gare de Trouville-Deauville)에서 하차
Hours 약 2시간 6분 소요
Fare 기차 SNCF. 요금은 편도 €16
Web https://www.sncf-connect.com

관광 안내소

How to go 랭스 중앙역에서 도보 13분
Add Quai de l'Impératrice Eugénie 14800 Deauville
Open 월~토요일 10:00~18:00 일요일 10:00~13:00
14:00~18:00

싱그런 노르망디의 특산물과 만난다

도빌 야외 시장 Marché ★★

노르망디에서 생산되는 신선한 치즈와 사과, 사과로 만
드는 증류주 칼바도스와 낮은 알코올 도수로 누구나 쉽
게 마실 수 있는 시드르, 신선한 과일과 야채, 해산물을
판매하는 장이 매일 아침에 열린다. 노르망디의 특산물
도 살 수 있는 시장은 시내 중심에 있어 누구나 재미 삼
아 들를 만하다.

How to go 트루빌-도빌역(Gare de Trouville-Deauville)
에서 도보 7분
Add 40 Avenue Vaillant Couturier 51430 Tinqueux
Price 월·목·금 점심 €155, 저녁 €295
Web www.assiettechampenoise.com

다양한 위락시설을 갖춘 카지노

도빌 바리에르 카지노 Casino Barrière de Deauville

1912년에 개장한 이래 모나코의 카지노와 더불어 가장
호화스런 분위기를 자랑하는 곳으로 알려졌다. 300대의
슬롯 머신과 35개의 겜블 테이블, 3개의 레스토랑과 2개
의 바, 나이트 클럽과 스펙터클 공연장을 갖추고 있어 도
빌의 나이트라이프를 즐길 수 있는 파라다이스다. 카지
노 뒤편에는 에르메스, 루이 뷔통 같은 고급 브랜드숍과
프렝탕 백화점이 모여 있어 브랜드 쇼핑을 하기에 좋다.

How to go 트루빌-도빌역(Gare de Trouville-Deauville)
에서 도보 17분
Add 2 rue Edmond Blanc 14800 Deauville
Open 10:00~23:59, 00:00~05:00
Web www.casinosbarriere.com

고운 모래가 끝없이 펼쳐진 아름다운 명소

해변 Plage ★★★

도빌의 해변은 끝없는 지평선과 고운 모래, 잔잔한 파도가 평온함을 느끼게 한다. 매년 가을에 열리는 아메리칸 영화제 때문인지 해변가의 나무 널빤지 옆에 있는 개인 방갈로마다 할리우드 영화 배우들의 이름이 각인돼 있다. 여름에는 줄 지어 있는 빨강과 파랑 파라솔 아래에서 일광욕을 즐기는 사람들로 해변이 가득찬다. 미니 골프, 시에서 운영하는 수영 장과 스파 센터, 해변에서 말타기 등 다양한 엑티비티를 즐길 수 있으며 시에서 운영하는 홈페이지에서 정보를 얻을 수 있다.

How to go 트루빌-도빌역(Gare de Trouville-Deauville)에서 도보 20분

도빌 시내에서 가장 맛있는 미슐랭 1스타 레스토랑

레상시엘 L'Essentiel

샤를 튀앙과 김미라 부부 셰프가 운영하는 프렌치 파인 다이 닝 레스토랑. 코르동 블루 요리 학교를 졸업한 두 사람은 파 리의 체 키친 갤러리, 아틀리에 조엘 로부숑 등에서 경험을 쌓은 후 도빌로 와서 레스토랑을 열었다. 기본 베이스는 프렌 치이지만 한국 식재료를 사용하여 포인트를 주는 음식도 있 다. 350여 종 이상의 와인 리스트와 신선한 재료를 사용하여 만드는 멋진 플레이팅으로 만족할 만한 추억을 주는 곳이다.

How to go 트루빌-도빌역(Gare de Trouville-Deauville)에서 도보 5분

Add 29 rue Mirabeau 14800 Deauville   Open 화~토요일12:00~13:30 19:30~20:45, 일요일 19:00~21:00
Web https://lessentieldeauville.com

해산물을 제대로 즐기려면 이곳으로
레 바페르 Les Vapeurs

1926년 문을 연 아르데코 스타일의 인테리어가 인상적인 실내와 언제나 많은 사람들로 가득한 테라스로 활기 넘치는 트루빌의 레스토랑이다. 화이트와인이나 크림을 넣어 조린 홍합과 감자튀김도 무난하지만 랍스터, 게, 굴, 소라, 새우 등이 큰 쟁반에 담겨져 나오는 해산물 모듬 요리(Fruit de mer)를 추천한다. 거기에 화이트와인을 곁들이면 금상첨화. 파리 가격의 2/3 가격에 푸짐하게 즐길 수 있다. 이 레스토랑 맞은편에는 포장마차 비슷한 곳들이 7-8곳 모여 있어 해산물을 간단히 즐길 수도 있다.

How to go 트루빌-도빌역(Gare de Trouville-Deauville)에서 도보 11분
Add 160 Bd. Fernand Moureaux 14360 Trouville sur mer
Open 09:00~24:00

코코 샤넬의 모자 가게가 있던 전설적인 호텔
바리에르 호텔 도빌 Hotel Barrière Le Normandy Deauville

1912년 처음 문을 연 이후 많은 언론들이 '세계에서 가장 아름다운 호텔'이라 평했다. 코코 샤넬의 모자 가게가 있었고 찰스 황태자의 30세 생일 파티가 열리기도 했다. 매년 열리는 아메리칸 영화제 기간이면 할리우드 스타들이 대부분 묵는 노르망디에서 가장 호화로운 분위기를 자랑한다. 호텔에 머물면서 부르조아 스타일의 분위기를 느껴보는 것도 좋지만 그럴 여유가 안 된다면 바에 들러 괜찮은 칼바도스 한 잔을 즐기며 음악을 듣거나 레스토랑에서 식사를 즐겨볼 것을 권한다.

How to go 트루빌-도빌역(Gare de Trouville-Deauville)에서 도보 15분
Add 38 rue Jean Mermoz 14800 Deauville
Price 숙박 요금 €507
Web www.hotelsbarriere.com/fr/deauville/le-normandy.html

포근히 전해지는 아름다움

옹플뢰르 Honfleur

프랑스 북부 노르망디 지역의 도시로 영국 해협으로 이어지는 센강 하구에 위치해 있다. 16~18세기에 지어진 알록달록한 목조 주택이 병풍처럼 둘러싸고 있는 항구다. 한 폭의 수채화를 연상시키는 아름다운 풍경이며 프랑스에서 가장 오래된 목조 성당인 생트 카트린 성당에서 울려퍼지는 종소리가 마을을 감쌀 때 중세로 여행을 떠난 듯한 감상에 젖게 하는 곳이다. 이 도시의 아늑하고 평화로운 분위기를 사랑했던 외젠 부댕, 귀스타브 쿠르베 등이 엽서같은 풍경을 캔버스에 남겼다.

옹플뢰르 찾아가기

1 버스

작은 마을이라 걷는 것으로 충분하다. 구항구와 생트 카트린 성당 정도를 보고 식사를 즐기면 도빌에서 당일치기로 다녀오기에 충분하다. 거기에 옹플뢰르를 기반으로 활동한 외젠 부댕을 기념하기 위해 만든 외젠 부댕 박물관이나 프랑스의 현대 작곡가로 유명한 에릭 사티의 생가를 박물관(Musée Eugène Boudin)으로 꾸민 사티의 집(Maison Satie)의 집도 가 볼만 하다. 하지만 규모가 워낙 작고 볼거리가 많지 않아 이들을 사랑하는 애호가가 아니라면 굳이 방문할 필요까지는 없다.

How to go 트루빌-도빌 역에서 111, 123번 버스를 타고 옹플뢰르 시외 버스 정거장(Honfleur Gare Routière)역 하차
Hours 약 40분 소요
Fare €2.90

그림 엽서 같은 아름다운 풍광

구항구 Vieux Bassin ★★★

센강의 하류와 영국 해협이 연결되는 곳으로 중세 시대에는 군
사 요충지이자 요새로 이용되었다. 현대화된 접안 시설을 갖추
어 프랑스 북부의 대표항이 된 르 아브르가 군사, 무역항의 중심
이 되면서 퇴색한 구항구는 관광 중심이 되었다. 평화로이 정박
된 요트들과 옛 포석이 깔린 부두가 아름다워 어디에서 셔터를
눌러도 예쁜 풍경을 담을 수 있다. 항구를 둘러싼 레스토랑과 카
페의 테라스에서 노르망디의 음식인 프랑스식 빈대떡 갈레트나
화이트와인으로 조려낸 홍합 요리를 즐길 수 있다.

How to go 옹플뢰르 시외버스 정거장(Gare Routière de Honfleur)에서 도보 7분

15세기에 지어진 목조 성당

생트 카트린 성당 Eglise Saint-Catherine ★★

현존하는 프랑스에서 가장 오래된 목조 성당으로 15세기에 지어졌으며 알렉
산드리아의 성 카타리나에게 헌정되었다. 당시 선박을 만들던 목공 기술자들
이 톱 대신에 도끼만을 이용해서 다듬은 나무를 사용했으며 성당의 지붕은 배
를 뒤집어 놓은 모양을 하고 있다. 네오 노르만 현관은 20세기 초 노르망디의
시골 교회 모델을 기반으로 지어졌고 루앙의 생 빈센트 교구의 클래식 오르간
과 음악 인물로 장식된 르네상스 발코니가 아름답다. 성당 앞 광장에서는 매주
수요일 유기농 마켓이 토요일에는 지역 특산물 시장이 오전에 열린다.

How to go 옹플뢰르 시외버스 정거장(Gare Routière de Honfleur)에서 도보 10분
Add Pl.Sainte Catherine 14600 Honfleur   Open 09:00~20:30

맛있는 커피와 다양한 소품을 즐기다

빌라 집시 옹플뢰르 Villa Gypsy Honfleur

2014년 엄마와 딸이 트루빌에 문을 연 콘셉트 스토어. 가구와
인테리어 소품, 패션 아이템, 고급 식료품을 파는 편집숍과 커피
를 마실 수 있는 카페를 겸하고 있다. 동일한 장소가 파리, 브뤼
셀, 트루빌에도 있으며 옹플뢰르 지점은 2021년에 처음 문을 열
었다.

How to go 옹플뢰르 시외버스 정거장(Gare Routière de Honfleur)에서 도보 5분
Add 2 rue Notre Dame 14600 Honfleur   Open 목~월요일 11:00~18:00

ACCOMMO-
DATION

파리의 숙소

파리의 숙소

여행자가 많은 파리에는 호텔, 에어비앤비, 아파트먼트 호텔, 호스텔, 한국인 민박과 같은 다양한 숙박 시설이 있다. 자신의 예산, 여행의 목적에 맞춰 여러 숙소를 검색해 본 다음 결정하는 것이 좋다. 서울의 5분의 1 크기인 작은 파리 시내에는 1,500여 개의 호텔이 있으며 각 지역 관광 안내소의 엄격한 심사를 통해 인테리어의 품격, 부대 시설 및 공간의 쾌적성, 가치에 맞는 가격인지에 대한 적합성 여부 등을 거쳐 등급이 정해진다.

TIP

호텔 예약 사이트

- 부킹닷컴 www.booking.com
- 호텔스닷컴 www.hotels.com
- 카약 www.kayak.fr

숙소 가격

- $$$$ 1박 500유로 이상
- $$$ 1박 300-500유로
- $$ 1박 150-300유로
- $ 1박 150유로 이하

숙소 예약 전 주의 사항

1 가장 시설이 좋은 등급은 5성 펠리스(Palace)이며 별이 없는 호텔까지 총 7개 카테고리로 구분된다. 5성급은 가격이 비싼 만큼 서비스-시설-아메니티-식사 등은 최고 수준이다.
2 기본적으로 치안이 좋은 곳은 센강 기준 남쪽 지역이며 가급적 파리 18, 19, 20구 지역은 피할 것을 권한다. 파리 외곽 동쪽과 북쪽 지역은 숙소를 잡지 않는 것이 좋다.
3 지하철 1정거장당 1분밖에 소요하지 않으므로 지하철이 닿는 곳이라면 약간 외곽이라도 크게 불편하지 않다.
4 프랑스 사람들은 여름철 바캉스를 한 달 가량 떠나므로 여름철에는 방 구하기가 쉽고 요금도 저렴할 때가 많다.
5 숙소 예약 사이트는 지역별, 예산별, 편의시설별로 숙소를 정리해 놓아 도움이 되지만 해당 호텔의 프로모션 행사 등이 있을 때는 호텔에 직접 예약하는 것이 저렴할 때가 있다.
6 환경을 위한 정부 시책에 따라 칫솔, 치약 등의 1회용품이 점점 사라지고 있으니 여행 준비물로 챙기도록 한다.
7 대형 호텔은 로비에서 도난 사고가 빈발하므로 소지품에 각별히 주의를 요한다. 여권과 귀중품을 방에 두고 나오길 원한다면 반드시 객실 내 금고를 이용한다.

블랙핑크와 BTS 가 묵었던 호텔
슈발 블랑 파리 Cheval Blanc Paris $$$$

루이 비통과 헤네시 등을 소유한 LVMH 그룹의 패밀리. 대부호들
이 찾는 스키 리조트 쿠흐슈발 지점에 이어 파리 퐁네프 다리 옆에
문을 열었다. 세계적인 스타들이 1순위로 묵는 파리에서 가장 핫
한 호텔이다.

How to go M7호선 Pont Neuf에서 도보 1분   Add 8 Quai du Louvre 75001 Paris
Fare €1900~   Web www.chevalblanc.com

세계 스타들이 묵는 호텔
르 브리스톨 파리 Le Bristol Paris $$$$

명실공히 파리에서 가장 클래식한 분위기로 마이클 조던을
비롯하여 할리우드 스타와 운동선수 등 월드 클래스 스타들
이 단골로 찾는다. 미슐랭 3스타 에피큐어(Epicure) 레스토
랑은 파리에서 가장 훌륭한 클래식 프렌치로 유명한 레스토
랑 중 하나로 미식가들의 사랑을 받고 있다.

How to go M9, 13호선 Miromesnil에서 도보 6분   Add 112 Rue du Faubourg Saint-Honoré 75008 Paris
Fare €1881~   Web www.oetkercollection.com

다이애나 황태자비가 마지막 밤을 보낸 호텔
리츠 파리 Ritz Paris $$$$

4천억 원 규모의 리노베이션을 마치고 새로 태어난 블링블
링한 호텔. 샤넬이 30여 년간 생활했던 숙소로 헤밍웨이가
즐겨 찾던 바는 그의 이름을 따서 '헤밍웨이 바'로 불리며 위
스키와 칵테일 러버들의 사랑을 받고 있다. 저녁 늦은 시간
바에 들러 헤밍웨이가 즐겨 마시던 마티니를 반드시 맛볼
것. 호텔 앞에는 샤넬, 피아제, 브레게, 반 클리프 아펠 등을
비롯한 세계적인 보석상이 줄지어 있다.

How to go M3,7,8호선 Opéra에서 도보 6분   Add 15 Pl. Vendôme 75001 Paris
Fare €1800~   Web www.ritzparis.com

세계에서 가장 호화스런 호텔 체인 중 하나

포시즌스 조지 생크
Hotel Four Seasons George V $$$$

거대한 샹들리에와 엔틱 가구, 화려한 꽃으로 장식된 로비 공간부터 압도하는 파리 최고의 호텔 중 하나. 여기의 미슐랭 3스타 레스토랑, 르 생크는 프랑스 전통 요리법에 기인한 장인의 솜씨를 즐길 수 있는 곳으로 죽기 전에 한번쯤은 들러봐야 할 장소임에 틀림없다.

How to go M1호선 George V에서 도보 6분   Add 31 Av. George V 75008 Paris
Fare €2000~   Web www.fourseasons.com

미드와 영화에 자주 등장하는 힙플레이스

플라자 아테네 Hotel Plaza Athéne $$$$

붉은색 차양막과 화사한 제라늄이 오랜 상징이 되어 왔으며 인기 미드 〈섹스 엔 더 시티〉에 등장하면서 세계적으로 많은 명성을 얻게 되었다. 디자이너 겸 조경가인 올리비에 리올이 책임지는 아름다운 시크릿 가든과 제철 과일을 주재료로 사용한 디저트를 즐길 수 있는 쿠르 자르댕에서의 티타임을 추천한다.

How to go M9호선 Alma Marceau에서 도보 6분   Add 25 Av. Montaigne 75008 Paris
Fare €1490~   Web www.dorchestercollection.com

도심 속 오아시스 같은 특별한 공간

세인트 제임스 파리
Saint James Paris $$$$

1892년 당시 여행의 수단이던 벌룬의 착륙장이었던 부지에 세워진 호텔로 티에리 장학 재단이 기숙사로 이용하다 멤버십제였던 파리 세인트 제임스 클럽으로 운영되다가 대중에게 호텔로 문을 열었다. 파리 유일의 샤토호텔로 귀족의 저택에서 누리는 잊을 수 없는 하룻밤을 즐기기에 부족함이 없는 곳이다.

How to go M2호선 Porte Dauphine에서 도보 3분   Add 5 Pl. du Chancelier Adenauer 75116 Paris
Fare €710~   Web www.saint-james-paris.com

이탈리아 명품 브랜드의 감성 그대로

불가리 호텔 Bvlgari hotel $$$$

이탈리아 브랜드 불가리의 아이덴티티가 살아 있는 호화
로운 분위기의 럭셔리 호텔. 센강과 샹젤리제가 위치한 골
든 트라이앵글에 위치해 있으며 안토니오 시테이오가 디
자인한 실내가 아름답다. 세심한 음향과 오크 나무로 마감
된 실내가 조화를 이루는 니코 로미토 레스토랑과 칵테일
을 즐길 수 있는 1층의 바가 훌륭하다.

How to go M1호선 George V에서 도보 7분   Add 30 Av. George V, 75008 Paris
Fare €1900~   Web www.bulgarihotels.com

럭셔리 호텔에서 즐기는 세심한 서비스

크리용 호텔 Hotel Crillon $$$$

1778년 미국의 독립을 인정하는 프랑스-독일 조약이 맺어진 역사적인 장소로 최근 리뉴얼을 거쳐 팔라스 등급을 획득
했다. 78개의 디럭스룸을 장식하고 있는 아트북과 인테리어 소품이 훌륭한 디테일을 보여주고 금 장식과 프레스코 화가
인상적인 '레 장바사더(Les Ambasadeurs) 바에서 즐기는 칵테일이나 비밀스러운 안뜰에서 즐기는 티타임의 여유를 즐
기는 것은 호화로운 경험이 아닐 수 없다.

How to go M1, 8, 12호선 Concorde에서 도보 1분   Add 10 Pl. de la Concorde 75008 Paris
Fare €1530~   Web www.rosewoodhotels.com

봉 마르셰 백화점 근처에 위치해 쇼핑이 편리
루테티아 호텔 Hotel Lutetia $$$$

리브 고쉬 지역의 봉 마르셰 백화점 근처에 위치한 호텔로 2천억 원이 넘는 리노베이션을 거쳐 새롭게 태어났다. 아르누보와 아르데코 운동을 연결하는 전설적인 장식과 스테인드글라스, 프레스코화가 건물 곳곳에 위치해 있다. 부담되지 않는 가격으로 파트릭 샤르베 셰프가 선보이는 음식을 즐길 수 있는 브라스리 루테티아, 세계적인 건축가 장 미셸 빌모트가 디자인한 조세핀 바에서 즐기는 칵테일 한 잔을 즐기며 하루를 마무리하자.

How to go M10, 12호선 Sèvres – Babylone에서 도보 1분   Add 45 Bd Raspail 75006 paris
Fare €1275~   Web www.hotellutetia.com

대한민국 출신 수석 파티시에가 일하는 곳
파크 하얏트 방돔 Park Hyatt Paris-Vendôme $$$$

156개의 객실을 보유하고 있는 럭셔리 호텔로 방돔 광장에 위치해 있다. 전통의 건축물을 인테리어 디자이너 애드 터틀이 현대적 터치로 완성시켰으며 예술 작품과 엄선된 가구가 어우러진 우아한 실내가 아름답다. 미식 가이드 '고 에 미요'가 선정한 올해(2023년)의 파티시에로 선정된 김나래 파티시에가 내놓는 디저트를 즐길 수 있다.

How to go M3, 7, 8 Opéra에서 도보 3분
Add 5 Rue de la Paix 75002 Paris   Fare €1404~
Web www.hyatt.com

샹젤리제 거리 가까운 디자인 호텔
베르네 호텔 Hotel Vernet $$$

샹젤리제 거리 뒷편에 위치한 모던한 분위기의 호텔로 최신 트렌드를 반영한 기념품과 식료품, 아틀리에 조엘 로부숑과 같은 고급 레스토랑이 있는 광고 회사, 퍼블리시스 본사 뒤에 위치해 있다. 50개의 객실과 스위트룸은 활기 넘치는 대로변과 달리 부드럽고 친밀한 분위기를 선사하며 따뜻한 색상과 섬세한 몰딩과 창의적인 패브리이 잘 어우러져 있어 안락하다.

How to go M1, 2, 6, RER A호선 Charles de Gaulle étoile에서 도보 4분
Add 25 rue Vernet 75008 Paris   Fare €405~   Web www.hotellutetia.com

컴필레이션 앨범 호텔 코스트의 그 장소
코스트 호텔 Hotel Costes $$$$

장 루이 코스트가 필립 스탁과 함께 전통적인 파
리 비스트로와 다른 장소를 레 알 지구에 오픈했
다. 1995년 세련미로 유명한 자크 가르시아와 함
께 방돔 광장에 문을 연 호텔이다. 장인 정신을 발
휘한 그의 디자인은 호화롭고 연극적인 매력이 있
으며 혁신적인 스타일까지 중첩되었다. 새로 오픈
한 옆 건물의 지금의 호텔은 미니멀리스트 디자인
으로 유명한 크리스티앙 리에그르에 의해 설계되
었다.

How to go M1호선 Tuileries에서 도보 5분   Add 7 rue de Castiglione 75001 Paris
Fare €1600~   Web www.hotelcostes.com

마레 지역에 태어난 새로운 랜드마크
그랑 마자랭 호텔 Hotel le Grand Mazarin $$$$

마레 지역에 위치한 디자인 호텔로 파리지앵 스타일의 고전적
이고 럭셔리한 인테리어, 다양한 색상과 재료의 유희를 살펴볼
수 있는 특별한 곳이다. 매일 저녁이 새로운 경험이 되는 놀라운
바, 특별한 분위기의 수영장, 세심한 서비스를 제공하는 룸에서
의 시간을 즐길 수 있다.

How to go M1, 11호선 Hôtel de ville에서 도보 3분
Add 17 rue de la Verrerie 75004 Paris
Fare €546~
Web www.legrandmazarin.com

프랑스의 아코르 그룹에서 운영하는 체인형 호텔로는 2성급 이비스(IBIS), 이비스 스타일(IBIS Style) 3성급 메흐퀴흐 (Mercure)와 노보텔(Novotel), 4성급 풀만(Pullman) 호텔이 대표적이다. 현대적인 인테리어와 편의성을 갖추고 있어 편리하게 묵을 수 있다. 최근 급부상중인 시티즌 엠(citizenM), 엔에이치 호텔(NH hotels), 하얏트(Hyatt) 등을 추천한다.

셀프 체크인부터 젊은 취향의 인테리어로 인기
시티즌 엠 샹젤리제
Citizen M Champs Elysées $$$

개선문, 콩코르드 광장, 라파예트 백화점 샹젤리제와 인접한 호텔. 무인 체크인 시스템을 갖추고 합리적인 가격에 예쁜 굿즈도 많이 확보하고 있어 MZ 세대들이 열광하는 곳이다. 연중무휴 이용 가능한 케이터링 서비스와 에펠 탑 전망이 보이는 멋진 옥상 바가 있다.

How to go M1 George V에서 도보 6분   Add 128 Rue La Boétie 75008 Paris
Fare €239~
Web www.citizenm.com

리노베이션을 거쳐 더욱 안락해진 아코르 그룹의 호텔
호텔 풀만 파리 몽파르나스
Hotel Pullman Paris Montparnasse $$$

파리에서 보기 드문 32층 높이 고층으로 멋진 파노라마 뷰를 즐길 수 있는 4성급 호텔이다. 루프탑에 위치한 스카이바와 버거 맛집 우마미, 쿠튐 카페 등이 호텔 내에 입주해 있으며 이웃한 몽파르나스역에서 보르도나 산티아고 순례길에 가기에 편리하다.

How to go M4, 6, 10, 12, 13호선 Montparnasse Bienvenue에서 도보 2분
Add 19 Rue du Commandant René Mouchotte 75014 Paris
Fare €258~
Web https://all.accor.com

북유럽에서 인기몰이 중인 비즈니스 호텔

엔에이치 파리 오페라 보부르

NH Paris Opéra Faubourg $$$

오스만 양식의 기품 있는 건물에 들어선 현대식 호텔로 103개의 룸을 갖추고 있다. 북유럽계 호텔 체인으로 쇼핑 스트리트인 갤러리 라파예트와 발레 공연장인 오페라 갸르니에까지 도보 15분 소요된다.

How to go M7호선 Cadet에서 3분   Add 49-51 rue la Fayette 75009 Paris
Fare €186~   Web www.nh-hotels.com

파리에서 가장 높은 곳에 위치한 호텔

하얏트 리젠시 파리 에투알

Regency Paris Etoile $$$

라데팡스와 개선문 사이에 자리한 34층 높이의 건물로 995개의 방이 있다. 아름다운 파리의 전망을 조망할 수 있으며 에펠 탑이 보이는 방을 사이트에서 직접 예약할 수 있다. 34층에 위치한 윈도 스카이바(Windo Skybar)에서 즐기는 칵테일 타임(17:00 오픈)은 기억에 남을 만하다.

How to go M1호선 Porte Maillot d에서 도보 5분
Add 3 Place du Général Koenig 75017 Paris
Fare €236~   Web www.hyatt.com

코리아타운 근처로 한국인에게 인기

노보텔 파리 상트르 투흐 에펠

Novotel Paris Centre Tour Eiffel $$

한국인들이 모여 사는 15구 센강 변에 위치해 있다. 한인 슈퍼 마켓 케이 마트와 라파예트 백화점이 입주한 보그르넬 쇼핑 센터와 이웃하고 있어 관광을 마치고 편리한 저녁 일정을 보낼 수 있다. 가족실을 갖추고 있으며 실내 수영장과 헬스 시설도 이용이 가능하다.

How to go M6호선 Bir-Hakeim까지 도보 9분
Add 61 Quai de Grenelle 75015 Paris
Fare €170~   Web https://all.accor.com

교통이 편리한 합리적인 가격의 호텔
메흐퀴흐 알레지아 Mercure Alésia $$

새롭게 리노베이션을 마치고 깔끔하게 단장된 호텔로 가족이나 출장자들이 머물기에 좋다. 파리 시내 관광이 편리한 4호선 전철역 앞에 있어 생 제르맹 데프레나, 몽파르나스, 시테섬까지 이동이 편리하며 트램을 타면 포르트 베르사유 전시장까지 한번에 갈 수 있다.

How to go M4호선 Porte d'Orléans에서 도보 1분   Add 185 Boulevard Brune, 75014 Paris
Fare €144~ Web https://all.accor.com

한적한 녹지대가 가까운 저가 호텔
이비스 파리 베르시 빌라주
IBIS Paris Bercy Village $$

옛 와인 저장고 자리에 도시 재생 사업의 일환으로 상점과 공원들이 새로이 들어선 베르시 빌라주 옆에 위치한 호텔이다. 한적하고 안전한 지역에서 산책과 쇼핑을 겸할 수 있으며 시내까지 편리하게 연결되는 14호선을 이용할 수 있다.

How to go M14호선 Cour Saint Emilion에서 도보 2분
Add 19 Place des Vins de France 75012 Paris
Fare €100~ Web https://all.accor.com

루브르 박물관 근처에 있는 디자인 호텔
드로잉 호텔 Drawing Hotel $$

코메디 프랑스즈와 팔레 르아얄, 루브르 박물관과 인접한 현대적인 디자인 호텔로 48개의 객실을 갖추고 있다. 드로잉 나우 아트 페어의 디렉터인 카린 티소가 상상한 공간이 현실화되었다. 현대 드로잉을 전문으로 하는 최초의 사설 아트 센터인 드로잉 랩이 같은 건물 안에 위치해 있다. 안락한 분위기의 객실, 편안하게 칵테일을 즐길 수 있는 디-바나 옥상 파티오에서 식전주를 누릴 수 있다. 굿즈를 파는 부티크도 볼거리를 제공해 준다.

How to go M1, 7호선 Palais Royal-Musée du Louvre에서 도보 3분
Add 17 rue de Richelieu 75001 Paris   Fare €253~
Web www.drawinghotel.com

파리의 디자인-부티크 호텔은 아늑한 인테리어와 감각적인 소품으로 파리지엔의 감성을 그대로 담고 있다. 평범한 비즈니스 호텔이나 통일된 인테리어로 꾸며진 체인형 호텔에 머무는 것보다 보석과 같은 디자인-부티크 호텔에서 묵어보자.

디자인/부티크 호텔 예약 사이트

www.designhotels.com, www.myboutiquehotel.com

파리에 오픈한 런던 힙스타들의 성지
혹스턴 호텔 The Hoxton $$

18세기에 지어진 고급 저택을 개조해 가장 힙한 장소로 재탄생했다. 영국의 건축 회사인 '에니스모어'가 런던 쇼디치를 시작으로 파리, 암스테르담, 뉴욕 등에 동명의 호텔을 성공시켰다. 파리지엔들에게도 인기 있는 브런치 레스토랑 리비에는 활기찬 분위기로 손님을 맞이하고 멋진 나선형 계단의 로비와 코지한 스타일의 아담한 객실을 갖추고 있다.

How to go M3호선 Bonne Nouvelle에서 도보 2분
Add 30~32 Rue du Sentier 75002 Paris
Fare €228~ Web https://thehoxton.com

전설의 클럽이 호텔로 변신
레 뱅 파리 Les Bains Paris $$$

과거 목욕탕이던 곳이 장 폴 고티에를 비롯하여 수많은 유명 인사들이 드나들던 1980년대 전설적인 클럽으로 변모했다. 그리고 이 전설적인 장소가 디자인 호텔로 새롭게 태어났다. 목재, 벨벳, 흰색 대리석과 같은 특별한 소재를 사용해서 단장한 실내는 특별하고 39개의 넓은 객실과 스위트룸은 각자의 개성을 보여준다.

How to go M3 Etienne Marcel에서 도보 4분
Add 7 Rue du Bourg l'Abbé 75003 Paris
Fare €375~ Web www.lesbains-paris.com

마레를 대표하는 호텔 중 하나로 떠오른 힙스터들의 놀이터

시네 파리 Sinner Paris $$$

마레 지역에서 가장 핫한 라운지바를 갖춘 호텔로 '죄인' 이
라는 특이한 이름이 주는 느낌처럼 어둡고 감각적인 요소들
이 곳곳에 등장한다. 24시간 운영되는 하맘풀도 훌륭하고 방
에서 자신이 원하는 LP를 틀 수 있는 손님의 취향을 중시하
는 곳이다.

How to go M3,11호선 Arts et Métiers에서 도보 5분
Add 116 Rue du Temple 75003 Paris
Fare €440~   Web https://sinnerparis.com

멋쟁이들의 비밀 아지트로 떠오르는 지역의 중심

바쇼몽 호텔 Hotel Bachaumont $$

파리지엔의 삶을 경험할 수 있는 몽토게이의 보행자 구역에
위치한 호텔. 49개의 현대적인 객실을 갖춘 방은 파리 중심
부의 역사적이고 활기 넘치는 지구의 작고 조용한 골목에 위
치해 있다. 열정 넘치는 셰프의 음식을 즐길 수 있는 레스토
랑과 칵테일을 즐길 수 있는 바를 함께 운영한다.

How to go M3호선 Sentier에서 도보 4분
Add 18 Rue Bachaumont 75002 Paris
Fare €184~   Web www.hotelbachaumont.com

새롭게 각광받는 공간

하나 호텔 Hotel Hana $$$

2024년에 오픈하면서부터 멋쟁이들의 예약이 쇄도하고 있
는 곳이다. 갸르니에 오페라와 옛 증권 거래소 사이에 위치해
있다. 일본식 미니멀리즘과 프랑스의 벨 에포크 시대가 어우
러진 호텔로 2024년에 문을 열었다. 호텔 문을 열고 들어가
면 수련밭을 연상케 하는 레스토랑 하나비, 천천히 생각할 수
있는 휴식처인 수영장이 비밀의 성배처럼 숨겨져 있다.

How to go M3호선 Quatre Septembre에서 도보 1분   Add 17 rue du Quatre-Septembre 75002 Paris
Fare €425~   Web https://hotelhana-paris.com

유명 스타일리스트가 운영하는 파리지엔 스타일
앙리에트 호텔 Hotel Henriette $$

파리 최초의 보헤미안 부티크 호텔로 몽주 약국과 멀지
않은 곳에 자리한다. 32개의 독특한 스타일로 각자 다른
개성을 보여주는 객실, 아늑한 빈티지 겨울 정원, 집처럼
제공되는 아침 식사가 어우러진 비밀스러운 공간이다.

How to go M7호선 Les Gobelins에서 도보 1분
Add 9 Rue des Gobelins, 75013 Paris
Fare €159~ Web www.hotelhenriette.com

마레 지역에서 가장 핫한 호텔 중 하나
나시오날 데 자흐 에 메티에 호텔
Hotel National des Arts et Métiers $$

퐁피두 센터 근처에 위치한 호텔로 마레 지역에서 쇼핑
을 즐기는 멋쟁이들에게 추천하고 싶다. 테라조, 화강암,
타설 콘크리트 등 다양한 자재를 사용한 실내와 정밀하
게 정돈된 공간과 가구가 주는 통일감이 느껴지는 64개
의 객실을 갖추었다.

How to go M3, 11호선 Arts et Métiers에서 도보 3분
Add 243 Rue Saint-Martin 75003 Paris
Fare €300~ Web www.hotelnational.paris

벼룩시장 마니아에게 강력 추천
엠오비 호텔 MOB Hotel $

파리 북쪽에 있는 유럽에서 가장 큰 규모의 생 투앙 벼룩
시장에 위치한 호텔. 지역 주민과 여행자가 함께 어울릴
수 있는 공간을 만들겠다는 오너의 의지로 탄생했다. 유
기농 재료를 사용하는 이탈리안 레스토랑 야외 영화관
과 콘서트 홀, 야외 바비큐 시설을 갖춘 루프탑 등이 있
어 편안하고 쾌적하며 방의 크기도 파리 호텔들에 비해
넉넉한 편이다.

How to go M13호선 Garibaldi에서 도보 7분   Add 6 Rue Gambetta, 93400 Saint-Ouen-sur-Seine
Fare €129~ Web www.mobhotel.com

필립 스탁의 힙한 인테리어가 눈길
마마 셸터 파리 웨스트
Mama Shelter Paris West $

프랑스의 유명 건축가, 장 미셸 빌모트가 디자인한 호텔로 파리 남쪽의 대형 컨벤션 센터인 포르트 베르사유 옆에 있다. 207개의 객실은 실내 장식가 디옹&아를이 맡아 활기찬 분위기를 보여주며 한여름에 인기 많은 루프탑과 이탈리안 음식을 즐길 수 있는 레스토랑은 언제나 활기를 띤다.

How to go M12호선 Porte de Versailles에서 도보 8분   Add 20 Av. de la Prte de la Plaine 75015 Paris
Fare €131~   Web https://fr.mamashelter.com

조용한 휴식과 사색을 겸할 수 있는 한적한 공간
호텔 쥘 앤 짐 Hotel Jules & Jim $$

마레 중심에 위치한 디자인 호텔로 23개의 매력적인 객실은 본관과 안뜰에 있는 두 개의 작은 건물 내에 위치해 있다. 현대적이로 세련된 조명과 방음 시설, 고급 침구를 사용하며 헤드 바텐더인 레지(Régis)가 만드는 칵테일과 최고의 플레이리스트를 갖춘 스펙트르의 음악도 훌륭하다.

How to go M3,11호선 Arts et Métiers에서 도보 3분   Add 11 Rue des Gravilliers 75003 Paris
Fare €263~   Web www.hoteljulesetjim.com

거대한 수영장이 분위기를 압도하는 장소
몰리토르 호텔 Hotel Molitor $$$

1930년대 파리의 세련된 16구 중심에 처음 문을 연 수영장이 있는 도심 리조트. 친절한 직원들의 응대를 받을 수 있으며 휴식을 위해 클라란스에서 운영하는 스파, 사우나, 비혼성 터키탕을 이용할 수 있어 여행과 휴식을 동시에 즐기기 안성맞춤이다. 호텔 내에 있는 브라스리 몰리토르에서 맛있는 요리를 즐길 수 있으며 바에서 가벼운 칵테일을 즐길 수 있다.

How to go M9호선 Porte de Saint-Cloud에서 도보 14분   Add 13 rue Nungesser et Coli 75016 Paris
Fare €333~   Web https://all.accor.com

몽수리 공원 옆에 있어 산책하기 좋은 호텔

호텔 베55 파리 Hotel B55 Paris $$

파리 남쪽의 몽수리 공원과 국제 기숙사촌 시테 위니베
시테르 근처의 조용한 주택가에 위치해 있다. 아담한 실
내 수영장과 훌륭한 와인 리스트를 갖춘 와인바가 있으
며 세심하게 꾸며진 휴식 공간과 편안하게 쉴 수 있는 방
에서 여행의 피로를 제대로 풀 수 있다.

How to go RER B선 Cité Universitaire에서 도보 13분
Add 55 rue Boussingault 75013 Paris
Fare €165~ Web www.hotelb55.com

특유의 분위기와 멋진 풍광

소 파리 호텔 So/Paris $$$

기용 앙리가 제작한 유니폼부터 호텔에 전시된 예술 작
품에 이르기까지 패션, 예술, 건축과 디자인의 아방가르
드한 이미지를 제공한다. 162개의 우아한 객실과 스위
트룸을 갖추고 있으며 마레 지구와도 가까워 주변 지역
을 거닐며 쇼핑을 하기에도 좋은 위치이다. 석양이 지는
파리의 아름다운 풍경을 살펴 볼 수 있는 스카이 라운지
가 압권이다.

How to go M7호선 Sully – Morland에서 도보 2분   Add 10 rue Agrippa d'Aubigné 75004 Paris
Fare €451~ Web https://all.accor.com

아파트먼트 호텔은 특히 가족 여행이나 서너 명 일행에 추천하고 싶은 숙소다. 여느 시설처럼 관리자가 상주하는 아다지오 시티 호텔이 대표적이며 취사가 가능하다는 장점이 있다. 주변 마켓이나 노천 시장에서 신선한 재료를 구입해서 요리를 즐길 수 있어 외식으로 인한 식사비를 절약할 수 있다.

한인 타운에 위치해 편리한 아파트 호텔
아다지오 에펠
Apartehotel Adagio la tour Eiffel $$$

에펠 탑까지 도보 15분 거리다. 한인이 모여사는 15구에 있어 이웃한 한인 슈퍼 K-Mart에서 장을 보기 편리하다. 방안에서 취사가 가능하며 전용 주차장을 갖추고 있으며 2인실은 기본이고 6인이 동시 숙박할 수 있는 방 3개짜리 아파트까지 375개의 룸을 갖추고 있다.

How to go M10호선 Charles Michels에서 도보 5분
Add 14 Rue du Théâtre 75015 Paris   Web www.adagio-city.com

이케아 매장과 한 건물에 위치한 숙소
시타딘 아파트호텔 플라스 이탈리
Citadines Apart'hotel Place d'Italie Paris

이탈리아 광장에 위치해 있는 레지던스 호텔로 개별 아파트의 프라이버시와 편안함을 호텔의 편의시설과 결합한 숙소이다. 머무는 동안 쾌적한 환경을 누릴 수 있으며 일본의 전설적인 건축가, 당게 겐조가 설계한 호텔 건물은 이탈리 2라는 대형 쇼핑몰의 일부에 자리잡고 있어 마켓에서 식료품을 사거나 쇼핑을 즐기기에도 편리하다.

How to go M5, 6, 7호선 Place d'Italie에서 도보 2분
Add 18 Place d'Italie 75013 Paris
Fare €140~ Web www.discoverasr.com

비교적 저렴한 숙박비로 젊은 여행자들이 즐겨찾는 호스텔은 전 세계에서 온 외국인 친구를 만나기 좋은 장소다. 최근에 오픈한 숙소들은 호텔만큼 쾌적한 시설을 갖춘 곳이 많아 가성비가 훌륭하다.

마레 지역 쇼핑에 편리한 호스텔
더 피플 호스텔 The people Hostel $

파리 중심 베르씨 지역(12구)에 위치한 현대식 시설을 갖춘 깔끔한 분위기의 호스텔. 마레 지역과 가까워 도보로 관광이 편리하며 카페, 레스토랑, 바, 루프탑 휴식 공간과 같은 부대시설 역시 제대로 갖추고 있는 훌륭한 프라이빗 호스텔이다.

Add 128 Bd de Reuilly 75012 Paris   Web www.thepeoplehostel.com

깔끔한 시설이 마음에 드는 곳
조앤조에 호스텔 정티 Jo&Joe Hostel Gentilly $

풀만, 이비스 호텔등을 운영하는 프랑스 최고의 호텔 그룹 아코르에서 운영하는 젊은이를 위한 숙소로 파리와 인접한 정티(Gentilly) 지역에 위치해 있다. 프라이빗룸부터 도미토리룸까지 여러 방타입을 선택할 수 있으며 로컬 푸드를 서비스하는 바레스토랑과 옥상 휴식시설 등을 갖추고 있다.

Add 89-93 Av. Paul Vaillant Couturier 94250 Gentilly   Web www.joandjoe.com

아이돌 그룹 Itzy가 묵어 유명해진 호스텔
제네레이터 호스텔 파리 Generator Hostel Paris $

풀만, 이비스 호텔 등을 보유한 프랑스 최고의 호텔 그룹 아코르에서 운영하는 젊은이를 위한 숙소로 파리와 인접한 정티(Gentilly) 지역에 위치해 있다. 프라이빗룸부터 도미토리룸까지 여러 타입을 선택할 수 있으며 로컬 푸드를 서비스하는 바 레스토랑과 옥상 휴식 시설 등을 갖추고 있다.

Add 9-11 Pl. du Colonel Fabien, 75010   Web https://staygenerator.com

현지인의 아파트를 내 집처럼 이용할 수 있어 취사가 가능하는 등 여러가지 장점이 있는 반면 호텔과 같이 매일 청소를 해주거나 관리자가 상주하지 않는다. 우리나라 사람들에게 유명한 에어비앤비와 현지인들에게 유명한 아브리텔 사이트가 대표적이다.

에어비엔비 www.airbnb.fr   아브리텔 www.abritel.fr

🔔 한국인 민박

한국인이 운영하는 민박집은 한식으로 식사를 제공해 주는 곳이 많아 한국 음식이 그리운 이들에게 오랫동안 사랑 받아왔다. 그러나 대부분 허가받지 않고 불법으로 운영되는 곳이 많으므로 주의해야 한다.

파리 유일의 프랑스 정부 인증 한인 민박

파리 로뎀의 집 $

유럽에서 가장 오랜 역사를 자랑하는 한인 민박의 원조로 깔끔한 시설을 갖춘 100평 규모의 3층 주택으로 허가를 받은 숙소다. 조용히 쉴 수 있는 정원, 주차시설 등 부대시설이 훌륭하며 친절한 스태프의 안내를 받아 편안한 파리 여행을 계획할 수 있다. 이모님의 푸짐한 한식에 대한 평가도 좋다.

How to go 파리에서 남쪽으로 약간 벗어나 있지만 몽주 약국, 루브르박물관까지 연결되는 7호선 전철역에서 도보 1분 거리

Add 25 bis rue Jean Lurçat 94800

Web www.rothem82.com

TRAVEL
TIPS

똑똑한 파리 여행 팁

Leaving

출국하기

여행의 시작, 출국이 다가왔다.
빠트린 물건은 없는지 꼼꼼히 챙기고, 최종 점검을 하자.
출발 2시간 전에는 공항에 도착해야 한다.

프랑스
입국 관련 정보

한국에서 프랑스로 여행 목적으로 입국 시, 쉥겐 국가 최종 출국일 기준으로 이전 180일 이내 90일간 쉥겐국 내 무비자 여행이 가능하다. 출입국 과정에는 온전한 상태의 여권을 소지하고 여행 목적 방문 때는 입국 및 출국일을 분명히 할 수 있도록 왕복 항공권을 소지하거나 숙소 주소 등을 명확히 알고 있으면 답변에 도움이 된다. 여기서 최장 체류 가능 일수인 90일은 쉥겐국 내에서 여행하였던 모든 기간을 합산하며 출국 시마다 이전 180일 기간 중 체류일을 출국 심사관이 계산한다. 단기 여행자들은 전혀 문제가 없지만 출국 시 프랑스에서 불법 체류자로 적발되는 사례가 상당수 있다.

쉥겐협약가입국
(총 27개국)

그리스, 네덜란드, 노르웨이, 덴마크, 독일, 라트비아, 룩셈부르크, 리투아니아, 리히텐슈타인, 몰타, 벨기에, 스위스, 스웨덴, 슬로베키아, 슬로베니아, 아이슬란드, 에스토니아, 오스트리아, 이탈리아, 체코, 포르투갈, 폴란드, 프랑스, 핀란드, 크로아티아, 헝가리

프랑스
입출국 심사 및 짐 찾기

비행기에서 내리면 '수하물(Baggages)' 표지판을 따라 이동→입국 심사대에서 국경 경찰(Police aux frontières) 입국 심사(여권만 살펴볼 때가 많으나 여행 목적과 기간, 숙소 예약 상황 등을 체크할 때도 있다)→수하물 찾기(자신이 타고 온 항공기 편명이 표시된 컨베이어 벨트 앞에 가서 짐을 찾는다)→세관 통과(신고할 물품이 없으면 'Nothing to Declare' 라고 적힌 쪽을 지나 출구로 나간다)

짐 분실 시 대처 요령

항공사 직원이나 공항 직원의 실수로 짐이 분실되거나 제때 도착하지 않는 경우가 종종 있다. 그럴 때는 컨베이어 벨트 주변에 있는 항공사 분실 센터(Baggage Claim)을 찾아가 신고서를 작성한다. 현장에서 짐의 위치가 확인될 경우도 있으나 보통은 신고서에 적은 연락처로 1~2일 내에 연락이 오고 숙소까지 배달을 해 준다. 짐 분실이나 도착 지연과 관련된 규정은 각 항공사의 규정을 따른다.

Shopping & Tax Refund

쇼핑하기&환급받기

여행 기회에 누리는 스마트한 소비!
환급까지 기억하여 챙겨 보자.

프랑스에서 쇼핑 후 세금 환급 받기

여행자는 프랑스 내 상점과 백화점, 약국 등 한 장소에서 100.01유로 이상 구매할 경우 쇼핑 후에 세금 환급 혜택을 누릴 수 있다. 단 해당 상점이 Tax Refund 상점으로 지정돼 있는 경우만 가능하다. 참고로 프랑스의 경우 부가세는 품목에 따라 차이가 있는데 의약품은 10%, 음식 및 서적에는 5%, 그 외 일반 부가세율은 20%다. 쇼핑 후 세금 환급을 받을 여행자는 적어도 공항에 3-4시간 전에 도착해야 마음 졸이지 않고 환급 처리를 받을 수 있다.

세금 환급 금액은 왜 12%일까?

컴퓨터나 시계, 명품 가방 등의 부가세는 20%인데 실제 우리가 받는 환급 금액은 최대12% 정도다. 이는 해당 상점이 환급 업체에 커미션(수수료)을 지급하기 때문이다.

현금이나 신용카드 중 환급에 편한 것은?

보통은 신용카드로 결제하고 해당 카드로 환급을 받는 것이 좋다. 처리 완료까지 걸리는 시간은 공항에서 세관 반출 후 3-4주 소요된다. 현금으로 환급받으려면 공항 세관 반출 확인을 받은 후 캐시 패리스(Cash Paris) 창구에서 받으면 된다.

TIP

사후 환급

- **물품 구매** (여권 지참, 한 상점에서 100.01유로 이상 물품 구입, 백화점의 경우 여러 매장 합산 금액이 적용됨) → **공항에서 세관 반출 확인** (면세물품을 구입한 날로부터 3개월 이내에 출국 시 세관 직원에게 구입 물품을 제시하고 환급 전표 반출 확인, Pablo 기계에서 무인 확인 가능한 서류를 받았다면 간단히 기계에 스캔)
- 세관 직원이 물건을 보여 달라고 할 수 있으므로 공항 도착 후 항공사 카운터 체크인 전에 세관에 들러야 한다. 제품은 포장을 뜯지 않은 것에 한해 환급을 해 주는 것이 원칙이다. 만일 짐을 먼저 부치고 세금 환급 절차를 받으려다 세관 직원에게 물건을 제시하지 못할 경우 허위 신고로 벌금을 내야 한다.

How to go

본격 이동하기

파리 도착 후 여정을 시작하게 될 때 교통편을 미리 알아두면 편리하다.

공항에서 시내 가는 방법

파리에는 세 개의 공항이 있다. 우리나라에서 파리에 갈 때는 대부분 이용하는 샤를 드 골 공항(Aéroport Charles de Gaulle)은 파리에서 북동쪽으로 25km 떨어져 있다. 유럽의 주요 도시를 연결하는 중저가 항공사들은 샤를 드 골 공항 말고도 남쪽으로 15km 떨어진 오를리 공항(Aéroport Orly)을 이용하기도 한다. 이 외에 전세기와 저가 항공사들이 주로 이용하는 보베 공항(Aéroport de Beauvais-Tillé)이 있다. 보베 공항을 파리 공항이라 착각하는 경우가 있다. 파리에서 106km 떨어져 있으므로 시간 계산을 잘못하면 곤란한 일을 당할 수 있으니 주의해야 한다. 이들 공항에서 파리 시내까지는 다양한 교통 수단이 연결되므로 경제적 형편이나 짐의 개수 등 상황에 맞게 이용하면 된다.

샤를 드 골 공항에서 파리 시내로

대중교통의 권역으로는 5존에 속하는 외곽 지역의 공항이다. 샤를 드 골 공항은 터미널1(아시아나 항공)과 터미널2(A, B, C, D, E, F: 에어 프랑스, 대한항공), 터미널3(저가 항공사)이 있다. 터미널1과 터미널2는 무료 무인 모노레일 CDG Val을 타고 이동한다. 대중교통권은 공항 청사 내 관광 안내소나 RER역, 파리 교통국(RATP) 애플리케이션 등에서 살 수 있다.

CDGVal

정차역 터미널 1→Parking PR→터미널 3(RER B선까지 도보 4분)→Parking PX→터미널 2(A-C-D-E-F-G)
Web www.ratp.fr/titres-et-tarifs/billet-aeroport.

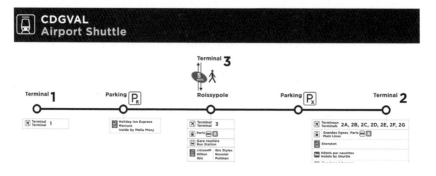

교외 전철 RER B선

샤를 드 골 공항에서 파리까지 교통 체증을 피해 가장 빠르게 갈 수 있는 교통수단(파리 북역까지 30분 소요)이다. 티켓은 매표소(RATP/SNCF)나 자동판매기에서 살 수 있다. 다만, RER은 모든 역에 서지 않으므로 플랫폼 전광판에서 자신이 하차하는 역에 불이 들어왔는지 확인하고 타도록 유의한다.

주의점 | 차량 내에 관광객을 노리는 소매치기, 강도들이 많으므로 이른 새벽이나 늦은 밤에는 이용을 피할 것을 권한다. 공사를 하는 경우가 종종 있는데 그럴 때는 직원의 안내를 받아 무료 셔틀버스로 근처 RER역까지 이동해서 연결되는 RER을 타야 하는 불편함이 따른다.

각 터미널에서 RER역까지 가기
- 3터미널→RER역 도보 4분
- 2터미널 2A, 2B→도보 15분 | 2C, 2D, 2E, 2F→도보10분 | 2G, 2F→무료 셔틀 N2번으로 2F 터미널까지 이동 후 도보 20-25분

Fare €11.80
샤를 드 골 공항-북역 04:53~00:15 | 샤를 드 골 공항-샤틀레/레 알 05:26~00:11 | 덩페르 로쇼로 05:18~00:03
Hours 25~30분 소요 Interval 10~20분 간격 Web www.ratp.fr

루아시 버스 Roissy Bus

샤를 드 골 공항과 파리 중심의 갸르니에 오페라 근처(메트로 3, 7, 8호선 Opéra)를 연결하는 파리 교통국 소속 버스다. 시내버스와 달리 요금이 비싼 대신 중간 역에 정차하지 않는 직행이다. 티켓은 정류장 근처에 있는 자동판매기를 통해 구입하는 것이 좋다. 버스 운전사에게 현금을 지불할 경우 잔돈을 맞춰 준비해야 하며 큰 돈은 받지 않는다.

정거장 1터미널 32번 도착층 출구 앞, 2터미널 2A-2C 9번 출구 앞, 2B-2D 11번 출구 앞, 2E-2F 8a번 출구 옆 버스 정거장 Gare routière 앞 2G 무료 셔틀 버스 N2번을 타고 2F에 하차 후 이용 3터미널 출구 앞, Paris-Opéra 11 rue Scribe 앞
Fare €16.60 (Navigo 1-5존 소지자, Navigo 주말권, 파리비지트1-5존, Carte Jeunes 소지자 등 무료)
Interval 06:00~20:45 15분, 20:45~00:30 20분 Hours 60분+교통 체증 시간 Web www.ratp.fr

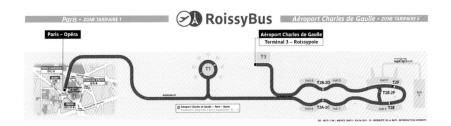

시내버스 Bus

파리 교통국(RATP)에서 운영하는 일반 버스. 가장 저렴한 만큼 공항과 시내 사이의 수많은 역에 정차하며 대부분 위험한 지역을 통과하며 소요 시간이 무척 길다. 짐이 많거나 늦은 시간이라면 절대적으로 타지 말아야 한다. 350번은 동역(Gare de l'est)까지 운행되며 351번은 나시옹(Nation)역까지 운행한다.

주의점 | 심야버스(Noctilien)도 있으나 앞서 설명했듯이 파리 근교에서 가장 위험한 지역을 통과하므로 절대적으로 권하지 않는다.

350번 Fare 1회권 t+ 한장 €2.15 (현금 승차 시 €6)
Hours 60~80분 Interval 15~30분 Open 06:05~22:30
351번 Fare 1회권 t+ 한장 €2.15 (현금 승차 시 €6)

택시 Taxi

일행이 있거나 짐이 많을 때 가장 편리한 교통수단으로 파리 시내까지 정액제 요금이 적용된다. 출퇴근 시간에는 교통 체증이 심한 것을 감안해야 한다. 기억해야 할 점은 샤를 드 골 공항 도착 터미널 주변에 있는 공식 택시(Taxi Parisien)이 표시등이 부착된 택시만을 타야 한다는 것. 호객 행위를 하는 불법 자가용 택시에 속아서 탔다가는 100% 바가지 요금 시비가 붙게 된다.

주의점 | 우버(Uber)나 볼트(Bolt)가 택시보다 저렴한 시간이 있으므로 공항 도착 후 이들 어플을 비교해서 어떤 것을 탈지 결정해도 좋다.

Fare 샤를 드 골 공항→파리 센강 아래쪽 Rive Gauche €65 | 샤를 드 골 공항→파리 센강 위쪽 Rive Droit €56
Hours 1시간가량

오를리 공항에서 파리 시내로

파리 남쪽의 오를리 공항에서 파리 시내까지 가는 방법은 오를리 버스, 트램, 택시 등이 있다. 모노레일 경전철 오를리발과 시내버스, 심야버스는 연결 편이 복잡하고 시간도 많이 걸리는 등 여러모로 불편하므로 추천하지 않는다.

오를리 버스 Orly bus

대중교통으로 파리 시내(RER B선-메트로 4, 6호선 환승역인 Denfert Rochereau)까지 가는 가장 편리한 방법이다. 티켓은 타기 전에 정류장 앞 매표소나 자동판매기를 이용하는 것이 좋다. 운전사에게 구입할 경우 10유로 지폐나 정확히 돈을 맞춰 준비하는 것이 좋다.

Fare €11.50 *Paris Visite나 기타 나비고 티켓 1-5존 소지자 무료
Hours 30분 *교통 체증 시 시간이 더 소요됨   Interval 10~20분
Open 오를리 공항→파리 05:25~00:22 | 파리→오를리 공항 05:00~24:00
정거장 Orly1-2-3터미널 0층, 22a 문 앞 Orly 4 0층, 47d 문 앞, Paris-3 Place Denfert-Rochereau

트램 Tram

노상 지면 전차인 트램(Tram)이 메트로 7호선 남쪽 종점인 빌쥐프 루이 아라고(Villejuif Louis Aragon)역까지 운행한다. 티켓은 1회권 t+를 탑승 전에 자동판매기에서 미리 구입해서 탑승 시 개찰해야 한다. 빌쥐프 루이 아라곤에 내려서 메트로로 환승 시에는 이 티켓을 더 이상 사용할 수 없으므로 새로 티켓을 사야 한다.

Fare €4.30   Hours 40분
Interval 6~15분   Open 06:30~00:30
정거장 Orly 4터미널 (0층 47d 출구앞) *Orly 1/2터미널 무료 셔틀버스로 이동, Orly 3터미널에서는 도보로 이동 가능

오를리발 Orlyval

파리 교통국(RATP)이 운영하는 무인 경전철이 RER B선 앙토니(Antony)역까지 연결한다. 앙토니역에서 RER을 타면 파리 남쪽에서 북쪽을 가로질러 가므로 시내 숙소까지 빠르게 갈 수 있는 것이 장점이다. 티켓은 공항 내 매표소(1-2-3터미널 12d 게이트앞, 4터미널 48a)의 자동판매기에서 구입한다.

Fare 일반 €14.50 만4~10세 €7.25   Hours 6분   Interval 5~7분
Open 매일 06:00~23:45   Web https://www.orlyval.com

택시 Taxi

공항에서 파리 시내까지 가장 편리한 교통 수단으로 샤를 드 골에 비해 파리와의 거리가 가까워서 요금도 크게 부담되지 않는다. 정액제로 운영되므로 길이 막혀도 요금 폭탄이 나오지 않으므로 염려할 필요가 없는 것도 장점이라 늦은 시간이나 짐이 많을 때, 일행이 있을 때 추천한다. 파리 택시(Taxi Parisien) 사인이 붙은 택시를 택시 정거장에서 타야 하며 불법 영업을 하는 자가용 택시 운전자의 차량을 절대 이용하지 않도록 한다.

주의점 | 우버(Uber)나 볼트 (Bolt)가 택시보다 저렴한 시간이 있으므로 공항 도착 후 이들 어플을 비교해서 어떤 것을 탈지 결정해도 좋다.

택시 정거장 1-2터미널 14a 문 앞, 3터미널 32a 문 앞, 4터미널 48a문 앞
요금 오를리 공항→파리 센강 아래쪽 | €36 오를리 공항→파리 센강 위쪽 €44

시내버스 Bus

시간적으로나 경제적인 면에서 효율성이 떨어지므로 여기서는 그리 추천하고 싶지 않은 수단이다. 간단히 설명하면 183번 버스가 퐁 드 헝지스(Pont de Rungis)역까지 가므로 여기서 RER C호선으로 환승해서 파리로 들어가거나 1존인 푸르 피리(Four Peary)에 내려 9번 트램으로 갈아탄 후 종점인 포르트 슈아지(Porte de Choisy)로 가서 메트로로 이동하는 방법이 있다. 환승 시 새 티켓을 사용해야 한다.

요금 €2.15 Web www.ratp.fr

보베 공항에서 시내가기

유럽에서 파리로 향하는 저렴한 항공권이라 구입했겠지만 시간이 없는 여행자에게 후회막심한 선택이 보베 공항에 내리는 것이다. 파리 시내까지 100km가 넘는 거리여서 셔틀버스 말고는 갈 수 있는 다른 방법이 없다. 택시 이용 시 €150-200는 각오해야 한다. 버스 출발은 각 항공편 도착에 맞춰 이뤄지며 각 항공권 착륙 후 약 20-30분 후에 출발한다. 티켓은 인터넷으로 구매하거나 공항 내 매표소에서 살 수 있다. 셔틀버스는 파리의 포르트 마이요(Porte Maillot)역 (메트로 1호선)까지 직행으로 운영된다. 파리 시내에서 보베 공항으로 가는 셔틀은 라이언에어나 Wizz 등의 항공사는 3시간 전에 타야 하며 Air Moldova 탑승자는 4시간 전에 타야 한다.

Fare 편도 일반 €16.90, 어린이(3~11세) €9.90 왕복 일반 €29.90, 어린이(3~11세) 19.80
Web www.busbeauvais.com

Transportation

파리 교통 이용하기

대중교통이 잘 발달된 파리의 장점을 활용하여
편리하게 이동하는 요령을 알아보자.

파리 대중교통 100% 활용법

교통이 편리한 파리에서 특히 활용도가 높은 것이 메트로(지하철)다. 파리 주요 명소에 가려면 메트로로도 충분하다. 주로 지하로 다니므로 교통 체증이 있는 출퇴근 시간 외에는 바깥 세상을 볼 수 있는 버스도 이용해 볼 것을 권한다. 시간이 없을 때 하루만에 파리 주요 명소를 돌아보는 2층 투어 버스나 밤늦은 시간이나 짐이 많을 때 안전한 택시나 우버 등을 활용하는 방법도 있다.

요금 체계

파리 시내와 근교인 일 드 프랑스는 1-5존으로 묶여 있다. 메트로와 RER, 버스, 트램은 1-2존 내에서는 공통된 티켓과 패스를 사용하며 2존을 벗어날 경우 구간에 따라 가격이 달라지므로 주의한다. 예를 들면 샤를 드 골 공항과 오를리 공항, 베르사유, 디즈니랜드 등은 별도의 요금을 지불해야 한다.

승차권의 종류

환경 보호를 위해 종이 티켓은 공식적으로 2023년 9월 21일을 마지막으로 점차 판매를 중지하고 있다. 파리에서 대중교통을 이용하려면 충전식 교통 카드를 사거나 스마트폰 애플리케이션을 통해 티켓을 구입해서 충전해서 사용하도록 한다. 특히 스마트폰 애플리케이션을 다운받아 교통권을 충전하면 충전식 교통 카드 비용이 절감되는 장점이 있다.

TIP

기본 1-2존을 벗어난 주요 관광지

1-3존 라 데팡스, 생드니

1-4존 베르사유, 오를리 공항

1-5존 디즈니랜드, 샤를 드골 공항, 라 발레 아웃렛, 퐁텐블로, 오베르 쉬르 우아즈

Tourists & airports

Package

사용 기간에 따른 충전식 교통 카드

1 | 나비고 이지 Navigo easy

여행자에게 적합한 교통 카드. 메트로 역 카운터에서 교통 카드를 구입하거나 스마트폰을 사용해서 1회권 티켓을 30장까지 충전할 수 있다. 카드 구매 후 필요에 따라 충전할 수 있으며 티켓의 유효 기간은 없다. 단점은 파리 외곽에 갈 때는 실용적이지 않지만 여행자가 편리하게 이용할 수 있다. 런던 교통권처럼 마지막 사용 후 교통 카드를 반납하면서 카드 구입비를 환불받을 수는 없지만 타인에게 양도가 가능하다. 주의할 점은 2가지 이상의 종류가 다른 승차권을 충전할 수 없다는 것. 예를 들면 10회권(Carnet)을 구입해서 3장 남은 상태에서 1일권을 충전할 경우 이전에 사용하던 3장의 티켓은 소멸되므로 주의해야 한다.

내용 지하철, 버스, 트램, RER, 오를리 버스(Orlyval 제외), 몽마르트 케이블카 등 파리 내 모든 교통수단 이용 가능
충전 가능 승차권 1회권 카르네(1회권 10장) | 1일권 쥔 위크엔드-오를리/루아시 버스, 대기 오염 경보 시 1일권, 음악의 날 1일권

2 | 나비고 데쿠베르트 Navigo Découverte

나비고 이지로는 충전할 수 없는 1주일권과 1개월권을 충전할 수 있는 카드로 4일 이상 체류자나 파리 한 달 살기 체류자가 유용하게 쓸 수 있다. 지정 판매처나 매표소에서 €5를 지불하고 카드를 받은 후 여권상 이름과 성을 기입하고 증명사진을 붙인다. 이후에는 자동판매기에서 충전해서 사용한다.

주의점 | 메트로/RER-버스/트램, 버스-트램 사용 불가하다. 버스 운전기사 또는 휴대폰 문자(SMS) 구입 시에는 환승 불가 및 1시간 이내만 티켓이 유효하다. SMS 구입 방법은 문자 메시지 화면에서 버스 번호를 입력(24번 버스라면 BUS 24)한 다음 93100 번호로 메시지를 보내고 티켓을 받으면 운전기사에게 보여주고 탑승한다.

내용 지하철, 버스, 트램, RER, 오를리 버스(Orlyval 제외), 몽마르트 케이블카 등 파리 내 모든 교통 수단 이용 가능 | 메트로(관광 명소 중에는 1호선 La defense, 13호선 Basilique de Saint Denis 제외)-트램-버스(공항 및 일부 특별 요금 구간 제외)-RER의 1-2존, 몽마르트 퓌니쿨레르 사용 가능 | 개시 후 90분 이내 동일한 교통수단 환승 가능 (메트로-RER, 버스-버스, 트램-트램, 버스-트램)   충전 가능 승차권 나비고 1일권, 나비고 1주일권, 나비고 1개월권, 나비고 쥔 위크엔드-오를리/루아시 버스-대기오염 경보 시 1일권-음악의 날 1일권

자동판매기에서 승차권 충전 방법 (예: 카르네 기준)

비고 카드를 보라색 거치대에 올려 놓는다→언어를 선택한다(ENGLISH)→승차권 구매/충전 선택(RELOAD Navigo pass)→승차권 종류 선택(single journey ticket)을 선택→매수 선택(carnet 10)→최종 확인(승차권 종류와 금액 확인)→결제하기(신용카드 또는 지폐/동전을 투입한다. 신용카드로 결제할 경우 카드를 투입구에 밀어 넣고 비밀번호 누르기)→영수증 출력 여부 선택→충전 화면 확인

3일 이내의 단기 체류자

1회권 t+이나 10회권 카르네(30회권까지 나비고 이지 카드에 충전 가능), 여행자를 위한 1일권 모빌리스(Mobilis), 1-5일권 파리 비지트(Paris visite), 만 26세 미만이 주말에 사용할 수 있는 나비고 존 위크엔드(Navigo Jeune Weekend) 중 자신에게 맞는 티켓을 구매한다.

4일 이상의 장기 체류자

4일이 넘는 경우에는 1주일권을, 3주가 넘는 체류 일정이라면 1개월권을 구입하는 것이 이득이다. 다만 아래 조건을 확인하고 구입한다.

모빌리스(Mobilis) 또는 1일권(Forfait Navigo jour)

하루 종일 횟수와 상관없이 사용할 수 있는 티켓(자정에 유효 기간 소멸)으로 1-2존 이내(지하철 역은 전체 포함, RER은 파리 시내만 포함)를 마음대로 이용할 수 있다. 많은 시간이 소요되는 박물관 말고 시내 주요 명소를 광범위하게 빨리 보기 원하는 날에 구입하면 효율적이다. 처음 개시한 날부터 당일 23:59까지 사용가능하다. 종이 티켓에는 날짜(Valable le), 성(Nom), 이름(Prénom)을 써야 검표 시 벌금(€50)을 내지 않는다.

1주일권(Navigo Semaine)

존과 상관없이 버스, 메트로, 트램, RER, 일부 기차를 이용할 수 있다. 4일 이상 최대 7일간 머무는 여행자에게 유리한 일주일권이다. 파리는 물론 파리 교외 지역을 자유롭게 여행할 수 있으며 공항 터미널이나 카운터에서 5유로를 지불하고 Navigo Découverte 패스를 사서 충전할 수 있다. 1주일권(월요일 05:30-일요일 23:59)까지 사용할 수 있으며 수요일 이전에만 구입 또는 충전할 수 있다.

1개월권(Naviggo Mois)

존과 상관없이 버스, 메트로, 트램, RER, 일부 기차를 이용할 수 있다. 파리는 물론 파리 교외 지역을 자유롭게 여행할 수 있으며 공항 터미널이나 카운터에서 5유로를 지불하고 Navigo Découverte 패스를 사서 충전할 수 있다. 다만 월말에 구입할 수 있으며 구입한 달의 마지막 날 23:59까지만 유효하다. 1개월권은 1일 05:30- 구입 월의 마지막 날 23:59까지 사용할 수 있으며 구입 또는 충전은 전월 20일부터 가능하다.

카트 쥔(Carte Jeune)

사용 당일 만 26세 이하가 토-일-공휴일 중 1일간(0-24시) 일 드 프랑스 대중교통 이용이 무제한 가능한 티켓으로 자신이 필요한 구역을 미리 선택한다. 공항 이동 1회만 해도 본전은 뽑을 수 있다. 검표원 검사 시 자신의 나이를 증명할 수 있는 여권을 보여줘야 한다.

파리 비지트(Paris Visite)

1-3존과 1-5존 티켓만으로 구성되어 파리 시내 주요 명소(1-2)존만을 다닐 때는 모빌리스보다 비싸다. 파리와 생드니 대성당, 스타드 프랑스 같은 인근 특정 장소를 원하는 경우 1-3존, 오를리나 샤를 드 골 공항까지 가야 할 경우 1-5존 티켓을 구입하면 약간의 이득이 있는 여행자를 위한 교통 티켓이다. 하지만 다소 비싸기에 효용도가 떨어진다. 처음 개시한 날부터 티켓 유효 기간의 23:59까지 사용 가능하다. 종이 티켓에는 날짜(Valable le), 성(Nom), 이름(Prénom)을 써야 검표 시 벌금을 내지 않는다. 만 4-10세는 50% 할인

티켓 요금

1회권 t+	€2.15 | 버스 운전기사 또는 휴대폰 문자(SMS)로 구입 시 €2.5	
10회권	€17.35 | 4-9세 €8.65	
1일권	€8.65	2존(1-2존/2-3존/4-3존/4-5존)
	€11.60	3존(1-3존/2-4존/3-5존)
	€14.35	4존(1-4존/2-5존)
	€20.60	2존(1-5존)
1주일권	€30.75	
	€28.30	2-3존
	€27.30	3-4존
	€26.80	4-5존
1개월권	€86.40	
카트 쥔	€13.55	1-3존
	€10.35	1-5존
	€6.05	3-5존
음악의 날 티켓	€4	
대기오염일	특별 티켓 €3.90 | 1-5존 5일 €74 | 4-11세 어린이 €6.75-37.15	

파리 및 일 드 프랑스 교통 정보 및 승차권 구매 가능 사이트

• 파리 교통국 사이트 www.bonjour-ratp.fr
• 일 드 프랑스 모빌리티 www.iledefrance-mobilites.fr
• 파리 철도청 사이트 www.sncf-connect.com

시내 교통편 안내

메트로만으로도 파리 시내를 볼 수 있으나 바깥 풍경을 볼 수 있는 버스나 베르사유 등 외곽에 갈 때는 RER이라는 교외 전철을 타야 할 때도 있다. 주의할 점은 대중교통 티켓 검사는 불시에 검표원들이 한다는 사실이다. 특히 종이 티켓의 경우 버스에서 내리거나 메트로-RER역을 빠져나가기 전까지는 반드시 소지하고 있어야 한다. 나비고 카드 소지자는 승차 시 기계에 카드를 갖다 대어 '띵' 하는 소리가 난 것을 확인해야 부정 승차 벌금을 내지 않는다.

메트로 Métro

1900년에 개통한 지하철은 파리 시내와 약간의 외곽 지역까지 거미줄처럼 연결하는 편리한 교통수단이다. 노선은 총 16개(1-14호선, 3bis, 7bis)이며 303개의 역이 있다. 역 간 거리는 1분가량으로 서울의 지하철보다 구간별 소요 시간이 훨씬 짧다. 오래된 교통수단이어서 노후된 차량과 지저분한 통로 등이 충격적으로 느껴지기도 하고 주요 관광 명소의 혼잡한 지하철 내에서나 승하차 시 동유럽에서 온 10대 소년, 소녀들로 된 소매치기 집단이 많으므로 긴장을 늦춰서는 안 된다. 내릴 때는 문에 있는 레버를 위로 올리거나 버튼을 눌러야 문이 열린다.

운행 시간 05:40~01:15(종점 기준, 노선이나 역에 따라 약간씩 차이) | *금·토요일 저녁이나 축제 전날은 02:15까지 연장 운행

교외 전철 RER

알파벳 A-E 총 5개 노선이 파리와 주변 일 드 프랑스를 오간다. 역 간 거리가 먼 대신 고속 운행되어 같은 구간을 갈 때 메트로보다 빨리 도착할 수 있다는 장점이 있다. 메트로와 환승이 가능하지만 파리 시내 1존에서 출발 또는 도착 시에만 이용이 가능하다. 그 외 구간을 갈 때는 거리에 따른 추가 요금을 지불해야 한다. 플랫폼 전광판에 적힌 행선지를 반드시 확인하고 열차에 올라타야 하며 RER역에서 나갈 때는 메트로와 달리 티켓을 개찰기에 삽입해야 통과가 된다.

운행 시간 05:40~01:15 | *금토요일 저녁이나 축제 전날은 02:15까지 연장 운행
운행 간격 2~10분(출퇴근 시간에 운행 간격이 짧고 시간에 따라 상이)

버스 Bus

파리의 아름다운 시내를 보며 여행할 수 있으나 교통 체증 등으로 메트로에 비해 시간이 많이 걸릴 수 있다. 이용 방법은 버스 정거장에서 기다리다 버스가 가까이 오면 손을 들어 탑승 의사를 표시한다. 버스에 타서는 운전석 옆 티켓 펀칭기에 티켓을 넣거나 나비고 인식기에 나비고를 대어 '띵' 소리가 나게 한다.

하차 시에는 손잡이에 달린 빨간 버튼(Arrêt demandé)를 눌러 불이 들어와야 정차하며 뒷문으로 내린다. 내릴 때 문에 있는 버튼을 눌러야 문이 열리는 버스도 있다.

운행 시간 06:40~23:15 | *금, 토요일 저녁이나 축제 전날은 02:15까지 연장 운행
운행 간격 5~25분(출퇴근 시간에 운행 간격이 짧고 시간에 따라 상이)

여행자를 위한 추천 노선

- 27번 : 뤽상부르 공원-생 미셸 거리-퐁네프 다리-루브르 박물관-팔레 르와얄-갸르니에 오페라
- 85번 : 갸르니에 오페라-피갈-몽마르트-클리냥쿠르 벼룩 시장
- 86번 : 생 제르맹 데 프레-중세 박물관-아랍 문화 회관

심야 버스 Noctilien

00:30-05:30까지 운행하는 심야 버스. 'N'자 뒤에 버스 번호가 붙는다. 다만 버스에는 클럽 다녀온 젊은이들이나 술에 취하거나 동양인에게 추근대는 사람이 많다. 노선은 파리-북동쪽 노선, 파리-북서쪽 노선, 파리-남동쪽 노선, 파리-남서쪽 노선이 있으며 자세한 정보는 아래 링크를 참조한다.

심야 버스 노선도 | https://www.ratp.fr/noctiliens

Fare 1회권 ticket+ 1개 N자 뒤에 2자리수 버스+N135 | 1회권 ticket+ 2개 앞서 말한 버스 이외의 버스

트램 Tram

지상에서 다니는 노면 전차로 파리 외곽 지역을 운영한다. 버스와 트램은 90분간 환승이 가능하며 14개 노선(T1-T13)이 운행된다. 승하차 시 유리 중앙에 있는 버튼을 눌러야 문이 열린다.

운행 시간 05:30~00:30   운행 간격 5~25분(노선, 시간에 따라 다름)

택시 Taxi

보통 택시 정거장에서 타거나 호텔 프런트에 부탁하거나 전화나 애플리케이션을 이용해서 자신이 있는 곳에 호출해서 탄다. 시간 거리 병산제로 미터기가 올라가며 심야시간-공휴일 등에는 특별 요금이 적용된다. 차량 대수가 많고 최신 럭셔리 차량을 주로 이용하는 G7을 추천한다. 신용카드로 결제가 가능하며 간혹 여행자에게 바가지 요금을 청구하는 운전사가 있으므로 지불 후 영수증을 받아 챙긴다. 택시에 타 있는 동안 구글맵을 켜서 출발지와 목적지를 입력하면 예상 요금이 나오고 이동경로가 나오므로 이를 활용하면 좋다. 택시는 버스 전용차선을 이용할 수 있으므로 러시아워에는 일반적으로 우버나 볼트보다 요금이 적게 나온다.

택시 G7 | www.g7.fr

택시 요금

		A(흰색등)	B(빨간등)	C(파란등)
시간		월-토요일 10:00-17:00	월-토요일 17:00-다음 날 10:00	일요일 00:00-07:00
			일요일 07:00-24:00	
			공휴일 24시간	
요금	기본	€4.4	€4.4	€4.4
	1KM당	€1.27	€1.53	€1.70
	1시간당	€36.02	€49.10	€38.30
	예약	즉시 예약 €4	미리 예약 €7		
주의사항		- 미니멈 요금 €8미터기에 나오는 요금과 상관없이 최소 요금을 지불해야 한다. - 추가 요금 5명째 탑승 시 €4, 큰 짐 1개는 무료, 2개째부터 개당 €1 (공항에서 파리 시내까지 정액제인 경우 짐값 추가 요금 없음)		

Return

귀국하기

어느덧 여행의 막바지, 귀국일이 다가왔다.
빠트린 물건은 없는지 꼼꼼히 챙기고, 최종 점검을 하자.
출발 2시간 전에는 공항에 도착해야 한다.

프랑스에서 한국 입국 시

프랑스에서 한국으로 갈 때는 입국 순서와 역순으로 진행된다. 먼저 프랑스에서 구매한 세금 환급을 받는 사람의 경우 세관 신고 후 항공사 카운터로 이동한다. 신고할 물건이 없는 사람은 공항 도착 후 바로 항공사 카운터로 가면 된다.

항공사 카운터 도착 이전에 온라인 체크인을 하면 시간을 줄일 수 있으며 그렇지 않을 경우 해당 항공사의 키오스크를 통해 여권 확인 및 개인 정보를 입력하고 항공권을 받아 다음 항공사 카운터로 가서 수하물 무게를 재고 짐을 보낸 후 탑승권에 적힌 출국장 탑승 게이트로 이동하면 된다.

항공권 온라인 체크인

항공사의 홈페이지와 모바일 웹/앱 온라인 체크인을 이용하여 온라인 체크인을 하면 편리하다.

• 이용 시간 출발 48시간~1시간 전
• 이용 대상 나의 여행→예약 목록→체크인 신청→탑승 정보 입력→완료 즉시 탑승권 수신

TIP

한국 입국 시 면세 한도

아래에 해당하는 경우에만 신고 대상이며 신고할 물품이 없을 시 2023년 5월부터 여행자 휴대품 신고서 작성 의무가 폐지되었다. 2023년 8월부터 모바일앱을 통해 과세 대상 물품을 신고하고 세금 납부가 가능해졌다. 이를 이용하려면 여행자 세관 신고 애플리케이션에 접속해서 기본 정보를 입력하고 전자 송달 동의 후 QR 코드를 받고 '세관 신고 있음' 리더기에 이를 스캔하면 모바일로 전자 납부 고지서 수신 및 세금 납부 절차가 진행된다.

1 국내 면세점, 해외에서 구매한 물건의 가격을 더해 여행객 1인당 총금액 미화 800달러 이하,
2 일정 금액과 별도로 면세되는 물품
  • 술 2병(전체 용량이 2L 이하, 총 가격이 미화 400달러 이하)
  • 향수 총량 100ml까지
  • 필터 담배 200개비(최대 1보루)

TIP

프랑스 도착과 마찬가지로 입국 심사→짐 찾기→세관 신고 순서로 진행된다. 명품 핸드백류나 고가의 시계, 비싼 주류의 경우 세관 미신고 시 불이익이 따르며 엑스레이를 통과할 때 이미 자물쇠가 채워져 나오는 경우가 많으므로 자진 신고를 권장한다.

세관 자진 신고 여행객이 면세 범위를 초과한 반입 물품에 대해 세관에 스스로 자진 신고를 하면 30% 감면(한도 20만원 범위)을 받을 수 있다.

세관 미신고 시 가산세 여행객이 면세 한도를 초과하는 물품에 대해 신고를 하지 않은 경우 세관 적발 시 납부할 세액의 40%의 가산세를 납부해야 하며 2년 이내에 2회 이상 신고하지 않아 가산세를 부과하는 경우에는 납부할 세액의 60%에 상당하는 금액이 부과된다.

안전하게 파리 여행하기

파리를 여행하는 동안 크고 작은 사건 사고가 발생할 수 있다. 원치 않는 사건 사고로 파리가 싫어지기도 하지만 그런 때일수록 당황하지 말고 최대한 빨리 수습해서 남은 일정을 잘 마칠 수 있도록 하자.

파리의 치안 상태

파리는 비교적 안전하지만 치안이 좋지 않은 일부 지역(18-19-20구, 생 드니, 피갈, 북역/동역)과 여행자들이 많이 몰리는 주요 관광지(루브르 박물관 내, 개선문, 오페라 주변 길거리, 스타벅스-맥도날드 내부)나 메트로 승하차 시 미성년 소매치기들이 기승을 부리고 있어 주의해야 한다. 관광객을 위협하는 범죄로는 소매치기와 날치기, 경찰 사칭, 야바위 사기 등 다양한 유형이 있으며 동양인 여행자를 노리는 경우도 많다. 귀중품이나 고액의 현금은 호텔의 안전 금고에 맡기고 가지고 돌아다니지 않도록 한다. 한국과 달리 호텔 로비나 카페, 레스토랑 등에서 화장실에 갈 때 반드시 귀중품을 챙겨야 하며 노천 카페에서는 테이블 위에 휴대폰을 두지 않도록 주의한다.

주의점 | 여권, 돈과 카드는 가급적 복대나 가방 깊숙이 분산해서 다니는 것이 좋으며 메트로나 붐비는 관광지에서는 숄더백이나 배낭을 반드시 앞으로 메도록('앞으로 메면 내것, 뒤로 메면 소매치기것'이라는 말이 있을 정도) 하자. 메트로 이용 시 가급적 핸드폰을 꺼내지 말고 가급적 문가에 서 있지 않는다.

소매치기 유형

지하철
* 플랫폼에서 4-5명의 미성년자들이 무리 지어 있다가 승차 시 여행자와 함께 타서 신속히 물건을 훔치고 문이 닫히기 전 내린다.
* 지하철 문이 열릴 때 갑자기 타서 휴대폰이나 귀중품을 낚아챈 후 내린다.

거리
* 가짜 경찰 신분증을 제시하며 지갑을 보여 달라고 한다. 지갑을 꺼내면 이를 낚아채서 달아난다.
* 길가에 걸고 있는 여행자의 핸드백을 오토바이가 낚아채 달아난다.
* 지도나 구호 단체를 위한 사인을 해 달라며 소매치기 무리 4-5명이 여행자를 둘러싼 다음 물건을 훔쳐 달아난다.

카페 / 레스토랑 (스타벅스 / 맥도날드)
* 말을 걸면서 테이블 위의 휴대폰을 훔쳐간다.
* 의자에 걸어 둔 외투 주머니 뒤쪽에 앉아 이를 훔쳐 간다.

문제 발생 시 대처하기

여권을 도난당하거나 분실했을 때
* 도난당한 근처 경찰서에 신고한다. 상황을 설명하고 분실, 도난 신고서를 받는다. 도난이나 분실을 당한 곳이 공항, 역 등의 시설 내부이면 그 안에 있는 경찰서에 신고하는 것이 가장 좋다.
* 프랑스 주재 한국 대사관에 신고한다. 분실-도난 신고 증명서, 사진 2장, 본인임을 확인할 수 있는 신분증을 제출하고 여행자 증명서를 발급받는다. 여권 번호와 발행 연월일이 필요하므로 복사본을 하나 따로 갖고 있는 것이 좋다.

신용카드를 도난당하거나 분실했을 때
* 카드사 분실 신고센터로 신고한다. 카드가 악용되지 않도록 신고를 빨리하는 것이 중요하다.
* 경찰에 신고하여 분실, 도난 신고 증명서를 받아야 부정 사용된 금액을 보험사로부터 환급받을 수 있다.
* 유명 금융회사(프랑스 주요 은행 BNP, Credit Lyonais, Credit Agricole, La poste 등)의 ATM을 이용하여 혹시 모를 카드 복제 가능성을 예방한다. 현금 인출 전에 카드 투입구에 이상한 장치가 부착되어 있는지 확인한다.

주의점 | 신용카드 사용 때 비밀번호가 유출되지 않도록 조심해야 하며 밤늦은 시간이나 인적이 드문 곳에서 현금 인출을 하지 않도록 한다.

해외에서 카드 분실 신고 번호

국민 82-2-6300-7300   삼성 82-2-2000-8100   현대 82-2-3015-9000   농협 82-2-6942-6478
우리 82-2-6958-9000   롯데 82-2-2280-2400   씨티 82-2-2004-1004   비씨 82-2-330-5701
신한 82-1544-7000   하나카드 82-1800-1111

국내에서 로밍한 폰의 경우 한국으로 발신을 누른 후 82 대신 0을 먼저 누르고 다음 번호 누르면 연결 완료

카메라, 휴대폰 등 귀중품을 도난당했을 때

여행자 보험에 가입했을 시 경찰에 신고하여 '분실, 도난 신고서'를 받는다. 귀국 후에 보험사에 이를 제출한다.

주의점 | 여행자 보험을 들지 않았거나 현금을 분실한 경우에는 답이 없다.

사고를 당하거나 일으켰을 때 대처하기

교통사고를 당하거나 렌터카를 운전하다 사고를 일으켜 인명 피해가 발생할 경우 즉시 경찰(17)과 구급차(15)에 신고해야 한다. 자동차끼리 접촉 사고만 발생해서 병원에 갈 필요가 없다면 보험 회사에서 받은 합의 조서(Constat Aimable)를 그 자리에서 작성한다. 이를 당사자끼리 작성 후 서명해서 각각의 보험 회사에 5일 이내에 송부해야 한다. 렌터카 사고 시 연락 번호가 차내 유리나 렌트 서류에 적혀 있으니 이쪽에 연락을 취해 지시를 따르는 것이 좋다. 다만 언어에 자신이 없는 경우 서류 작성에 신중해야 한다. 큰 사고 시에는 대사관 긴급 영사 통역 서비스 등에 연락해서 도움을 청하는 것이 좋다.

운전할 때 주의할 점

프랑스에서 운전 시 주의할 점은 로터리나 진입로에서 실선(정지선)에 반드시 멈춰 주변을 살펴야 한다는 것이다. 우리나라와 달리 보통은 직진 차량 우선권이 아닌 우측 차량 우선권이 주어진다는 것도 주의해야 한다. 파리 시내는 제한 속도가 30km, 파리 외곽 순환도로(Périphérique)는 70km, 고속도로는 110/130km제한 속도를 준수해야 한다.

주차 시 주의할 점

파리 시내 주차 시 차 안에 짐은 물론 눈에 띌 만한 어떤 물건도 두지 않아야 차창이 깨지는 일이 없다. 실내 주차장과 야외 주차 지역의 요금이 대부분 같으므로 가급적 실내 주차장을 이용한다. 주차 요금은 지역마다 차이가 있으며 시내 중심일수록 당연히 요금이 비싸다. 차량이 다니거나 주차 단속원이 다니며 수시로 벌금을 매기는데 주차 요금을 내지 않는 경우 기본 50유로의 벌금을 내야 한다.

거리 주차 월~토요일 09:00~20:00 (*국경일, 일요일, 평일 20:01~08:59 무료)
주차 요금 낼 수 있는 애플리케이션 PayByPhone, Flowbird, Easypark, Indigo Neo 이 중에서 하나를 설치하여 카드를 등록하고 자신이 주차하는 시간만큼 비용을 지불한다.

여행 중 질병에 걸렸을 때 대처하기

감기로 인한 발열, 복통, 설사 등 비교적 가벼운 증상이라면 근처 약국에 간다. 출혈, 교통사고 등 심각한 경우 응급실에 가야 한다. 맹장 등 수술이 필요할 시에는 보험 회사에 연락하는 것이 좋으며 의사의 치료를 받았을 경우 진단서와 진료비 영수증을 받아 이를 보험회사에 청구한다. 해외 여행자 보험의 경우 치료비는 여행 중에 발병한 경우만 보상해 주므로 발병일이 기재되어 있어야 한다.

TIP

24시간 열려 있는 경찰서

루브르 지구 45 Place Marché St.Honoré 75001 Paris   오페라 지구 14 bis rue Chauchat 75009 Paris
샹젤리제 지구 1 Avenue Général Eisenhower 75008 Paris

24시간 문 여는 약국

Add 6 Boulevard Richard-Lenoir 75011 Paris   Web https://pharmaciebastille.com

갑자기 몸이 아플 때 숙소로 방문해 주는 의사를 연결하는 사이트

Web https://www.sosmedecins.fr

주프랑스 대한민국 대사관

일반 전화 01 47 53 01 01   업무 시간 외 당직 전화 +33-6-6028-5396   긴급 여권 06 22 78 26 56
여권 분실 시 가야 할 영사 민원실   Add 2 avenue d'Iena 75116 Paris

대한민국 외교부 영사콜센터

대표 전화 02-3210-0404   Web www.0404.go.kr

이용 방법
- 카카오 채널 : 카카오 채널에서 '영사콜센터' 채널 검색하여 친구 추가→채팅하기 선택하여 상담 시작
- 무료 전화 앱 : 플레이스토어 또는 앱스토어에 '영사콜센터' 또는 '영사콜센터 무료 전화'를 검색하여 설치→QR 코드 또는 다운로드 링크를 통해 '영사콜센터 무료 전화' 애플리케이션을 다운받고, 무료 통화 이용

업무 내용
- 해외 사건-사고 접수 및 조력, 신속 해외 송금 지원
- 해외 긴급 상황시 통역 서비스(프랑스어 가능: 지원 방식 3자 통역)
- 사건 사고 발생 시 초기 대응-사고 현장 의사소통, 경찰 신고 등
- 해외 위난 상황 초기 대응-현장 상황 파악, 긴급 대피 등
- 긴급 의료 상황 초기 대응-응급실 이송, 긴급 진료, 비상 의약품 구입 등
- 여권 업무 안내

신속 해외 송금 서비스

영사콜센터는 우리 국민이 해외에서 소지품 도난, 분실 등으로 긴급 경비가 필요한 경우, 대사관/영사관에 송금 신청 후 국내 연고자가 송금한 여행 경비를 재외 공관에서 수령받을 수 있도록 신속 해외 송금 제도를 지원한다.

지원 대상
* 해외여행 중 현금, 신용카드 등을 분실하거나 도난당한 경우
* 교통사고 등 갑작스러운 사고를 당하거나 질병을 앓게 된 경우
* 불가피하게 해외여행 기간을 연장하게 된 경우, 기타 자연재해 등 긴급 상황이 발생한 경우

지원 한도 1회 - 3천 달러(미) 상당

지원 절차
주프랑스 대한민국 대사관에 긴급 경비 지원 신청→대사관에서는 신청 승인 및 송금 절차 안내→국내 연고자에게 송금 절차를 영사콜센터에 문의하도록 연락→국내 연고자는 영사콜센터에 송금 절차 문의→영사콜센터는 국내 연고자에게 입금 계좌 정보 및 입금액 안내→국내 연고자는 해당 금액(긴급 경비 외 수수료)을 외교부 협력 은행(우리은행, 농협, 수협) 계좌로 입금→국내 연고자는 영사콜센터로 입금 사실 통보→영사콜센터는 은행 입금 사실 확인→영사콜센터는 재외 공관에 입금 사실 통보→재외 공관은 여행자에게 해당 금액 지급(근무 시간 중 직접 방문 수령, 지급 통화는 유로화 지급 가능)

저스트고 파리

개정4판 1쇄 인쇄일 2025년 1월 10일
개정4판 1쇄 발행일 2025년 1월 17일

지은이 정기범

발행인 조윤성

편집 김화평, 박고운, 추윤영 **디자인** 김효정, 정효진, 최희영 **마케팅** 김진규
발행처 ㈜SIGONGSA **주소** 서울시 성동구 광나루로 172 린하우스 4층(우편번호 04791)
대표전화 02-3486-6877 **팩스(주문)** 02-598-4245
홈페이지 www.sigongsa.com / www.sigongjunior.com

글 ⓒ 정기범 2025

ISBN 979-11-7125-781-2 14980
ISBN 978-89-527-4331-2 (세트)

*SIGONGSA는 시공간을 넘는 무한한 콘텐츠 세상을 만듭니다.
*SIGONGSA는 더 나은 내일을 함께 만들 여러분의 소중한 의견을 기다립니다.
*잘못 만들어진 책은 구입하신 곳에서 바꾸어 드립니다.

WEPUB 원스톱 출판 투고 플랫폼 '위펍' _wepub.kr
위펍은 다양한 콘텐츠 발굴과 확장의 기회를 높여주는
SIGONGSA의 출판IP 투고·매칭 플랫폼입니다.